猫を愛でる近代

啓蒙時代のペットとメディア

Le Grand sacre des chats

L'invention d'un animal de compagnie au siècle des Lumières

貝原伴寛　著

名古屋大学出版会

口絵 1　マルグリット・ジェラール原画／ジェロー・ヴィダル版画《猫ちゃんの勝利》1787 年

口絵 2　ハブリエル・メツー《猫の食事》1661–64 年頃

口絵 3　マルグリット・ジェラール《猫の食事》1814 年

口絵 4　ジャン＝フランソワ・ガルヌレー《アンブロワーズ＝ルイ・ガルヌレーの肖像》1793 年頃

猫を愛でる近代——目　次

第Ⅱ部　愛好家の目覚め

第Ⅲ部　表象による馴致

凡例

一、『　』は作品名を示す。ただし、寓話集の収録作品および絵画作品のタイトルには《　》を用いる。併記の年号は、書籍については出版年を、絵画については制作年を表す。
一、引用文中の〔　〕は引用者による補足を示す。
一、引用文中の［…］は省略を示す。
一、引用文中のフランス語の綴りは、原則として現代の標準的な綴りに改める。
一、邦訳がある文献は、原文の細かい表現を考慮しない場合、邦訳のみ引用し、原著の出版年を併記した。
一、注に記載のＵＲＬは、いずれも最終アクセス日を二〇二四年七月二二日とする。
一、図版の所蔵先・出所は巻末の図版一覧に記載した。

序章　愛の歴史をどう書くか

安心しましょう、奥様。いつか猫の真価が広く認められる日が来るでしょう。我々ほど啓蒙された国民が、いつまでも猫に対する偏見に囚われて、これほど理性的な感情を拒み続けるなど、あり得ないことです。必ずや、人々の会合でも、舞台の上でも、散歩道でも、舞踏会でも、学問の府においてすら、猫たちは受け入れられる、いやむしろ人気者になるでしょう。(1)

世界で初めて猫の歴史を論じた一八世紀フランスの文人モンクリフは、一七二七年に出版したその問題作『猫』を締めくくるにあたり、来たるべき猫の黄金時代を予言した。それから約三世紀を経たいま、予言は成就したかに見える。今日の日本では猫の飼育数が犬を上回り、様々な広告にも猫の姿を見かけるが、この状況は世界に広がる猫ブームの一側面に過ぎない。(2) ＳＮＳ上では猫の写真や映像が毎日のように衆目を集めており、英国首相官邸の看板猫ラリーなど、世界的に名の知れた「セレブ猫」の専用アカウントもある。その英国では、薬物中毒に陥ったミュージシャンの更生を手助けしたという(元)野良猫ボブの伝記が飛ぶように売れ、立て続けに続編が出版され、ついには本物のボブを主演とする映画が制作されるに至った。本も映画も多言語に翻訳され、ボブの功績は世界にとどろいた。(3) たしかに、猫関連書が年平均で五〇〇冊以上も出版されるという日本の状況は特殊かもしれない。それでも台湾発の「猫カフェ」が日本で流行してから諸外国で模倣され、日本には英国からボブの本と映画が到来したように、現代の猫人気はグローバルな現象である。猫は「地球を征服した」らしい(4)。

ところがモンクリフが黄金の未来を予言した一八世紀のフランスで、猫の愛らしさを語る者はまだ珍しかった。詩人ラ・フォンテーヌの『寓話集』に登場する猫がそうであったように、猫はむしろ、狡猾で邪悪な動物と見なされていた。東部ロレーヌ地方の町メッスでは毎年、夏至の聖ヨハネ祭の一環として、猫を生きたまま広場の大火に投げ入れ、その鳴き声を聞いて楽しむ行事が、市当局の主導で催されていた。歴史家ロバート・ダーントンが取り上げて有名になった「猫の大虐殺」事件がパリで起きたとされるのも、同じ一八世紀のことである(5)。モンクリフが猫人気の到来を未来に託したのは、彼の言う「偏見」がまだ社会に蔓延していたからに他ならない。

しかし「猫の真価」を説くモンクリフの出現が象徴するように、この時代には猫の地位が変化しつつあった。鼠を殺す益獣として家の周囲に放置されていた猫を、身近に引き寄せて可愛がる者たちが、社会の中で存在感を放つようになっていた。猫を好む気持ちが公的に表明されるようになり、猫を殺して楽しむ行為が「野蛮」だと言われるようになっていた。無愛想な荒くれ者と思われていた猫が、「一緒にいると実に楽しい友」として捉えなおされていた(6)。端的に言えば、猫が愛すべきペットとして認められつつあったのである。この変化はなぜ、どのように生じたのだろうか。この問題に答えることが、本書の課題である。

1　ペットと近代——研究史の整理

西洋人が猫をペットとして扱うようになったのは一八世紀以後のことである。この本書の主張自体は、まったく独創的なものではない。モンクリフ以来、愛好家たちが書き連ねてきた猫の歴史においては、「野蛮な偏見」がはびこる暗黒時代には猫が嫌われて殺されていたが、「啓蒙」されて「文明化」された近代人は、もはや猫を恐れず、むしろ愛でるようになったと語られてきた。[7] 一九八〇年代以後、歴史学の対象が拡大するなか、「動物の歴史」もひとつの学問分野として成立したが、猫の歴史を嫌悪から愛好への転換として語る筋書きは研究者にも受け継がれた。フランスにおける動物史の泰斗ロベール・ドロールは、猫が「やさしい伴侶」として「皆に認められ」、「人間の愛情を享受」するようになったのは、啓蒙思想によって猫が「脱悪魔化」された一八世紀のことだと述べている。[8] 現在のフランスで著名な動物史家エリック・バラテも、中世に「嫌悪」されていた猫は、近現代に「電光石火の出世」を果たして、今や犬を追い越して伴侶動物の筆頭の地位を得たと語っている。[9]

英語圏にも同様の通説があった。日本語話者には意識されにくいが、「ペット」は英語に固有の概念である。[10] したがって関連する研究は主に英語圏で行われてきたが、そこでもペットの飼育は近代人に固有の生活様式として論じられてきた。研究に先鞭をつけたキース・トマスが『人間と自然界』で示した定義によれば、ペットとは、①屋内で飼育され、②生産活動に従事せず、③食用にされず、④名前を付与されて他の個体から区別された動物である。このように「私的な情緒的な満足のため」に「生産的な価値があるとも思えない動物を飼う」慣行が中産階級に広まったのは、都市化が進んで家庭空間が外部から隔離され、産業革命が進んで生活水準が向上した近代に特有の現象とされてきた。トマスはペットの増加を、一六世紀から一八世紀までに英国で生じた自然観の変容の一環として位置づけた。[11] この研究を皮切りに、歴史家たちは一九世紀以後の近代に関心を向け、ペットの飼育がブルジョワジーの階級的指標となったことや、ペットの販売と世話が産業として発展した過程を明らかにしてきた。[12]

ところが二〇〇〇年代には研究の風向きが変わってくる。ペットの飼育を近代西洋の中産階級に固有の文化とする前提が問い直されたのである。非西洋社会におけるペットについて論じた人類学的な議論に触発されて、古代や中世におけるペットの存在を主張する研究者や、近代の農民や労働者や奴隷身分の人々の身近にもペットがいたことを強調する研究者が現れた。ペットの歴史の研究動向を整理したアミール・ゼリンガーによれば、こうした論調の背後には、人と動物の関係に対する新たな関心の芽生えがあった。初期の研究でペットは、自然界との接触を失って「疎外」された都市生活者が生み出した存在とされ、ペットに愛情を注ぐことは一種の近代病と見なされた。ゼリンガーいわく、近代の産物たるペットは、近代社会の仕組みを理解するための口実として研究されてきた。ところが二〇〇〇年代に入り、ダナ・ハラウェイの「伴侶種」論といった「人間中心主義」批判が高まるなか、人間と動物の関係は、人間社会研究の手段ならぬ、一個のれっきとした研究対象とされるに至った。要するにペット研究は、近代社会論として出発したが、今では「人と動物の関係史」の一部となり、時代・地域・階級を問わず、人間と動物が切り結んできた親密な関係を探究する学問になったということだ[13]。

　猫に関しても論調の変化があった。猫嫌悪の中世から猫愛好の近代への移行という単純な進歩史観が、実証的な中世研究によって相対化されたのである。英語圏でペットの近代性が問い直される以前から、フランスでは、西洋中世における人と猫の関係を主題に博士論文を書いたロランス・ボビスが、中世から既に猫を愛でる者がいたことを示唆する史料を発見した[14]。例えば一二・一三世紀の動物誌的な文献には、猫が主人以外の人間には近寄らないことや、撫でられると特殊な鳴き声（いわゆるゴロゴロ声）を発すると指摘したものがあり、当時から猫に信頼された飼い主や、猫を撫でる飼い主が存在したことが窺える[15]。たしかに中世の言説や図像において、猫はあくまでも鼠を殺す動物として表象されていたが、だからといって猫に名前を与えて愛玩する者が皆無だったわけではない――そのように示されたのである。英国の中世史家キャスリーン・ウォーカー＝ミークルは、同様の史料を根拠に、「猫は中世で人気のペットだった」と断言している[16]。

　以上の研究史をまとめると、研究が進展したことで、むしろ猫の歴史の全体像は把握しづらくなったと言える。迷信と暴力の暗黒時代から啓蒙と文明の近代への移行という安直な進歩史観は、中世研究の結果を踏まえるならば、もはや支持できない[17]。どうやら中世にも猫を愛でる人はいたらしい。しかし猫を手懐けていた人々の存在が史料から垣間見えることを理由に、猫が中世には既に「人気のペット」だったと言い切ってしまってよいのだろうか。古代から現代に至るまで、人と猫は友好関係を築いてきたと考えるべきなのか。昔から「みんな猫が好きだった」のか。[18] もちろんそうではあるまい。猫人気がこれほど目立つ現代ですら、万人が「猫好き」なわけではない。猫が苦手な人も、嫌いな人もいる。ならば、猫を愛でる者が中世にも存在したらしいことを認めたうえで、その「猫好き」たちが社会に占める位置をもっと正確に見定めて、その立ち位置の歴史的変化を探るべきではないか。

2　表象・メディア・感情史——本書のアプローチ

猫に対する愛情を社会に位置づけるためには、「感情史」の発想が役に立つ。人々の「感じ、考える、そのしかた」を対象とする歴史学は、長らくフランスのアナール派に先導されて、「心性史」や「感性史」の名の下に行われてきた。[19] ところが近年の歴史学界で盛んに取り上げられる「感情史」は、主に米国とドイツを中心に発展してきた研究分野である。「心性史」も「感性史」も「感情史」も、過去の人々の考え方や感じ方のシステムを対象とする研究をまとめるラベルであり、それぞれの特徴や差異にこだわるのは不毛かもしれない。それでもやはり、異なる名称の背後には異なる研究史や問題関心が潜んでいる。本書ではこのうち感情史の考え方を採用する。猫について人々が何を考え感じるのかを内的な「心性」や身体的な「感性」に帰するよりも、むしろ猫が呼び起こす感情にどのような言葉や形象が与えられ、他人に共有される（あるいはされない）のかに注目したいからである。問題の所在を、人々の内面や身体ではなく、人間同士のコミュニケーションの次元に移したいのだ。

感情史は普遍主義と構築主義の合間を縫って発展してきた。つまり、文化に左右されない生理的な身体現象としての「情動《アフェクト》」が存在する（かもしれない）と認めたうえで、その情動が、言語や価値観などの文化的要素のフィルターを経て、どのように発現する（社会的に構築される）のかを問うのである。[20] 猫が人間の愛情を惹きつけることについても、普遍主義的な説明が可能かもしれない。例えば動物行動学者コンラート・ローレンツが提唱したベビースキーマ仮説によれば、人間は幼児に似たものを保護したいと感じるようにできており、丸い顔に大きな目を備えた猫の顔面は、人間にそうした感情を抱かせる条件を満たしている。[21] このように猫の「かわいさ」を生理的な現象として説明することも、不可能ではないのかもしれない。こうした普遍主義的な説明を突き詰めれば、猫を愛する気持ちは、中世どころか、ヤマネコを家畜化してイエネコを作り出した先史時代の人々にも宿っていたはずの感情ということになる。

しかし猫の身体的特徴がどれほど人間の愛情を刺激するのに適していても、現実には猫を嫌う人もいる。幼少期に引っかかれるといった個人的な体験が理由のこともあれば、黒猫は不吉だと教わるなど他者による刷り込みが理由のこともあるだろう。猫に対する感情は経験を通じて育まれるものであり、したがって社会や文化に条件づけられている。猫に対する感情がどのように表現されるのかも、もちろん社会と文化によって変わる。日本語では猫を「かわいい」と形容するのが今や当たり前になったが、少し時代を遡るだけでも「かわいい」という言葉の位相は変わってくる。平成初期、「かわいい」は女子高生の文化として語られており、「かわいい症候群」が国民を軟弱化させると危惧する評論家すらいた。そのような時代に猫を見て感じる気持ちを「かわいい」という言葉で表現できた者は、今よりも少なかっただろう。[22] 猫が「かわいい」ことは永遠の真理ではない。猫をそのように形容できる時代に成立した社会的合意でしかないのだ。

このように感情史では、猫に対する愛情がどのような言葉で語られるのか（または語られないのか）に注目することになる。本書のアプローチを示すために、この観点から具体的な事例を検討してみよう。名前を与えられたペット猫の存在を示す初期の史料として、八世紀か九世紀に、ある修道士が「パンガー・バン」という猫について古アイルランド語で詠んだ詩がある。「私とネコのパンガー・バン／どちらの仕事もよく似てる／ネズミを探すパンガーと／夜通し言葉を追う私」（堀口容子訳）といった調子で、書斎で学問に励む著者の身辺で鼠狩りに勤しむ猫の功績を褒め称える内容である。中世の修道院では写本を鼠から守るために猫が重宝されたようだが、この詩からはたしかに、修道士が猫に名前をつけ、詩に詠むほど気にかけていたことが窺える。[23]

しかし注意すべきことが二つある。まず、この詩は近代まで忘却の闇に埋もれていた。そもそも中世西欧の国際公用語であるラテン語ではなく俗語を選んだ著者に、詩を広く流布させる意図があったとは考えにくく、実際に写本は一点しか見つかっていない。管見の限り、この詩が中近世の文書で引用された事例も知られていない。ようやく脚光を浴びたのは、一八八〇年代に文献学者が写本を見出して翻刻・出版し、それが英語やフランス語に翻訳されてからのことである。[24] 飼い猫をパンガー・バンと呼んだこの修道士は、猫愛好家による歴史研究の金字塔、クリスタベル・アバコンウェイの『猫好き事典』(一九四九)に登場したことで、好事家には周知の存在となった。[25] しかしこの先駆的「猫好き」は一九世紀末に至るまで無名に留まり、忘れ去られていたのである。

もうひとつ注意すべきことに、この詩は猫を鼠殺しの名手として称賛したものであり、飼い主が自分の愛情を対象化して記述したものではない。したがって、この詩にペットに対する愛情を読み取るのも、著者を「猫好き」(cat lover)と認定するのも、読み手による解釈でしかない。そうした解釈ができないわけではない。ただそのような解釈は、史料に愛情の痕跡を求めて、過去の「猫好き」を探す態度が読み手の側にあってこそ生まれることに留意したいのだ。猫をただの便利な鼠殺しだと思っている読者がこの詩を読めば、同じ解釈はおそらく生まれない。猫と飼い主を結ぶ愛情関係について、作中では一切触れられないからである。猫が鼠を殺す動物とされた中世において、猫に対する愛情は語り得ぬ感情だった。

猫にとっての近代とは、この沈黙が破られた時代である。図版を見てほしい(図序-1)。一八世紀フランスを代表する思想家ジャン゠ジャック・ルソーを描いた版画である。暖炉の前で椅子に座るルソーが、足元に犬をはべらせ、膝に猫を乗せている。猫は両脚の間におさまって、まどろんでいる。版画は一九世紀初頭の作品だが、原画の方は一七六四年にルソーの住まいを訪ねた画家ウーエルが描いたデッサンである。ルソーは自叙伝『告白』において、言論弾圧に遭い、伴侶テレーズと密かに暮らした当時の生活を振り返って、こう述べていた。「我が雌猫と我が雄犬とがおともをしてくれた(nous faisaient compagnie)。これだけの仲間（cortège）がいれば、生涯十分であろう。かたときの倦怠もあるまい。私は地上の楽園にいた。楽園に住むのと変わらぬ無邪気な生活をし、それと同じ幸福を味わっていた」[26]。ウーエルの粗描は、まさにこの一節の挿絵のようである。だからこそ、ルソーの没後に出版された『告白』が広く読まれた一九世紀初頭に見出されて版画化されたのだろう。

図序-1　J＝P・ウーエル原画／P＝N・ベルジュレ版画《ジャン＝ジャック・ルソーの肖像》1803–25年頃

ルソーは猫が鼠を殺す点に言及していない。ウーエルによる肖像画にも鼠の姿は見えない。猫は鼠駆除の役割から切り離されている。もちろん、実際の生活ではルソーの猫も、鼠を殺して役に立っていたかもしれない。しかし言説や図像において、その役割は前面化していないのである。猫は飼い主に寄り添うことで、その心理的な「幸福」に寄与する「仲間」として表象されている。だからこそ同じく飼い主の「おとも」となる犬と一緒に語られ、描かれているのだ。

ではルソーは「猫好き」なのだろうか。実のところルソーは、著作で何度も飼い犬の話をする一方で、猫については先の引用部で簡単に言及したことを除き、ほとんど語っていない[27]。後世に「猫好き」として知られたわけでもなく、アバコンウェイの『猫好き事典』にも登場しない。しかし実を言うと、肖像版画が出回った一九世紀初頭には、彼を猫好きとして認定する言説が流布していた。ミュッセという著述家が、一八二一年に出版した伝記にこう記していたのである。「ルソーは犬よりも猫を好んだが、その理由として、猫は自由な動物だが、犬は卑屈な性格をしていると言っていた」[28]。実際にルソーを訪ねた者の証言を見る限り、彼が犬を貶めて猫を称える発言をしていたとは思えないのだが[29]、ここで真偽は問題ではない。重要なのは、ルソーが猫を「好んだ」(aimait) ことが明言され、しかも犬を差し置いて猫を愛した人間として提示されたことだ。ルソーは、少なくとも一九世紀初頭の一部の人間には、猫好きとして知られ、語られていた。言い換えれば、ルソーが猫を好んだか否かを気にして、彼を「猫好き」として語りたがる者が当時、存在したのである。

猫に対する「心性」や「感性」を問うならば、例の修道士もルソーも、猫を良き動物と見なし、身近に置いていた点で同じだと言えるかもしれない。しかし彼らの「感情」がどのような表象によってかたどられ、どのようなコミュニケーションを生み出したのかを問うならば、両者の差異は明らかである。パンガー・バンと生活をともにした修道士は、少なくとも詩においては、猫を鼠狩りの名手として称えるばかりで、自己の感情を対象化しなかった。そして彼の詩は社会的に注目を集めることなく、後世の「猫好き」に見出されるまで忘却されていた。ところがルソーは、猫が寄り添ってくれることを意識して、一緒に生活する「幸福」を語っていた。そして猫を膝に乗せた姿で描かれ、さらには猫を「好んだ」人間として語られていた。中世には語り得ぬものだった愛情が、ルソーの時代には言語や図像によってすくいとられるようになったのである(本書の口絵に掲げた絵画も参照)。

このように感情史の視点に立つと、猫に対する感情が文字や図像といった表象物を媒介として発信され、他者に認識される過程に注目することになる。言い換えれば、文学や絵画を感情伝達のメディアとして捉えなおすことになるのだ。社会学者ジョン・トンプソンによれば「メディア」とは情報を記録・保存し、時と場所を越えて、遠隔地にも後世にもその情報を伝える媒体である[30]。この定義に従えば、印刷された書籍や新聞だけでなく、写本も手紙も絵画も全てメディアと見なせる。パンガー・バンの活躍やルソーの生活風景が現代に伝わるのも、写本・刊本・版画といったメディアに情報が保存されたからに他ならない。またメディアは、情報に特定の「かたち」を与えることで、複製を可能にする。誰かが猫を飼った、という同じ情報でも、鼠を捕る猫の形象に結実するか、飼い主の膝の上で寝る猫に結実するかで、意味は変わってくる。一点の写本が書庫に眠るのと、手稿が組版されて出版され、何部もの書籍として流通するのとでは、情報が社会に占める位置も変わってくる。

要するに本書で言う感情史とは、表現の細かな違いを捨象して、猫を愛する心性や感性を史料の奥に探すのではなく、むしろ言葉や図像の細かい違いに注目して、感情の表現と伝達のあり方を探る営為である。人と猫の関係がどのような「かたち」でメディアに記録され、そのメディアがどのように流通するのかを問う。本書ではこの方法によって、猫を愛する感情を社会に位置づけ、人と猫の関係史を塗り替える新たな解釈を提示したい。

3　猫と啓蒙――本書の仮説

では、その新たな解釈とは何か。端的に言うと、「猫を愛でる近代は、啓蒙時代のメディア表象の産物である」というものだ。「猫を愛でる近代」とは、要するに猫の歴史における近代のことである。古代や中世の猫は主に鼠を捕る動物として表象されていたが、近代に入るとその役割が後景に退き、飼い主と一緒に過ごすペットないし伴侶としての役割が前景化する。[31] 書物や図像といったメディアにおける猫の表象が変化するのに合わせて、猫を愛でる感情が社会的に共有されるようになり、正当な感情として認められるようになった。本書ではこのプロセスが、英語では「啓蒙時代」、フランス語では「啓蒙の世紀」と呼ばれる一八世紀に始まったことを明らかにする。

なぜ啓蒙時代がターニングポイントになるのだろうか。「啓蒙」と言えば、一七世紀の科学革命の精神を受け継いだ合理主義者たちが、伝統的な権威を否定して、社会制度に批判のメスを入れた思想運動だと理解されることが多い。モンテスキュー、ヴォルテール、ルソー、ディドロらフランスの思想家が主導し、プロイセンのフリードリヒ二世ら「啓蒙専制君主」による政治改革の指針になったとも言われる。だがこうした古典的な理解に依拠して啓蒙と猫を繋げると、中世的な迷信が批判されて近代が拓けたという、あの安直な進歩史観に逆戻りしてしまう。

しかし研究が進んだ現在、こうした古典的な図式に収まらない「啓蒙」の諸側面が明らかになっている。[32] 猫を愛でる社会の到来を啓蒙と紐づけるには、現在フランスで啓蒙研究をリードする歴史家のひとりアントワーヌ・リルティの見解が参考になる。リルティによれば、啓蒙思想の展開は「メディア革命」と不可分の関係にある。一八世紀には、書籍や版画の流通量が急増し、週刊や月刊の定期刊行物が出現して都市生活に浸透したことで、社会に流通する情報が質・量ともに変化した。リルティは情報媒体の増加が当時の社会にもたらした変化として、不特定多数の公衆が有名人《セレブリティ》の私生活を詮索する「セレブ文化」の誕生を挙げている。住居の居室の細分化が進んで私生活が公的空間から秘匿されるのに反比例するように、新聞や雑誌や版画に、他者の私生活を垣間見せる言説や図像が広まったのである。フランス啓蒙を代表する思想家ルソーは、度重なる論争で新聞と社交界を騒がせて有名になり、歩けば野次馬にまとわりつかれ、絶えず私生活を詮索された「セレブ」でもあった。[33] だからこそ、彼が自宅で猫を愛でたことも、わざわざ印刷物を介して喧伝されたのだ。メディア環境の変化が啓蒙時代の特徴であると認識することで、なぜこの時代に猫をめぐる感情の社会的な位置づけが変わったのかが見えてくるだろう。

しかし猫と啓蒙は情報環境の面だけで繋がるわけではない。思想的な繋がりを見出すこともできるからだ。ただし、「啓蒙主義」と呼べるような一貫した思想体系が当時存在し、それが猫の地位を変えたという意味ではない。いま「啓蒙思想家」と総称される著述家たちは、実際のところ意見を異にすることが多く、絶え間ない論争を繰り広げていた。それでもリルティによれば、啓蒙期には一定の思考様式や問題関心が共有されていたという。すなわち、「文明」の歩みを歴史的に考察する思考様式と、その発展の功罪を考える問題関心である。[34]

一八世紀の著述家たちは、自分たちが「文明」の時代に生きているという自覚を強めていた。「文明」とも「文明化」とも訳せるフランス語の civilisation は、一八世紀を通じて醸成された新しい世界観を表現する概念であり、一七五〇年代から使われるようになった[35]。古代人の知的遺産を乗り越えて学問を刷新することを説いたデカルトらの新しい哲学を受け継ぎ、礼儀作法を学んで洗練された身のこなしを体得した「近代人《モデルヌ》」としての自覚を得たヨーロッパの知識人たちは、自分たちの存在を発展的な人類史に位置づけるようになった。神に創造された人類が原罪を犯して堕落し、最後の審判と救済を待つという救済史観ではなく、当初は動物と変わらぬ「自然状態」にあった野生人が、言語・農業・商業・宗教・芸術・政治・科学といった人間的営為を発展させて「社会状態」に移行するという、壮大な「人間精神の進歩」のことである[36]。商人が相手を攻撃せず、むしろ礼節をもって取引を行い、経済的な利益を得て、その商業が生んだ富が科学的な探究を可能にするように、「文明」とは、商業の発展と所作の洗練と知識の増大を結びつける概念である。貧しくて無知で粗暴だった野生人が、財貨も知識も礼節も有する近代人に変わるという歴史観を共有し、そのうえで人間社会を論じたのが啓蒙思想家だったというわけだ[37]。

もちろん「進歩」や「文明」は手放しで礼賛されたわけではない。「文明化の使命」なる理念が、一九世紀に植民地獲得競争に明け暮れたフランスの帝国主義者によって、支配を正当化するためのイデオロギーとして使われたことはよく知られている[38]。その理念の原型を用意したのは、たしかに人類史を「文明化」の過程として語りはじめた一八世紀の啓蒙思想家なのだろう。しかしリルティによれば、一八世紀の「文明」論には、自分たちの文化的・人種的な優越性を疑わぬ一九世紀の植民地主義者が失った、知的な柔軟性が見られるという。モンテスキューは『ペルシア人の手紙』で、ディドロは『ブーガンヴィル航海記補遺』で、異邦人の立場からヨーロッパ社会を風刺し、自分たちのローカルな慣習を普遍的な価値だと思い込むヨーロッパ人の自文化中心主義を批判していた。教会が説く禁欲主義に抗して奢侈（つまり経済成長）がもたらす享楽を賛美したヴォルテールも、『カンディード』において、紅茶や珈琲に砂糖を入れて嗜む生活が、奴隷の搾取によって成り立っていることを指摘した。啓蒙思想は、「文明」の絢爛を誇るヨーロッパ人の内に潜む「野蛮」に意識を向け、異文化の立場を想像しながら自分たちの慣習を批判する知的態度でもあった[39]。

本書で示すように、「文明」と「野蛮」に関する考察が深まった啓蒙時代の思想において、猫は特別な位置を占めた。人間の生活圏に生きる家畜の多くが、主人を認めて従順に従うのに対し、鼠を狩るに任された猫は、他の家畜ほど人間に依存せず、野生本来の自立性を保った。[40] ヨーロッパで猫は中世初期から、鼠を殺すために創造され、したがって鼠の天敵としての本能を捨てない動物と見なされていた。そして猫が本能的で自由な動物であることは、飼い主に対して反抗的で、忠義を知らず自己本位であることと結びついていた。だからこそ猫は、飼い主の言うことを聞いて物事を学ぶことから規律と忠義の象徴になった犬と対比されたのである。

一八世紀まで猫が愛情の対象として認められていなかったのは、猫の魔力に対する恐怖（だけ）のせいではない。猫は徹頭徹尾、野生的で利己的な動物であり、手懐けることはできず、忠義も期待できないという通念も背景にあったからである。一八世紀に猫がペットとして表象されるようになったのは、歴史の発展過程を見据えて人間と動物の関係を論じる思考様式によって、猫を野生的な動物とするこの通念が問い直されたからである。猫が人間に懐かない荒々しい動物であることは、永遠不変の真理ではなく、ある時代と社会に固有の特殊な状況なのではないか。人間が猫に対して「野蛮」に接してきたから、猫も人間に反抗してきたのではないか。人間が慈愛をもって接すれば、猫はついに野生の鎖から解き放たれ、信頼と愛情に満ちた姿を見せるのではないか。「啓蒙」が「偏見」を打ち破った先に待つ「黄金時代」には、「猫の真価が広く認められる日」が来るのではないか。

自分たちには普遍的な真理だと思われるものは、実はただの社会的合意に過ぎないのかもしれない。自分たちが猫の普遍的な性質だと思っているものも、実は自分たちの習慣が生み出した幻像に過ぎないのかもしれない。知らないうちに自分たちの認識を縛っている偏見から自由になるためには、異文化を知り、異邦人のまなざしを身につける必要がある。かつては猫神を崇拝し、イスラームに改宗してからも猫を可愛がってきたあのエジプトの異教徒たちは、実は正しいのではないか。間違っているのは、猫を嫌う我々ヨーロッパ人なのではないか。啓蒙思想が、異文化を鏡として自分たちの常識を疑う反省を生んだその時、猫を愛でる近代が始まった。

4　四つの感情文化——分析概念の導入

情報媒体の増加にともなう私生活に対する関心の増大と、「文明」をめぐる人類史的な考察の広がりという一八世紀の時代状況に、猫の社会的表象と、人々の感情伝達の変化を位置づけるために、本書では四つの「感情文化」の区別を導入したい。「感情文化」とは、感情にまつわる価値基準や表現様式や行動規範が組み合わさってできる「感じ方のシステム」のことだ。そうしたシステムが、場所や時代に応じた文化的特殊性を有し、そして同一の社会に複数存在することがポイントである。[41] 猫に対する感情が言葉や図像に表現されるときには、何らかの感情文化がフィルターの役割を果たす。例えば、ルソーは猫を「好んだ」とミュッセが明言できたのは、猫に対して「愛する」(aimer)という動詞を用いることを当然視する感情文化のもとで彼が育ったからに他ならない。一八世紀フランスにおいて猫の表象を規定していた感情文化としては、以下の四つを挙げることができる。

第一が猫から実益を引き出そうとする「実用主義」で、猫を鼠対策に用いることを正当な飼育態度とする。中世の文献に既に見られるが、「有用性」が重視された啓蒙時代にも根強く残ったものである。[42] 史料には、猫と鼠を組み合わせる文学や絵画のほか、猫に鼠を狩らせない飼い主を批判する言説や風刺画として現れる。ただし注意すべきことに、実用主義は必ずしも猫を愛する態度と矛盾するものではない。本書で見るように、猫に鼠を狩らせることと、猫を手懐けて優しく飼うことが両立可能であるか否かは、一八世紀に争点となっていた。

第二が、猫を笑いの種にする「滑稽」の文化である。「主義」と言うほど堅苦しいものではないから、「滑稽趣味」と呼んでおこう。滑稽な仕草を見せる猫を面白がる態度は、猫のおかしな画像や映像を楽しむ現代人にもおなじみだろう。しかし中近世の滑稽趣味は、猫を蔑み、その命を軽んずる態度と結びついており、猫を虐めて面白がり、その死を笑い事とする文学や絵画を生み出した。本書で示すように、猫を痛めつけて楽しむ態度は、一七世紀まで社会的エリートにも共有されていたが、一八世紀に入ると一転して「残酷」だと言われるようになる。猫の面白い仕草を笑うことは許容しても、殺すことは忌避するという線引きが、一八世紀に始まるのだ。

実用主義も滑稽趣味も中世以来の伝統文化と言えるのに対して、第三の「サロン文化」は、一七世紀に現れたものである。サロンとは富裕者の邸宅で開かれた社交の場と、そこで花開いた文化を指す言葉だ。粗野で武骨なものを嫌い、礼節や繊細さを重んじたことから、「洗練主義」の文化と呼んでもよいだろう。女性の参加を特徴とするサロン文化のもとでは、微細な感情の違いを感じ分けることが重視され、その機微を表現するために新しい語彙も作られた。繊細な心理分析で知られるラファイエット夫人の恋愛小説『クレーヴの奥方』(一六七八)は、その代表例である。本書で見るように、洗練主義の言語は、猫を鼠狩りの役割から切り離して純然たる愛玩動物と見なし、そして猫を愛でる行為を良き趣味として語ることを可能にした。モンクリフの『猫』は、まさにこのサロン文化の産物であった。[43]

洗練を誇る文化は一八世紀を通じて貴族社会の基調でありつづけた。しかし世紀後半に入ると、社交界の貴族主義に対する一種の対抗文化が出現する。これが第四の感情文化たる「感傷主義」で、研究者には「感受性文化」とも呼ばれている。[44] こちらは、人間が社会的出自にかかわらず生まれながらに有する(とされる)善良な感受性を信頼し、その自然本来の素朴な感受性を堕落させる文明社会を批判する思考に基づく文化である。文明批判の急先鋒に立ったルソーがその代表者と言えるが、素朴な感受性を重んじる傾向は一八世紀後半の文学や絵画に広く見られた。例えばディドロは家族愛を賛美する演劇作品を世に放って感傷演劇の流行に寄与し、そのディドロが絶賛した画家グルーズは、家族を主題とする感傷絵画によって人気を博していた。[45]

洗練主義では微細な感情を区別して言語化する能力が重んじられたのとは対照的に、感傷主義では、礼儀作法も巧みな弁舌も本心を覆い隠す欺瞞として嫌われ、むしろ言葉足らずでも誠実で素直であることが重視された。感傷小説の登場人物が、感動のあまり言葉を失って、体を震わせ、涙を流し、お互いに抱擁しあうことで感情を表現したように、感傷主義においては、言語を介さない身体的な徴候が、嘘偽りのない感情の「透明」な表出として評価された[46]。言語を介さぬ身体的な共感を重視するこの文化のもとでは、動物もまた共感の輪に入る「感性的存在」であるという認識が強まり、動物虐待の批判や、動物権利論が芽生えた[47]。動物をいつくしむことを高く評価するこの感情文化の観点からは、猫を愛する者が善良な心の持ち主と見なされる反面、猫を虐める者は「残酷」で「野蛮」だと非難されるようになる。

以上の四つの感情文化を区別することで、過度の単純化を避けながら、文化変容のプロセスを描けるようになる。ノルベルト・エリアスの『文明化の過程』を理論的な枠組みとしたかつての研究では、中世から近代への移行が、感情抑圧の強化として語られてきた。自制を知らぬ衝動的な中世人が「文明化」されて、礼節を知る近代人になったというわけだ[48]。しかし、これはまさに啓蒙期に芽生えた進歩史観の言説であって、歴史家が無批判に用いてよいものではない[49]。

本書では近代を感情抑圧の時代とすることなく、むしろ新たな文化が新たな感情実践を生み、それが旧来の感情文化にも変容をもたらした時代として描きたい。猫を愛情の対象として語るサロン文化と感受性文化が出現したことで、猫を鼠狩りに用いたり、殺して楽しんだりする従来の文化は自明性を失った。そうして、ある者は猫を愛でずに益獣として活用することを説き、別の者は世話してやることでこそ猫を鼠狩りに奮起させられると説いた。ある者は猫愛玩者を感情の制御ができない愚者として揶揄し、別の者は猫を痛めつけて楽しむ者を冷酷非情の輩として批判した。猫を愛でる近代は、猫の扱いをめぐる論争の中から生まれたのである。

5　全体を見る猫――本書の構成

本書ではモンクリフが現れたフランスを舞台に、一六七〇年頃から一八三〇年頃までの「長い一八世紀」を対象として設定する。この一五〇年強を見通すことで、サロン文化の開花から感受性文化の爛熟までに生じた猫観の変容を、ひとまとまりの過程として捉えられるからである。[50]

なお、ここまで「近代」という言葉を多用してきたが、フランス史では普通、近代は一七八九年のフランス革命に始まるとされ、それ以前の時代（一五世紀末～一八世紀末）は「近世」と呼ぶ習わしである。以後は本書でも、この慣習を踏まえて「中世」「近世」「近代」を区別する。近世は、中世から近代への移行期と言えるが、中世にも近代にも見られない独自の文化が発展した時代でもあった。[51] 本書では、猫を愛でる文化が、この近世の末期に産声をあげて、フランス革命を経て近代に受け継がれていく過程を跡づけることになるだろう。

序章を終えるにあたり、議論の進め方を説明しておく。本書は四部構成を取る。第Ⅰ部では、史料分析の方法に関する考察を深めながら、人と猫の関係の諸相を論じ、ペット的関係の特殊性を知るための一助とする。一八世紀後半に、猫を娯楽や健康のために殺す態度が「野蛮」視されるに至った過程も見えてくるだろう。その背景に、社会的な感性や言説の変化だけでなく、化学の発展や医学の再編といった科学史的な事情があったことも示す。

第Ⅱ部では、サロン文化の芽生えが主題となる。一七世紀末から一八世紀初頭にかけて、印刷物を介して「猫好き」の存在が社会に広く知れ渡った過程を論じる。モンクリフの『猫』がいかなる知的・文化的文脈のもとで生まれ、どのような役割を果たしたのかが理解されるだろう。

第Ⅲ部では、「長い一八世紀」を通じて進行した猫の社会的表象の変化を、科学史・文学史・美術史の三領域を舞台に跡づける。博物学における「家畜」理論の誕生、古典古代の先例にとらわれない「近代」的な文学の出現、さらにはロココ芸術の発展といった現象が、猫のイメージを柔らかくしていった過程を明らかにする。

最後の第Ⅳ部は、感受性文化の隆盛をテーマとする。感傷主義が文学や絵画を席巻した時代に、猫の飼い主たちが自己の感情をどう言語化して他者に伝達したのか、あるいはその感情が他者にどう捉えられて語られたのかを、私的書簡と裁判史料を手がかりに論じる。

三章構成の第Ⅰ部と第Ⅲ部では長期的な変化を論じ、二章構成の第Ⅱ部と第Ⅳ部では詳細な事例研究を行うことになる。体系的な調査によって時代の流れを見据えながら、微視的な分析によって規範や実践が変化する仕組みについて考察を深める算段である。マクロとミクロの尺度を使い分けることで、立体的な歴史像を描けるはずだ。

以上の説明からもわかるように、本書は分野横断性を特徴とする。歴史学では文書館に眠る未刊行史料の活用が重視されるが、本書では最終章の裁判分析を除いて、未刊行史料はあまり用いない。理由は単純で、猫は国家や公的機関の関心を惹く動物ではなかったため、まとまった史料が公文書館に残っていないからである[52]。ところが書籍や絵画に目を向けると、猫はいたるところに潜んでいた。そこで筆者は、オンライン・データベースも活用して猫が登場する史料を蒐集し、得られたものを整理して研究材料とする方策を取った。その結果、予期せぬ分野の史料まで手にすることになった[53]。

したがって本書では、そこかしこに忍び込んだ猫たちを追いかけるうちに、諸分野を横断することになる。二宮宏之風に言えば、猫を「全体を見る眼」にするのだ[54]。もちろん、本当に啓蒙期フランスの「全体」を隅々まで論じ尽くせるわけではない。書物や絵画を主史料とする以上、都市世界の外に出ることは難しく、当時のフランス国民の大多数を占めた農民は端役として登場するに留まる。文化活動の全てに触れられるわけでもないし、政治や経済について大々的に論じるわけでもない。それでも、猫と一緒に分野を旅して、最後に屋根に上ってみれば、社会を見わたす「猫瞰図」が得られるはずだ。そこから見える景色の中に、猫の歴史を書きこもう。

第Ⅰ部　「野蛮」の発明

猫ことイエネコの起源については諸説あるが、ヨーロッパに定着した種の祖先は、在来のヨーロッパヤマネコではなく、エジプトなど北アフリカに生息するリビアヤマネコだと言われている。先史時代に地中海沿岸のどこかで家畜化された猫は、以後、人間の移動に合わせて生息域を拡大してきた。アメリカ大陸やオーストラリア大陸に猫が進出できたのも、鼠対策に有用だと見なされて航海者の船舶に乗せてもらえたからだった。

現代では離島に持ち込まれた猫が野生化し、現地の生態系を脅かす事態も起きている。しかし離島でノネコ（再野生化した猫）の被害に遭うのは在来の野生動物だけではない。大繁殖した猫は、糞害などを引き起こして地元住民を困らせもする。干した洗濯物に糞をつけられ、家屋には掃除をしても落ちない皮脂の汚れをつけられる経験をしてなお、猫を見かけて「かわいい」と思える人はどれほどいるだろうか。(1) 離島の極端な例でなくとも、近所の猫に庭を荒らされたり、糞をされたりして忌々しく思う体験をした人は、少なからずいるだろう。ホームセンターでは今でも、猫の侵入を防ぐためのスプレーが売られている。

現代人が知る「かわいい」猫は、屋内で飼われ、去勢や避妊の手術を受けた猫である。行動の制限と生殖の管理が徹底されることでようやく、猫は近所の人に「迷惑」をかけない無害な動物になる。こうした状況は、歴史的に見ればごく最近のことに過ぎない。猫が生態系に与える影響が意識されるようになったのも、猫の世話と治療を担う獣医が職業として成立したのも（そして日本なら、空調設備が普及して家屋が密閉されるようになったのも）、近代どころか、現代のことである。逆に言えば、それ以前の猫の大多数は、自由に移動し、繁殖していた。人間の家屋に侵入して食料を盗み、泥や糞などの汚れを残していくこともあっただろう。雌猫を飼う者は、何度も何匹も産まれる子猫に自分で対処せねばならず、間引きをする必要もあった。(2)

二〇〇六年にある日本人作家が「子猫殺し」というエッセイで間引きの実践を告白して激しい批判を浴びたように、現代では猫を殺すことは、多くの人にとって無縁であるだけでなく、残酷な行為だと思われるだろう(3)。しかしそうした感覚を過去の世界にそのまま当てはめてしまうと、「文明化」された現代人が「野蛮」な過去を断罪するという、一種の自文化中心主義に陥ってしまう恐れがある。現代の猫は、過去の猫とは違う世界を生きている。したがって猫を殺すことの意味も、昔と今では異なるはずだ。

そこで第Ⅰ部では、猫を殺すことを「残酷」で「野蛮」な行為として忌避するこの感性や言説が、そもそもどのように生み出されてきたのかを考えることにしたい。というのもこうした感性や言説は、フランスではまさに一八世紀に出現したものだったからである。まずは有名な「猫の大虐殺」事件を取り上げて(第1章)、それから当時の人々の生活における猫の実用的な役割について探り(第2章)、最後に、猫と医学の関係について考えることにしよう(第3章)。

第1章　「猫の大虐殺」を読みなおす
——マルチスピーシーズな歴史のために——

はじめに

パリの大学街に位置するサン＝セヴラン通りで、猫たちが労働者の集団に虐殺された——。一八世紀フランスの猫といえばまず、歴史家ロバート・ダーントンが『猫の大虐殺』で取り上げたあの殺戮事件のことが思い浮かぶところである。ダーントンの著作は、過去の人々の心性《マンタリテ》を探る歴史人類学の試みであり、親しみやすい文体と耳目を惹く題名も相まって、一九八四年に出版されると国際的な反響を呼び、いまでも古典的研究書として読み継がれている。(1)とりわけ「猫の大虐殺」事件を手がかりに民衆文化に関する考察を繰り広げた章は、動物史研究でも頻繁に引用されてきた。(2)その反響は学者の世界に留まらず、二〇一六年には「猫の大虐殺」を主題とする歴史小説がフランスで出版されたほどである。(3)

学問は先人の達成を受け継いで前進する営みである。したがって本書でも一八世紀フランスの猫について論じたダーントンの名著を議論の出発点にしたい。猫を殺す労働者の心性を論じた同書の内容は、同じ一八世紀フランスにおいて猫が愛玩動物の地位を得たとする本書の主張と、どのような関係にあるのだろうか。本章では、ダーントンンが用いた史料を新たな角度から再検討することで、「動物の歴史」の研究方法に関する考察を深めつつ、新たな歴史像を描くための第一歩を踏み出すことにしたい。そのためにまず、『猫の大虐殺』の議論に立ち返ることから始めよう。

1 民衆文化の猫

『猫の大虐殺』は一八世紀フランスの人々に固有の考え方や感じ方を、事例研究を通じて浮き彫りにする著作である。クリフォード・ギアーツの解釈人類学の手法に学び、「文化」を意味の体系として捉え、文学や絵画などの高尚芸術に対象を限らず、民衆にまで視野を広げて意味の世界を探究した、歴史人類学の先駆であった(4)。ギアーツがインドネシアの闘鶏の象徴的な意味を読み解く「厚い記述」を行ったように、ダーントンは一八世紀フランスの労働者の猫に対する態度のなかに象徴的な意味を読み取ってみせた。この研究が歴史学の発展に大きく貢献したことは間違いない。しかし原著の出版から四〇年が経ったいま、改めて読みなおしてみると、あることに気づかざるを得ない。それは四〇年前の歴史学の前提に、ある種の「人間中心主義」が潜んでいたことである。

「労働者の叛乱」としての猫殺し

『猫の大虐殺』という書名は第二章「労働者の叛乱――サン゠セヴラン街の猫の大虐殺」から取られている（他の章は猫を論じたものではない）。この章は、一八世紀パリの印刷工房で徒弟修業を積んだニコラ・コンタという元植字工が、『印刷業界逸話集』と題した著作で語った猫殺しのエピソードを手がかりに、民衆の心性を探ったものである。この『逸話集』は一七六二年に成立した手稿であり、コンタが自身の体験に基づいて印刷業界の内情を物語形式で説明したものだ。一九八〇年に英国の書誌学者ジャイルズ・バーバーが初めて出版したことで書物史の専門家に知れ渡った『逸話集』は、書物史を専門としながら広い問題関心を有したダーントンが民衆文化研究の史料として用いたことで、多くの歴史学者の関心を惹くことになった。日本でも宮下志朗による翻訳が出版されている(5)。なお「猫の大虐殺」という表現は、あくまでもダーントンが『逸話集』の挿話につけた名称であり、コンタ自らが用いた表現ではないことに注意しておきたい。

ダーントンが注目した物語の内容はおおむね以下の通りである。印刷工房に徒弟として入った主人公ジェロームは、新入りとして酷使される二年間を過ごした後、修業期間の後半に入り、親方に衣食住を提供してもらえる身分になった。しかし与えられた中庭の小屋は、すき間だらけで、湿気が酷く、虫もはびこる劣悪な住まいだった。食事も酷いもので、「猫も欲しがらない」ような「腐りかけた肉」を出される始末。夜は屋上に集う猫の鳴き声がうるさくて眠れず、それでも早朝には叩き起こされて親方にこき使われる。しかもこの親方、偉そうに命令するばかりで、実務は職人の統括者に丸投げしているではないか。「職人も、徒弟も、みんなが働いている。親方とその奥方だけが、気持ちよさそうに惰眠をむさぼるのだ(6)」。

不当な仕打ちに耐えかねたジェロームは、仲良しの同僚レヴェイエと、親方に一矢報いる作戦を立てる。レヴェイエは毎晩、屋上に登り、ものまねの才能を活かして猫の鳴き声をまねて、親方夫婦の安眠を妨害する。何日も鳴き声がやまないので、近隣住民がいよいよ魔術ではないかと噂するようになると、親方夫妻は対応を迫られる。そこで夫人が「この厄介な動物どもを追い払う」ことを徒弟たちに命じるのだが、その際に「グリーズちゃんをおびえさせないように」と念を押す。「グリーズちゃん」(la Grise)とは、夫人が飼っている灰色の雌猫のことである(7)。

こうして命令を受けた徒弟たちは、自分たちより格上の職人も何名か連れだって、仕事道具を武器に猫狩りに繰り出す。ジェロームとレヴェイエは真っ先にグリーズを殺し、その死体を軒樋《のきどい》に隠してしまう。近所の猫たちは恐慌状態に陥り、次々と罠にかかって捕まっていく。ある猫は撲殺され、またある猫は吊るされて労働者たちの爆笑を誘う。狩りを終えた一同は工房に戻ると、裁判のまねごとをして判決を言い渡しながら猫を処刑していく。騒ぎに気づいた親方夫妻は、徒弟たちの行動を見て激怒するが、騒ぎを止めさせるには至らず、おずおずと立ち去らざるを得ない。印刷工たちは仕事道具をガンガン鳴らして勝利を祝う。この日からレヴェイエは、騒ぎに驚いた親方夫婦の反応を何度もものまねで再現して、仲間たちを大いに笑わせるのであった。[8]

「現代の読者は、この事件にあからさまな嫌悪を感じないまでも、面白いとは全然思わないだろう」――こうダーントンが記した一九八四年から数十年が経過し、猫が人気をさらに高めた現在では、コンタが語る物語に「あからさまな嫌悪」を覚える者こそ多数派かもしれない。[9]しかしダーントンは、一八世紀の労働者を野蛮人として断罪するためにこの事例を取り上げたのではない。むしろ猫を殺して楽しむ労働者たちのユーモアの感覚を理解することを目指して、印刷業界をめぐる社会史的な背景や、猫の象徴的な意味に手がかりを探っていった。

一八世紀の印刷業界は労使関係の悪化に見舞われていた。一七世紀に印刷工房の数が制限され、親方の地位が世襲化していたことから、職人が親方に昇進する見込みは薄くなっていた。さらに、徒弟制度からはみ出た「雇われ人《アルエ》」と呼ばれる非正規労働者が増加していたことも、職人の地位を危うくしていた。親方と職人の経済格差が拡大しつつあったのである。ダーントンはこのことを、スイスのヌーシャテル印刷協会の関連文書を引用しながら論証し、この時代には、労働力の商品化が進んで勤勉主義が浸透し、飲み食い騒ぎを楽しむような労働者の従来の共同体精神が破壊されつつあったと指摘した。[10]事実コンタは『印刷業界逸話集』の序文で、労働者が単なる「道具」(instruments)と見なされて軽蔑されている現状に異議申し立てをするために筆を執ったのだと述べている。[11]

ダーントンは次に、集団でお祭り騒ぎをする行為が民衆文化の基本であったことを指摘した。民俗学の成果に基づいて豊富な実例が引かれるが、要点は、謝肉祭《カーニヴァル》などの年間行事が地域ぐるみで行われたこと、そしてお祭り騒ぎが逸脱者に対する私刑《シャリヴァリ》の機能を担っていたことだろう。職能団体に固有の祭りもあり、印刷工は聖ヨハネと聖マルティヌスの祭りを重視していたという。こうした文化のもとで育った民衆にとっては、猫殺しもまた、奇怪な個人の逸脱行為ではなく、共同体の絆を強化する集団行動だったというわけである。パリやロレーヌ地方の町メッスでは夏至の聖ヨハネ祭において厄除けの大火に猫が投げ入れられ、南仏の町エクスでは猫を放り投げて地面に叩きつける遊びが存在したように、猫殺しは民衆文化の基準に則ればいたって普通の娯楽だったのであり、狂人による異常行動ではなかった(12)。

労使関係も祝祭文化も社会史家がよく取り上げる王道の論題だったが、ダーントンはさらに、なぜ他の動物ではなく猫が犠牲になったのかという点について、文化人類学的な考察を展開した。ダーントンによれば、人間の住まいを勝手に出入りする猫は、人間界と動物界の境界に位置する種であり、それゆえに複雑な意味付けの対象となった。猫はレヴィ＝ストロースの言う「考えるのに便利」な動物であり、だからこそ古代エジプトから、マネやボードレールが活躍した一九世紀に至るまで、猫には絶えず神秘性が認められてきたのだという。そして「猫の大虐殺」の解釈においては、以下の点が重要になるという。第一に、種々の伝承にあるように、猫は魔女の化身と見なされていた。第二に、猫自身もまた魔力を有する動物とされ、民間療法で薬の材料にされたり、魔除けとして建物の壁に埋め込まれたりしていた。第三に、雌猫を指す単語chatteがそのまま女性器を指す隠語となったように、猫は性生活を指す象徴として機能した。要するに猫は「魔女」と「性的放埒」を暗示する記号だったのである(13)。

以上の知見を踏まえて、ダーントンは猫殺しの逸話を次のように解釈する。ジェロームら印刷工たちは労働環境に不満を覚えていた。一方、親方夫人は猥談を好む若い司祭と懇意にしており、この司祭と性的関係にあることは明白だった。そこでジェロームらは、猫を殺すことで鬱憤を晴らすだけでなく、あえて親方夫人の雌猫を殺すことで、その飼い主が淫らな性生活を送る「魔女」であると示唆し、その夫は「寝取られ男《コキュ》」だと当てこすって揶揄したのである。実際、コンタが修行を積んだ工房の親方ジャック・ヴァンサンは、再婚相手に若い娘を選んでおり、シャリヴァリの対象となる「年の差婚」を犯していた。老いさらばえて耄碌した親方は、レヴェイエによる猫の鳴き真似を聞いて魔術の被害に遭ったと信じる愚か者であり、労働者たちが飼い猫を殺して自分を告発していると見抜いた女房とは違って、自分が虚仮にされているのにも気づかない。労働者たちは猫という象徴《シンボル》を巧みに操って親方《ブルジョワ》に対して秘かに蜂起し、見事に勝利を勝ち取った。彼らが猫殺しを面白がったのは、猫を殺すことで上位者に一矢報いることができたからなのだ[14]。

本当に「叛乱」なのか？

猫を殺して馬鹿騒ぎに明け暮れるという、無秩序の極みに思われる行為にも、隠された規則と意味が存在する。そう論じたダーントンの試みは、祝祭や暴力に儀礼的な秩序を読み込む民衆文化研究に連なるものだった[15]。しかし猫殺しを「労働者の叛乱」として読み解く解釈は、厳しい批判を浴びることになる。英国の文化史家ハロルド・マーが一九九一年に発表した論文によれば、ダーントンは『印刷業界逸話集』第六章の前半部しか取り上げておらず、自説に不都合な後半部を無視したというのである[16]。

たしかに『逸話集』第六章を最後まで読むと、物語の印象は変わってくる。というのも、ジェロームとレヴェイエはお咎めなしでは済まず、料理人クリスチーヌにグリーズ殺害の犯人として告発され、親方夫人の逆鱗を買ってしまうからだ。ジェロームは日頃の勤務態度に鑑みて工房に据え置かれるが、レヴェイエはあえなく解雇されてしまう。しかしクリスチーヌもまた、徒弟たちに告発され、親方に尋問されて罪の数々を告白することになる。実は親方は職人たちにまともな肉を配ろうとしていたのだが、クリスチーヌがこれを勝手に転売して稼ぎを得ていたのである。常習的に横領や会計偽装を犯していたことが判明したクリスチーヌは解雇される。その代わりに誠実な料理人が雇われて、ジェロームの食生活は大いに改善するのだった。このような結末を迎える『逸話集』の第六章は、「労働者の叛乱」というよりは、悪党を追放することで労働者と雇用者が良好な関係を取り戻す物語であり、温情に満ちた上位者の支配が確認される物語なのだ。あくまでも社会秩序を否定しないまま、その秩序の枠内で、下位者が狡知によって上位者に一矢報いるという筋書きは、書物史家ロジェ・シャルチエが早くから指摘していたように、中世の教訓譚《エクセンプラ》に連なる保守的な物語構造だと考えられる(17)。

マーによれば、ダーントンはこの物語を階級闘争史観になじむ「労働者の叛乱」に仕立てあげるために、『逸話集』の第六章の後半を無視するだけでなく、他の箇所から文脈を無視して要素を取り出す強引な解釈も行ったのだという。親方夫人が町の司祭と不倫をしていたことを示す根拠はテクストの内部にはほとんど見当たらないし、「女のすがたをしたこの悪魔の化身」という表現は、親方夫人ではなく、悪党のクリスチーヌに向けられたものだった。レヴェイエの嫌がらせを聞いて魔術だと噂するのはあくまでも近隣住民であって、親方自身が魔術をかけられたと信じてしまったことを示唆する表現はない。そして、たとえ現実のジャック・ヴァンサン親方が若い娘と再婚していても、それは『逸話集』に登場する親方がシャリヴァリの対象となることを意味しない。マーいわく、労働者が猫を記号として用いて夫人を放埒な「魔女」とし、親方を「寝取られ男」としたとする解釈は、原典の言葉を軽視すること、つまり「テクストを抹消する」ことによってしか成り立たない(18)。

以上の批判を踏まえると、結局のところ『印刷業界逸話集』については何が言えるのだろうか。まず、一八世紀の元植字工ニコラ・コンタが、猫を殺して楽しむ徒弟たちの物語を書いたという事実は揺らがない。そしてこの物語を、労働者たちが猫殺しを通じて親方夫妻に一矢報いる話として解釈することにも問題はないだろう。しかし労働者が猫を「記号」として巧みに用いることで、親方夫人の淫らな性生活と、それを防げなかった親方の情けなさを暗示したとする解釈には、どうやら無理があるようだ。民衆の笑いの背後に複雑な象徴体系を読み解くアプローチは、少なくともコンタが語る猫殺しの「逸話」を読み解く手段としては、適切ではないのかもしれない。ではどうすればよいのだろうか。

解決策を探るために、ダーントンの問題提起に立ち返ってみることにしよう。ダーントンは『印刷業界逸話集』に現れる猫殺しの物語に注目して、現代人には面白いどころか不快に思われる猫殺しの行為が、なぜコンタのような労働者にとっては面白かったのだろうか、と問い、その答えを民衆文化の象徴体系に求めたのであった。つまり猫殺しの「面白さを把握する」(getting the joke) ためには、猫のシンボリズムを理解することが必要だと考えたわけである。しかし既に見たように、記号論的な解釈はあまりうまくいかなかった。

ならば問いを逆転させてはどうだろう。コンタが笑い事として語る猫殺しは、なぜ「我々」にとっては面白くないのだろうか。そもそも猫殺しに「嫌悪感」すら抱く「我々」とは、誰のことなのか。ダーントンは、「動物虐めがブルジョワにとって無縁であるように、動物を愛玩するのは労働者に無縁の風習」だったと書いている[19]。ならば、「民衆」は猫を殺して楽しむ人々で、「ブルジョワ」は猫をペットとして大切に扱う人々だということなのだろうか。猫に対する態度が、それほど明確に階級の違いに対応することは、自明なのだろうか。

2 「民衆」とは誰か

ダーントンが『猫の大虐殺』を出版した一九八〇年代は、いわゆる「社会史」の研究が深化した時期にあたる。政治史や制度史を中心としてきた歴史学が、民俗学や人類学の発想を取り入れて、口承や図像を史料として取り込みながら、文書を記すことのなかった「無告の民」の声に耳を傾けるようになったのである。そうして、文字を読むことも書くこともなかった民衆であっても、愚昧な烏合の衆などではなく、一定の論理や規則にしたがって行動していたことが、暴動や祝祭の記録から明らかにされてきた。「猫の虐殺事件」の背後に象徴的な論理を探したダーントンの研究も、こうした社会史の一端を担っていた[20]。

しかし一九八〇年代はまた、歴史学の前提が問い直された「危機」の時代でもあった。ソビエト連邦の崩壊といった政治情勢を背景に、人類史を階級闘争の過程として語るマルクス主義的な歴史観が問い直されただけではない。いわゆる「言語論的転回」、つまり言語が人間の認識を規定することに関する反省が深まったことによって、過去に存在した「ありのままの現実」を史料的根拠に基づいて再構成するという、近代歴史学の理念そのものが疑問に付されていた。古文書は社会的現実を言葉によって表した言語的構築物に過ぎないのであって、そうした古文書に基づいて語られる歴史もまた、言語的構築物に過ぎない。個々の事件を歴史の流れに位置づけるために使われてきた階級闘争という概念も、歴史家が過去を整理して理解するために用いる枠組みや筋書きに過ぎないのであって、歴史家の主観を離れて存在する客観的な真実ではない(21)。

この「危機」の時代を経て刷新された歴史学では、過去の世界を「表象」の体系として捉える見方が研究者に共有されるようになった。つまり「労働者」といった普遍的なカテゴリーをあらかじめ設定して、過去の各時代における「労働者」のあり方を論じるのではなく、そもそも「労働者」というカテゴリー自体が歴史の過程でどのように生まれ、その存在がどのように人間や社会のあり方を変えたのかを問うといったかたちで、人間を区分するためのカテゴリーもまた歴史過程の一部であることが意識されるようになったのである(22)。

近世フランス史の研究においては、問いの立て方が以上のように変化するにあたって、ドイツの社会学者ノルベルト・エリアスの「文明化の過程」理論が脚光を浴びるようになった。よく知られているようにエリアスは、分業の発達と商業の発展が諸個人の相互の依存の度合いを高めるとともに、いわゆる「絶対王政」を敷いた国家が暴力を独占していった近世期に、社会階層の高い者たちが礼節を身につけて「文明化」される現象が生じたと主張した。エリアスが史料とした礼儀作法書の研究がさらに進んだ現在でも、絶対王政期のフランスの貴族たちが、礼節を自らの階級的アイデンティティとするようになったことは広く認められている。富裕層の平民が官職を購入して貴族化していったこの時代には、貴族階級のアイデンティティとして、血筋と武勇だけでなく、「紳士《オネットム》」的な振舞いが重視されるようになったのである(23)。

近世フランス研究の大家ジャック・ルヴェルによれば、社会的エリートが礼節を誇るようになったこの時代には、エリートに含まれない者たちを指す「民衆」という概念の内実も変化した。一七世紀中葉まで、学者たちが語るところの「民衆」とは、正しい聖書の知識を有さず、普遍《カトリック》にして正統なる教義に背く者たちを指す概念だった。一七世紀には地域的な風習を記述する民俗学的な文献が現れたが、それらの書物は、地域文化の保全を目的としたものではなく、むしろ各地の「民衆」に見られる「迷信」を正統教義に反する誤謬として、神学的な見地から批判することを目的としていた。しかし一七世紀中葉には、いわゆる自由思想家《リベルタン》たちが問題の所在をずらすようになる。理性を用いて「迷信」から脱却することができない無能力、つまり知性の欠如を「民衆」の特徴とするようになったのである。やがて一七世紀後半に、ルイ一四世の治世下で貴族生活の儀礼化が進むと、「民衆」は正統教義だけでなく「礼儀《シヴィリテ》」も知らない粗野な者を指すレッテルとして機能するようになった。こうして、かつては神学者に教導されるべき異端者と見なされた「民衆」は、洗練された「紳士」の侮蔑に晒される「無礼者」に変化した。(24)

こうして礼節の欠如を非難されるようになった「民衆」は、感受性文化が発展する一八世紀に入ると、動物に対して「冷酷」であることによっても特徴づけられるようになった。ダーントンは「動物、とくに猫を虐めること」が近世のヨーロッパに「広く流行した娯楽であった」ことを示すために、英国の版画家ホガースの作品《残酷の第一段階》(一七五一)を引用しているが、この図像は「動物虐待」が「民衆文化」の特徴であったことを中立的に描写した作品ではない(図1-1)。というのもホガースの版画は、英国の道徳論者たちが一八世紀初頭から展開していた「動物に対する残酷行為」の批判に連なる作品であり、動物を痛めつける行為を「残酷行為」と呼んで非難し、その残虐性を強調することで、見る者に動物に対する憐憫を抱かせ、動物いじめを問題視させるように仕向けるものだったからである。重要なことに、画面内部で動物をいたぶっているのは、連作の主人公ネロとその取り巻きで、多くは労働者階級の男子である。画面中央には、かわいそうな犬をいじめないでくれと涙を流して懇願する者がいるが、彼はかつらを被った若い紳士の姿をしている。つまりこの作品は、ホガースの版画を購入する裕福な階層の者に対して、動物に対する「残酷」行為を、品位ある階級の人間には相応しくない労働者階級特有の蛮行として見せつけたものなのである。(25)

図 1–1　W・ホガース《残酷の第一段階》1751 年

中央で背を向けて犬の尻に矢を挿入している，古着を着た男子が，連作の主人公トム・ネロである。画面左側には，いがみ合う二匹の猫を街頭に吊るし，暴れる様子を見て楽しむ集団がいる。その下では，少年にけしかけられた闘犬に猫が襲われており，上には，羽をつけた猫を窓から放り投げ，飛べるかどうか試している少年が見える。ネロから犬を救おうと涙ながらに懇願する男子のみが，身なりの良い紳士の姿をしている。連作では以後，ネロが殺人を犯して死刑に処され，死体を解剖されるまでの過程が描かれる。動物虐待を楽しむ主人公を反面教師として描く作品である。

猫殺し批判の言説

このように、動物に対する態度の違いを階級の違いに対応させる発想は、一八世紀に広まったものだった。猫を殺して楽しむ感性を「民衆」に特有の「残酷」な感性とする言説も、この時代のフランスに現れていた。しかもこの言説は、まさに、「民衆文化」における「動物虐待」の事例としてダーントンが言及した祝祭を語る際に用いられるようになっていたのである。

まずは南仏の町エクス・アン・プロヴァンスの「猫遊び」について見てみよう。「猫を空中高く放り投げ、地面に叩きつけさせる」一種の「遊戯」で、初夏の聖体祭で行われたものとして、近代の民俗学的文献に記録されたものである。南仏の地域文化の保全に尽力し、「猫遊び」に関する記録を残した詩人ミストラルによれば、一九世紀にはこの慣行が古代エジプトの異教徒に対する非難の儀式だと言われていたという。[26] しかし一七世紀の自由思想家マチュラン・ヌレは、いささか違うことを述べている。ヌレによれば、エクスの聖体祭では、聖書に説かれる歴史を動物によって再現する行列があり、その行列の中に、生きた猫を布で包んで空中に放り投げる者たちがいたという。出エジプト記三二章に登場する偶像崇拝者を表す演出らしい。ヌレはこのしきたりを、聖書を歪める「無知」の所業として非難した。つまり彼はあくまでも、猫を拘束して宙に投げる行為を、「残酷」な「虐待」としてではなく、正統教義から逸脱する異端として非難したのである。[27] ルヴェルが指摘した通り、この時点では正統と異端の差異や、知識の有無が問題になっていたようだ。

次に、夏至の聖ヨハネ祭について見てみよう。ダーントンが民俗学の文献に依拠して指摘したように、聖ヨハネの日にはフランスの一部地域で猫を犠牲にする慣行が存在し、パリとメッスには、猫を大火に投じて焼き殺す伝統があった。パリにこの慣行が存在したことを示す記録としては、この町の歴史を研究した一七世紀の弁護士ソーヴァルによって発見され、一八世紀に出版された文書が知られている。「慣例通り火に投げ込む」ための猫を供給したシャトレ裁判所の警視に三年分の代金が支払われたことを記録した市当局の文書で、一五七三年のものである。[28] パリにおいてこの行事は一七世紀に廃止されたようだが、詳しい経緯はわからない。一八世紀の歴史家サン＝フォワが『パリ史論』の第四版（一七六六）に書き足した内容によれば、廃止されたのはルイ一四世の治世初期のことらしい。[29]

したがって一八世紀のパリ市民にとって聖ヨハネ祭の猫殺しは既に過去の奇習と化していたのだが、この慣行に言及した知識人たちの言説には、一定の変化を見出すことができる。猫を礼賛する書物を一七二七年に出版したモンクリフは、聖ヨハネ祭の猫焼きをメッスに特有の慣習として非難し、「精神を恥じ入らせる儀式」という表現を用いている。モンクリフはヌレがエクスの「迷信」を批判したときと同じように、猫殺しを「偏見」に満ちた無知な者の所業として語ったのである。[30] ところが、一七五一年に聖ヨハネ祭に関する論文を発表した学者ルブッフは、「生きたまま燃やされる猫たちが鳴き声で奇妙な音楽を奏でる」この行事を、「いささか奇妙な娯楽」と呼んだうえで、次のように書き加えている。この慣習があったため、「飼い猫を愛でるパリの人々(les personnes de Paris qui chérissaient leurs chats)は、聖ヨハネ祭が近づくと、飼い猫が家から出ぬように格別の注意を払わねばならなかったのだ」と。[31] つまりルブッフは、猫を殺すこの行事が、猫を愛情の対象とする態度とは相いれないことにわざわざ言及したのである。そして先に引用したサン゠フォワの『パリ史論』では、猫焼きが「野蛮な慣習」と呼ばれた。モンクリフが単に知的な過ちとして非難していたところ、この著者は「野蛮」という形容詞を用いたのである。

こうした知識人のまなざしの変化は、メッスにおいてさらに明瞭なかたちで確認することができる。同市では一八世紀に猫焼きに対する批判が高まり、ついにはこの行事が廃止されるに至った。一八世紀にはフランス各地で地方学会の設立が相次いだが、メッスでも一七五七年にアカデミーが設立されて、一七六〇年には国王政府の認可を受けた公認団体になった。[32] このアカデミーの会員であるベネディクト会士ジャン・フランソワが、一七五八年七月一〇日に聖ヨハネ祭の大火の起源に関する論文を発表し、聖ヨハネ祭のあり方を見直すよう呼びかけたのである。

フランソワの論文は、猫殺しの責任を無知で冷酷な「民衆」に帰するものだった。モンクリフの『猫』でメッスが迷信の都として紹介されたことに愛郷心を刺激されたらしきこの修道士は、猫焼きの起源をめぐるいくつかの仮説を検証し、いずれの仮説も歴史的文書による裏付けを欠く憶測に過ぎないと結論した。フランソワは、こんな憶測を「信じるのは民衆だけ」(Il faudrait être peuple pour le croire)と述べて、無知な民衆が根拠の曖昧な虚偽をもてはやしているのだと示唆した。では起源のわからない伝統がなぜ存在するのかといえば、フランソワによれば、それは猫を見て「ひとが笑う」からに過ぎない。つまり「これらの憐れな獣たちが炎から逃れようとしてミャアミャア叫び、飛び跳ね、暴れ回るのを見て、民衆が覚える」ところの「快楽」だけが、この行事の存続理由なのだという。なるほど「猫の代金を払うのは市当局だ」が、当局は民衆に対する「甘やかし」(complaisance)としてこの代金を負担してきただけだという。このようにフランソワは、焼かれる猫の必死の抵抗を見て「快楽」を覚えて「笑う」のは、あくまでも「民衆」なのだと強調した。彼は猫殺しの行事の背後に、「無知」だけでなく、猫の苦しみを笑い事にする「民衆」特有の感性を見出したのである。(33)

フランソワが焼かれる猫を「憐れな獣たち」と呼んだように、殺される猫は憐憫を誘う存在として語られるようになっていた。このことは、フランソワの論文に続いてメッス・アカデミーの記録簿に収録された長大な詩にも見て取ることができる。この詩は『メッス市の猫たちが同市の参事会員の方々ならびに法務官の方々に平身低頭して申し上げる聖ヨハネ祭の大火に関する建言』と題された陳情書のパロディで、「猫《ミャオ》族の代表団」(députés de la gent miaulique)を語り手として、猫焼きの廃止を懇願するものである。表面的には、猫ごときに格調高い請願の形式を使って語らせることで、主題と文体の落差を作って笑いを取る滑稽詩だといえる。しかしフランソワの論文に合わせて提出されたと思わしきこの作品は、パロディの体裁を借りながら、猫殺しの廃止を本気でアカデミー会員に提案することを目的としたものだと考えられる。(34)

この詩では、猫殺しが三つの理由から批判された。第一に、猫は鼠を狩る有用な動物であり、焼き殺すのは資源の無駄遣いである。第二に、猫たちは「無実の生贄」であり、「恐るべき責め苦」を与えるのは正義に反する。最後に、この行事はメッスにしか存在しない。「メッス、ただメッスだけがわれらに残酷なのです」。あの猫たちの「天国」を、つまりパリを見るがよい。「上品な女性たち(femmes du bon ton)の腕に抱かれた」彼の地の猫たちは、「気取っているが素敵な言葉」(joli jargon)を話すご婦人方の「優しい愛」(un tendre amour)を浴びているではないか。

「何事につけても良き趣味が広がる」あの町では、猫たちは「しなやかな曲芸」や「ジャンプ」、そして「愛らしさ」(gentillesse)を見せつけて、「女性の機嫌を良くし、退屈も、嫌な思いも、とげとげしさも忘れさせ」ている。その結果、「家庭」(ménage)全体に「平和」がもたらされた。「猫の友情」はこれほど「共通善」に貢献しているのだ。したがって、どうか、「われらを焼きたもうことなかれ」[35]。

このように『建言』は、猫の有用性を強調し、猫に対する同情心に訴えかけるだけでなく、「趣味」の良い女性たちが猫に「愛」を注ぐパリの様子に言及して、猫殺しを批判したものだった。メッス・アカデミーでは、猫を殺して楽しむ態度を「民衆」の特徴とする論文に続いて、猫を憐れみ、愛する態度を、洗練の都の貴婦人の特徴とする詩も発表されていたのである。

結局この町の猫焼きは、フランソワが一七七五年刊の『メッスの歴史』に記したところによると、「三年前」、つまり一七七三年頃に廃止されたという。この地方の軍事司令官として一七六八年に赴任した陸軍元帥アルマンチエール侯爵の妻が「猫の恩赦を要求した」ことが廃止の理由だという[36]。詳しい経緯は不明だが、アカデミーで発表されていたフランソワの論文と、猫の救済を訴える詩が、廃止に向けた世論を準備していたのかもしれない。フランソワは一七七二年に論文をスイスの『百科新聞』の編集者に送付して掲載を依頼していたらしく、編者から受け取った丁重な返事が保存されている[37]。確認した限り論文の掲載は実現しなかったようだが、一七七二年頃に何らかのきっかけがあり、フランソワら学者たちが、ついに猫殺しを止めさせる時機が来たと判断し、論文の公刊を試みたり、元帥夫人と協働したりしていたのかもしれない。

メッスの猫焼きが廃止されるに至った具体的な過程がどうであれ、一八世紀には猫を殺して楽しむ態度が「民衆」の特徴として語られるようになっていた。ここまで見てきた言説は、単に「民衆」のもとにそのような態度があったことを証言するものではない。一六世紀末にパリの市当局が殺すための猫の調達資金を用意していたように、猫を殺して楽しむ態度は、近世初期の段階では社会的エリートにも共有されていた。この態度は一八世紀に初めて、「無知」で「野蛮」な「民衆」の娯楽として他者化され、エリートに拒絶されるようになった。メッスの猫焼きの廃止は、このまなざしの変化の帰結であり、この変化を象徴する出来事だったのである。

3　失われた猫を求めて

猫に限らず、動物は人間社会において象徴的な意味を担っている。もし民衆文化における動物の象徴性を探るのであれば、ダーントンが行ったように、民俗学の文献を頼りに伝承を集め、そこから猫の特徴をつかみ取るアプローチも可能だろう。そもそも近世の民衆文化を論じる際には、後代の民俗学者の記述に依拠しなければ、史料の欠落を補うことが難しい場合が少なくない。しかし問いの向きを逆さまにして、「民衆」について語る者たちが、つまり「民衆」とは違う存在として自分を提示する者たちが、動物をどのように位置づけてきたのかを知ろうとするならば、彼らが遺した文書や図像から語り方や描き方の特徴を読み取ることが必要になってくる。

前節ではこのアプローチを実践して、猫を殺して楽しむ行為や態度や感性について語る言葉の変容を跡づけた。その結果、人間が猫に投影する象徴的な意味を考えるためには、単に猫という動物がどのように語られ、描かれてきたか、そして猫に対して何が行われてきたかを問うだけでは十分ではないことがわかった。というのも、猫に対する人間の行為や態度や感性それ自体がどのように語られてきたかを問うことも必要だからである。猫たちは、そして動物たちは、単に人間が操る記号ではない。人間と同じ世界に存在し、人間と何らかの関係に置かれた生き物である。だからこそ猫の、そして動物の、社会における位置づけを考えるためには、動物が比喩として担ってきた意味だけではなく、人間とどのような関係にあったか、そしてその関係自体がどのように理解されてきたのかを問う必要がある。

ダーントンは、労働者が操作する記号としての猫の役割を重んじる反面で、人間の傍で生きる動物としての猫の存在を考慮していなかった。このことは愛猫を殺された親方夫人の感情の解釈に如実に表れている。ダーントンによれば、グリーズを殺害された奥方が憤慨したのは、労働者たちが雌猫を通じて自分に「象徴的な侮辱」を加えたことに気づいたからだという[38]。つまり暗に侮辱されたことに対する怒りばかりが問題にされていて、大切にしていた猫を殺されたことに対する驚きや悲しみや怒りといった感情は、分析の埒外に置かれているのだ。猫は記号に還元され、もっぱら人間同士の暗号通信を可能にする言語として論じられていた。

動物を世界の成員としてではなく、あくまでも人間に操られる道具や記号として論じる態度は、かつての人文社会科学では広く共有されたものだった。人文社会科学はあくまでも人間的営為に関する学問であり、自然界に属する動物は自然科学者の研究に委ねるべきものだとされていた。経済史家が動産としての家畜を論じ、文学史家や美術史家が象徴や紋章としての動物を取り上げることはあれ、人間と動物が同じ世界に生き、さまざまな関係を切り結んできたことは、ほとんど歴史学の考察の対象にならなかった。とりわけ、人間が動物と感情的な絆を築くことは、軽視され、無視された。一九七四年に米国の社会史専門誌に掲載されたペットの歴史に関する初期の論文が、歴史研究の対象が無際限に拡大するかに見えた社会史ブームを懸念し風刺するパロディ論文だったことは、その証左である[39]。実際にペットを初めて歴史学の博士論文の主題として選んだキャスリーン・キートは、ハーヴァード大学の事務局に論文題目を提出したところ、悪ふざけのつもりかと勘違いされたという[40]。ペットを歴史研究の主題とすることは、それほど例外的なことだった。『猫の大虐殺』が出版された一九八〇年代前半は、英国ではキース・トマス、フランスではロベール・ドロールやモーリス・アギュロンによって動物に注目する意義と必要性が説かれた、動物史研究の黎明期だった[41]。動物をあくまでも「考えるのに便利」な記号として解釈することは、そもそも動物が歴史学の研究に値すると認知されていなかった当時には当然の考え方だったのだろう。

しかしその後、とりわけ二〇〇〇年代以後、風向きは大きく変わった。「アニマル・スタディーズ」と総称される学際的な動物論などの高まりを受けて、人文社会科学と自然科学の区別の根拠となっていた、人間界と自然界の差異を自明視する態度が相対化されるようになったのである。[42] 人間の「社会」や「文化」には「自然」的なものが入りこんでおり、逆に「自然」なるものが存在する仕方や把握される仕方は「社会」や「文化」による影響を強く受けている。こうした意識が高まった近年では、人間を特別視して自然界から切り離してきた近代的「ヒューマニズム」を乗り越える「ポスト・ヒューマニズム」や、人間を動物の一種として位置づけて、多種の生物の諸関係を問う「マルチスピーシーズ」人類学が盛んに論じられている。[43]

歴史学においては、動植物の存在を考慮しながら社会を分析する「動物史」や「環境史」に加え、人間自身の自然的な部分（身体）の文化的構築を論じる「感性史」、「感覚史」、「感情史」といった分野も、「自然」と「文化」の境界の問い直しに関わってきた。[44] 近代的世界観や学問観の前提が諸分野で問い直されるなか、かつては周縁的な位置にあった「動物」と「感情」という主題が、歴史学の大きな関心事になった。そうして今や、人間の愛情を受けるペットに関する研究を含め、動物が呼び覚ます感情に関する研究が歴史学でも盛んに行われている。[45] 筆者が猫に対する愛情を研究の主題に設定できたのも、そうした状況に支えられてのことに他ならない。

こうして動物は、記号の世界を飛び出して、人間との様々な関係に置かれてきた生き物として歴史学の研究対象になった。もちろん歴史学は、人間が生み出した史料に依拠する学問であり、動物が自ら遺した痕跡に触れることはほとんどできない。史料を生んだ人間の存在を無視して（人間以外の）動物だけを対象にすることは困難である。それでも史料の中に動物の存在を読み込み、人間と動物の関係のあり方を考察の対象とすることで、いささかなりとも「マルチスピーシーズ」な歴史を描くことができるのではないか。

猫に寄り添う歴史学？

では史料に猫の存在を読み取るためには、どうすればよいのだろうか。フランスを代表する動物史研究者のひとりエリック・バラテは、歴史学が人間中心主義を乗り越えるためには、現代の科学の知見も応用しながら、史料に見られる動物の行動を解釈し、動物たちの立場から見た歴史を書くことが必要だと述べている。実際にバラテは猫に関する近著で、「猫の大虐殺」事件を、殺された猫たちの立場から語りなおしてみせた(46)。しかしこのアプローチは、少なくとも『印刷業界逸話集』に関する限り、あまり説得的ではない。バラテの方法を用いるためには史料に動物の行動が写実的に記述されている必要があるが、コンタの作品が事実の忠実な報告である保証は、実のところどこにもないからだ。

『印刷業界逸話集』を出版したジャイルズ・バーバーによれば、同書は業界の内部事情を、他の印刷業者による証言と符合するかたちで詳述していることから、コンタ自身の体験に基づく、信憑性の高い文書と見なせるという。ダーントンもこの指摘を踏まえて、コンタの著作を、ベンジャミン・フランクリンやレチフ・ド・ラ・ブルトンヌの回想録に代表される、印刷業者による「自伝」の伝統に連なるものとして扱った。したがって「猫の大虐殺」は、コンタが実際に徒弟修業を積んだ「ジャック・ヴァンサンの印刷工房で起こった最も滑稽な事件」が、「目撃した労働者」による「体験記《アカウント》」ないし「回想録《メモワール》」に記録されたものとして論じられたのである。もっともダーントンは、コンタの「報告」が「恣意」によって歪められている可能性や、そもそも「虚構ないし意図的なでっち上げ」である可能性にも言及していた。しかし解釈の過程で実在のヴァンサン親方と作中の親方が混同されたように、猫殺しの逸話をあくまでも物語として扱うという配慮は徹底されていなかった。その結果、虐殺が実際に起きた事実であり、物語ではなく「事件」そのものが分析対象であるかの印象を与える書き方になっていた(47)。バラテだけでなく多くの動物史研究者が、ダーントンの書を読んで、この「事件」が実際にパリで生じた歴史的事実であると考えたのも、無理もない(48)。

しかし『猫の大虐殺』を批判的に検討する論文でロジェ・シャルチエが指摘したように、印刷業界の内情の記述が他の文献の内容と符合することは、猫殺しの物語までもが事実であることを保証するわけではない(49)。『印刷業界逸話集』は副題に「印刷工たちの特殊な風習の記述」とあるように、あくまでも職能集団の世界を部外者に説明するテクストであり、著者自身の自我と人格の形成過程を主題とする近代的な「自伝」ではない。自伝ならば、著者（兼語り手）の周囲で生じる出来事が、著者の人格形成に影響を与えた何らかの事実であることが、一人称の語り手の宣言によって、あるいは自伝というジャンルの約束事として保証されるだろう。例えばダーントンが類似のテクストとして引用したレチフの自伝的一人称小説『ムッシュ・ニコラ』（一七九六）は、序文で「人間の心を解剖」して「自己の内奥に探りを入れる」ことが目的だと宣言していた。[50]対して『印刷業界逸話集』は業界の内情を、主人公ジェロームを使って三人称体で記述する文章であり、猫殺しは、笑い話を好む印刷工たちの性格を例示する挿話の位置にある。しかもその挿話は、先に見たように、下位者が狡知を用いて上位者に一矢報いるという、保守的な物語構造を踏襲していた。したがって事実の「報告」ではなく、親方と職人のあるべき関係を示す寓意的物語であるかもしれない。語り手が猫殺しの逸話を面白く語ってみせることで、面白話を好む職人たちの性格を自ら例示する、メタ・テクスト的な意味すらあるかもしれない。[51]

要するに『逸話集』は、猫殺しの「逸話」までもが事実に立脚していることを保証する類のテクストではない。「虐殺」が事実であるかどうかは、他の史料が現れない限り、知り得ないことである。したがって慎重を期すならば、猫殺しの物語が事実であることを前提とせずに議論を進めねばならない。コンタが書いた猫殺しの物語は、労働者の「行為」ではなく、あくまでも著者が示した「物語」として分析するべきなのだ。

『印刷業界逸話集』が虚構なら、なおさら、猫を象徴として読み解くアプローチこそ適切であって、生き物としての猫の痕跡を探すことなどできないと思われるかもしれない。しかし必ずしもそうではない。動物論批評で示されてきたように、フィクションの内部で人と動物の関係がどのように描かれているかを問う方向性もまだ残されているからである。[52]先ほどは猫殺しの行事に関する言説が一七世紀から一八世紀にかけて変化したことを確認したが、今度は猫殺しを当然の行為として語る「民衆」側のコンタの語りを、一世紀前の作品と比較してみよう。

風船になった猫

飼い猫を殺された女性が復讐を果たすというテーマは、早くも一三世紀の写本に確認されるものだが[53]、一七世紀には文人トリスタン・レルミットの作品『失寵の小姓』（一六四三）に取り入れられていた。トリスタンはルイ一三世の宮廷に小姓として出仕した後、王弟ガストン・ドルレアンなど高位貴族に仕えた。この作品は、主人の寵愛を得ては失う不安定な生活の苦労を綴った一人称の散文物語で、自伝的要素を含むと言われている[54]。実名出版されたものの、事実を事実として述べることを約束する回想録《メモワール》ではないため、事実と創作の境界は曖昧である[55]。

ここで取り上げたいのは第二部の第三三章「家の娘の雀を食らった猫について」で、あらすじは以下の通りである。ある貴族の城に滞在中の「私」は、その家の侍女に惚れてしまう。穏やかで心優しく、「はいとかいいえとか言う根性」を欠いた娘であった。「私」はある日、この侍女が悲しそうに泣いているのを見つける。飼っていた雀をスペイン猫（品種名。次章参照）に見せたら、尻尾だけ残して食べられてしまったというのだ。「私」はすぐさま「同情心」（compassion）に駆られて復讐を決意する。ところが侍女は「怖気づいて」（trop craintive）、猫を死なせたがらず、軽い仕返しに留めてほしいと言ってくる。そこで「私」は、娘に猫を持たせて「鳥の羽軸を尻に刺し込んで、しばらく空気を吹き込んで、羊の大きさになるまで膨らませてやった」。膨張した猫は「実に見苦しく、足で立っていることもできず、目は頭から飛び出んばかりだった[56]」。

すると突然、猫の飼い主である城主夫人が部屋に入ってくる。「城のご婦人」は、猫に目を向けたその瞬間に「家中をびっくりさせるような叫び声をあげて、気絶して脇のベッドに崩れ落ちた」。彼女はしばらくして意識を取り戻すと、「この驚くべき膨張を引き起こしたものは何かと極めて激しく問いただし」、怯えた侍女は経緯を白状してしまう。奥方はベッドに倒れて「私」に暴言を吐き散らす。騒ぎを聞きつけた城主が部屋にやってくると、奥方は「私」を指さして、告発すべく「こ、こ、こ、この悪党」（ce, ce, ce, ce méchant）と口にするが、泣きわめくあまり、まともな言葉が出てこない。ようやく落ち着きを取り戻した妻から事情を聞いた城主は、妻に同情するどころか、

「これほど馬鹿げていて、大声で嘆くのに値しない」理由で取り乱すなど言語道断だと「奥方を激しく叱った」。そのため「夫人はさらに機嫌を損ねて、一晩中泣いて過ごす」ことになる(57)。

話はこれで終わりではなく、「私」は次章で手酷い反撃を受ける。城主の妻は「私」と侍女を城から追い出そうとするのだが、それでは厳しすぎると判断した城主が、別の罰を思いつく。「私」と侍女を犯行現場に連れていき、猫の尻に空気を吹き込んでいる場面を再現させて、その姿を城雇いの画家に描かせたのである。ポーズを取っている間、二人は家中の者だけでなく町中の人々の好奇心と嘲弄に晒された。娘は「泣き」、「私は怒りで歯を食いしばった」。さらに次の章では「私」が画家に仕返しをして、雀の死から始まった復讐の連鎖が終わることになる(58)。

風船のように膨らまされた猫の生死ははっきりしないが、主人公が猫を虐めて、そのために女主人の逆鱗に触れる点は『印刷業界逸話集』と似ている。しかし相違点も多い。猫は階級闘争のスケープゴートにされるのではなく、侍女の雀を殺したために、自身が復讐の対象になっている。さらに重要なことに、猫は「月毛と黒毛のスペイン猫」と呼ばれるだけで、固有名を示されない。この猫は当初、不定冠詞を付されていて、飼い主が現場に到着した後にようやく、「彼女の猫」(son chat) と所有形容詞によって個体識別されている。つまりこの猫が奥方の寵愛を受けていることは、この瞬間まで明かされないのだ。そのことを、「怖気づいて」仕返しを躊躇する侍女は知っていたのかもしれないが、「私」が気に留める様子はない。猫に対する愛情は、飼い主の秘めたる感情であり、同じ城に住む者にすら認知されていない。事情を聞いた城主も、猫を大切に思う妻の思い入れを「馬鹿げている」(ridicule) と一蹴し、正当な感情として認めていない。

『失寵の小姓』の主人公は概して動物愛玩に批判的である。貴族として狩猟を嗜む「私」は、動物に愛着を抱く態度を蔑んでおり、狩りに使う猟犬を可愛がることも避けていた。猫の事件が起きる以前、可愛がっていたヤマウズラを狩人に取られて「泣きじゃくって」嘆く二名の少女に対し、「私」は、ヤマウズラに「優しい言葉」を使うなど「馬鹿げた」(ridicules) 行為、「子供の感情」(sentiments d'enfant) であって、「七、八歳」の妹さんには「許される」が、二倍ほども年上のお姉さんがそんな感情に耽るのは「耐え難い」、と説教をしていた。[59] 動物を愛する者に対する侮蔑は、猫を虐められた奥方にも向けられる。語り手は、奥方が気絶したことや、目を覚ました後も、むせび泣くあまり言葉が出てこないことを強調している。つまり感情が昂るあまり、理性を失って自己の制御ができなくなっていることを、身体の状態に即して外部から記述しているのである。なぜ彼女がそれほど激しい動揺を示すのか、この猫が彼女にとってどのような存在だったのかを推し量る文言は一切ない。動物に対する愛情は、主人公にとっては理解不可能な、いや理解する価値すらもない「子供の感情」に過ぎない。

「親方連中は猫を愛でる」

『印刷業界逸話集』の著者ニコラ・コンタは、ギリシア神話に言及するなど、ある程度の教養を備えたインテリ労働者であり、トリスタンの作品、あるいは猫の飼い主の復讐を描いた一八世紀の文学作品を読んでいたとしてもおかしくない。[60] しかし影響関係の論証は困難であるから、ここではあくまでもテクストの比較によって、『逸話集』の特徴を見定めることにしよう。

『失寵の小姓』と比較したときにまず気づくのは、親方夫人の飼い猫がグリーズという名前によって区別されており、しかもグリーズが特別な猫であることが工房に知れ渡っていることである。奥方は労働者たちにグリーズには手を触れるなと忠告しており、ジェロームとレヴェイエは自分たちが仕留めた猫がグリーズだと認識し、「一大事」であると自覚してその死体を隠している。地位の高い女性に愛でられた猫の存在がこのように周知されている状況は、トリスタンの作品には描かれていなかった。

第二に、『失寵の小姓』では愛猫の死を悼む奥方の様子が侮蔑的に戯画化されていたのに対し、『印刷業界逸話集』ではいささかなりとも飼い主の感情に寄りそう表現が見られる。語り手はグリーズが飼い主にとって特別な存在であることを「唯一無二の雌猫」(chatte sans pareille) という表現を二度も使って強調している。しかもこの表現は、猫を殺された飼い主「からすれば、印刷職人のすべての血をもってしても、この無礼をあがなうことはできないと思われた。かわいそうなグリーズ、唯一無二の猫なのに」という文に登場する。つまり自由間接話法を用いて飼い主の心理を説明するために使われているのである。親方夫人は猫の処刑の現場を見てグリーズの安否を気遣い、叫び声をあげるものの、気絶することも、泣きじゃくって言葉を失うこともない。夫に叱られることもない。奥方は後日、猫の死を乗り越えて冷静さを取り戻し、ジェロームの働きぶりを認めて赦してもいる。つまりコンタは、トリスタンに比べれば、猫に対する愛情を情念の暴走として戯画化する傾向を抑えており、むしろ心理を説明する語句を添えていた。復讐心が鎮静化した後の様子も語ることで、猫を愛でる飼い主を好意的に描いたとすら言えるだろう。(61)

最後に、一八世紀中葉の学者たちが猫殺しを楽しむ態度を「民衆」の特徴とした言葉を裏返すように、コンタは猫を可愛がる態度を親方層の階級の特徴としている。というのも、親方夫人が「猫に夢中」(passionnée pour les chats) だという話題が最初に出た際に、語り手はすぐさま、親方層には同じような者が何名もいて、「なかには、猫を二五匹も飼って、焼肉や鶏肉を餌にやって」、肖像画に描かせた者すらいると言及しているからである。猫の殺戮に繰り出す労働者たちの動機を説明して、「親方連中は猫を愛でる、だったら職人たちは猫を憎む」(les maîtres aiment les chats, ils doivent par conséquent les haïr) と語り手が明言するように、『印刷業界逸話集』では猫に対する愛情の有無が、階級を分ける指標として機能している。(62)

『失寵の小姓』では、動物に愛着を抱くか否かは、男女を分ける指標になっていた。同作に登場する動物愛玩者は女性ばかりであり、男性貴族である「私」も城主も、動物に対する愛を「馬鹿げた」感情として軽蔑していた。たしかにコンタの作品でも、このようなジェンダーの差異は描かれている。ジェロームが勤める工房の親方は、猫を殺されたことに怒る妻とは違って、単に徒弟たちが仕事を中断して遊んでいることに怒るだけだからだ。(63) それでも、猫を愛でる気持ちが特定の女性ひとりの感情ではなく、男性にも共有されたものであり、親方層の階級を特徴づけるほど一般化しているのだという認識を、語り手が、そして作中の労働者たちが示していることに変わりはない。つまり『印刷業界逸話集』は、飼い主に愛され、他の猫から区別されて特別な扱いを受けているペット猫の存在が、自らはそのように猫を愛でない者に、そして猫殺しを楽しい逸話として語る者にすら明確に意識されるようになった時代にこそ書かれ得たテクストだった。猫殺しの伝統を論じる際にわざわざ「猫好き」に言及した学者たちと同じく、コンタもまた、猫が愛情の対象として広く認知され、「猫好き」の存在が意識される時代を生きていたのである。

おわりに

ニコラ・コンタが猫を殺して笑う労働者たちの「逸話」を語った一八世紀は、猫に対する接し方の違いが、社会的エリートと「民衆」を区別する指標として機能するようになった時代であった。近世初期に、聖ヨハネ祭で焼き殺すための猫をパリとメッスの市当局が購入していたように、猫の苦しみを笑いの種にする態度は元来、必ずしも「民衆」だけに限られたものではなかった。そのような態度を「残酷」で「野蛮」な「民衆」の特徴とする言説は、一八世紀にようやく広がり始めたものだった。礼儀作法を身につけていること、そして優しい感受性を有することが、社会的エリートの階級意識の構成要素になったこの時代にようやく、猫の苦しみを笑う態度が他者の異文化として立ち現れるようになったのである。

「民衆」階級に属する労働者コンタは、この時代にもなお、猫殺しを笑い事としてはばからなかった。コンタが、そして彼が描いた労働者たちが「猫の大虐殺」を面白がったのが、猫という記号を使って親方夫妻を愚弄したからなのかは、結局のところよくわからない。しかしコンタが、猫をペットとして可愛がる親方層と、猫を殺して鬱憤を晴らす労働者の対立を描いたこと、つまり猫を愛するか否かを階級の指標として用いたことは間違いない。惰眠を貪る親方に対する復讐を求めた労働者たちが、夫人の愛猫グリーズら猫たちをスケープゴートにしたのは、「親方連中は猫を愛でる、だったら職人たちは猫を憎む」という論理があったからに他ならない。

猫はシンボルである以前に、現実に存在し、人間と様々な関係を切り結ぶ生き物である。もちろん猫に象徴的な意味が託されることは事実であり、そうした意味を読み解くこともまた重要である。そもそも人間が遺したモノを史料とする歴史家は、結局のところ人間が見たところの動物について語ることしかできない。それでも、史料の中に人と動物の関係のあり方がどのように描かれているのかを探ることで、人間が動物との関係に特定の意味を見出しながら生きてきた歴史を書くことはできるはずだ。本章で「猫の大虐殺」が語られた文書の再解釈を通じて例証したように、猫という動物が記号として何を意味するのかだけではなく、人と猫の関係がどのように語られてきたかを探るかたちで、問いの立て方を変えることで、新しい歴史の解釈を生み出すことができるのだ。以下の各章ではこの教訓を胸に、一八世紀フランスに生きた人と猫の関係の諸相を、さらに探究していくことにしよう。

第2章　資源としての猫
——飼う、売る、食べる——

はじめに

猫は何かの象徴である以前に、人間の身近にいる動物である。鼠を殺す家畜の役割を担うこともあれば、その他の用途に利用されることもあった。一八世紀フランスにおいて、猫を愛することや殺すことがどのような意味を有したのかを理解するためには、そもそも猫がどのような動物として扱われていたかを知る必要がある。当時の日常生活において猫が占めていた位置を見定めることなしに、皆で猫を追い回して退治することの特殊性も、飼い猫に名前をつけて可愛がることの特殊性もわからないはずだ。

一八世紀は「辞書の時代」だった。(1) ディドロとダランベールが初の本格的な百科事典である『百科全書』を編んだこの時代には、農学や商学、家政学《ウコノミー》や博物学に関する事典が続々と出版され、それまでは書物で取り上げられなかった生活の細部までもが、辞書の項目に記述されるようになっていた。(2) 本章では、これらの事典類を主な史料として、当時の社会における猫の位置づけを探ってみたい。人と猫の実際の関係について史料からわかる範囲で述べるとともに、その関係に言及した学者たちの言説の変化も跡づけることにしたい。

1 猫の飼育

アカデミー・フランセーズのフランス語辞典で「猫」が「鼠を狩る家畜」として定義されたように、猫はまずもって鼠を駆除するための家畜と見なされていた[3]。鼠対策のために猫を家に置くことはあまりにも当然のことであり、家政論者もあえて猫の飼育の推奨はしていない。例えば、生活知大全として定評を得たショメルの『家政事典』(一七〇九)では、鼠除けの方法として、猫の皮に詰め物をしたカカシを使う方法が紹介されているが、猫の本来的な用法はわざわざ説明されていない[4]。

ただし鼠対策に用いられたのは猫だけではない。「鼠殺し」(mort-aux-rats)と呼ばれる毒薬を使った罠をしかけることも常套手段であり、専門の駆除業者が行商人として活動してもいた。フランス国立文書館には、ヴェルサイユ宮殿の役人が、大量発生した鼠の退治に手を焼き、鼠駆除業者と交渉していたことを示す記録が残っている[5]。殺鼠剤の材料には主にヒ素が用いられたという[6]。毒薬は鼠対策だけでなく、迷惑な泥棒猫を退治するためにも使われたことだろう。一八世紀の文学には、毒薬の罠にかかって死ぬ猫もよく登場する(第7章参照)。

生殖の管理

猫の飼育を論じる際にまず注意したいのは、猫が極めて繁殖力の高い動物だということである。(現代日本の)環境省が公開している資料によれば、単純計算すると、一匹の雌を放置するだけで、一年後には二〇頭、二年後には八〇頭、三年後には二〇〇〇頭の猫が生まれることになるという[7]。飼い猫の生殖管理(避妊と去勢)が徹底されるようになったのは現代のことであり、近世の猫の大多数は生殖能力を保持し、毎年たくさんの子を産んでいたと考えられる。発情した猫たちが活動時間の夜間に発する鳴き声は、無視できない騒音だったろう。とりわけ屋根に近い部屋に住んでいた都市労働者にとって猫の声は不愉快だったはずだ。コンタの『印刷業界逸話集』の主人公ジェロームも、すき間だらけの小屋で猫の騒音に悩まされていた。

現代日本では動物の個体数の管理に失敗した状況が「多頭飼育崩壊」と呼ばれて問題視されているが、一八世紀フランスにも同様の状況があったことを物語る稀有な史料がある。一七八五年に米国人ベンジャミン・フランクリンがフランスの学者モルレから受け取った一連の手紙である。モルレは、動物好きで知られたエルヴェシウス夫人の邸宅に居候していたのだが、夫人の愛する猫が一八匹に増え、訪問者も困惑するほど猫まみれの状況になってしまった。モルレは問題を指摘するために『敬愛するエルヴェシウス夫人へ、飼い猫たちからの嘆願』と題した散文を書いて、その複写をフランクリンに送っている。この「嘆願」は前章で取り上げたメッス・アカデミーの詩と似た作品で、邪魔だからといって水に沈めて殺さないでくれと猫が頼む興味深い内容だが、結局のところ解決策は外部からもたらされた。モルレいわく、フランクリンの「お孫さんがブルドッグを置いていってくれたお陰で、猫の数は減りました」[8]。「嘆願」では猫に一定の憐憫を示したかのモルレだが、犬が猫を噛み殺してくれるなら良心の呵責を覚えなかったのだろうか。それとも、犬を恐れた猫が家の外に逃げ出していっただけなのかもしれない。

猫の増殖を防ぐためには、性別に応じて二つの手段があった。雌猫に対しては、生まれた子猫を水に沈めて殺す方法が用いられていた。というより避妊ができないため、そうするしかなかった。子猫殺しは家事使用人の領分であり、史料で言及されることは極めて少ない。猫の間引きに言及した稀有な文献としては、『男の学校』(一七五二)という道徳文学がある。召使いが「母猫の苦労を和らげるために子猫を一部取り上げようと決めて」、六匹のうち四匹を水に沈めることにする。すると「猫ちゃん」(Minette) はこの「野蛮な計画」に抵抗し、「尻尾を膨らませ、目には怒りを露わにし、激しい罵り声をあげて、爪を高らかに掲げる」[9]。語り手によると、我が子を守らんとする雌猫が示す母性愛を賛美するためにこの逸話を取り上げたらしい。第8章で論じるように、近世の図像学においては雌猫が母性愛の象徴とされていたが、その背景には、このように生まれたての子猫を取られまいと抵抗する雌猫の様子が、人々に観察されていたことがあったのかもしれない。母猫の衰弱を避けるために二匹だけ残して残りは水に沈める、というのは一八二八年に出版された猫飼育マニュアルにも見られる考えであり、広く共有された生活知だったのだと思われる。[10]

猫が雄ならば、局部を切除して去勢することができた。猫の去勢は一六世紀にイタリアで制作された初期滑稽画の題材となっており（図2-1）、いくつかの詩には去勢された雄猫が登場する。[11] いましがた引用した、中産階級向けの猫飼育マニュアルの著者は、雄猫の去勢は飼い主が自ら行うのではなく、専業の「去勢屋」に任せるべきだと説いているが、農民や労働者なら、わざわざ代金を支払わず自分で施術することも多かっただろう。[12] モンクリフがこの「野蛮な任務」をこなす者として「鍋釜屋」を挙げたように、専門の去勢屋以外にも、外科医や装蹄師など、金属を扱う職業の従事者が猫の去勢を請け負ったのだと想像されるが、片手間仕事に過ぎないから、史料に痕跡が残ることは稀である。[13]

図 2-1　ロマニーノ《猫の去勢》1532 年（部分）

窃盗と糞害

猫を飼育することの弊害は子猫の増殖だけではなかった。この動物は鼠を殺してくれる反面で、色々な迷惑をかけてくる場合があったからである。家政論者リジェが、バターやチーズや牛乳や家禽を猫に盗まれないように厳重に管理するよう説いているのは、そうした窃盗が頻繁に起きていたことの裏返しだろう。[14] フランス語辞典に

図 2–2　A＝F・デポルト《猫のいる静物画》1741 年（部分）

は「猫」にまつわる定型句として、「猫が出たぞ」（Au chat）という言葉が載っているが、これは泥棒猫を追いかけるときの掛け声である。[15] 静物画にも、食べ物をひょいと失敬する泥棒猫がよく登場する（図2–2）。第Ⅲ部で取り上げる例を先取りすると、一八世紀の寓話詩には鼠からチーズを守るように託された猫がチーズを食べてしまったという話が頻出しており、博物学者ビュフォンは猫を「筋金入りの泥棒」と呼んだ。いずれも、猫に食べ物を盗まれることが日常茶飯事であったことの表れだろう。

とりわけ趣味の狩猟で獲物とするために鳥や野兎を飼う者にとって、猫の脅威は深刻だった。一七八〇年代に出版された『農業完全講義』の寄稿者モンジェーズは、狩りの愛好者に向けて、「家禽泥棒の猫どもを容赦なく根絶やしにする」ことを推奨している。一九世紀初頭の『家庭百科』という実用書でも、罠を仕掛けるか、棍棒で打ち殺すなどして、泥棒猫を駆除することの必要が説かれている。こうした助言は、農村向け家政事典にはよく見られるものだった。[16] ちなみに狩人や釣り人は、野獣や魚をおびき寄せるための餌として、猫を丸焼きや細切れにして用意した肉を用いていたようである。[17] また近世ヨーロッパの山林にはイエネコよりひと回り大きいヤマネコが広範に生息しており（図2–3）、このヤマネコも狩りの対象とされていた。[18]

イエネコの飼育の話に戻ろう。盗み以外にも排泄の問題があった。一八世紀には王権に奨励され、地方アカデミーに活動の場を得た農学が著しい発展を遂げたが、その農学では穀物の取引と管理が大きな論題になった[19]。この過程で出版された農学者デュアメル・デュ・モンソーの著作には、猫は食糧に糞を混ぜる不便な家畜であるから、猫を使わない鼠対策が望ましいという指摘が見られる[20]。ジャガイモの食用を普及させたことで知られる農学者パルマンチエは、納屋の床に小麦粉を直置きする習慣を批判し、猫や鼠の糞害を避けるためには小麦粉を袋に入れて保管する必要があると説いている[21]。農学が隆盛を極め、資源を最大限に活用する方法が有用性と公共善の名の下に追究される時代に入り、猫の糞にも学者が注意を向けるようになったわけである。

面白いことにパルマンチエは、糞害を避ける手段として、猫にしつけを施す方法も説いている。一七九〇年に『総合婦人文庫』シリーズの一環として出版された家政学書の一節に説かれたものである。模範的な農婦の行動を記述することで読者の行動指針とする同書において、賢明な農婦は台所に「警察のような管理体制」を敷いて、当番の料理係以外の入室を禁じる。そして当番の料理人には、夜に退出する際に必ず口笛を吹いて猫たちを外に出させる。「このように猫を習慣づけるのは容易なことですが、家禽に手を出そうとしない猫だけを選ぶように」するのが肝心だという[22]。賢明な農婦は、納屋でも灰箱を用いて排泄訓練をさせることで、指定場所で糞をすることを猫に覚え

図 2–3　ビュフォン『博物誌』より《ヤマネコ》1756 年

させた。このように、性格を基準に猫を選抜したうえで、選んだ猫に訓練を積ませることで、窃盗も糞害も起こさない便利な猫ができあがるというわけだ。この本は管見の限り、猫のトイレトレーニングに言及した初めての書物だが、パルマンチエが女性向けの著作でようやくこうした知恵を披露したのは、彼がこの知識を女性に相応しいものだと考えていたからだろう。農婦や女性使用人から猫を訓練させることを学んでいたのかもしれない。

農学者たちの猫論争

パルマンチエの助言は、ささやかに見えて、実は革新的なものであった。訓練を通じて猫に物事を教え込むことができるという考えは、近世の一般的な理解から乖離していたからである。第6章で詳述するように、一八世紀と一九世紀の転換期には、猫は何をしても行動を変えない、しつけ不可能な動物だという旧来の通念が、扱い方次第で猫にしつけを施すことは可能だと説く論者によって批判され、社会的な「猫観」が揺らいでいた。ここでは農学においても、猫の適切な飼育方法が改めて議論されていたことを見ておこう。

一七八五年に議論の口火を切ったのは『農学完全講義』の寄稿者モンジェーズである。彼は、猫が鼠の駆除という役割を十分に果たすためには、猫に与える餌の量を最小限に制限するべきだと説いた。「動物も人間も満ち足りると必ずや怠惰に陥る」のであるから、猫に餌を与え過ぎれば、鼠を狩らなくなってしまうからだという[23]。

同様の見解は、パリ大学医学部教授で、ランブイエ王立農園で動物の繁殖を研究したテシエによる、一七九三年刊行の事典項目でも示されている。テシエは次のように書いた。

餌と世話を過度に施されて人に懐きすぎた猫は、諸々の鼠を狩る能力において他の猫に劣ると言われる。理由は単純だ。必要に迫られることなく、だらしない有閑生活を送ることで、生来の活動性が失われるからである。どの種の野生動物でも同じことが起きる。したがって農場主も、小作人も、できる限り猫を原始状態に留めておく必要がある。そのためには一切、撫でてはならないし、餌は、家に住み着かせ、狩りに必要な忍耐を発揮させるのに必要な量に済ませて、満腹にさせないことだ。そして獲物を捕える一瞬の隙も見逃さぬように見張りをさせるために、姿を見つけ次第、屋根裏や納屋や家畜小屋に追いやることだ。これが猫の正しい扱い方である。(24)

テシエいわく、猫は「原始状態」においてのみ家畜としての役割を果たすのであり、「だらしない有閑生活」(une vie molle et oisive)によって本能を破壊されれば、役立たずになってしまう。この発想の背景にはおそらく、一八世紀の医学において生活習慣が人間や動物の性質に与える影響が、ますます重視されていたことがある。ジョン・ロックの経験主義哲学が広まって、感覚的経験が知識の源泉として捉えられるようになった一八世紀はまた、事物が感覚を通じて身体に与える影響が医学的考察の対象になった時代でもあった。(25) 一七五五年には既にルソーが『人間不平等起源論』で、人間が社会的な「生活様式」のせいで「柔弱」になったように、犬も猫も牛も「森」を離れて人間の「家」で養われる「家畜」になったために、野生本来の活力を失って軟弱に「退化」したと述べていた。(26)

身体と外界の関係が問われるようになったことで、愛玩動物についての新たな問題意識が生まれていた。エルヴェシウス夫人の侍医で、そのサロンの常連でもあった医師ルーセルは、『総合婦人文庫』の『家庭医学』事典で、この観点からペットの飼育を批判していた。ルーセルいわく、仕事をせずに育った動物は「体躯も体力も自然な育ち方をしない」。したがって「繊細に育てられて餌付けされた犬や猫には、普段から働いている動物や、薄汚い餌を必死に探している動物には見られない臓器の過敏性《イリタビリテ》がある」のだという。(27) 生活習慣や生活様式が身体に与える影響が論じられる時代に入り、餌を貰うばかりの愛玩猫が、猫本来の性質を失って堕落することが問題視されるようになったのである。

ところが一九世紀に入ると、テシエらの見解に反して、猫はむしろ手懐けられることでこそ有用になると説く農学者が現れた。フェミニスト的政治書から女性向けの実用書まで幅広く手がけた女性著述家ガコン゠デュフールは『主婦必携』(一八〇五)において、猫の餌付け方法に配慮する農婦は少ない、と指摘し、「私はやせ細った猫が、わずかな食べ物をかすめ取ろうと台所に侵入し、女中に、そして主人にさえ、鼠でも食らうがいい！と言われて追いやられるのを見てきました」が、「このように物を惜しみ、この憐れな獣たちを無下にすることは、貴女の利益に反します」と読者に語りかけた。空腹の猫は体力を温存するために睡眠時間を増やすようになり、鼠を狩る労力を惜しんで飼い主の食料を盗もうとするだろう。猫の餌代などたかが知れているのだから、餌を与えなくても節約にはならない。こうした理由を述べてから著者は、「ですから奥様、猫に仕事をさせたいのなら、しっかり餌をおやりなさい。周りの者を幸せにするのは甘美なものですよ、たとえ獣が相手でも！」と結論した。(28)

一九世紀初頭には名の知れていた博物学者兼農学者ソンニーニも同様の主張をしている。彼は『農業完全講義』の補遺に、同書の項目「猫」でモンジェーズが述べていた内容を批判し、餌を与えない方が猫はよく働くという考えは、「田舎では広く信じられている」が、実のところ「全く根拠を欠いている」と主張した。「猫が鼠に戦いをしかけるのは必要からではなく本能によるもの」であり、「獲物を不意打ちする戦いに必要な忍耐は、空腹の動物には決して得られない」はずだ。こう述べるソンニーニは、その証拠として自分の飼い猫に言及する。彼の猫は十分に餌を貰っていたものの、「ソファでぐっすり寝ている時」でさえ「一度呼べば必ず勇んで参上し、鼠を狩り尽くすまでその場を離れなかった」という。ソンニーニは、農民に「虐待」(maltraiter)されて、「やせ細って見るも無残」になった猫が生きるために人間から食料を盗もうとして、さらに嫌われる羽目に陥っていた故郷ロレーヌの状況に言及し、この悪循環を断つためには、まず人間の側が歩み寄って猫に十分な餌を与えるべきだと主張した。(29)この文章は、個人的な家政のレベルを越えて、社会的な次元で人と猫の関係改善を求める特異な論考である。ソンニーニがこのような広い視野から猫を論じるようになった経緯については、第6章で論じることにしよう。

人間が猫に優しくすれば、猫も攻撃をやめるだろう、というソンニーニの主張は、楽観的に過ぎたのかもしれない。一八二九年に改訂された『家庭百科』の著者によれば、「多くの人々が猫を有用性のためではなく、さらなる愛情の対象（un objet de plus à affectionner）として飼っている。こうした軟弱さ（faiblesse）は特に女性に顕著である」が、「大都市」ならまだしも、「田舎においては、猫が増殖すれば深刻な危険が生じかねない」。というのも増えすぎた猫は、食料を盗み、庭を荒らし、糞害を起こし、家禽も野鳥も食いつくして虫の増殖を許すからだ。猫の愛玩は、田舎に持ち込めば、生活を乱し、生態系を破壊するものとなるから、都市の生活様式としてのみ許容すべきだというのが、この著者の主張だった(30)。

実用主義の観点からすれば、猫はあくまでも鼠を狩るための動物である。しかし猫に鼠を狩らせるためには、距離を取って納屋などに放置しておくべきなのか、それとも手懐けてしつけを施し、餌を与えたり、排泄場所を覚えるように訓練させたりするべきなのか。一八世紀末には、飼い主に厚遇されて鼠を狩らなくなったペット猫の存在が目立つようになったことで、改めて「猫の正しい扱い方」が問われるようになったのである。

2 猫の販売

ここまでは個人の家庭での猫の飼育について論じてきたが、ここからは家の外に出て、都市の中で猫が商品としてどのように流通していたのかを見ていこう。商業に関する一八世紀の文献としてまず参照すべきものは、サヴァリ兄弟の『総合商業事典』（一七二三）である。大商人の息子で、フランス税関総監督を務めた実務家のジャックが長年の独自調査に基づいて用意した原稿が、その死後に兄ルイの手による編集と増補を経て出版されたものである。サヴァリによると、「猫は商業において、ただ一種類の商品しか生まない。すなわち毛皮である。毛皮商《ペルチエ》になめされて、種々の毛皮服、とりわけマフに加工される」という。マフとは手を包む防寒具のことだ。猫の毛皮はパリでは小間物商《メルシエ》にも取り扱われており、ロシア、スペイン、オランダを中心に外国からもよく輸入されるという。(31) 近世においては、猫も犬も、他の多くの動物と同じく、毛皮の供給源として広く用いられていたようだ。ただし犬も猫も、毛皮としては等級の低い部類に属していた。(32)

サヴァリ兄弟以後の商業事典のうち、猫に関する新情報を載せたものとしては、フランス革命期にジロンド派の内務大臣として有名になるロラン・ド・ラ・プラティエールが書いた『技芸工芸事典』がある。ロランによると、猫皮は、毛色については黒の値段が高く、産地としてはオランダが貴ばれたが、生産はドイツで一番活発で、プロイセンには猫を産業的に育成し、毛皮をトルコ、ポーランド、ハンガリーにまで輸出する業者もいたという。(33) 猫皮の取引は国際商業を成していたらしい。実用事典を見る限り、猫の毛皮の取引は一九世紀末に至ってもまだ続いていたようである。(34) この産業がいつ、どのように衰退したのか興味を惹かれるところである。

猫の毛皮に商品価値が認められていた時代には、猫を殺して業者に売ることで追加の収入を得ることもできた。一八世紀パリの風俗を詳細に記述した著述家メルシエも、『タブロー・ド・パリ』の一節で、個人から兎や猫の皮を買い取って帽子屋に売る行商人がおり、「女中の利益」に貢献していたという。(35) 都市の民衆にとっては、殺すのを楽しむためではなく、収入を増やすという実利的な目的のために猫を捕殺することがあったのだろう。

このように猫を毛皮の供給源と見なして捕殺することは、当然、猫をペットとして可愛がることとは両立しない。猫が殺されるのが当たり前で、猫をペットにする者が少数派の時代であれば、たとえ飼い猫が近所の人間に捕まって殺されたとしても、飼い主は文句を言えなかったかもしれない。しかし一八世紀には、飼い猫の皮を剝いだ隣人に抗議する声を上げる者がいた。ペルヌ侯爵夫人である。死後に出版された詩によると、猫としては世界で「一番おとなしい」、自慢の飼い猫ミルレが、「死の一時間後」に「名指しするにも値しないある男に皮を剝がれた」のだという。この「馬鹿」(sot) は「医者」だった。(36) 女性詩人ルイーズ・ルヴェスクによる滑稽叙事詩『猫ちゃん』(一七三六) には、ある寡婦に愛された主人公の猫が、遍歴の過程で、マフを欲しがる弁護士夫人によって殺されかける場面がある。[37] いずれの作品も、医者や弁護士のように比較的高い社会層にも、猫の毛皮を求める者が存在したことを示唆するものである。

商工業に関する事典では触れられていないが、警察史料を見る限り、都市のつましい民のもとでは、皮を剥いだあとに残る猫の脂も利用されていたようである。警察官僚ドラマールの『ポリス論』第一巻（一七〇五）に収録された、一七〇一年六月一〇日にパリのシャトレ裁判所が下した判決では、マレ地区の北を走る新サン＝マルタン通りの「屑拾い《シフォニエ》ならびに犬等動物の皮剝ぎ《エコルシュール》」に対して「馬、犬、猫、その他動物の脂」を溶かすことが、動物の騒音と悪臭を理由に禁じられた。しかし禁令は破られたようで、同地区の屑拾いと皮剝ぎに罰則を与え、業務を「町の外で行う」ように命じる一七四三年八月三〇日付の文書が、フランス国立図書館に所蔵されている。[38]

感性史の名著『においの歴史』を著したアラン・コルバンによれば、近代化学の祖ラヴォワジエが活躍した一七七〇年頃から、空気の汚染が科学者たちの懸念事項として広く共有されるようになり、悪臭を発する動物解体業や皮なめし業に対する社会的蔑視が強まったという。この時代には、感受性文化の隆盛を受けて、こうした業種を「冷酷」と形容して非難する言説も広まっていた。例えばメルシエは『タブロー・ド・パリ』で、動物の屠殺の光景を見慣れた者は苦痛に対する同情心を忘れてしまうので、屠畜場は都市民の目から隠すべきであると主張していた。動物の死骸を扱う職業を、衛生的にも道徳的にも「不潔」だと見なす言説が、科学や文学を通じて広まるようになっていたのである。[39]

こうした文化的な変化を受けて、一七八〇年代にはパリの警察当局が、皮剝ぎ業務を市外に移動させ、糞尿処理場の位置する北東部のモンフォーコン（現ビュット＝ショーモン）に集積することを決定した。実際には以後もパリ市内の動物処理場は完全に消滅しなかったようだが、それでも一九世紀初頭にはモンフォーコンに「屑拾いが市内で回収してきた犬と猫の皮剝ぎ専用の巨大な部屋」があったという。コルバンが「悪臭コンビナート」の所在地としたモンフォーコンは、化学工業が発達した工業地区でもあったから、犬や猫の脂も燃料として活用されていたことだろう。[40]

ペット猫の販売

サヴァリには毛皮の供給者としてのみ論じられた猫だが、生きたまま飼育用に販売されることはあったのだろうか。残念ながら、実態はほとんどわからない。ボビスによれば、一〇世紀のウェールズの法典に猫の販売に関する規則があり、鼠狩りに長けると目された雄の成猫が最も高価で、子猫は安価だったという。子猫が売れ残るにつれて値引きされる現代とは価格の基準が逆だったわけである。[41] しかし猫の販売に関する近世の公式文書は見つかっていない。猫が広範に普及していたはずの近世において、繁殖力が高く間引きされることも多かったこの動物は、わざわざ代金を支払って購入せずとも、近所で簡単に入手することができたのだと推察される。

近世フランスでは鳥商人（oiseleurs）がギルドとして組織されて詳しい記録を残している。鳥商人は公式には国王の儀式に必要な鳩の供給を任務としたが、実際にはペット販売業者としても活動しており、オウム類、とくにカナリア諸島原産のセリン（いわゆるカナリア）を販売した。オウムとカナリアは一八世紀を通じてよく普及し、労働者が飼育できるほどに陳腐化した。この職業の活動実態を研究したルイーズ・ロビンズによれば、鳥商人たちは入手状況に応じて、純血種の猟犬や小型の猿なども販売していたようである。[42] 筆者が確認した最初の猫商人は、一八六一年のペット関連書に広告を載せたカミュという人物で、小型犬や猿の他に、希少種のアンゴラ猫を売っていたそうだが、このカミュは鳥商人ビアンキの後継者を名乗っている。[43] この例から類推するに、おそらく一八世紀にも、鳥商人が希少種の猫を販売することはあったのだろう。

鳥商人のように組合に所属して店舗を持つほどではなくとも、個人が露天商として猫の販売を行うことはあったと思われる。一八世紀初頭に出版された伝記によれば、ハーグで女優として活動したカトリーヌ・デュダールという女性は、貧しい大工の娘として一六六六年にパリで生まれ、若い頃には「子犬や猫を売る小さな商売」を営んだ

図 2–4　M・ポワソン《子犬はいかが，見事なアンゴラいかが》18 世紀

図 2–5　J・ランファン《毎日聞こえるパリの叫びの一覧》17 世紀（部分）

という。[44] おそらく店舗を構えない露天商だろう。デュダールの活動から一世紀が経った一七七四年には、まさに子犬と猫を売る行商人の姿が、版画家ポワソンによって図像化されている（図2-4）。「子犬はいかが、見事なアンゴラいかが」と叫びながら、マントのポケットに小さな犬を二匹忍ばせ、左手で子犬をもう一匹抱き、右腕にはリボンをつけた長毛のアンゴラ猫を乗せている。この図版は「パリの叫び」と呼ばれた行商人を描く一七世紀以来のジャンルに属するものだが、一七世紀の作品に登場する猫は、チーズ売りの横で「ミャオ、ミャオ」と鳴いておねだりをする野良猫ばかりだった（図2-5）。「パリの叫び」も一個の芸術ジャンルであり、実態を忠実に反映するものではないが、一七七〇年代までに、希少種の猫が犬と同列の奢侈品として版画に登場するほど意識されるようになったとは言えるだろう。[45]

実際、一八世紀のフランスでは消費経済が都市の労働者層にまで浸透しつつあった。パリの労働者の死後財産目録を体系的に調査した研究によれば、鳥

図 2-6 ラ・フォンテーヌ『寓話集』1759 年版《猫と二羽の雀》挿絵

籠や犬用の寝床などペット用品が記載された目録の割合は、一七二五年の一・七％から、一七八五年には六・三％に上昇したという[46]。犬や鳥の用品が主流だったと思われるが、猫に関するグッズの販売もある程度は行われていたかもしれない。犬用品が猫のために転用されることも少なくなかっただろう。動物画家ウドリーがラ・フォンテーヌ『寓話集』豪華版（一七五五―五九）に寄せた挿絵には猫用のハウスが登場するのだが、その形状は犬用のハウスと変わらない[47]（図2-6）。

猫の品種

隣人から不要な子猫を引き取るか、近所の猫を簡単に捕まえられる社会で、商品価値を有したのは、ポワソンの版画に登場した「アンゴラ」のような希少種だけだった。ボビスが指摘したように、近世において猫の社会的地位が向上した要因として、希少種の存在は極めて重要であった。というのも中世以来、普通種の猫は貧民でも飼える卑しい動物とされていたからである。猫が貴族層の寵愛を受けるに値する動物として意識されるようになった背景には、そもそも庶民には入手ができない外来種の存在があったのである[48]。猫の地位変化を語るにあたって必要な背景知識であるから、ここで近世期に認識されていた猫の品種について確認してみよう。

図 2–7　ビュフォン『博物誌』より《イエネコ》1756 年

図 2–8　ビュフォン『博物誌』より《スペイン猫》1756 年

一八世紀フランスの代表的な博物学者ビュフォンの『博物誌』の挿絵に見られるように、近世のフランスに普及していた猫の毛並みは、白・黒・灰色の組み合わせであった[49]（図2–7）。希少種のうち最初に史料に登場するのは「スペイン猫」と呼ばれた種類だが、これは白と黒と茶色の毛をもつ猫を指す名称で、要するに三毛猫のことである（図2–8）。この種はスペイン文化が栄華を誇った一七世紀には特に珍重されたのか、『スペイン猫』という題名の小説も出版されている（第7章参照）。しかし『百科全書』の項目「猫」で指摘されたように、三毛猫の圧倒的大多数は雌であり、三毛猫が生む子猫が三毛猫である保証はない。おそらくこの呼称は、元来は毛皮商人が用いていたものだと推察される。実際、この名称が最初に登場するのは、一五世紀の猫の毛皮の売買に関する記録である。「スペイン猫」は、近代人の考える「品種」とは無縁の、三毛猫の毛皮を高く売るために毛皮商人が作ったブランド名だったのかもしれない[50]。ともかく、ビュフォンの挿絵に現れるスペイン猫が、鼠が巣食う屋根裏に配置されていることが示唆するように、スペイン猫は一八世紀フランスでは陳腐化し、アンゴラ猫

図 2–9 アルドロヴァンディ『有指胎生四足動物論』より《シリア猫》1637 年

の陰に追いやられていた。

一六世紀には「シリア猫」と呼ばれる、黄色い縞模様の猫がイタリアに輸入され、当時の文学や、博物学者アルドロヴァンディの『有指胎生四足動物論』（一六三七）の挿絵からその存在が窺える（図2–9）。シリア猫が重宝されたルネサンス期には、ガレノス医学の四体液説に基づいて、猫の毛色が性格を知るための指標とされており、黒猫は邪悪で、白猫は怠惰だが、赤みがかったシリア猫は柔和だと言われていた[51]。つまりシリア猫を特別扱いすることは医学的に正当化されていたわけである。しかしシリア猫はその後ヨーロッパに定着しなかったようで、一八世紀の博物学からは姿を消してしまった。毛色に基づく性格診断も、一八世紀にはもはや俗説として退けられている[52]。

代わりに一七世紀末に登場してパリの貴族層に珍重されたのが、灰色の体毛と黄色い目を特徴とする「シャルトルー猫」である（図2–10）。毛色は粘板岩に近く、しばしば「青色」とも言われた。この猫の起源は不明で、名称の語源も不明だが、初出はサヴァリ兄弟の『総合商業事典』で、灰猫を指すパリ特有の「俗な」（vulgaire）言い方だとされている。なおサヴァリがこの種に言及したのは、毛皮が取引されていたからである。おそらく繁殖が進んだ結果、一七世紀末から一八世紀初頭にかけて毛皮市場にも並ぶようになったのだろう。シャルトルー猫は一七世紀後半のフランスの社交界で大いにもてはやされたが、そのことについては第4章で詳述する。本書のカバーに用いたペロノーによる一七四七年の肖像画にもシャルトルー猫の雄姿が認められ、ディドロの小説『お喋りな宝石』（一七四八）にも言及がある。[53] コンタの『印刷業界逸話集』に登場した「グリーズ」もシャルトルー猫だろう。しかしシャルトルーは一八世紀半ばまでに陳腐化したと思われ、やはりアンゴラ猫の陰に追いやられてしまった。ビュフォンの挿絵では、屋根の上に立たされており、鼠狩りの役割から切り離されて、凛とした姿で描かれているが、飼い主との関係を示唆する要素は皆無で、曖昧な立ち位置にある。

一八世紀に希少種として君臨した「アンゴラ猫」は、ヨーロッパに到来した初めての長毛種の猫だった（図2–11）。黒い個体もいたようだが、[54] 絵画に登場するアンゴラ猫の大半は白色をしている。アンゴラとはアフリカの地名ではなく、トルコのアンカラのことで、オスマン帝国経由で輸入されたことにちなむ名前である。一七世紀初頭の旅行家デッラ・ヴァッレとペレスクがそれぞれ独自にヨーロッパに連れ帰っていたことが書簡からわかっており、一七〇九年にはオスマン帝国から帰国した外交官がルイ一四世に数匹を献上している。当初は「ペルシア猫」とも呼ばれ、モンクリフもこの名称を使っているが、やがて「アンゴラ猫」の呼称がビュフォンに採用されて定着した。[55] ビュフォンの挿絵のアンゴラは、豪華な装飾が施されたオフィスの机上に陣取っており、飼い主の寵愛を受ける愛玩動物であることが示唆されている。第Ⅲ部で見るように、アンゴラは一八世紀後半の文学と絵画に頻繁に登場し

図 2–10　ビュフォン『博物誌』より《シャルトルー猫》1756 年

図 2-11　ビュフォン『博物誌』より《アンゴラ猫》1756 年

た。革命期以後の絵画には毛色が多様化した長毛種の猫が見られるが（口絵3・4参照）、これは大勢の貴族が亡命した混乱の時期に、アンゴラが飼い主の管理を離れて、地元の猫と交配するようになった状況を反映しているのかもしれない。一八二〇年の動物学的な文献には、アンゴラが「怠惰で、眠りがちで、不潔である」と書かれていることも、長毛種の猫が陳腐化して入念に世話をされなくなったことを示唆するものだと言える。[56] しかし、それでもなおアンゴラの地位は一九世紀を通じても揺らがなかったようで、「顕示的消費」の概念を提唱した経済学者ヴェブレンは、一八九九年に出版した『有閑階級の理論』で、猫の愛玩種としてアンゴラを挙げている。[57] アンゴラは毛の長さから外見的な区別がつけやすく、体毛の入念な手入れが必要なこともあり、富裕層のステータス・シンボルとしてよく機能したことだろう。[58]

なお、現代に見られるような何十種類もの猫の区別は、ペット産業や愛好家団体が現れた一九世紀以後に始まった、組織的なブリーディングの産物である。近世において、猫の愛玩動物としての売買はまだ本格化しておらず、品種の「開発」も進まなかった。だからこそ、見るからに珍しい猫を飼うことで、貿易商人や貴族社会との繋がりを誇示することができたのである。

まだ触れるべき話題がある。猫の食用である。現代人にとって、猫の肉を食べることは、その毛皮を剝ぐこと以上に、禁忌だと思われるだろう。ある動物がペットとして愛されるほどに、その動物を食べることに対する忌避感は強まる。[59]猫肉食などヨーロッパとは無縁の「野蛮」な風習だと思われるかもしれないが、実を言うと、記録の残る中世から近代に至るまで、猫を食べる者は少数派ながらヨーロッパにも存在したらしい。しかし猫肉食は、一九世紀初頭から「野蛮」として断罪されるようになる。

3　猫の食用

猫食がどこで、どれほど実践されていたのかを知ることは難しい。一六世紀にチューリヒ大学で教鞭を執った博物学者ゲスナーによると、イエネコを食べる習慣はスペインとフランス南西部ナルボンヌ地方に存在し、スイスにはヤマネコを食す者がいたという。[60]パリを含む北部フランスの住人の大多数にとって、猫は食用動物と見なされていなかったようだ。戦時下の都市包囲戦の苦境を語る歴史書で、犬や猫が市民に食されたと語られるのは、これらの動物を食べることなど極限状態にならなければ思い当たらなかったことの裏返しだろう。[61]一七世紀中葉には、パリで猫肉を子羊肉と偽って販売した食肉販売業者が当局に罰されている。[62]食肉に猫肉が混入することは、近世においては無視できない懸念材料だったらしく、一六世紀の哲学者モンテーニュの『エセー』には、友人に猫肉を食べさせられたと思い込んだ女性が、ショックのあまり死んでしまったという逸話が語られている。[63]一八世紀にもル・サージュの悪漢小説《ピカレスク》『ジル・ブラース物語』の第四巻（一七一五）に次のような場面がある。ある登場人物が、宿での食事中に、同行者になぜシチューを食べないのかと聞いたところ、その同行者から、スペインで兎肉と偽って猫肉を食べさせられたことがあるから、煮込み料理は出されても食べないことにしているのだ、との答えが返ってきて、食欲が消え失せてしまう、という場面だ。[64]

あえて猫を食べる者は物好きだと見なされた。一八世紀オルレアンの医師ノーブルヴィルによれば、「よく餌付けされて太った猫、とりわけシャルトルー猫を、焼くなり煮込むなりして食べるデリカシーに欠ける輩（gens peu délicats）がおり、兎や野兎と同じく美味であると主張して」いたという。(65) ルイ一六世の侍医を務めたパリ大学医学部教授リュトーも「フランス、スペイン、イタリアの各地で、飢えに駆られることなく猫を食す者がいる」と証言している。(66) パリに自前の印刷所を構えて大量の著作を世に問うた博物学者ビュコーズに至っては、「パリでは一般にイエネコの肉が食され、兎や野兎と同じ味がするが、脂がのってないといけない」と、あたかも自らも猫を食していたかの書き方をしている。ちなみにビュコーズは猫殺しの町メッス出身の学者である。もしかしたら彼自身、猫を食べたことがあったのかもしれない。(67) スコットランドからの証言だが、ある仏訳された著書で医師カレンは、「猫肉が大好物の紳士」が知り合いにおり、「野菜を与えて運動させずに丸々太らせる」ことでおいしい猫を育てていたと述べている。(68) 一八三〇年代にパリの警視総監を務めたジスケは、犬や猫の肉を兎や鳥と偽って販売する肉屋が存在したことを指摘し、顧客の方も十分承知のうえでその肉を買っていたと回想録に記している。(69) 猫食者は北ヨーロッパにも少数派ながらたしかに存在していたようだ。

ここまでの引用からもわかるように、近世において猫食に関する証言は、主に医師が著した博物学書（本草書）に記されてきた。彼らは、猫が人間によってどう利用されているかを記述し、それぞれの利用法が健康に良いか悪いかを知るために、これらの証言を残してきた。ところが医師たちの論調には、一九世紀を境目に大きな変化が起きる。猫肉食を非難する理由が変わるのである。

一六世紀の医師たちは、猫肉は体に悪いという理由でその食用を批判していた。例えばフランソワ一世の侍医ブリュイエランは『食物論』（一五七〇）に、猫を食べるのは「貪食家」だけであり、「人間にとっては有毒で消化不全を引き起こす」から、「我々」は猫食を「拒絶する」と書いている。(70) 古代人ディオスコリデスの本草書の注解者マッティオーリは、「猫の脳を食べると狂気を発症する」と主張して、ゲスナーら同時代の高名な医師たちに引用された。[71] 近世初期に流布したのは、あくまでも、健康を害するという理由から、猫の食用を問題視する生理学的な言説であった。

一八世紀に入ると、ノーブルヴィルが猫食者を「デリカシーに欠ける輩」と呼んだように、健康上の理由とは別次元の批判の兆しが現れた。この点に関しては、リシャールという学者が興味深いことを述べている。彼は一七二〇年頃に生まれてブルゴーニュ地方の町ヴェズレで聖職者として生き、晩年の一七九五年にフランス国立学士院の動物学部門の会員に選出された人物で、その遺作『未開民族をめぐる旅、あるいは自然人』（一八〇一）に問題の箇所がある。旅行記の読書体験を踏まえて人類学的な考察を繰り広げたこの著作で、リシャールは、犬肉が中国ならびに「アジア北部の粗野で野蛮な国民」のもとで「ご馳走」として消費されているが、ヨーロッパ人は犬を食べることに強い忌避感を示すと指摘したうえで、こう付け加えた。

猫を食することに対しても同様の嫌悪感がよく見られる。しかし味と肉質において、猫は兎と変わることがない。そしてその兎はといえば、とりわけパリでは、大量に消費されているではないか。フランス南部の地域とスペインでは、猫食は普通（commun）である。しかし他所ではせいぜい、貧民の食料にされるのが関の山だ。猫は犬ほどには愛着に値しないのだが。[72]

犬食は「未開人」と「粗野で野蛮な国民」の風習だと断言していたリシャールは、猫の話題に移ると明らかに語気を弱めている。猫肉食を「野蛮」だと断言することなく、むしろ食用動物として認知されている兎との類似性を指摘し、ヨーロッパにも猫を食用とする地域があることにも言及し、さらに犬に比べて猫は「愛着」（attachement）の対象として相応しくない、と書き添えるリシャールの論法は、猫食を非難するというよりは擁護するものである。フランス北部に生きたリシャール自身が猫を食べていたかは不明で、引用部もゲスナーに依拠した論述と思われるが、彼が猫食に対する「嫌悪感」（aversion）を自ら抱いていなかったことは確かだろう。

ところが一九世紀に入ると、猫食をはっきりと断罪する医学者が現れる。一八二〇年代に『医者の動物誌』全四巻を世に問うたパリ大学医学部出身の解剖学者クロケである。『医者の動物誌』は題名通り、医学における動物の歴史的用法をまとめたもので、動物種ごとに項目が設けられている。クロケは猫に関する項目で、猫肉は「品位ある食卓」(tables bien servies)には決して出されない「貧民」の食料だとし、「このような肉などボヘミアンと呼ばれる野蛮な畜群(horde barbare)の野卑な食事(repas grossiers)にのみ似合いである」と言い放った。(73)ボヘミアンつまりロマが猫肉を食べること自体は、クロケも引用した一七世紀の医師ゴンチエが既に指摘していたが、ゴンチエは単に、猫肉は「吐き気を引き起こす」とコメントするに留めていた。(74)クロケは明らかに、猫肉それ自体だけでなく、その肉を食用とする者たちもまた嫌悪の対象としている。今や猫を食べることは、健康上の理由から避けるべきだと言われるのではなく、文明の主体たる人間の名に値しない「野蛮な畜群」に特有の風習として、つまり道徳的な理由から非難されるようになったのである。

コルバンの『においの歴史』によれば、一九世紀の医学者たちは、職人や水夫や売春婦やユダヤ人や同性愛者といった様々なカテゴリーの人間を、不潔で「くさい」者たちとして他者化して病理化していったという。猫食を非難したクロケは、嗅覚生理学《オスフレジオロジー》の提唱者として、この新たな差別の論理の発展に寄与した人物だった。清潔と不潔が、富者と貧者を、そして文明と野蛮を区別する指標となったこの時代に、猫や犬を食べることもまた、おぞましい蛮行として位置づけられるようになったのである。(75)

おわりに

一八世紀の人々が知っていた猫は、現代人の知る猫とはかなり異なる動物だった。現代人が「かわいい」動物として知る猫は、生殖の管理による個体数の制限と、屋内飼育による行動制限を課された猫のことであって、近世には、というより現代よりも前の時代には、そのような猫はむしろ少数派だったと考えられる。鼠を駆除するために倉庫や屋根裏に放置された近世の猫は、勝手に鼠を殺すのに任されたため、しつけを施されることが少なく、台所に侵入しては食料を盗み、庭を荒らし、そこかしこに糞をし、夜にはうるさく鳴くといったかたちで、人間に迷惑をもたらす存在でもあり、時には駆除が必要なこともあった。人が猫を毛皮のために捕えて殺す社会では、猫の側も人を信頼することは少なかっただろう。(76) 多くの人にとって、近世の猫は、家の近所や町の通りでたまに見かけるが、すぐに姿を消す動物であり、あえて呼びかけたり、手懐けたりしようとは思わない存在だったはずだ。当時の猫は、現代人にとっての鳩に近い動物だったと言えるかもしれない。過去の人間が猫を好まなかったのは、単に迷信や偏見のせいではない。そもそも猫が社会に占める位置が、そして猫が人間に示す振る舞いが違ったのだ。(77)

人と猫の関係をめぐる以上の状況は、おそらく一九世紀後半まであまり変わらなかったはずだ。猫をペットとして売るビジネスが発達したのは一九世紀後半以後のことであり、猫の毛皮の取引もその頃まで依然として続いていたと思われる。逆に、猫を食用にすることは、近世初期から既に例外的な文化とされていた。しかし一八世紀には、知識人が繰り出す言説に顕著な変化が生じていた。鼠狩りを任務としない愛玩猫が存在感を放つようになったことで、農学者たちが猫の飼育方法について議論を交わすようになった。猫を放置する飼育態度と、猫を手懐ける飼育態度のどちらが適切であるか、初めて問われるようになったのである。また、化学の発展にともなって新たな衛生観念が生まれたこの時代には、医学者たちが「くさい」ものの根絶に力を注ぐようになり、やがて特定の社会層に不潔で「くさい」存在としての烙印を押すようになった。猫を食べることを「野蛮」な慣習として忌避する近代人の感覚は、衛生革命が生じた一八・一九世紀の転換期に生まれたのである。(78)

第3章　猫と医療のフランス革命

――〈猫で治す〉から〈猫を治す〉へ――

はじめに

一八二〇年代に猫食を唾棄すべき蛮習とした医学者クロケにとって、フランス革命以前の「旧医学」は「迷信」の宝庫だった。クロケの言う「旧医学」においては、犬や猫が薬の材料にされていたのだ。猫に関しては、神経症の患者に対して「猫を生きたまま開いて患部に直接当てる」ことで痛みが緩和されると説かれていたという[1]。

ロバート・ダーントンは『猫の大虐殺』において、かつて猫に魔力が認められていたことの例として、民間療法で猫が薬の材料にされたことを挙げていた[2]。しかし実のところ、猫を薬にすることは、「民衆」に特有の俗信ではなかった。クロケが旧式と呼んだ「医学」を担った大学医学部所属の高名な医師たちもまた、猫の身体に薬効を認めていたからである。後述する通り、一七七〇年代の時点でもまだ、国王の侍医を務めたパリ大学教授が、神経痛を緩和するために、猫を生きたまま切開して患部に当てる方法を推奨していたほどである。

未曾有の政治革命がフランスの社会体制を大きく揺さぶった一八・一九世紀の転換期は、医療面における人と猫の関係もまた大きく変化した時代だった。人間の苦痛を和らげるために猫に苦痛を与える治療法が「旧医学」に特有の「迷信」として放棄されただけではない。むしろ猫を治療の対象と見なし、その病気を治すための研究に取り組む獣医師もこの時期に現れていたのである。革命期のフランスは、猫を使って人の病を治す社会から、猫を治すために人が尽力する社会に変わり始めていた。

こうした変化がどのように生じたのかを明らかにすることが、本章の課題である。変化の背景にはおそらく、猫を愛らしいと思う社会的感性の普及もあったことだろう。しかし一七七〇年代から一八二〇年代までの半世紀の間に、既存の知識に「旧医学」の烙印が押されて放棄されるほどの大転換が生じたことは、社会的感性の変化だけでは説明できない。医学史に固有の文脈を考慮する必要があるからだ。以下ではまず革命以前の医学における猫の使われ方を探り、次に猫の薬としての利用が終わった理由に関する考察を行い、最後に猫が獣医学者の関心を惹くに至った経緯について論じることにしよう。

1 薬としての猫

猫の薬としての用法を説明する文献は中世盛期からあるが、一八世紀フランスで最も有名だったものは、薬剤師レムリが著した『普遍薬方』(一六九七)と『生薬総論』(一六九八)である。レムリは三つの用法を挙げている。[3] 第一が猫の脂を軟膏の原料とするものだ。例えば「猫軟膏」は、生まれたばかりの子猫を細切れにし、薬草とワインで洗ったミミズと一緒に煮込んで作られるという。「猫軟膏」という名だが、子猫の代わりに子犬を用いてもよかったらしい。『普遍薬方』には製法の説明の途中でいつの間にか「猫」が「犬」に置き換わる誤植があり、一七六〇年代の改訂版まで訂正されなかった。訂正に際しては、材料を猫で統一するものだけでなく、猫を犬に置き換えてしまうものもあった。[4] 犬も猫も、軟膏の原料としては等価だと見なされていたのだろう。

第二が「猫を生きたまま開いて当てる」方法で、脇腹の痛みを和らげる効果があるという。具体的にどう「開き」、「当てる」のかは不明だが、腹部に切り込みを入れて、開口部を患部に当てるのだろう。こちらも猫に限られた使用法ではなく、犬や鳩も同じように用いられたという。(5)

この治療法は実際に使われていたらしい。敬虔な聖職者パリスの墓地で奇蹟騒動が起きた際に、病気の手が奇蹟によって治ったという指物師ルノディエは、奇蹟が起きる前、パリ施療院で病んだ手を「生きたまま開かれた猫数匹の中に」入れられたが「効果は無かった」と証言している。(6) ルイ一四世の寵愛を受けた医師エルヴェシウス（有名な唯物論哲学者の祖父）は、版を重ねた人気書『頻発病論』（一七〇三）で、「生きたまま開いた猫」を患部に押し当てることを胸膜炎（pleurésie）への「通常の対処法」のひとつとして挙げているが、この医師はパリ施療院に勤務していたことがわかっている。おそらく同院でこの治療法が実践されていたのを目にしたのだろう。(7)

この療法はパリ大学医学部でも有効だと認められていたようである。同学部教授でルイ一六世の侍医を務めたリュトーが、一七七〇年に出版された著書で、この療法を擁護して以下のように書いているからである。「この特効薬を軽蔑する理由はないと思う。決して有害ではない。民間療法だとして批判する者もいるが、最良の臨床医によって効果が何度も認められているのだ」。(8) 彼の言葉からは当時から既に批判者が存在したことが窺えるが、詳しくは後述する。

第三の用法は、レムリが『生薬総論』増補第二版（一七一四）に追加したものだが、元々は一七世紀のモンペリエ大学医学部教授リヴィエールが教科書『医学所見』（ラテン語版一六四六、仏訳一六八〇）で提唱していたものだ。ひょう疽（指先の細菌感染症）を治すために、生きている猫の耳に患部を挿入し、そのまま一五分間維持するという療法である。リヴィエールは自らこの療法を実践して効果を確かめたと述べ、猫の頭部と指先の毒の間に本性の一致があり、猫の耳が毒を吸い上げるのだろう、と推察している。ただしリヴィエールが、暴れる猫を抑えつけるのに成人男性二名の力が必要だったと述べているように、不便な療法であるから、実際にはあまり用いられなかったと思われる。[9] レムリにとっても、その記述を引き写した他の医学者にとっても、この療法は経験に根差した実践的知識ではなかったらしい。[10]

ところが一九世紀に入ると以上のいずれの療法もクロケによって「愚説」(sottises) として一蹴されてしまった。「猫を生きたまま開いて患部に直接当てる」方法は「今日なお民間に流布している」(encore populaire aujourd'hui) が、猫軟膏や猫耳療法と同じく、「旧医学」に特有の「誤謬」に過ぎないから、良識ある医師ならば従うことはないという。[11] リュトーら革命前夜のベテラン医師が支持していた治療法が、半世紀後には民間療法の地位に堕してしまったのである。なぜこれほど急激な変化が生じたのか。答えを医学史の中に探ることにしよう。

2 薬剤師の誕生

前節ではレムリを「薬剤師《ファルマシアン》」として紹介したが、実はこの呼び名はあまり適切ではない。現代でも使われるファルマシアンという呼び名は一八世紀末以後に普及したものである。それまで、薬売りはアポティケール (薬種商) と呼ばれていた。[12] 一八世紀末に「薬種商」が「薬剤師」へと呼び名を変えたことは、「旧医学」が放棄されたことと密接に関わっていた。そのことを、主に科学史家ジョナサン・サイモンの研究に依拠しながら見ていこう。[13]

医療の階層秩序とその変容

身分制社会の近世フランスでは、医療の世界にも階層秩序があった。頂点には大学教育を受けた「医師」つまり内科医《メドゥサン》がおり、アリストテレスやガレノスら古代人の医学理論に通じた学識者としての権威を有した。[14] 内科医の下位に位置した外科医《シルルジアン》と薬種商は、内科医の守備範囲外とされた外科手術ならびに薬剤の調合と販売を担当したが、いずれも徒弟制で養成される技術者《アルティスト》であり、職人階層に属した。近世当初、それぞれ「理髪師・外科医」と「香辛料・薬種商」としてギルド編成された両者は、精神的な学知を有する医師よりも下位の、手職従事者として位置づけられた。内科医も外科医も薬種商も、都市ごとに組織された同業組合によって営業資格が管理された。都市の外部では、聖職者や産婆など非公式の医療従事者が大きな役割を果たしたと考えられる[15]。

フランス近世は、王権が手職従事者を重用し、その地位を向上させた時代だった[16]。王権は外科医や薬種商のうち学者として頭角を現した者を、一五三〇年設立の王立学院（現コレージュ・ド・フランス）、一六三五年設立の王立薬草園、一六六六年設立の王立科学アカデミーといった組織の会員として庇護し、大学医学部の攻撃から守った。このように庇護された人物としてはルネサンス期の外科医アンブロワーズ・パレが有名だが、先に引用した薬種商レムリも化学者としての業績が認められて一六九九年に科学アカデミー会員の地位を得ている。

一八世紀のルイ一五世の治世に入ると、一握りの高名な学者を保護する従来の制度に加えて、技術の分野全体を制度化して奨励する動きが現れた。一七三一年に王立外科アカデミーが発足し、一七六〇年代には王立獣医学校も設立された（獣医学については後述）。ルイ一六世の時代に入った一七七七年には「薬剤師」を養成するパリ薬学院（Collège de pharmacie de Paris）も設立された。こうして、職人が徒弟修業を積んで学ぶものとされていた外科医術や薬物調合術の知識が、教育機関で伝授されるものに変化したのである。

この過程で従来の社団編成が見直され、新しい社会的属性が生まれた。外科医は一七四二年に理髪師から分離され、薬種商はパリ薬学院の設立にあわせて一七七七年に香辛料商人から分離された。同院に集った薬種商たちは、化学を軸とする体系的な薬学教育を行う自分たちを、公益のための科学（自然哲学）に従事する「哲学者」として提示し、伝統的な職人的薬種商との差別化を図っていった。「薬剤師」という呼称はこの過程で使われるようになったのである[17]。外科医や薬剤師などのかつての職人技術者が学者としての地位を得ていった背景には、ギルドの垣根を越えた、書物による交流の深化もあった。一七五八年に発刊された月刊誌『医学・外科・薬学等新聞』は、一七九三年までの三五年間にわたって、諸分野の医療従事者の情報交換の場となった。外科医も薬剤師も（そして獣医師も）書物を介した学術交流にますます関わるようになり、書物知を内科医だけが独占する旧来の階層秩序が突き崩されていったのである。[18] 一七七八年に医師ヴィック・ダジールらが財務総監チュルゴーの支援を得て設立した「王立医学協会」もまた、この変化を後押しした。疫病対策を使命として発足した同協会は、パリ大学医学部の反発を受けながらも、王国全土の医療関係者から情報を募り、機関誌を発行して研究成果を各地に届けることで、都市の同業組合の壁を越えた交流の回路を作ったからである。[19]

一七八九年に始まったフランス革命は、王権の下で進んでいた医療世界の再編を加速させることになった。フランス革命というと、化学者ラヴォワジエや数学者コンドルセを死に追いやった科学の衰退期として語られることもあったが、ポピュリズムに傾倒した革命政府が科学を攻撃した、というのは一面的な見方に過ぎない。なるほど恐怖政治期には王立の諸学会がエリート主義の牙城として批判されて廃止を迫られたが、実際には少なからぬ機関が改組や再建を経て生き残った。例えば王立薬草園の後継組織である王立庭園は、動植物の研究機関として重要性を認知され、国立自然史博物館に改組されて存続した。一七九三年に廃止された王立の諸アカデミーが、一七九五年にはフランス学士院として復活したことも有名である。フランス革命期は科学排斥の時代ではなく、科学の役割が問い直され、「国民」にとって「有用な科学」を追究する行政改革が進んだ時代だった。[20]

医学については、一七九三年に国民公会の公教育委員会に加入して以来、ナポレオン時代に至るまで公教育行政で重要な役割を担った政治家フルクロワが改革を主導した。フルクロワは薬種商の家に生まれながら、パリ大学医学部で学位を取得し、ヴィック・ダジールの庇護を受けて地歩を築いた化学者である。ラヴォワジエの『化学命名法』（一七八七）の共著者のひとりでもあったフルクロワは、ラヴォワジエ流の新しい化学を重視し、革命以前からパリ薬学院において化学を薬学に応用する改革を志していた。フルクロワが携わった革命期の医学改革の複雑な経緯は省略するが、最終的には統領政府末期の一八〇三年のいわゆる「ジェルミナール法」により、大学医学部はパり、モンペリエ、ストラスブールの三都市に集約され、これらの三都市には薬学部も創設された。書物中心の教育制度も見直され、医学生には内科（医学理論）と外科（解剖の理論と実践）に加えて化学を修めることが求められるようになった。こうして、古典籍を読む内科医が、手を動かす外科医と薬種商の上位に位置する体制が終わり、大学が医師と薬剤師を養成する近代的な医学教育制度が始まった。[21]

化学革命

医学教育改革を主導したフルクロワが化学者であったことが象徴するように、一八世紀は化学が台頭した時代だった。物質の組成を研究するこの学問は元々、一六世紀の医師パラケルススが理論化した錬金術から、秘教的な要素が取り除かれて一七世紀末に分離して生まれたものだった。一七世紀末に活躍したレムリは、錬金術の秘教的な性格を問題視して、化学の仕組みを唯物的な語彙で説明し、デカルト主義化学の発展に寄与したと言われる。彼がパリで行った公開講座の内容を書籍化した『化学講義』（一六七五）は、国際的な名声を博し、フランスでは一八世紀中葉に至るまで化学の教科書として用いられた。[22]

化学者レムリの本業が薬種商だったことは偶然ではない。錬金術も化学も、医学や薬学の補助学問としての側面を有していたからである。ガレノスやアリストテレスを批判したパラケルススはカトリック諸国の医学部では異端視されており、フランスにおける錬金術と化学の主な担い手はプロテスタントの薬種商だった。レムリもまたプロテスタントの薬種商であり、ナント王令の廃止に際してカトリックに改宗を余儀なくされている。以後プロテスタントの存在は目立たなくなるが、それでも化学は薬種商の領分であり続けた。ラヴォワジエ以前のフランスを代表する化学者、すなわち王立庭園の公開講座によって化学の人気を高めたルエルも、王立学院の化学教授を務めたボーメも、やはり身分的には薬種商だった。薬種商たちにとって化学とは、物質の組成を研究することで、よりよい薬物を開発するための営みであった。レムリは、調剤方法を説く『普遍薬方』と『生薬総論』だけでなく、『化学講義』でも、薬効の説明に紙幅を割いていた。レムリの化学書は結局のところ薬の「レシピ本」だったと、サイモンは評している。[23]

しかし一八世紀には化学が調剤という実用的な目的を脱して理論的な学問としての側面を強めることになった。レムリやルエルの公開講義が化学のオーディエンスを拡大したことを背景に、薬学的な関心を持たない化学研究者が現れたのである。ルエルの講義を受けて化学に対する理論的な関心を深めた人物としては、『百科全書』の編者ディドロや、同書に医学と化学に関する膨大な量の項目を寄せたモンペリエ出身の医学者ヴネル、あるいはフルクロワが高く評価した独学の女性化学者ダルコンヴィル夫人らがいる。ヴネルが『百科全書』に寄せた長大な項目「化学」では、この学問が薬屋の職人的な実用知に留まるものではなく、広く「公衆」の関心を惹くべき理論的な「哲学」であることが力説されていた。[24]

こうして化学の「哲学」化が進んだ先に現れたのがラヴォワジエだった。法学の学位を有した彼は徴税請負人を本職としたが、ルエルの講義を通じて化学への関心を深めていった。調剤に関心を示さず、薬学への応用可能性を度外視して、物質の分析の学としての化学を追究した。一七六八年に科学アカデミーに入会したラヴォワジエは、化学の知見をむしろ弾薬製造や公衆衛生などの方面に応用して、自己の名声を高めるだけでなく、化学という分野全体を薬学の補助学問の地位から解き放つことに貢献した。彼が新しい化学の体系を構想できた理由には、大学医学部の伝統からも、薬種商の徒弟制度からも自由な立場にあったことも関係しただろう。[25]

衛生重視と腐敗忌避

医学と化学の社会史的な背景を概観したところで、いよいよ本題に移ろう。猫を薬にする伝統は、いかにして放棄されるに至ったのだろうか。

まず検討したいのは、猫（あるいは犬や鳩）を生きたまま切開して神経痛の鎮痛剤とする手法への批判である。

リュトーの著作に見られたように、この治療法に対しては革命以前から既に批判の論調があった。彼が念頭に置いていた論敵が誰かは定かではないが、この療法の最大の批判者だったのは、スイス人医師ティソだろう。ティソはモンペリエ大学に学んだ医学者であり、現在ではミシェル・フーコーが取り上げた自慰批判書『オナニスム』(一七六〇)で知られているが、生前には衛生の重要性を説いた『健康に関する民衆への助言』(一七六一)で一世を風靡した。啓蒙期の医学書としては類を見ない成功を収めた同書によって国際的な名声を博したティソは、ヨーロッパ各地の王侯貴族から招待や依頼を受けるようになった。[26] そのティソは、『助言』で神経性の発熱を論じるにあたり、次のように書いている。

田舎ではこうした発熱に関して、ある迷信がはびこっているが、これは打破せねばならない。誤っており馬鹿げているだけでなく、危険だからである。すなわち、動物が毒を吸うと考えて、鶏、鳩、猫や子豚を、生きたまま切開してから、患者の足元や頭上に置くという迷信である。数時間後に取り除くのだが、その頃には腐って、おぞましい臭いを発することになる。それをもって、毒が吸われたのだと考えるのである。この考えは誤っている。動物〔の体〕が臭うのは、毒を吸ったからではなく、湿気と温熱によって腐ったからである。これら動物は、患者の体と同じ温度と湿度を有する場所に置いておいたとしても、同じ臭いを放つことだろう。患者の毒を取り除くどころか、腐敗を促進してしまう。寝台にこれらの動物〔の体〕を放置すれば、どんなに健康な者でさえ、たちまち悪性の発熱を患うことだろう。[27]

切開した動物を患部に直接当てるのではなく、身体の近くに置く点が、前節で引用した医学書の記述と異なっているが、動物の肉体に毒を吸わせるという根本的な発想は同じだろう。レムリもエルヴェシウスもリュトーも、この治療法が効くとする根拠やメカニズムについては特に説明していなかったが、ティソによれば、動物の肉が患者の体に潜んでいた毒を吸い、その結果臭いを放つ、との考えが流布していたようだ。猫耳療法に関してリヴィエールが示した考察も、毒と動物の身体の間の本性の一致により共感《シンパシー》が働いて毒が吸われるというものだったから、こうした説明は医師にも受け入れられていたのかもしれない。

いずれにせよ、ティソの文章と比較したときに確実に言えることが二つある。まずこの療法を推進したレムリらにとって、用いられた動物が臭いを放つことは一切問題視されなかったこと。そもそも肉が臭いを放つこと自体、彼らの著作では言語化されておらず、リュトーはこの療法に「害は無い」とわざわざ明言していた。対してティソは、この療法を用いれば必ず発生する臭いを問題視して言語化し、腐敗臭として同定している。引用文において注意すべきもう一点は、ティソがこの療法を「田舎」にはびこる「迷信」としたことである。実際にはリュトーのような支持者がパリ大学にすらいたようであるから、これは当時の医学界で依然として流通していた発想を批判するためのレトリックなのかもしれない。あるいは、モンペリエで学んだティソは、この治療法はまともな医師なら使わないと考えていたのだろうか。

腐敗臭を問題視するティソの発言は、一八世紀後半のモンペリエ大学に芽生えていた、空気が健康に与える影響への関心から出たものだと考えられる。[28] 大気が健康に及ぼす影響は、ヒポクラテスの医学書でも既に考慮されていた。しかし四体液説では基本的に体液バランスの乱れによって、つまり身体の内部から病気が生じるとされていたから、伝染病の場合を除き、空気の重要性は過小評価されがちだった。ところが一八世紀には、健康に対する空気の影響を実験的に検証した英国の生理学者の研究がフランス語に翻訳されたことをきっかけに、モンペリエ大学でもこのテーマに関する研究が活発に行われるようになった。ティソが留学時に師事した同大学医学部教授ボワシエ・ド・ソヴァージュは、空気が伝染病の拡大に寄与することだけでなく、日常的に人体に影響を与える点についての論文を一七五四年に刊行していた。[29] 生活環境が健康に影響を与えるという学説は、一八世紀末に生気論《ヴィタリスム》という医学理論を提唱した同大学のバルテーズにも受け継がれている。

臭気に対する警戒感はパリでも育っていた。一七六六年にはダルコンヴィル夫人が動物の肉の腐敗過程を観察した実験結果を出版している。[30] 一七七〇年代に入るとラヴォワジエら科学アカデミーの会員が、呼吸に関する研究の延長線上にある課題として公衆衛生の問題に取り組み、とりわけ病気の温床と目されていた病院、監獄、墓地、屠殺場を対象に空気質の調査を行った。前章では一七八〇年代にパリの警察当局が屠殺場をパリ市外に移転する決定を下したことに言及したが、この決定の背後にはラヴォワジエら科学アカデミー会員による調査があったのである。[31] ある公衆衛生史の研究者によれば、ラヴォワジエらの問題関心は、ヴィック・ダジールが組織した王立医学協会、そして革命期の議会が設けた公衆衛生委員会にも受け継がれ、近代の衛生行政の礎となったという。[32]

このように革命前夜のフランスでは、空気が健康に与える影響が医学の論題となり、化学的な手法で研究が進むなかで、「におい」に対する感性が鋭敏化し、とくに腐敗臭に対する不寛容が醸成されていた。[33] この過程で、猫を生きたまま切開して用いる治療法に対して、新しいまなざしが注がれるようになったのだと考えられる。動物の肉体が放つ腐臭に対する忌避感が高まるとともに、猫の身体が患者に潜む毒を吸引するという、リヴィエールが説いていた考えは批判に晒されていった。以上が、猫を薬物とする発想に対する批判の第一段階であった。

子犬油の放棄

パリ薬学院として発足し、一八〇三年の法改正でパリ大学薬学部として改組された組織では、ラヴォワジエ化学が教えられていた。この新しい教育機関で新しい化学が採用されたことは、薬としての猫の利用を止めるきっかけになったと言えるのだろうか。

レムリが挙げた猫の利用法には、薬草と一緒にワインで煮込んで軟膏の材料にするというものもあった。この用法に対する直接的な批判を述べた文献は、クロケの著作以前には見つけることができなかった。したがって、一八二〇年代に猫軟膏が迷信の産物として一蹴されるまでの間に何が起こっていたのかを知るために、次善策として「子犬油」（羅 oleum catellorum 仏 huile de petits chiens）に関する言説の推移を追うことにしたい。前節で指摘したように、犬と猫は軟膏の原料としては同様の物質として認められていたはずであり、犬の利用を止める理由が生まれれば、すなわち猫の利用を止める理由にもなったと考えられるからである。[34] そしてこの子犬油に注目することで、パリ薬学院で起きていた教育プログラムの変化に気づくことができるからだ。

子犬油とは子犬を薬草と一緒に煮詰めて得られる油のことで、薬種商の実務では一般的に用いられていたと考えられる。レムリの薬方には初版から子犬油の記事が載っている。[35] しかしパリ大学の薬局方に子犬油が登場するのは、薬種商ながら医学博士号を取得してパリ大学の教授となった学者ジョフロワが編纂に参加したと思わしき一七三二年の改訂版以後のことである。このことから子犬油は、古典医学に裏打ちされた薬品ではなく、薬種商の職人的な伝統に属する化学的な薬品であったと考えられる。[36] ジョフロワの弟子で、王立学院の化学教授を務めた薬種商ボーメも、レムリの『化学講義』に代わる教科書『薬学基礎』（一七六二）において、「不要な製法は全て排除」したと宣言しながらも、子犬油を収録している（猫軟膏や、ギリシア白石《アルブム・グレクム》と呼ばれた犬の糞は排除した）。一七七一年に出版された獣医学校の教科書でも、子犬油は当然のように登場する。[37] したがって、子犬油は実際に広く用いられていたと考えて差し支えないだろう。

この子犬油の有効性に対しては、早くもヴネルが『百科全書』第三巻（一七五三）の項目「犬」で疑義を呈している。ヴネルは同じく第三巻の項目「猫」で、猫の脂や血や糞の薬効は経験によって証明されていないとして排除しているのだが、子犬油についてはパリ大学の薬局方に従って製法を説明した。しかし彼は、この油のうち子犬由来の成分は「脂だけである。他の部位は油に溶けないからだ」と指摘し、「子犬油というのは、厳密にはオリーブオイルと〔犬の〕脂の混ぜ物」であって、薬草が混ざることで香油となるに過ぎないと書いている。[38] ヴネルは死後出版された『薬物素材論摘要』（一七八七）でも、『百科全書』項目の指摘を繰り返しつつ、こう付け加えた。子犬油は「馬鹿げていて、みじめな材料である。しかしながら、この油に加わる他の有効薬品によって、それなりの有効性を発揮する」。つまりヴネルは「子犬油」と呼ばれる薬品の効用が実際には薬草由来のものであり、子犬は副次的な役割を果たすだけだと考えて、犬を用いることに対して「みじめ」(pitoyable)という言葉を使って忌避感を表明したのである。この言葉は犠牲になる子犬に対する同情心を示すものとも、この「馬鹿げた」薬品を用いる者の無知を揶揄したものとも読める、曖昧な語である。自らは薬種商ではなくモンペリエ大学医学部卒の内科医であったヴネルは、徒弟修業を積んでおらず、子犬に対する同情心を抑える訓練をしていなかったために、このような言葉を用いたのかもしれない。いずれにせよ彼は、子犬油を用いてきた薬種商の伝統に対して反発を表明したのである。(39)

一七七七年に発足したパリ薬学院の教授陣には、子犬油をめぐる見解の相違が見受けられる。ベテラン世代の教員は職人的な伝統に忠実だった。薬種商としての訓練を受けた化学者ボーメは、先述の通り、子犬油の使用を問題視しなかった。統領政府期の一七九七年に改訂された『薬学基礎』第八版において、ボーメは「旧医学」の「馬鹿げていて、おぞましく、不快な素材」を排除したと宣言したが、それでも彼は子犬油を削除しなかった。(40)ところが同世代の同僚ドゥマシは、少し違う態度を示している。彼は『薬剤師必携』(一七八八)において、「薬学に役立つ動物」の数は非常に限られていると主張し、ヒキガエル、アマガエル、ミミズ、子犬、サソリ、ハリネズミなどを列挙したうえで、なぜこれらの動物が調薬に用いられるのかは「神のみぞ知る」、つまりうまく説明ができないと書いている。「これらごく少数の動物に関してもなお多くの改革が可能だろう」と述べたドゥマシは実際、薬品の製法を解説する各論では、動物性の材料としてはミミズから採れる油だけを挙げており、しかもその際にも「このように虫、子犬、ヒキガエル等々を油で揚げて何になるのか問いたいものだ」と書いている。(41)つまり革命前の段階でドゥマシは、子犬などの動物を薬にすることには正当な理由がないとの意識を抱きつつも、職人的な伝統に配慮してこれらの動物の使用を認めていたのである。

早くから哲学的化学に傾倒したフルクロワ世代の教員たちは、職人的な伝統に対してもっと批判的だった。一七六四年に生まれ、ドゥマシのもとで徒弟修業を積んだ薬種商ながら、化学に傾倒してフルクロワの盟友となったブイヨン＝ラグランジュの著作を見てみよう。パリ大学薬学部の教授となり、晩年には学部長を務めたほか、第一帝政期には皇室御用薬剤師の地位を得た人物である。[42] ラグランジュは教科書『薬学研究講義』（一七九四）において、鴨、ガチョウ、鶏、犬、ビーバー、馬、人間のいずれの脂も等しく「皮膚軟化、消化促進、鎮痛」の効用を有すると指摘し、ヒキガエルを材料とする伝統的な「鎮静軟膏」の製法を採用したものの、子犬油を用いて作るとされていた「神経軟膏」に関しては、犬の代わりに鹿か牛の骨髄、あるいは蛇か熊の脂を用いることを説いている。[43] ドゥマシの教科書の後継書として書かれた『薬剤師必携』（一八〇三）でも、「多草軟膏」（emplatre diabotanum）の製法について、「ミミズや子犬やシナガワハギの油の代わりに」、植物性の油を用いるべきだとされている。[44] ラグランジュはボーメの死後にその『薬学基礎』を改訂した際にも、子犬油を削除した。[45] 彼は犬を原料とする薬を徹底的に排除したのである。

なぜヒキガエルや牛や鹿を用いながら犬の使用を避けたのか、ラグランジュは説明してくれない。しかしその理由に関して示唆的な文章として、ドゥマシとフルクロワとラグランジュの三名が編者を務めた『パリ薬剤師協会報』の記事がある。一七九七年に創刊され、九九年に途絶えた短命な雑誌だが、フルクロワらが薬学改革の必要性を訴える手段とした重要な機関誌だった。[46] ドゥマシはある記事で、「神経軟膏」の「材料が多すぎる」ことを批判して、ヒキガエルは「醜い」動物だが、「これほど残酷な死に方をさせるのは不当である」と述べ、さらに、アマガエルも子犬も「ただ死ぬためだけに」鍋に入れられるのであって、これらの動物の身体が混入することで「薬品の完成度が下がる」とも述べている。つまり動物を丸ごと薬の材料として使うのは、不純物が多すぎるために非効率であるという化学的理由に加えて、そもそもこのように動物を用いることは「残酷」だという認識を示したのである。[47] 犬の代わりに別の動物由来の物質が使われるようになった理由には、犬がとくに同情に値する動物として認知されており、殺すのは気の毒だという感覚も背景にあったのだろう。クロケも「旧医学」における犬の扱いを概観するにあたって、まず犬を忠実な動物として賛美してから、その忠実な犬を薬にするために殺してきた者たちの

「野蛮」なることを非難していた[48]。

以上は子犬油に関する言説の推移であるが、猫を煮詰めて油を抽出する方法が放棄されたのも、同様の理由によるものだったと思われる。犬と猫の脂は薬学上等価であり、同じように用いられていたから、犬を用いることを止めるのであれば、猫を用いることの根拠もまた薄れたはずだからである。もっとも猫は犬ほど良き動物として認識されていなかったから、気の毒だという意識は比較的希薄だったかもしれない。犬の忠義を礼賛したクロケは、猫の性格については特に良いことを述べていない。しかしそれでも、次節でも見るように、ナポレオン時代の学者のもとでは、猫もまた犬と同じく考慮に値する存在だとする言説が少なからず流通しており、それが猫の病気の研究を正当化するために用いられていた。猫を祭りの一環として殺すことや、食することに対する忌避感が一八世紀末にかけて強まっていたことも、前章で見たとおりである。こうしたことを考慮すれば、猫もまた、犬ほどではないにせよ、憐憫の対象とされており、それが猫を薬にする慣行を放棄する動機になったことは十分に考えられる。

しかし結局のところ、猫を薬として用いることを止める最大のきっかけとなったのは、革命期にフルクロワらが医学と薬学の全体の改革を進めたことにあっただろう。サイモンが指摘するように、フルクロワの一派は、パリ薬学院を牙城として、パリ大学医学部が体現していたガレノス的な伝統と、薬種商の職人的な伝統の双方に対して、先に引用した協会誌などを通して積極的なバッシングを展開していた。ラヴォワジエの化学が薬学を刷新したことは、新しい学説が自動的に古い学説を塗り替えたから生じたのではなく、対立する陣営の闘争を経て実現されたものだった[49]。一八世紀には、薬種商の職人的伝統から一度切り離された「哲学的」な化学が、薬学の世界に再輸入されたことで、旧来の伝統が問い直された。パリ薬学院と、その後継組織であるパリ大学薬学部が、この新しい薬学の普及を制度面で支えた。政治体制が変わり、社会制度の再編成の機運が生まれたフランス革命の時代に、医学と薬学と化学のパラダイム・シフトが起きていたからこそ、伝統が問い直され、放棄された。猫を薬にする行為が民間療法の地位に堕したことは、一八世紀末に生じた医学界の制度的再編の副産物だったのである。

薬種商が薬剤師に変貌した一八世紀は、初の獣医学校が設立され、「獣医術」(art vétérinaire) あるいは「獣医学」(médecine vétérinaire) と呼ばれる学問が成立した時代でもある。ただし獣医学校の発足当初、猫は、獣医が取り上げるべき研究対象として認められていなかった。ところがフランス革命期に入ると、猫研究の必要性を訴え、自ら論文を世に問う獣医が現れた。医学制度改革が進んだ時代には、猫医学がひそかに産声をあげていたのである。

3 猫医学の黎明

獣医学の誕生

犬と猫に代表される愛玩動物の治癒と世話を主たる業務とする動物病院がフランスに現れたのは、一九世紀後半のことだと言われている。中近世において動物医療は独立した職業を形成しておらず、馬や牛などの家畜を世話し、その病気を治すことは、飼い主である農民自身や、貴族に仕える馬係《エキュイエ》や、装蹄師《マレシャル》といった関連業者が担う仕事とされていた。[50] 動物の病気に関する知識は、現場での指導と実践を通じて伝達される暗黙知の領域に属し、学問的な言説の対象になったのは、王侯貴族の生活にとって重要だった馬や鷹や猟犬といった動物ばかりであった。[51] 猫は価値の低い動物とされたため、こうした書物的な知識の対象にはならなかったのである。一七世紀には愛玩用の鳥の世話と治療に関する実用書が出版されているが、管見の限り、猫に関する同様の文献は一九世紀に入るまで出版されなかった。[52]

王権が実用的な知識の活用に関心を抱き、外科や薬学だけでなく土木技術や農学の振興にも乗り出した一八世紀中葉には、史上初の獣医学校 (écoles vétérinaires) が王立の教育研究機関としてリヨンとパリ南東部の町アルフォールに創設された (それぞれ一七六一年と六五年に設立)。獣医学校の設立には、リヨン出身のブルジュラが尽力した。弁護士から馬術アカデミーの校長に転じ、国王付馬係の地位を得てから、王権に働きかけて獣医学校を設立し、校長に就任したという異色の経歴の持ち主で、従来の馬医術（hippiatrie）を越えて動物一般の病気を研究する「獣医学」というカテゴリーを作ったのも彼である[53]。

獣医学校もまた、徒弟制度による知識の伝達を、学校教育によって置き換える組織だった。学生は主に装蹄師など馬関連の技術を有する職人階層の出身者で構成されていたが、彼らは学校で学ぶことで「獣医」というアイデンティティを身につけ、医学雑誌やヴィック・ダジールが主導した王立医学協会といった組織を通じて、内科医や外科医や薬剤師との関係を深めていった。そもそもヴィック・ダジールが、パリ大学で医学を修めた後、アルフォール獣医学校で比較解剖学の教授を務めていたことも、獣医学が広い意味での医学の一部として位置づけられていたことをよく表している[54]。

王立獣医学校では、希少動物のほか、馬や牛など軍事的または経済的な重要性が認められた家畜が主な研究対象となった。したがってブルジュラが執筆した教科書『獣医術初歩』では、猫の身体や病気について論じられることはない。ただし実際には、猫も解剖の練習に使われ、獣医に治療されることもあったと思われる。ブルジュラの教科書の改訂版（一七九五）を見ると、猫は落ち着きがなく扱いづらいので、治療するならば「普段からその世話をし、猫と面識がある人物」に委ねるべきだと書かれている。さりげない一文だが、実際には一部の教員や学生が猫の「世話」（soins）をしていたことが窺える[55]。ただし獣医学校が大々的に猫の治療を行うと宣言していたわけではなく、飼い猫が病気になったからといって一般人が獣医の助けを得られたとは限らない。アルフォール獣医学校の文書を研究したマリク・メラによれば、教授陣に宛てられた書簡には、馬だけでなく犬の治療を依頼する私人の書簡がいくつか含まれていたが、猫の治療を依頼するものは無かったという[56]。

一八世紀にも飼い猫の治療を求める人々は存在したのだろうが、そうした需要が社会的に認知されて、獣医たちに受けとめられるには至っていなかった。一八世紀初頭に活躍したロココ絵画の巨匠ヴァトーは、猫のために医者を呼んで治療を求める女性を風刺画の題材にしていた（第8章参照）。猫の病気を治す方法を教えるとうたう書物もあった。ビュコーズが一七八〇年に『娯楽用動物飼育論』として出版した、ペットの飼い方を教える指南書である。犬、猫、猿、リスのほか種々の鳥を対象とするもので、副題には「病気を治す方法」も説明するとある。しかし内容は既存の文献を切り貼りした寄せ集めであり、犬と猿についてはある程度の治療法が紹介されるのに対し、猫の病気に関しては一切記述がない(57)。猫の病気に関する既存の文献が存在しなかったためである。こうしてみると、一八世紀には病気になった飼い猫の治療を求める者が存在したものの、猫の社会的な地位の低さゆえに、そうした需要が大々的に表明されることは少なく、したがって猫の病気と治療に関する研究も進まなかったのだと思われる。革命期に初期の猫医学が登場した背景には、こうした潜在的な需要が醸成されていたこともあった。

疫病の発生

フランス革命戦争がヨーロッパを揺るがした一八世紀末から一九世紀初頭にかけては、人畜の長距離移動が活発化したことで、疫病が頻発していた(58)。一九世紀ドイツの疫学者ホイジンガーが文献を集めて示したように、この時期には猫の疫病が米国で発生し、英国を経由してヨーロッパに到達して猛威を振るった(59)。一七九七年から翌年にかけてヨーロッパ各地で猫の大量死を引き起こしたこの疫病が、猫の病気に関する最初の研究が出版されるきっかけとなる。

疫病発生時の新聞報道を見ると、対処法を知りたいという需要が人々のもとにあったことが窺える。一七九七年一〇月、フランスにこの疫病が到達したことを告げる『ボルドー健康新聞』の記事には既に、地元の学者が死んだ猫を調べたところ、体内に虫が見つかったため、それが原因だろうという推察が載っている(60)。パリの『官房の鍵』紙に翌月載った記事には、「飼い猫に実験をした人」の見解として、「お湯に油と少量のニンニクを混ぜたもので浣腸することで、この有益な動物を救うことができる。臓物に巣くう虫が起こす病だからである」と記されている。

つまり猫を治療に値する「有益な動物」として語ったうえで、飼い主の知恵を広く共有したのである。[61]同紙は翌々月にナポレオンが征服したトスカーナ地方の町リヴォルノからの手紙を掲載して、とりわけジェノヴァで猛威を振るっていた猫の疫病の状況を伝えたが、この手紙には、病に侵された猫が「悲壮になり、まどろみ、間もなく死ぬ」この現象について「博物学者による説明が待たれる」と、病気の解明を求める声が含まれていた。[62]

この時期の報道記事として特に興味深いのは、パリで新聞屋ラヴァレが主宰していた週刊誌の記事である。ラヴァレはこの疫病が猫の毛皮に投機した帽子屋の陰謀ではないかと述べたうえで、「冗談はさておき」、この病気も「専門家」(gens de l'art) の考慮に値するのではないかと提案し、その理由として「猫は有用な家畜であり、その健康に配慮すべきである」と書いた。記事の冒頭で猫が「家庭の良きお仲間」(bonnes gens de la famille) と書かれていることも考慮すると、これは単なる鼠対策の猫だけではなく、飼い主に愛されたペット猫のことも意識した発言だろう。つまりラヴァレは、猫の死を笑い事にする諧謔精神を見せながらも、猫を有用性のために重んじ、さらに「家庭の良きお仲間」とする言説を用いて、猫の病気が研究されることを求めたのである。[63]

動く獣医たち

かくして猫の疫病が猖獗を極めたこの時期、まずはイタリアで、この現象を解明する最初の論文が出版されることになった。その内容は雑誌で紹介されてフランスでも知れ渡ることになり、やがてフランスでも猫の病気に関する研究が始動し、論文に結実した。これらの研究は、結局のところ対処法としては感染した猫の殺処分しかないと結論したもので、猫の境遇の改善にはあまり貢献しなかっただろうが、しかしそもそも猫を獣医学の研究対象として設定した点で革新的であった。以下では猫を研究対象とすることがいかに正当化されたのかに注目して、これらの猫医学論文を読み解くことにしよう。

一七九八年にイタリアで出版された『現在の猫の疫病に関する論文』は、ロンバルディア地方のパヴィア大学の医師ブレーラが、当地の県行政当局に宛てて執筆したものである。ブレーラはこの疫病を瘴気感染する神経熱だとして寄生虫説を退け、ハーブをワインに混ぜたものを特効薬として紹介したが、結局、感染拡大を防ぐためには殺処分のほかに方法はないと結論した。(64)

ブレーラは研究に取り組んだ理由を以下のように説明している。世の中には猫を「社会にとって有用性の低い種」であると見なして、「猫を襲っている疫病の研究に従事するというこの考えを、奇妙で馬鹿げていると思う者もいるだろう」。しかし猫は、博物学者の関心を惹いてきた動物であり、「女性の遊びと慰めに貢献し、女性が鼠を見てパニック的恐怖に陥ることを防いでいる」のであり、そして猫は自由を愛する動物である（つまりナポレオンがもたらした革命を支持する開明的市民に似ている、ということだろう）。猫は「不快で不潔な鼠に対する生得的嫌悪」を有するだけでも「人間」の「信頼」を勝ち取り、人間が「愛する」に値するのだから、病気になったら治療するのが筋であろう、というわけだ。つまりブレーラは、猫が有用であること以上に、女性に好かれていること、そして自由を愛する点で革命的市民に好かれるべきであることを前面に押し出して、猫に対する一種の愛情の発露として自らの研究を位置づけたのである。(65)

ブレーラの論文はフランスの有名誌『百科雑誌』で紹介されたのだが、その際には研究の提示の仕方が少し変わっている。同誌の編者ミランは、猫研究の必要性を述べたブレーラの言葉も手際よく要約したうえで、以下の言葉を付け加えた。「たしかに猫にはひとつしか用途（utilité）がない。しかし鼠の駆除という重要な用途である。猫が必要な動物（animal nécessaire）であることに疑いはない。数を増やし過ぎるのは愚行だが、疫病により激減しているのであれば、この種の保存を模索することこそ賢明であり、必要である」。(66)つまりミランは、猫が愛情に値すると語るだけでは読者を説得できないと考えたのか、猫の有用性をブレーラ以上に強調したのである。

もっともミランも猫が好かれていることを忘れてはいなかったようだ。というのも彼は、記事の末尾にこう書いているからである。「市民デゼルビエがこの論文のことを知ったら、またも猫の名で、市民ブレーラに感謝を述べることだろう」。ここで名指しされたギュイヨ＝デゼルビエは、パリ高等法院の弁護士出身で、革命期にパリ民事裁判所の判事、ついで法務省の官僚を務め、統領政府期には上院議員に選出された名士である。詩人としても活動し、一七九七年に自作『猫の詩』の抜粋を『百科雑誌』で発表して話題を呼んでいた。[67] ブレーラの論文が紹介された後のことだが、一七九九年には天文学者ラランドから「猫座」を献上されたことが再び話題になっている。[68] デゼルビエはパリの知識人および『百科雑誌』の読者には、「猫のホメロス」として知られた有名人だった。ミランはこの人物に言及することで、猫を救うことが単に「必要な動物」の保護になるだけでなく、デゼルビエに代表される猫好きの喜びにもなるだろうと示唆したのである。

翌年ミランは『百科雑誌』で、農業協会所属の薬剤師カデ・ド・ヴォーが開発した、疫病に感染した猫に毒を吐かせるための催吐薬の製法を紹介した。カデ・ド・ヴォーは、この催吐薬が「経験的」(empirique) つまり場当たり的に開発されたその場しのぎに過ぎないことを強調し、農業協会の会員が本格的に猫の病気を研究する必要があると訴えた。すると会員であった獣医ユザールが「この病に関して見解をまとめる熱意 (empressement) を示した」という。ミランはこうした動向を伝え、罹患した猫かその死体をユザールに提供するよう、読者に呼びかけた。[69]

ユザールは当代随一の有名な獣医で、獣医学校監督官などの要職にあった。多忙な彼がなぜ、猫の病気に関心を示したのかを説明するのは難しいが、もしかしたら個人的に猫を好んでいたのかもしれない。死後に作られた蔵書目録によれば、ユザールはモンクリフの『猫』を四つの違う版で所有していた。[70] ユザールは動物に関する書籍一般を蒐集した愛書家だったが、それでもオランダで刷られた『猫』の海賊版まで持っていたというのは、特別な関心を示唆するものである。より重要なことに、ユザールはフランス学士院の会合でデゼルビエの詩の朗読を聞いていた。[71] ユザール自身がどれほど「猫好き」だったのかは知り得ないが、猫を好む者が学者のうちにも少なからず存在するという意識は、彼にあったことだろう。猫を研究の対象としても、周囲から批判や揶揄を受けるどころか、積極的な協力が得られるはずだという感覚があったからこそ、彼は農業協会で名乗りを上げたのだと思われる。

こうして始まった研究は、『猫の疫病に関する所見と実験』というフランス語の論文に結実した。執筆者はユザールではなく、その友人ブニーヴァであった。ブニーヴァはトリノ出身のイタリア人医師で、故郷で医学を修めた後、リヨン獣医学校を卒業して獣医の素養も身につけていた。ピエモンテの革命運動に身を投じ、運動が失敗してフランスに亡命していたのである。亡命中はリヨンとパリで獣医学校関係者と交流を深め、ユザールとも懇意にし、やがて帰国してトリノ獣医学校の設立に尽力し、ピエモンテの公衆衛生行政に携わった。そのブニーヴァが亡命期間中にフランス語で執筆したのが『猫の疫病に関する所見と実験』である。この論文はパリ医学協会で一七九九年一二月一八日に口頭発表され、会報に掲載されたほか、単独の小冊子としても出版された。実験結果を報告し、ブレーラの瘴気説を退けて接触感染説を打ち出したが、結論はやはり変わらず、治療の効果は限定的であるから、蔓延を防ぐには「感染した猫を皆殺しにする」以外に方法はないと主張したものだ[72]。

ブニーヴァの論文は一種の共同研究の成果だった。というのも、論文中に情報提供者として、ユザールのほか、農業協会の会員ブヴィエ、同会会員の外科医テュフェ、トリノの医学生、そしてリヨン獣医学校の名前が挙げられているからである。リヨン経由でモンペリエ大学医学部が集めた情報も得たという。猫の飼い主たちも研究の背後にいたようで、猫から人間への感染が起こらないことを示すトリノの学生からの情報として、「飼い猫に強い愛着を抱いた人々」が「病気の猫をずっと看病していたのに、一切の感染を被らなかった」ことが挙げられている[73]。ブニーヴァの研究は、各地の学者を結ぶ情報ネットワークに依拠して行われていたのである。そしてその学者の周囲には、飼い猫を大切に育て、その命を救いたいと願う者たちがいた。明言されなくとも、自らもそうした飼い主だった学者もいただろう。

しかしブニーヴァは研究の意義を説くにあたっては、ひたすらに猫の有用性を強調している。ブニーヴァいわく、猫の疫病は人間には感染しないが、他の動物に感染しない保証はない。加えて、猫の減少は鼠の増加を招き、都市にも農村にも鼠の害が及びかねない。したがってこの問題は「医師だけでなく政府の関心を惹くべき」だという。彼はブレーラとは違い、猫を好む女性にも、猫がひとに好かれていることにも言及しなかった。ブニーヴァはおそらく「猫好き」の協力を得ていたはずだが、研究の必要性を公的な場で説明するにあたっては、情緒的な理由を排して、疫学的なリスクや、猫の経済的な有用性だけを強調する実用主義の言説を用いたのである。(74)

猫医学の展望

こうして一八・一九世紀の転換期に、猫は獣医学の対象として認められるようになった。一七五五年生まれのユザールや一七六一年生まれのブニーヴァのように、革命以前からキャリアを歩み始め、ナポレオン時代にはベテラン学者として権威を有した高名な獣医たちが、疫病を背景に猫の病気に関心を抱き、研究に取り組むようになった。リヨンの市長を務めた医師ジリベールや、大陸軍筆頭外科医ペルシーもまた猫の病気に関する文章を書いている。(75)こうした権威ある人物たちが関心を示したことは、猫の研究の正当化に大きく貢献したことだろう。後に国王ルイ゠フィリップの侍医となる医師ゲルサンは『獣疫試論』(一八一五)において、ブニーヴァ論文などを引用して猫の病気について論じるにあたって、こう述べている。「猫は有益な動物であり、これを保存することは今や、我々の欲求(besoins)を満たすために必要にすらなった。したがって猫に対して猛威を振るう疫病への対策を研究することは、有益である」。(76)

一八二八年に出版された、猫の飼育方法を論じた史上初の教本において、猫の病気の治療法に関する簡潔な説明が載っていたのは、こうした研究の蓄積があったからこそだった。文士レダレスが執筆したと目されるこの教本は、『獣医学事典』の猫に関する記事に基づいて、飼い主たちに病気への対処法を伝授した。(77)この『獣医学事典』は一八二〇年代後半に出版された四巻本で、北フランスの小貴族出身で一八〇二年にアルフォール獣医学校を卒業し、北フランスにおける馬の疫病対策で活躍したユルトレル・ダルボヴァルの著作であり、一八三〇年代と一八七〇年代に改訂されて読み継がれた、獣医学の基本書である。猫に関しても約五頁の記事が設けられていたが、著者が認めるように、「猫の病気は依然として研究不足で、ほとんど未知であり、完全に記述することはできない」のが当時の状況だった。[78] 逆に言えば、知識はまだ不足していたが、研究の必要性は認められるようになったのである。

おわりに

フランス革命期に生じた〈猫で治す〉医学から〈猫を治す〉医学への転換は、一八世紀を通じて進んだ医学界の再編を背景として生じた出来事だった。王立の研究教育機関を拠り所にして、薬種商が薬剤師に、馬医者が獣医師に変貌し、職人共同体の壁を越え、学者として内科医や外科医とも交流を深めるようになった。教育制度の改革を支持した薬剤師たちが、職人的な伝統から距離を取って、犬や猫を生薬として用いる慣習を放棄すると同時に、疫病対策に役割を果たすようになった獣医師たちが、猫が伝染病に侵されている現状に目を向けて、革命以前の獣医学では等閑視されていたこの動物に関する萌芽的な研究に取り組むようになった。内科医が大学の医学部に学び、外科医や薬種商や馬医者がそれぞれの業界で徒弟制度によって養成されていた医療の旧体制から、大学が医師と薬剤師を育て、獣医学校が獣医を育てる新しい制度に移行したからこそ、猫は薬の材料であることをやめ、治療の対象と見なされるようになったのである。

この章の議論からは二つの示唆が得られる。第一に、猫の扱いの変化は社会的感性の変化だけの産物ではなかった。猫を愛情の対象と見なし、猫を殺すことを忌避する態度が表明されるようになったとしても、それだけでは薬種商が代々伝えてきたノウハウを問題視するには不十分だったかもしれない。職人たちの父祖伝来の知識を「迷信」として切り捨てることが可能になったのは、医学世界の社会的編成が変化し、新世代の育成のあり方や、知識の秩序が変わったからだろう。人と猫の関係の変化は、社会的感性の変容だけでなく、化学や薬学における学説の変化や、啓蒙期に加速した科学組織の再編成と連動して生じたのだと考えられる。

もうひとつは、一八世紀における猫の地位の変化は、〈有用な使役動物〉が〈無用の愛玩動物〉に変わるという単純な変化ではなかったということである。これまでの研究には、一八世紀に猫では太刀打ちできない大型のドブネズミが北欧から大陸ヨーロッパに広がったことを、猫がペットになったことの要因とするものがあった。[79] しかしこの解釈は二重の問題を含んでいる。もし猫が有用性を喪失したのが事実だとしても、その事実だけでは、「無用」になった猫がなぜ放逐されずに、むしろ愛されるようになったのか説明がつかない。しかしそれ以上にこの解釈では、一八世紀末の人々がそもそも積極的に猫を有用な動物として語っていたという事実が見落とされてしまう。「有用性」が至上の価値とされた啓蒙と革命の時代では、猫の救済のために貴重な時間と労力をつぎ込むことは、「有用性」の名において正当化されるほかなかった。猫の地位が変化する過程においては、猫が「無用」であることを認めながら愛玩する言説だけでなく、猫の有用性を強調することでその境遇の改善を図ろうとする実用主義の言説もまた重要な役割を担っていたのである。

第Ⅱ部　愛好家の目覚め

一六九二年から一七〇八年までフランス領事としてオスマン帝国領エジプトのカイロに駐在したブノワ・ド・マイエは、『エジプト誌』（一七三五）の一節を、現地で見た猫の記述に割いている。マイエによれば、エジプトには鼠が大量にいるため、「猫の助けが必要不可欠」だった。そこで現地の猫を飼ったところ、毛並みが実に多彩で、「美しく」、「魅力的」だった。したがって、「私は猫愛好家（amateur des chats）ではないが」、それでも言及せずにはいられないのだという(1)。

マイエがさりげなく加えた言葉は注目に値する。一六五六年に生まれて一七三八年に亡くなった彼は、猫について語る際、「愛好家」の存在を意識せずにはいられなかった。自分で猫が好きなわけではない者にすら、「猫好き」の存在が当たり前のように意識され、語られる時代が到来したのである。ではいかにして、マイエが生きた一七・一八世紀の転換期に、「猫愛好家」の存在が社会的意識に上り、当事者以外にも認識されるようになったのだろうか。この過程を明らかにすることが、第II部の課題である。

飼い猫を手懐けて愛でたらしき個人の存在を示唆する史料は中世から、いや古代エジプトから存在するが、そうした人々を総称する「猫愛好家」のような表現が現れたのは、管見の限り、少なくともフランス語においては、一八世紀初頭のことであった。この時代に、猫を好む感情が奇特な個人の例外的な感情であることをやめ、一定の人々に共有された社会的な感情になったのである。それはすなわち、猫好きとされる無数の人物の存在が広く知れ渡るようになったことを意味する。飼い猫を可愛がるという密やかな行為が、印刷物によってメディア化されることで、不特定多数の人間に伝達されるようになったのである。この現象がいかにして生じたのかを、一七世紀末の印刷メディア（第4章）と、モンクリフの『猫』（第5章）を手がかりに探ることにしよう。

第4章　貴族社会のセレブ猫
――ルイ一四期のサロンとメディア――

はじめに

一六七七年一二月、パリでひとりの女性が息を引き取った。月刊誌『メルキュール・ギャラン』によれば、女性が記していた前代未聞の遺言状が注目を集め、パリでは「皆が話題にして、手に取りたいと言っている」ほどだったという。注目を集めた理由は、亡くなったデュピュイ嬢が、飼い猫の餌代として遺産から年金の支払いを命じていたこと、そして年金の受給者として世話役ではなく猫が指定されていたことにあった。この遺言状はあまりにも奇妙なので、滑稽な詩の題材にすらなっていたという。結局、デュピュイ嬢の親族が遺言の破棄を請求し、その訴えがパリ高等法院で認められたことで、猫の年金は立ち消えになった。訴訟の終結を伝える『メルキュール・ギャラン』一六七八年七月号の記事によれば、やはり「故人が猫に与えようとした年金と、毎週欠かさずに猫を訪問するよう命じた箇所が、最も激しく批判された」らしい(1)。

猫にまつわる西洋文化の変遷を見通す通史を書いたロランス・ボビスは、一七世紀にようやく、「猫好きが大勢現れるようになった」と指摘した(2)。ではなぜ一七世紀という時代に、それまでは散発的に見られるだけだった「猫好き」が、「大勢現れる」ようになったのだろうか。猫を愛でる人間の数が増えたからなのだろうか。おそらくそうではない。たとえ大勢の「猫好き」が現実に存在したとしても、その事実が周知されるためには、彼らの存在が何らかの記録に残されて、不特定多数の人間に伝達される必要があるからだ。自分が死んだ後のことを心配するほど飼い猫を愛したデュピュイ嬢の存在が、当時の社会に知れ渡り、現代にも伝わったのは、彼女が月刊誌『メルキュール・ギャラン』の記事に「現れた」からに他ならない。

太陽王ルイ一四世がフランスに君臨した一七世紀後半は、定期刊行の出版物が出現し、新たな情報の回路が開かれた時代でもあった。この時代に出現した新しいメディア環境のもと、「猫好き」の存在が社会に周知されるようになった過程を明らかにすることが、本章の狙いである。以下では、当時の社会に存在した情報媒体について概観したうえで、デュピュイ嬢を含む三名の「猫好き」有名人が、印刷メディアにおいてどのように語られ、描かれたのかを詳しく分析する。有名人と有名猫のペアの事例分析を通じて、「猫好き」に注がれたまなざしのあり方や、「猫好き」が当時の社会で占めた位置が見えてくるだろう。

1　みやびな時代

フロンドの乱と呼ばれる大貴族の叛乱を鎮圧して権力基盤を築いたルイ一四世（在位一六四三―一七一五）は、貴族たちを新たに造営したヴェルサイユ宮殿に集住させ、高度に儀礼化された宮廷生活に組み込むことで支配した。財務総監コルベールに代表される官僚や、「王の銀行家」と呼ばれた金融家サミュエル・ベルナールといった平民出身者が王権に重用され、爵位を得て貴族世界に入り込んだこと、つまり官僚制度と商人資本主義のさらなる発達もまた、この時代の特徴である。「絶対主義」の研究者が指摘するように、ルイ一四世は、無制限の権力を握って王国を意のままに支配したわけではない。太陽王といえども種々の伝統や権利や法規範に縛られていた。それでも彼が、対外戦争を繰り返しながら、内政においてはヴェルサイユ宮殿という舞台装置を使って絶対権力を演出したこと、そして多くの貴族や有力な平民たちが、この体制を受け入れて、宮廷や官僚制度の枠内でそれぞれに立ち回ったことは事実だと言ってよい[3]。

宮廷儀礼を複雑化させたルイ一四世の治世は、貴族の礼節化が深まった時代でもあった。パリとヴェルサイユに集住した貴族たちが、武勇や血統だけでなく、礼儀作法を身につけていること、そして洗練された所作や感性や趣味を有することを誇りとするようになったのである。こうした貴族的洗練の文化を指す言葉として一七世紀に使われるようになったのが、『メルキュール・ギャラン』の題名にも見える形容詞「ギャラン」(galant) であり、そこから派生した名詞「ギャラントリ」(galanterie) である。近世初期には旺盛な性欲を指していたこの言葉は、女性を口説く男性の作法を指すようになり、やがて男女の交際における作法全般や、宮廷的な洗練を指すようになった。「恋の情緒を解し」、「都会風」または「宮廷風で上品」な「洗練された風雅」を指すという意味で、日本語の「みやび」に近い言葉である[4]。序章で「洗練主義」と呼んだものは、このギャラントリ文化のことである。

一七世紀にギャラントリ文化が花開いた背景には、ヴェルサイユ宮殿だけではなく、パリなど都市部において、貴族の館で定期的に会合を開く習慣の拡大、すなわち「サロン」文化の広がりもあった[5]。私邸で開かれたサロンでは女性が主催者の役割を務めることが多く、男性のみの場であった大学やアカデミーでは不可能だった、男女混淆の知的な交流が可能となった。多くの場合、女性はあくまでもホステスの地位に留まったが、知識人の集まる一部のサロンは、女性が作家として活動するための拠点となった。この時代の女性作家としては、心理描写で名高い小説『クレーヴの奥方』(一六七八) を著したラファイエット夫人が有名だが、彼女のような女性作家が続々と出現したことが、一七世紀の特徴である[6]。

女性作家の活躍の背景には、彼女たちの存在を歓迎する男性知識人の存在もあった。例えば、アケメネス朝ペルシアのキュロス大王を主人公とする長大な歴史小説を書くなどして、女性作家のロールモデルを築いたスキュデリ嬢は、ポール・ペリソンら男性学者をサロンに集めて古代史に関する情報提供を得て、作品執筆に活かしていた。[7]男女混淆の社交生活を楽しむためには、古典教養を前提としていた男性的な社交規範に代わる、新たな規則が必要だと考えられ、学識よりも心情を、引用よりも機知を、知識の披露よりも自発的で「自然」な発言を重んじる社交規範が練り上げられた。そうした規範の形成にあたっても、スキュデリ嬢のような女性作家だけでなく、会話形式の著作で「紳士」の要件を論じたメレ騎士のような男性作家も貢献を果たした。[8]

心情に基づく自発的な発言を重んじる規範が広まったサロンでは、男女が楽しむことのできる話題として、しばしば恋愛談義がもてはやされた。男女の交際における感情の機微が議論の主題となり、感情のニュアンスを表現する新しい語彙が作られていった。スキュデリ嬢が歴史小説『クレリー』の挿絵として発表した「恋愛地図」は、「本音」や「揺らがぬ友情」といった名前の都市を「感謝川」や「無関心湖」の近くに配置するといったかたちで、心理の動きを地理的な比喩で可視化した図であり、サロンで行われた感情分析を象徴する作品である。このような恋愛談義と感情分析の過程ではいくつもの新しい感情語彙が生まれた。そもそも、元々は「意見」を意味した語sentimentを「感情」の意味で使う近代的な用法を広めたのは、一七世紀のサロン作家たちであった。[9]「味覚」を表していた語goûtが、理詰めの推論能力たる理性とは違う、瞬時に直感的に美的判断を下す能力を指す能力としての「趣味」の意味で用いられるようになったのも、この時代のことである。[10]

このようなサロン文化は、貴族や裕福な平民の邸宅という場に根を張りながら、印刷メディアによっても支えられていた。一七世紀は定期刊行物が出現してフランスにジャーナリズムが定着した時代である。検閲制度が存在するフランスでは当初、王権の公認を得た三誌が主要な定期刊行物として普及した。週刊の政治情報誌『ガゼット』（一六三一年創刊）、月刊の学術情報誌『ジュルナル・デ・サヴァン』（一六五五年創刊）、そして文芸誌『メルキュール・ギャラン』（一六七二年創刊、一七二四年に『メルキュール・ド・フランス』に改称）である。[11]『メルキュール』は、サロンで詠まれた詩を集めて出版する慣行から派生した出版物であり、一六七七年に刊行頻度を高めて月刊誌となり、文芸情報を中心に雑多なニュースを盛り込んでフランス内外の読者に話題を提供した。国王から多額の年金を下賜されたドノー・ド・ヴィゼが編集した同誌は、政府批判を避けて、むしろヴェルサイユの催しを報じることで宮廷の威光を喧伝し、フランス軍の勝利を語って国王だけでなく軍人貴族の栄光を称える役割も担った。読者からの投稿も取り入れるようになった『メルキュール・ギャラン』は、各地の社交界を繋ぐ情報網として機能した。研究者に「紙のサロン」と評されるゆえんである。(12) また、貴族層の集住にともなって奢侈品産業が発展するなか、版画が宮廷文化の魅力を視覚的に伝える役割を担うようになり、版画産業が顕著な発展を見せたことも、メディア環境の変化として注目すべきことである。(13) ギャラントリ文化は、ヴェルサイユとパリを拠点に、印刷物を介して諸地方や諸外国に発信されたメディア文化だった。

以上の概観を踏まえて、この時代のサロンとメディアにおいて愛猫家たちが耳目を集めるようになった過程を見ていくことにしよう。

貴族猫の登場

パリ在住の裕福な女性音楽家が猫に遺産を与えようとした、というデュピュイ嬢の遺言騒動の状況は、一九七〇年に公開されたディズニー映画『アリストキャッツ』の筋書きとよく似ている。同作はベル・エポック期を舞台とするものだが、引退した女性オペラ歌手の遺産の相続先に指定された飼い猫たちが、嫉妬した執事によって郊外に捨てられるも、粋な(まさにギャラントな！)野良猫たちに助けられて家に帰還するという話である。この映画では、老婦人の愛する雌猫が公爵夫人(または女公爵)を意味する「ダッチェス」という名を与えられ、礼儀作法と音楽の教養を身につけて洗練された貴族猫《アリストキャット》であるのに対し、野良猫たちはアイルランド系の名前を持ち、ジャズを嗜むなど庶民的な生活を体現する存在として区別されている。(14) いささか唐突に現代のアニメ映画を持ち出したのは、この作品で描かれるような猫の階級差が、というよりは野良猫から区別された貴族猫が、まさに一七世紀の印刷メディアに登場するようになったからである。

最初に確認できる事例は一六六〇年に出版された詩集の収録作品である。猫の飼い主に語りかける形式の詩で、「あなたの雌猫に皆がうっとり。誰もが撫でて、褒めている」。この雌猫は「感じが良く」(agréable)、「美しく」、「謙虚だがお高くもあり」(modeste, et précieuse)、「ひとが言うには、軒樋に繰り出して愛に耽ることなく」、むしろ「一〇匹ほどの素敵な雌猫たち」と一緒に「学者ごっこをして」(feront savantes)、「みやびな言葉でお喋り」(Tiendront quelque propos galant)して、「雄猫たちにはため息ついてミャアと鳴き、愛とは何か、恋とは何か教えてあげる」のだという。「雌猫」は当時から女性器を指す隠語の意味を有していたため、「皆がうっとり」などという冒頭の文言は性的な意味を含ませた言葉遊びとして読める。しかしその後の描写は、「あなた」の猫を、サロンに集って恋愛談義に興じる貴婦人たちに似た「気高い雌猫たち」(ces chattes fières)のグループの一員として位置づけるものである。この詩は、猫を飼い主の貴婦人に似せることで礼賛するものだった[15]。一七世紀後半のサロン文学における動物関連の詩を検討した研究によれば、ペットと女性飼い主の間に「融合関係」(relation fusionnelle)を打ち立てるこの手法は、当時は広く用いられていたという[16]。

一六七〇年には、パリ社交界で活動し、醜聞騒動を起こして早世したアントワーヌ・トルシュという文士が、作品集『愛の雅装』にメノーヌ(Ménone)という雌猫を礼賛する詩を載せている。メノーヌは飼い主である貴婦人の寵愛を独占し、その肖像画に一緒に描かれる栄誉にあずかったほどで、飼い主に言い寄ろうとする男性陣が嫉妬心を燃やした、という内容の詩である。飼い主はメノーヌの「真価を褒め称える」ために、「クッションに乗せた」姿を肖像画に描き入れさせたのだという[17]。おそらくトルシュは実際にメノーヌが飼い主と一緒に描かれた肖像画を目にして、この詩を詠んだのだろう。

固有名を与えられた猫が詩で礼賛されること自体は以前の時代からあった。写本としては、序章で紹介した古アイルランド語の詩「パンガー・バン」が最古の事例として知られており、印刷された作品としては、一六世紀にフランス語文学の発展に貢献した詩人デュ・ベレーが『田園遊戯集』（一五五八）に収録した、愛猫ブロー（Belaud）を追悼する長い詩がある。(18)

以上の先例と比較すると、一七世紀のサロン文学では、猫が鼠対策の役割から切り離されていることに気づく。パンガーもブローも、飼い主の書斎に招き入れられて大切に飼育されたペット猫だと思われるのだが、詩においては鼠を狩る能力に言及されていた。これに対して先に見た二作品は、鼠に言及していない。貴婦人に愛されたメノーヌのような雌猫たちは、飼い主に愛されたそのことをもって礼賛されているのである。

トルシュは、メノーヌが飼い主に「真価」（mérite）を認められたことで肖像画に登場する光栄に浴したと書いているが、このメリットという語はサロン文学の重要概念のひとつであった。日本語では「メリット」が物事の利点を指す意味で使われることが多く、また「メリトクラシー」が「能力主義」と訳される時には「メリット」が「能力」の意味で理解されているが、本来「メリット」とは、未来において何かをもたらす潜在的な利点や能力ではなく、何らかの褒賞に「値する」（mériter）と言わしめる功績や手柄を指す言葉である。たしかに「メリット」はしばしば、功績や手柄を得るための力と不可分であり、「能力」と訳すことができる場合もある。しかしサロン文学においては、軍功などの具体的な業績だけでなく、漠然とした「感じの良さ」、つまり他者の好意や好感を勝ち取る能力もまた「メリット」と呼ばれた。(19) こうした概念があることで、猫についても、鼠駆除の業績の有無を度外視して、仕草や態度が「素敵」で「感じが良い」こともまた褒賞に値する「真価」として認められるようになった。要するに、立ち居振る舞いが与える印象によって人間の価値を見定める思考様式が「メリット」という概念に凝縮されており、この概念が存在することで、猫の愛玩動物としての魅力を、鼠駆除における有用性とは切り離して語ることが可能になったのである。

また、一七世紀以後の「猫文学」のさらなる特徴として、女性飼い主のために男性が作品を著すという構図の定着がある。女性のペットのために男性が詩を詠む構図自体には、古代ローマの抒情詩人カトゥッルスに遡る伝統があるが、その際に話題になる動物は主に鳥か犬であった。なるほど猫がとりわけ女性に好かれる動物であるという認識は中世から既に存在したが、管見の限り、そうした認識は猫を好む女性を第三者的に描写する（そして批判する）言説に見られるものであり、特定のペット猫に関する詩には見られない。パンガーもブローも飼い主である男性学者によって詩に詠われていた。[20] 一七世紀には、メリットの概念によって猫が鼠狩りの役割から切り離され、飼い主である貴婦人に似通った「感じの良い」動物として語られるようになったことで、猫が貴婦人の寵愛に相応しい貴族的な動物の地位を獲得し、カトゥッルス以来の動物礼賛詩の構図を適用できるようになったのだと考えられる。

このように一七世紀中葉には、貴婦人に愛された貴族的な猫の存在が、印刷メディアによって少しずつ喧伝されるようになっていた。社交界で詠まれた作品を集めた詩集が出版されるなかで、猫に関する詩も、飼い主の周辺のサークルを越えて広く流通するようになり、メリットの概念に象徴されるサロン文学の思考様式によって、猫の「感じの良さ」が鼠狩りの能力から分離されて語られるようになったのである。

2 「デュピュイ嬢の猫」

詩集に現れるようになった貴族猫たちは『メルキュール・ギャラン』がおしゃれな社交人士の必読書として君臨した一七世紀末に至って、さらに存在感を強めることになる。同誌が読者の支持に支えられて毎月刊行されるようになった一六七七年に早速生じたのが、本章の冒頭で言及した「デュピュイ嬢」の遺言騒動であった。まずはこの事例において、猫を愛する女性と、女性に愛された猫の存在が、どのようにメディア化されていったのかを分析することにしよう。

実は「デュピュイ嬢」なる人物は実在しない。というのも、遺言騒動を起こした女性はジャンヌ・フェリックスという名で、アダム・デュピュイという男性の妻として、「デュピュイ夫人」と呼ばれるべき立場にあったからである。デュピュイ夫人は、ルイ一三世の王太子時代の教師を務めた詩人ヴォークラン・デ・ジヴトーの愛人として文学史に名を遺した。デ・ジヴトーは一六一一年から四八年にかけてパリ郊外のフォーブール・サン＝ジェルマンに住んでいたが、ジャンヌは彼の館の社交生活の中心にいたという。彼女の人生は訴訟に満ちていた。デ・ジヴトーと甥の係争に巻き込まれ、甥側が出版した文書によって悪人として糾弾されたと思えば、自らも親族と対立し、兄弟のイザーク・フェリックスが喧嘩で死に、その妻から「兄弟殺し」の罪で刑事告発されたこともあった。(21)この裁判では無罪を勝ち取ったジャンヌだったが、晩年にはランス施療院の管理者と裁判になり、今度は敗訴している。(22)デ・ジヴトーに関するゴシップを収録した当時の文献で、「デュピュイ嬢」は「居酒屋」(cabaret)でハープを演奏して回る「売女」(gueuse)と痛罵されている。(23)おそらくジャンヌは、死後に遺言書を通じて有名になる前から、パリの人々にはある程度、名前(というより悪名)が知れ渡っていたのだと思われる。

話題を集めた遺言書

『メルキュール・ギャラン』一六七七年一二月号には、ジャンヌの遺言書が関心を集めていたと記されていたが、おそらくそうした関心に応えるため、ジャック・グルーの印刷所から、遺言書が、ジャンヌが記した回想録の抜粋を付して出版されている。この時代の裁判においては、当事者が自らの立場を説明した訴訟趣意書という文書を印刷することが一般的であった(第10章参照)。その慣行から派生して、訴訟の参考資料であった遺言書が印刷に付されたのだと考えられる。文書の由来も出版時期も不明だが、遺言書がパロディ詩に翻案されていたという『メルキュール・ギャラン』の記事内容から察するに、おそらく遺言の破棄を求めた遺族が、一六七七年にグルーの印刷所に提供して年内に流布させていたものだと思われる。まずはこの文書の内容を検討してみよう。

四つ折り版で三五頁にわたるこの文書は、「デュピュイ嬢による自筆の覚書き二巻のうち、最も良心的で、つまり一番ましな箇所の抜粋」と題された文章から始まる。ジャンヌがアダム・デュピュイの妻であったことは内容から明らかであるから、貴婦人または未婚女性を指す damoiselle という敬称が付されているのは奇妙だが、この問題については後で考えよう。この「抜粋」は、欄外に付された豊富な注釈により、解釈が誘導されるようになっている。例えばジャンヌは、親族のヴォークラン・ド・サシを「悪党、人殺し、野蛮人」(un infame, un meurtrier, un barbare) と呼んでいるのだが、ここで編者は「サシはノルマンディの紳士であり、その振る舞いは常に実直で非難の余地のないものであったことに注意せよ」と書き加えている。ジャンヌはさらに「夫の魂は実にどす黒く、これほどの恩知らずは他にいない。娘を荷車でノルマンディに拉致された。サシは悪人であり、盗人である。私を裏切った。宮廷の皆様が認めるデ・ジヴトー氏の美徳のひとかけらも持ち合わせていない」と近親者への罵詈雑言を連ねていく。デ・ジヴトーとの子を夫に取り上げられて、そのことを恨んでいたのかもしれない。いずれにせよ、こうした文言を抜粋した編者の意図が、ジャンヌを狂人として提示することにあったことは明白である。抜粋の末尾で編者は念を押して、故人は遺言書の冒頭では敬虔を装っているが、実のところはこれほどの悪口を述べる人間なのだから、騙されてはいけないと述べている[24]。

実際、「一字一句、原本そのまま」と末尾に記された一六七一年五月一日付の遺言状もまた、親族に対する罵詈雑言に満ちているのだが、ここで問題なのは末尾に追加された以下の指示である。

ニコル・ピジョンは私の二匹の猫を引き受け、よく世話をすること。カロンジュ夫人は猫たちの様子を何度か見に行ってください。ラ・フェリエール氏は、私の二匹の猫のため彼女に毎月三〇ソルを与えること。もし一匹しかいないなら毎月一五ソル。署名ジャンヌ・フェリックス、以上、遺言状に書いていないが執行を望む[25]。

ピジョンは女性使用人で、カロンジュ夫人は隣人、ラ・フェリエールは弁護士である。ジャンヌは使用人に猫の世話を託し、実際に猫が世話されているか隣人に確認するよう依頼し、弁護士に猫の餌代を一匹当たり毎月一五ソル拠出するように指示したわけだ。一八世紀のパリでは労働者の日当が二〇ソルほどであったというから、一五ソルはピジョンのような家事使用人にとっては無視できない金額だったろう。[26]『メルキュール・ギャラン』の記事にあった通り、ジャンヌはたしかに毎月の餌代を「猫のため彼女に」、つまりピジョンに与えるよう指示している。しかしジャンヌはあくまでも、この指示を正式な遺言状の枠外に付け加えた依頼として位置づけたようだ。この指示は冒頭の「抜粋」に収録された、遺言書に添付されていたと思わしき文書にも記されていることから、ジャンヌが飼い猫のことを気にかけていた様子が窺える。[27]しかし出版された文書全体を読んだ者にとっては、猫の世話を命じるこの文言は、親族に対する罵詈雑言に混じって登場する奇妙な発言なのであって、故人が常軌を逸した人物であったとの印象をさらに深める意味を持ったことだろう。

『メルキュール・ギャラン』の報道姿勢

この出版物を比較対象にすることで、『メルキュール・ギャラン』が独自の立場からジャンヌの遺言書騒動を報道したことがよく見えてくる。まずは一六七七年一二月の第一報を見てみよう。編者ドノー・ド・ヴィゼは、「有名なハープ奏者」だった「デュピュイ嬢」が「いささかの奇人」(raisonnablement visionnaire)であったことを認めている。しかし彼女が「飼い猫のことを死ぬときにも忘れられなかった」ことについては、いまどき「ペット(Animal favori)を飼わない人はほとんどいません」と『メルキュール・ギャラン』の読者層に動物を好む者が多いことが示唆され、さらにこう述べられている。「彼女〔デュピュイ嬢〕もお読みになったのに違いありません。いくらかの民のもとでは、かつて犬のための養育院(Hôpitaux)が設けられたことがあり、トルコには今でもそのような施設があるが、マホメット教徒は犬よりも猫が好きで、猫に対して大変な崇敬を示していると」。つまりドノーは、飼い猫に年金を与えようとする心情を例外視して批判するのではなく、むしろ愛玩動物を飼う者の存在と、オスマン帝国のような異国の習俗を引き合いに出すことで、この心情を一般化して擁護したのである。[28]

訴訟の終結を伝える一六七八年七月の記事にも、動物を愛する気持ちを擁護する立場が見て取れる。どうやらドノーは裁判に関する事情をより詳細に学んだようで、故人を「デュピュイ夫人」と適切な敬称をつけて呼び直したうえで、三名の「高名な弁護士が見解を表明」し、そのうちモーリスが故人の遺志を弁護し、ヴォーチエとド・フェリエールの二名が遺言の破棄を求めたと報じた。[29] そしてドノーは数頁にわたって、動物が特別待遇を受けた歴史上の事例を列挙していく。まず「トルコ」には「猫のために養育院が、さらには焼肉屋（Rôtisserie）まで設けられている」と言及されているが、これは養育院の対象を犬としていた前年の記事よりも正確なオスマン帝国の習俗の記述であり、ドノーが何らかの情報源から知識を改めたことがわかる。[30] 続いて、旅行先の宮廷で飼い猫を放って鼠を駆逐したことで現地の君主から褒美を与えられて巨万の富を築き、ロンドン市長の地位すら得たロタントンなる人物が紹介されているが、これは一三世紀のロンドン市長ウィッティントンのことである（第7章参照）。最後に「飼い主に多大な貢献を果たしたため褒美を与えられた」動物の事例として、トルコ人の主人に懐いてその死を嘆き、イェニチェリ墓地に埋葬される栄誉にあずかったライオンや、「インド」（アメリカ大陸）に渡ったスペイン人に仕えて原住民を殺戮し「騎士の二倍の給与」を与えられたレオンシルという犬、そして古代ローマの皇帝カリグラが貴族級の待遇を与えた愛馬の逸話が続く。ドノーはライオンの逸話の情報源としてモーリスを引用しているが、他の事例についてもモーリスが情報源となったのか、ドノーが自ら逸話を集めたのかはわからない。[31]

しかしここで重要なのは情報源ではなく、ドノーがこうした逸話から導いた結論である。彼は次のように書いている。デュピュイ夫人の遺言書ほど「常軌を逸したものはありますまい。ですが動物に必要なのは食べ物だけですから、〔この遺言書は〕皆が思っているほどに狂っているわけではないのかもしれません。何らかの奉仕をしてくれた動物に食べ物を与えるというのですから」。[32] つまりドノーは自分が列挙した逸話を、類まれな「奉仕」をした動物に対して飼い主が正当に報いた事例として解釈し、その事例のうちにデュピュイ夫人の猫を置いたのである。

改めて考えてみると、デュピュイ夫人の猫は単に遺産相続の対象になったことで知られているばかりである。その意味で、自らの業績によってではなく、飼い主に特別扱いされたことでのみ知られるカリグラの馬に近い。しかしドノーの記事はこれらの事例を、ウィッティントンの猫や、イェニチェリのライオンや、スペイン軍の犬など、褒めるべき行為や態度を認められた動物と横並びにしている。つまりドノーは、具体的な功績を有する動物と、単に飼い主に気に入られただけの動物を等しく「メリット」ある動物として提示した。こうすることで、デュピュイ夫人が飼い猫に与えようとした遺産を、動物の真価に対する正当な褒美として位置づけたのである。『メルキュール・ギャラン』はデュピュイ夫人の遺言騒動を報じるにあたって、一貫して、猫に特別な配慮を示した故人を擁護する視点を示していた。

『メルキュール・ギャラン』はフランス各地の、そして外国のエリート層にも購読された雑誌であり、当時のヨーロッパの定期刊行物としては大きな波及力を有していた。デュピュイの遺言をめぐる騒動は、同誌を介して広い地域で話題にあがったことだろう。ドノーは自誌の人気を活かして、一六七八年からは四半期ごとに読者投稿を集めた『増刊号』を発行するようになったが、同年七月号に掲載されたロランというランス在住の弁護士の手紙には、こう記されていた。編集者殿がご提供くださる話題は、「ここでは実に愉快な会話の種になっております」が、なかでも「猫裁判（Le procès du chat）についてはずいぶんと機知に富んだやり取りをいたしました」[33]。この証言から類推するに、おそらくランス以外の各地でも「猫裁判」は社交人士の話の種になっていたことだろう。

これがホントの猫の顔？

遺言騒動のメディア化はこれで終わらなかった。あの「猫の大虐殺」の逸話を書いたニコラ・コンタが修行したパリ大学街のサン＝セヴラン通りに店を構えた版画商フランソワ・ゲラールが、「デュピュイ嬢の猫」の肖像なる版画を出版したのである（図4-1）。画面では、どことなく人間じみた顔をした縞模様の猫が前足をそろえて直立

図 4–1　F・ゲラール《デュピュイ嬢の猫》1680 年頃

図 4–2　C・ブルーマールト《猫と鼠》1625 年頃

し、鼠、ウナギ、そしてサーモンと思わしき魚を踏みつけている。背景にはカーテンが見え、奥には草木が生い茂っている。下部には「デュピュイ嬢の猫の真の肖像。遺言により毎月一五ソルを与えられた」とある。わざわざ「真の肖像」であると謳うのは、捏造の存在を仄めかすことで、偽物の肖像が出回るほどに有名なモデルを描いたものだと示唆する広告の手口であり、版画商人がよく用いた宣伝文句であった(34)。

しかし騙されてはいけない。猫の姿勢と、足元に描かれた鼠の姿から、この図は一六二五年頃にオランダのコルネリス・ブルーマールトが制作した版画（図4-2）の模倣作である可能性が極めて高い。ブルーマールトの版画は写実性に優れた傑作だが、猫の姿勢は一六世紀の博物学者ゲスナーが出版したヨーロッパ初の動物図鑑である『動物誌』の挿絵を踏襲したものである（図4-3）。ゲスナーの挿絵は近世ヨーロッパの猫画像の基本的な参照点となっていたようで、スコットランド女王メアリー・スチュアートが有したタペストリーや、一八世紀にフラン

図 4–3　ゲスナー『動物誌』より《猫》1560 年

図 4–4　F・ゲラール《スウェーデン王ギュンナールの犬》1680 年頃

スで作られた陶磁器の絵柄のモデルにもなっている[35]。ブルーマールトはゲスナーを参考にしつつ、実物の猫の毛並みや顔つきを観察して細部の描写を洗練させたのだろうが、ゲラールはこのブルーマールトの版画に基づいて、実際に猫を観察することなく複製を制作したのだろう。その際にゲラールは、猫の足元に二尾の魚を追加して、飼い主から豊富な餌を貰っていることを示唆し、背後に貴族肖像画に見られる豪華なカーテンを配置することで、この猫が特別な地位にある猫だと印象づけた。

　この版画の出版時期を推察するためには、同時期にゲラールが制作したと思わしき犬の版画が参考になる（図４-４）。スパニエルらしき小型犬が、やはり贅沢なカーテンを背景に、ヤマウズラとシギを踏みつけている。いずれの鳥も狩猟対象（ジビエ）であり、この犬が猟犬であること、つまり狩人たる貴族に仕えていることを示唆するディテールである。説明文によるとこの犬は、「スウェーデン王ギュンナール」、つまり北欧神話サガに登場する伝説の王グンテルの犬を描いたものだというが、この説明文は一六八〇年に出版された『歴史的対比』という書物からの引用だと明記されている。

『歴史的対比』は古代ギリシア語に通暁した古典学者フランソワ・カッサンドルが、プルタルコスの『対比列伝』を模倣して書いた歴史論で、二名の人物を比較する短い考察を集めた作品である。同書では、ノルウェーを征服した後、当地の民に対する侮蔑を示すために飼い犬をノルウェー副王に任じた非道の王ギュンナールと、好き放題の限りを尽くして、貴族たちを愚弄するために愛馬を執政官に任命すらした暴君カリグラとが対比されていた。(36) カッサンドルはこれらの君主を暴君として描いており、動物を副王や執政官に任命することを、悪逆非道の行いとして論じていた。

犬と猫を描いたゲラールの連作は、おそらく一六八〇年頃にカッサンドルの著作に触発されて制作されたのだろう。しかしゲラールはあまりカッサンドルに忠実ではない。版画の題材として、北欧の暴君が従えていたはずの大型の屈強な犬ではなく、貴婦人の愛玩犬として描かれることが多かった小型犬を選び、しかもこの犬を、カリグラの馬とではなく、数年前に話題をさらっていた「デュピュイ嬢の猫」と対比しているからだ。つまりゲラールは、古典古代の伝統に則ったカッサンドルの著作をアリバイにして、室内飼いのペットを描いた図を制作し、販売したのである。おそらくゲラールは、ペットの犬や猫を主題とする版画のほうが、『メルキュール・ギャラン』を読む社交界の人々に対して魅力的な商品になると判断したのだろう。事実、この連作版画は一定の人気を獲得したようで、他の版画商の人気作品を頻繁に複製したことで知られるピエール・ガレーによる模倣の対象となっている。(37)

ドノーが遺言事件を特定の角度から提示したように、ゲラールも図像を通じてデュピュイの遺言事件に独自の意味を与えている。カッサンドルの歴史論では、動物を通して飼い主である暴君の狂気が描かれていた。これに対してゲラールの版画では、飼い主の存在は画面外に示唆されるだけである。説明文を取り去ってしまえば、ギュンナールも「デュピュイ嬢」も消え去ってしまう。動物を通じて飼い主の性格を描くことが目的だったならば、人間を画面内に登場させ、その仕草を滑稽に描く構図の方が有効だったろう。実際、猫の飼い主を風刺する一八世紀の版画では、そのような手法が取られていた(第8章参照)。ゲラールは飼い主を画面の外に追いやって、動物に主役の位置を与え、しかもその動物に貴族的な装いを与えてもいる。つまりゲラールは、飼い主の「狂気」を強調することなしに、愛玩犬と愛玩猫の特別な地位を強調している。デュピュイの遺言騒動を報じるにあたって、飼い主側の性格の奇妙さを強調するのではなく、動物側の「メリット」を前面に押し出したドノーの論法に親和的な表象だと言えるだろう。

ゲラールの作品に関しては二つの謎が残る。まず、遺言書では二匹の猫に言及されていたのに、なぜ一匹に減ってしまったのか。遺言書の日付からデュピュイの死去までには六年の開きがあるから、片方の猫が既に死んでいたのかもしれない。弁護士モーリスを引用するなど、裁判の事情にある程度は通じていたと思われるドノーも「猫」を単数形にしていた。あるいは実際には二匹とも生きていたのだが、事件が話題になる過程で事実が単純化され、一匹の猫のイメージが独り歩きしたのかもしれない。ドノーが列挙した動物の逸話がいずれも一匹の特別な動物に関するものだったことからも、猫が一匹であるほうが逸話として通用しやすかったのだとも考えられる。

もうひとつの疑問。アダム・デュピュイの妻にして寡婦であったジャンヌ・フェリックスが、なぜ「デュピュイ嬢」として知られるに至ったのか。ドノーが「嬢」としていたのを「夫人」と訂正した後に、猫の年金の金額まで把握していたゲラールが「嬢」の呼称を選んだのは、なぜなのか。この問題に関しては推測することしかできないが、おそらく、猫を愛する感情が、夫(または恋人)を愛する感情と両立不可能なものとして語られがちであったことがゲラールの選択の背後にあったように思われる。前節で既に見たように、そして続く二つの事例でも確認するように、サロン文学では、猫が貴婦人の寵愛を独占して男性たちに嫉妬されることが頻出のテーマ(いわゆるトポス)になっていた。男よりも猫を愛する女性という紋切型に合わせて、デュピュイ夫人は「デュピュイ嬢」として語られるようになったのだろう。やがて一八世紀にはモンクリフの手によって「デュピュイ嬢」の伝説がさらなる発展を遂げることになるのだが、それについては次章で論じることにしよう。

3　デズリエール夫人とグリゼット

「猫裁判」を面白がった弁護士の手紙が載ってから三ヶ月後、一六七八年一〇月の『メルキュール・ギャラン増刊号』には、新たな猫ニュースが掲載された。パリに住む麗しき雌猫グリゼット（Grisette）が、近所の雄猫たちと交わした恋文が掲載されたのである。

もちろん実際に猫が書いたわけではない。掲載されたのは、猫たちが書いた体裁で詠まれた、遊戯的な書簡詩であった。著者はデズリエール夫人ことアントワネット・デュ・リジエ・ド・ラ・ガルド（一六三八―九四）。現在ではあまり知られていないが、生前には高い知名度を誇った詩人である。一三歳の若さで軍人貴族デズリエールに嫁いだが、夫に家庭教師をつけられて私教育を受けて育ち、スペイン語やイタリア語に加えラテン語の教養も身につけた。パリでスキュデリ嬢のサロンに通って知識人との交流を深め、一六七〇年代からは自前のサロンを開いた。貴族ながら富豪ではなく、フロンドの乱に際して夫が国王に反対する陣営に与したために戦後は苦労したが、ルイ一四世を礼賛する詩を書くなどして政府の好意を勝ち取って生き延びた。デズリエール夫人は詩作を通じて学識者としての評判を得て、アルルとパドヴァのアカデミーから会員の地位を与えられて、フランス初の女性アカデミー会員（académicienne）になった。代表作の牧歌詩『羊』などの作品は一九世紀初頭まで再版されて読み継がれたが、近代には忘却され、二一世紀に入ってようやく再評価と研究が進み、作品の校訂版も出版されている。(38)

デズリエール夫人は『メルキュール・ギャラン』の特性を最大限に活かしてキャリアを築いた。サロンにおいて女性が文筆に勤しむことが広まったとはいえ、女性が作品を手書きの文書として回覧させるのではなく、印刷媒体を使って出版する行為は、依然として、慎みを欠いた行為として問題視されていた。作品を生前に出版することを望んだ女性作家は、このような規範に対峙し、自己の活動を何らかの手段によって正当化する必要があった。そのような立場に置かれた女性作家にとって『メルキュール・ギャラン』は好都合な媒体だった。同誌は、パリ在住の男性が地方在住の貴族女性に社交界の近況を伝える書簡としての体裁を取っており、男女混淆の社交空間に根差した出版物だった。サロンにおいて、詩作はあくまでも退屈しのぎの遊びとして位置づけられており、『メルキュール・ギャラン』に掲載される詩もまた、そのような遊戯の文脈で生み出されたことが前提となっていた。したがって同誌は、「ただの遊び」という建前に隠れながら作品を公刊することを女性に許す場になったのである。[39]

文学を社交生活の余興として位置づけるこの建前によって、軽妙な題材を詩の主題にすることも可能になった。デズリエール夫人は、ペットの犬や猫に「お喋り」をさせる遊戯的な詩を『メルキュール・ギャラン』誌上で発表することによって、印刷メディアに登場した。彼女はまず飼い犬ガスを発話主体とする詩を同誌で発表し、おそらくその成功に勇気づけられて、飼い猫グリゼットと近所の雄猫たちを会話させる内容の詩を発表した。こうした詩によって話題を作り、詩人としての力量を見せたうえで、牧歌詩など由緒正しい伝統的なジャンルの作品に挑戦して名声を固めたのである。詩を手稿として回覧させるだけに留まらず、『メルキュール・ギャラン』や詩集といった印刷媒体を使ってセルフ・プロモーション活動を行ったからこそ、デズリエール夫人は、女性としては極めて珍しいことに、生前に自著を実名出版することができた。[40]

グリゼットの手紙

ではそのデズリエール夫人がキャリアの初期に出版した猫の詩はどのような作品だったのか。内容を見てみよう。合計で八篇の書簡詩から成るこの作品は、デズリエール夫人の雌猫グリゼットと近所の雄猫たちが交わした一連の恋文とされている。題名は付されていないが、便宜的に「グリゼットの手紙」と呼ぶことにしよう。グリゼットはまずモングラ侯爵夫人の去勢された雄猫タタ（Tata）から恋文を貰い、これに返事をしたところ、やり取りが話題を呼んで他の四匹の雄猫からも手紙が殺到し、タタが二通目の手紙を寄せてきたところで、グリゼットがタタに返事をして、雄猫全員を拒絶する、という内容である。雄猫たちの飼い主が特定されているので、猫の飼い主が詩を寄せ合った共作である可能性もある。しかし全体がひとつの物語を構成していることを考慮すると、おそらくデズリエール夫人が付き合いのある人々の飼い猫を登場させて全体を詠んだのだと思われる。いずれにせよ、一八世紀には全篇がデズリエールの作品集に収録され、彼女の作品として流通した。

猫たちの恋文の中身はサロンの恋愛問答のパロディになっている。グリゼットと雄猫たちが、恋の駆け引きをするなかで、媚態を使う女（coquette）と気取り屋の才女（précieuse）の違いは何か、といった論題に関して議論が進む。猫たちにはそれぞれ独特な性格が与えられ、差別化が図られている。モングラ夫人のタタは去勢されてもめげずに女性との交際を嗜む紳士、女子修道院で飼われるブロンダン（Blondin）はグリゼットを「名誉ある場」（つまり屋上）に連れ出そうと誘惑する豪快な遊び人、ベテューヌ公爵夫人のドン・グリ（Dom Gris）は宮廷的洗練を誇り、鼠などではなく兎を狩るのだと豪語する貴族主義者、ボケ嬢のミタン（Mittin）は頭でっかちで饒舌（最長の詩を書く）、ブロンダンとは別の女子修道院所属のレニョー（Régnault）は口下手で、言葉よりも行動だと称して数行しか書かない、といった具合である。あくまでも文学的遊戯の枠内でのことだが、固有名を有する飼い猫がそれぞれ個性ある存在として認められている。[41]

しかし最も詳しく性格が記述されているのは、雄猫たちの称賛の的となったグリゼットである。その名の通り灰色の体毛を身にまとい、「学者な女主人」に「幸せな日々と甘美な夜」をもたらしているグリゼットは、タタに対して自ら語るところでは、「優しくて賢い」（tendre et sage）が、「誇り高き猫ちゃんたち」（Minettes fières）のひとりとして、「尊大な風格」（grands airs）と「みやびなお作法」（galantes manières）も誇るのだという。ブロンダンが言うように、グリゼットはお高く気取った才女であり、「一度も恋せぬ」、あの「気高き心」の持ち主である「偉大なる女主人」デズリエール夫人と似ている。[42] この書簡詩もまた、雌猫と女性飼い主の間に性格の類似を見出す作品だったわけだ。ただし注意すべきことに、雄猫たちは飼い主と似たものとされていない。貴婦人と「融合関係」で結ばれ得るのは、あくまでも雌猫だけだった。[43]

グリゼットは室内飼いの猫で、鼠狩りの能力が褒められることはない。むしろグリゼットを外に連れ出そうとするブロンダンの言葉から察するに、鼠狩りを知らなかったようだ。気高き才女に似たこの雌猫の「真価」は、鼠を捕殺する能力ではなく、他者に好かれる魅力に存する。この点に関しては、ドノー・ド・ヴィゼが導入として付した次の紹介文が示唆的である。

これからご紹介する作品は、機知と遊び心に満ちているとお感じになること必定の作品ですが、その題材には驚かれることでしょう。デズリエール夫人はグリゼットという名前の雌猫を飼っておられます。雌猫の中でも特別視されるに値する雌猫なのです（qui mérite d'être distinguée parmi celles de son espèce）。というのも、本当に物事を考えているわけではないとはいえ、何かを考えているかの様子で、優れた分別を有するかの素振りを見せるものですから、皆の感心（l'admiration de tout le monde）の的になっているのです。[44]

グリゼットは頭が良さそうに見える仕草によって周囲の人間の「感心」を買っているのであり、鼠狩りに長けているから重宝されているわけではない。ドノーはここでも、デュピュイ事件の時と同じく、猫を愛する飼い主の性格よりも、愛される猫の側に注意を向けて、好意的な感情を惹きつけて当然である猫の「メリット」に読者の意識を誘導している。ギャラントリの言語における「メリット」の重要性を指摘したアラン・ヴィアラは、この概念が循環論法的に人物の値打ちを決めることを可能にしたと述べている。「メリット」は、「あの人は他人に良いと思われているから良い」というかたちで、人物の値打ちを測るにあたって周囲の主観的な評価を重んじる概念だということだ。この際、価値判断の主体が、感覚が洗練された貴族であることが重要視された。つまり、地位ある者を優れた趣味(goût)を有する者として捉え、その人間による主観的で心情的な判断を、物事の価値基準に仕立てあげるのが、「メリット」という概念なのである。鑑識眼を有する(はずの)貴族が「良い」と判断するものは、他者にとっても「良い」ものだ、というわけである。引用部では、グリゼットが「皆」、つまり社交界の人々の「感心」を勝ち取っているその能力をもって、価値ある猫とされている。鼠を狩らない「無用」の猫が称賛すべき存在となるのは、身分の高い(したがって良き趣味を有するはずの)人々が、その猫に価値を認めているからだ。そうした含意が「メリット」という言葉に凝縮されている。[45]

一七世紀にはグリゼットの手紙のようにペットに発言させる詩が数多く詠まれていたのかもしれないが、そうした作品の大多数はその場限りの余興とされるばかりで、すぐに失われただろう。グリゼットの手紙は『メルキュール・ギャラン』に掲載されたことで、デズリエール夫人の人間関係の範囲を越えて広く知れ渡ることになった。一六七八年四月には、ノルマンディ地方の町アルジャンタン近郊の城に住む紳士ダブロヴィルが、飼い猫ブリュノー(Brunaut)の名でグリゼットに宛てた書簡詩が、『メルキュール・ギャラン』に掲載されている。ダブロヴィルは同誌の「なぞなぞ」正解者一覧にも登場する熱心な読者だが、デズリエール夫人と直接の交流があったとは思えない。むしろ毎月楽しみにしている雑誌の看板詩人の作品を見て編集者に宛てて投稿した作品が採用され、掲載されたのが実情だろう。ダブロヴィルが新刊を手に取って、自分の詩が載っているのを見て喜び、地元の友人たちに自慢したのかと想像するとほほえましい。特異な出来事ながら、印刷メディアを介して猫の飼い主同士が詩のやり取りをすることが可能になったことを示す、注目すべき事例である。[46]

死後出版の作品集

ダブロヴィルがブリュノーを可愛がっていたのか、それとも詩の口実に用いただけだったのかは不明だが、デズリエール夫人は実際にグリゼットに強い愛着を抱いていたようである。彼女が生前には刊行しなかった、つまり友人や知人に見せるに留めておいた詩にもグリゼットが何度か登場しており、デズリエール自身の心情をかなり直接的に言語化した作品もあるからである。

死後出版された作品集で、グリゼットはまず、雄猫とのやり取りの続篇というべき作品に登場する。ヴィヴォンヌ侯爵の犬コション（Cochon つまり豚の意）とグリゼットが交わす一連の書簡詩である。侯爵がデズリエール夫人の詩を下手だと評したことに対して、グリゼットが主人の名誉をかけて反論し、それにコションが答えるという筋書きで、最後はグリゼットがコションに対して「類まれな友情」を抱いて終わる。雄猫に見向きもしなかったグリゼットが「豚」という名の犬に心を許したわけである。[47] 続いて、デズリエール夫人の死後にその作品の編集を担い、自作の詩も合わせて出版した娘アントワネット＝テレーズ（デズリエール嬢）が書いた、デズリエール家の猫が勢揃いする『コションの死』というパロディ悲劇がある。この作品ではコションの死を嘆くグリゼットが、言い寄る雄猫たちを拒絶するのだが、最後はキューピッドの矢に射られて呆気なく恋に落ちる。[48] これらの作品の背景には、実在のグリゼットが、コションと仲良くし、その死を悲しんだが、後に発情期を迎えて家の雄猫と交尾した、という事実があったのかもしれない。いずれにせよ、『メルキュール・ギャラン増刊号』で掲載された書簡詩で打ち立てられた、知性に満ち、飼い主を愛する忠実な雌猫というグリゼットの造形は全体を通じて維持されている。したがって一連の作品は、グリゼットの伝記のようにも読める。デズリエール親子の作品にこれほど頻繁に登場する動物はグリゼットだけである。モデルになった実在の雌猫がとくに大切にされていたと考えてよいだろう。

以上の作品は夫人の死から間もなく一六九五年の作品集に収録されたものであるが、一七〇五年に編まれた増補版には、デズリエール夫人がグリゼットに対する自分の感情を詩的に言語化した作品が追加されている。夫（デズリエール氏）に宛てた歌謡形式の書簡詩で、詠まれたのはグリゼットの手紙が『メルキュール・ギャラン増刊号』に掲載される以前の一六七七年のことだという。デズリエール夫人があの手この手で夫の嫉妬心をかき立てようとするコケットな内容で、馬が死んでしまったために徒歩を強いられて苦労している、という詩句に続いて、次のようにグリゼットが登場する。

足だけつらいのではなくて
ほかにも悩みがあるのです。
眠れぬわたしは童《わらべ》のよう
不安になって、気もそぞろ
もはや白状いたしましょう
恋に狂っているのです。
驚かれるのも無理はない
こんな告白したならば。
恋は本当、でも幸い
悩みの種はただの猫。
わたしの愛しいグリゼット
その名はすでに知れわたる。
わたしを不安にさせること
はなはだしくてかなわない。
小唄を聞けばわかります
世間に流れたあの唄[49]を。

Être à pied n'est pas le seul chagrin,
Qui fait ma mélancolie ;
Je dors à peu près comme un lutin,
Je m'alarme, je m'oublie,
Et s'il faut vous l'avouer enfin,
J'aime jusqu'à la folie.
Revenez de l'étonnement,
Où vous a dû mettre ce compliment,
J'aime, il est vrai, mais Dieu merci,
Une chatte fait mon souci.
De mon aimable Grisette,
Le nom est déjà connu,
Elle me rend inquiète,
Plus que je n'aurais voulu ;
Croyez-en la chansonnette,
Qui par le monde a couru.

拙い翻訳で原文の意味をうまく反映できなかった箇所もあるが、要するに「恋をしている」と夫に打ち明けて驚かせてから、実はグリゼットに対する思い入れが強いあまり、恋人のように気持ちが揺さぶられるのだ、と説明する流れになっている。最後の「小唄」が指す内容は不明だが、グリゼットに対する思いを述べた別の詩が回覧されていたのだろう。引用部でデズリエール夫人は、夫をからかって遊ぶ才気あふれる妻を演じながら、グリゼットが自分を「不安」にさせており、「自分が望む」よりも強く感情が揺さぶられていることを明言している。当時の常識からすると想像もできないほどの強い愛着を飼い猫に抱いていることを吐露した言葉として読んでよいだろう。逆に言えば、社会規範にそぐわない感情を表明するにあたって、デズリエール夫人は、文学的な技術によってこの感情に韻文のかたちを与え、さらにこの表現を、夫の気を引くための技として提示することで、飼い猫に対する強い思い入れを言葉にしても、本当に理性を失っているわけではないと予防線を張ったのだとも言える。

デズリエール夫人はグリゼットに強い愛着を抱いており、だからこそ何度も作品に登場させたのだろう。しかしグリゼット関連の作品が出版されたタイミングについては、改めて注意しておきたい。デズリエールが生前に出版したものは、『メルキュール・ギャラン増刊号』に載った「グリゼットの手紙」だけであり、しかも同作は夫人の自選作品集には採録されなかった。この作品も他の関連作品も、本人の死後にようやく詩集に収録されている。したがって彼女は、『メルキュール・ギャラン増刊号』に掲載したもの以外は、周囲の人物に手稿で披露するに留めていたのだと思われる。デズリエール夫人は牧歌詩など古典古代に典拠を持つ由緒正しいジャンルに進出し、そうしたジャ

図 4–5　E＝S・シェロン原画／P・ファン・シュッペン版画《デズリエール夫人の肖像》1695 年

ンルでの成功をもって名声を確立した詩人である。死後の作品集に扉絵として付された肖像画も、彼女を詩神《ミューズ》として描いたもので、グリゼットは登場しない（図4-5）。グリゼットの詩は、キャリアの初期に注目を集める手段にはなっても、軽薄な作品と見なされるリスクがあり、詩人としての名声に寄与するとは限らなかった。したがってデズリエール夫人は「ただの遊び」という言い訳が成り立つ『メルキュール・ギャラン』誌上でグリゼットを披露するに留めて、あとは限られた相手にだけ作品を見せたのだろう。死後すぐにグリゼット関連作品が詩集に収録されたこと、そしてそれらの作品がオランダで発行された名作詩集に転載されたことから見ても[50]、グリゼット関連作品は相応の人気を得ていたと推察されるが、著者自身はその公開にあたっては抑制的に振る舞ったのである。

4　レディギエール夫人とメニーヌ

デズリエール夫人が亡くなり、グリゼット関連の詩が広く出回るようになった一六九〇年代、版画商ピエール・ドルヴェが、猫を膝に乗せたレディギエール公爵夫人の全身肖像画を販売した（図4-6）。猫と一緒に貴婦人が描かれた肖像画といえば、後述の通りルネサンス期イタリアの作例が知られている。しかし女性貴族が飼い猫と一緒に描かれた姿が版画になり、しかもモデルの実名が特定された状態で流布したのは、管見の限り、これが初めてのことであった。美術史家の研究によれば、この図版は販売者を変えつつ、少なくとも三度は印刷されており、出版年は一六九七年、一七〇五年、一七一六年と推定されている[51]。高級版画であるから購買層は限られただろうが、重版されたことを見るに相応の商業的成功を収めた作品だと言えるだろう。肖像画で猫を見せびらかすこの女性はいったい何者なのか、詳しく調べてみよう。

レディギエール公爵夫人ポール＝フランソワーズ＝マルグリット・ド・ゴンディ（一六五五―一七一六）は、フィ

Dedié à Madame la Duchesse Douariere de Lesdiguieres
Par Son tres humble et tres obeissant Serviteur PEZEY

図 4-6　A・プゼー原画／P・ドルヴェ版画《レディギエール公爵夫人の肖像》1697 年頃

レンツェの名門ゴンディ家のフランス分家に生まれた女性で、回想録作家として有名なレ枢機卿ジャン＝フランソワ＝ポール・ド・ゴンディの姪にあたる。一六七五年に軍人貴族の名門の嫡子でドーフィネの地方長官を務めたレディギエール公爵と結婚し、一人の息子を産んだ。ルイ一四世の宮廷に関する基本資料であるサン＝シモン公爵の回想録によれば、夫とは不仲だったらしいが、その夫が一六八一年に死去したため、結婚生活は六年しか続かず、以後は再婚しなかった。一七〇三年には息子も早世し、遺産を受け継いだ。さらにゴンディ家の末裔として莫大な資産を相続したことから、レディギエール夫人は大変な富裕者だった。

裕福だったレディギエール夫人は、変わり者としても知られていたようだ。少なくともサン＝シモンは彼女を評して次のように書いている。「レディギエール夫人は一種の妖精だった。義理を立てることがなく、したがって嫌われ者だった。夫には他の女を作られたが、たやすく慰めを見つけ、高慢で奇妙な性格を押し通して邸宅を支配し、贅の限りを尽くして、万事の主人として君臨した」。夫人が無視した「義理」(devoirs)とは会合や行事への出席などを指すのだろうか。あくまでも一宮廷人による人物評に過ぎないが、夫人がレディギエール館と呼ばれた邸宅で富を顕示していたこと、そしてどこか普通ではない人物として見られていたことが窺える[52]。

膝の上の猫

ドルヴェが刷った全身肖像画には、アントワーヌ・プゼーの原画に基づくとの表記があるが、この原画は所在不明である。プゼーは研究が進んでいない謎多き画家だが、レディギエール夫人に仕え、ゴンディ一族の末裔となった夫人が歴史家コルビネッリに編纂を命じた『ゴンディ家系史』(一七〇五)の挿絵を担当した。

あらためて肖像版画を見てみよう。王族も身につけるオコジョの毛皮を使ったローブを身にまとい、花の冠を被り、大きな付けぼくろ(mouche)で額を飾ったレディギエール夫人は、画面中央で椅子に腰かけて、片方の手で小型の書籍を手にして、もう片方の手で膝に乗せた猫を支えている。椅子の後ろに控える黒人の小姓は、金属製の首輪に、両耳にはペンダント、頭には羽根つきターバンを身につけ、巨大な花の鎖を持ち上げながら、画面外の人物と会話するような表情を見せている。反対側には装飾つきの机が置かれ、縁飾りつきの布が敷かれた上にブーケが飾られている。背景には石造りの建物が見え、柱にもカーテンや花束が巻かれており、奥には木が見える。舞台はレディギエール館の中庭に設けられた建造物だろうか。細部まで描かれた全身像であることを考えると、原画は大部であったと推察される。

レディギエール公爵が所有したヴィジル城には現在、フランス革命博物館があるが、同館には、プゼーの原画の部分的複製と思わしきレディギエール夫人像がある。[53] その油彩画を見ると、猫は灰色の体毛に黄色い目をしており、シャルトルー種であるとわかる。夫人のマントは青い。胸元に差し込まれた花も青く、美徳（信仰心）を象徴するブルー・ヒヤシンスと思われる。[54] 版画で夫人が手にしていた本も信心を表す祈禱書なのだろう。コルビネッリも『ゴンディ家系史』で夫人の「敬虔にして篤実」なることを強調していた。[55]

レディギエール夫人は実際に黒人小姓を従えていた。サン＝シモンは、レディギエール館に「背の高いムーア人小姓」が二名おり、「羽根つきのターバンで着飾っていた」と証言している。[56] また夫人の遺言にもナリスとアラダという二名の「ムーア人小姓」が年金受領者として登場する。[57] 肖像画に登場するのは両名のうちいずれかだと思われる。黒人史の専門家エリック・ノエルによれば、黒人少年の使用人は、一七世紀後半以後、このように肖像画に登場することで、主人の肌の白さを際立たせる役割を担ったという。[58] この点で小姓は、レディギエール夫人の額に見える大きなつけぼくろと同じ役割を担っていた。プゼーの肖像画は、ナリスかアラダのどちらかが少年として夫人の寵愛を受けていた頃に描かれたのだろう。

プゼーは、レディギエール夫人が従える「お気に入り」の動物と小姓を極めて穏やかな姿で描いている。この点は、小型動物と黒人小姓を貴婦人の側に描き入れた同時代の作品として有名な、フィリップ・ヴィニョンによる女性二名の合同肖像画と比較することで際立つ（図4-7）。ルイ一四世が愛人に産ませた後、嫡出子として認めた二

図 4–7　P・ヴィニョン《伝ブロワ嬢とナント嬢の肖像》1690 年頃

名の娘を描いたものとされる絵だ[59]。両名の間に黒人小姓がおり、花を添えたボウルを左側のブロワ嬢に差し出しながら、右側のナント嬢に抱えられた黒いパグといがみ合っている。小姓は目を見開いて歯を剥き、犬の表情を真似ている。両者ともに金属製の首輪をつけていることも、相似関係を際立たせる。ブロワ嬢と同じくすました笑顔のナント嬢は、パグを抱えつつ、興奮をなだめるかのようにもう片方の手を小姓の上に置いている。この作品では、貴婦人の白さと静けさが、下位者の黒さと騒がしさと対比されていると言えるだろう。

ヴィニョンの絵と比べると、レディギエール夫人像に登場する動物と小姓は、貴婦人の肌の白さを際立たせる役割を担いながらも、穏やかな表情をしていることに気づく。小姓は楽しく会話するように絶妙なほほ笑みを見せ、猫は主人の視線の先を静かに見据えている。こちらの作品は、静かな上位者と荒ぶる下位者の対比によって階層関係を示すのではなく、落ち着いた振る舞いを示す使用人と動物の姿を通じて、主人として館に君臨し、しつけを行き届かせて下位者の振る舞いをも支配するレディギエール夫人の権威を描いたものだと言えよう。

以上の全体的な特徴を確認したところで、膝に乗る猫の姿に注目してみよう。貴婦人が猫を抱いた姿で描かれたのは、これが初めてのことではない。というのも、一六世紀イタリアの画家バッキアッカの作品のうちに、初期の作例が知られているからだ。一五二五年頃に制作されたと目される作品では、希少種のシリア猫と思わしき猫を抱いた女性が描かれている（図4-8）。腕に抱えられた猫は抵抗することなく、従順に女性の胸元に身を委ねているが、女性が画面正面に流し目を向けているのに対し、猫は別方向に興味を示して、そっぽを向いている。[60] バッキアッカの作品は私的な鑑賞のために制作されたものと思われ、描かれた人物が誰なのかも伝わっていない。プゼーがレディギエール夫人を描く際に、彼の作品を手本にできたとは思えない。

図 4-8　バッキアッカ《猫を抱く女性》1525 年頃

むしろプゼーは、同時代に豊富な作例があった小型犬の描き方を参考にしたのではないかと思われる。例えば同じ版画家ドルヴェの作品に、肖像画の大家ラルジリエールによる女性肖像画の複製がある（図4-9）。この作品では、膝元に乗せられたスパニエル犬が主人の腕に顔を預けながら、主人と同じ方向を向いている。ラルジリエールに並ぶ肖像画家リゴーも、マントヴァ公爵夫人の肖像画において、膝上に乗せられた犬を、主人と同じ方向を向いた姿で描いている。[61] 筆者の知識では、プゼーが具体的にどの作品を参考にしたのかまで特定することはできない。しかしレディギエール夫人の猫は、腕に抱かれるので

図 4–9　N・ド・ラルジリエール原画／P・ドルヴェ版画《マリー・ド・ローベスピーヌの肖像》1698 年頃（部分）

図 4–10　R・ボナール原画／H・ボナール版画《レディギエール公爵夫人》1694 年

はなく膝上に乗せられ、しかも主人の視線を追っている点で、犬らしく描かれていると言えるだろう。

猫の「犬化」傾向は、レディギエール夫人と猫が一緒に描かれたもうひとつの版画にも確認できる。宮廷人の肖像の体裁でファッション版画を制作して大成功を収めた版画商ボナール一族が一六九四年に制作した《レディギエール公爵夫人》である（図4-10）。この絵では夫人が二輪の花を持ち、もう片方の手で猫を抱えている。このように腕の上に収まる動物として同時代人が見慣れていたのも、やはり小型犬である。既にナント嬢の腕にパグが収まっている例を見たが、より形状が近い有名な作例としては、王弟オルレアン公フィリップの最初の妻アンリエット・ダングルテールの肖像画が挙げられる（図4-11）。ボナールもまた、犬の描き方をそのまま用いて、レディギエール夫人の猫を図像化したのだと言える。

最も愛すべきで、最も愛された猫

一七世紀フランスの貴族の肖像画に猫が登場するのは極めて例外的なことである。ではなぜレディギエー

図 4–11　J・ノクレに帰属《アンリエット・ダングルテールの肖像》17 世紀

ル夫人は猫と一緒に描かれたのだろうか。ひとつには、猫を人物特定のための識別記号（アトリビュート）にする意味があっただろう。ヴィニョンの合同肖像画からもわかるように、ルイ一四世時代の女性画では、顔面を写実的に描くのではなく、理想的な美貌によって置き換える傾向が強かった。男性が個性的な顔で描かれたのに対し、女性は誰もが同じような顔で描かれたのである。[62] したがって女性画では、男性画以上に、身体的特徴ではなくアトリビュートによって個人の特徴を示す必要があった。猫は普通、大貴族の愛玩動物としては相応しくない卑俗な種とされていたが、一六九七年に出版されたドーノワ夫人の『悪戯王子』において「青い猫」が「大流行中」だと言われたように（第7章参照）、一七世紀末にはシャルトルー猫が希少種として貴族に珍重されるようになっていた。この「青い」猫を自らのアトリビュートとすることで、レディギエール夫人は、流行に敏感な女性としての自己像を演出したのかもしれない。

　しかし猫は、自己演出のために使われただけではなかった。というのも、レディギエール夫人が灰色の雌猫にメニーヌ（Ménine）という名前をつけて溺愛していたことを示す史料がいくつか存在するからである。まずはボナールの版画が制作される前年の一六九三年、文法学者ブウールが編んだ詩集に収録された「ある雌猫の死に捧げるソネット」を見てみよう。アカデミー・フランセーズの終身書記を務めた文法家レニエ＝デマレが詠んだものである。詩によれば、メニーヌは「金の目」と「柔らか」な「灰色の毛」を有し、「魅力たっぷり」（charmante）で、猫の中でも「唯一の存在」(unique en son espèce) だった。他には誰も愛さなかった「名高き公爵夫人の愛情」を一身に浴びて、自らも伝説の貞女ルクレチアのように雄猫たちを退けたという。前節までに見た詩と同様、この詩もまた、雌猫と女性飼い主の双方を「お高い」女性として描き、両者の間に性格上の一致を見出す内容である。[63]

この「公爵夫人」の正体は詩集では明かされていないが、レディギエール夫人であることは間違いない。このことは、博物学者として知られた英国の医師マーティン・リスターが、一六九八年に行ったパリ旅行の体験記から窺い知ることができる。彼は名所としてレディギエール館を訪問し、男性の「貴人」による丁重な出迎えを受けたという。リスターによれば、レディギエール館は庭園を含めて隅々まで清潔に保たれており、パリ全体の不潔さと鮮やかな対比を成していた。レディギエール夫人の居室も見学したそうだが、本人と面会したのかは不明。リスターはその後、庭園に大理石を使った猫の墓が建立されていたことに気づいた。クッションに座った猫の彫像の下に、二点の詩が墓碑銘として刻印されていた。「全世界の猫のうち最も愛すべきで、最も愛された猫、メニーヌここに眠る」というものと、「かわいい猫ここに眠る (Ci-gît une chatte jolie)。何も愛さなかった女主人が、狂わんばかりに愛した猫。なぜかって！ 見ればわかる」というものである。[64] メニーヌはレディギエール夫人の猫であったわけだ。異邦人リスターの報告によって判明するこの事実は、当時のパリの社交界ではよく知られていたのだと思われる。事実、メニーヌの墓は好奇心をくすぐるモニュメントとして有名になったようで、一八世紀にはモンクリフがこの彫像と墓碑銘をオリジナルの挿絵付きで紹介した (図4-12)。ただし館は夫人の死後、王権に接収されて外交行事などに用いられた後、一八世紀半ばに解体されたため、メニーヌの墓は現存しない。

以上の文献を考慮すると、レディギエール夫人の肖像画に登場する猫が、詩に詠まれた雌猫メニーヌであったことに疑いの余地はない。猫を絵画での自己演出の道具として使いたかっただけならば、わざわざ大理石で墓を建立し、詩人に追悼文を詠ませることまではするまい。おそらく本節で検討した諸作品の背景には、以下のような事情があった。まずメニーヌが死去し、レニエ゠デマレの詩が詠まれた。詩はブウールの詩集に収録されるほど評判を呼び、レディギエール夫人がメニーヌという名前の雌猫をこよなく愛した事実は、パリ社交界で広く知れわたった。そこに版画家ボナールが商機を嗅ぎつけて、猫を持たせたレディギエール夫人像を制作した、という流れである。つまりレディギエール夫人は、猫が死んだ後に、詩を通じて飼い猫を「愛した」人物として公に知られるようになり、そのことが先に見たファッション版画の制作を促したと考えられるのだ。

本節で最初に取り上げた全身肖像画も、メニーヌの死後に制作されたものと考えられる。プゼーがパリで活動を開始したのは一六九五年のことだと言われ、全身肖像画が版画化されたのは九七年のことだと目されている(65)。つまりプゼーが原画を描いたのは、既にボナールの版画が出回っていた頃、メニーヌがこの世を去ってから数年後のことだと考えられるのだ。夫人がドルヴェに肖像画の複製を許可した背景には、既に亡き愛猫の姿を公衆に見せつけたいという欲望もあったのかもしれない(66)。いずれにせよ、レディギエール夫人は自宅の庭に墓を建てるほどメニーヌを愛していた。おそらく死後もその存在を忘れられないほど、メニーヌという伴侶を自己の構成要素と見なしており、だから肖像画に描き入れさせたのだろう。プゼーはメニーヌの実物を見ることなく、墓の彫刻や、夫人の指示を参考に描いたはずだ。だからこそこの猫を、飼い主に抱かれた姿ではなく、膝に乗った姿で描くことができたのかもしれない。

図 4–12　モンクリフ『猫』より《メニーヌの墓》1727 年

デズリエール夫人と同様、レディギ

エール夫人も、飼い猫に強い愛着を抱きながら、そのような感情を表明することが、社会規範にそぐわない逸脱行為であることを自覚していたはずである。既に引用した墓碑銘にも、彼女がメニーヌを「狂わんばかりに愛した」(aime jusqu'à la folie)と、愛情が一種の「狂気」ないし「愚」(folie)に近しいものであったことを認める言葉が含まれていた。リスターもメニーヌの墓を見て「この類の愚行に前例がないわけではない。イングランドで似たようなものを見たことがあるし、歴史書には沢山の例がある」と書いており、しかも墓碑銘の全文を引用したことをわざわざ読者に詫びるなど、レディギエール夫人の感情が奇妙なものであることを認めている。[67] レディギエール夫人のメニーヌに対する愛情は、どこか滑稽で、だからこそ興味深いものとして認識されていた。その滑稽に見えかねない感情を、夫人の名誉を傷つけないように図像化することが、プゼーの任務であった。この任務を果たすために彼が生み出したのが、飼い主の膝に落ち着き、飼い主の視線を追う、犬のような猫の姿だったのである。

おわりに

一七世紀は猫好きの人数が増えた時代というよりも、愛猫家と、その寵愛を受けた猫たちが、メディアを通じて有名になった時代であった。パリとヴェルサイユに貴族が集まり、定期的にサロンを開くようになったルイ一四世の治世には、社交界の人々に訴求する印刷物の生産が加速した。詩集や版画や月刊誌『メルキュール・ギャラン』といった情報回路が充実化したことで、猫を愛でた貴婦人に関する言葉や図像が、不特定多数の人々に向けて発信されるようになった。そうして、猫愛好家たちが存在感を放つようになったのである。一七二三年には、愛猫グリゼットの死を嘆くあまり庭園に墓を建てたという、明らかにデズリエール夫人とレディギエール夫人をモデルにした人物が風刺文学に登場したが、このことは両名の知名度の高さを物語っている。[68]

この時代に有名になった愛猫家たちが女性であり、有名猫たちが雌であったことは、偶然ではない。男女混淆の社交空間に芽生えたギャラントリの文化においては、猫の愛らしさが、女性の魅力に重ねられて言語化されたからである。お高くとまった「気取り屋《プレシューズ》」の才女がもてはやされも揶揄されもしたこの時代には、気取った貴婦人に愛された雌猫たちが、飼い主に似通った存在として描かれ、礼賛された。人物や事物の値打ちを心情的に評価する「メリット」という言葉を用いて、愛すべき猫たちが貴婦人のように他者を魅了することを、鼠の駆除という有用性から切り離したかたちで表現できるようになったのである。もちろん、猫に対する愛情を表明するには、デズリエール夫人がグリゼット関連作品を自選の詩集に入れなかったように、あるいはメニーヌに関する詩を収めた詩集で飼い主レディギエール夫人の名前が伏せられたように、さまざまな配慮や抑制が必要だった。それでもデュピュイ夫人の遺言騒動にあたって『メルキュール・ギャラン』が彼女を擁護する論陣を張ったように、猫を愛する気持ちを理解し、支持する言説もまた、少しずつ表出するようになっていた。このような時代にいよいよ、世界で最初の「猫本」が現れることになる。

第5章　猫の歴史家モンクリフ

――書物がつくる感情共同体――

はじめに

一七二七年に出版されたモンクリフの『猫』は、猫を主題として論じた史上初の書籍であり、猫好き文学の先駆として愛好家に読み継がれるだけでなく、一八世紀に猫が地位を向上させたことの証拠として研究者にも引用されてきた。[1]猫の人気と動物研究への関心が高まった現在、モンクリフの知名度はさらに向上しつつある。二〇二一年には、ヴェルサイユ宮殿で開催された特別展「王の動物」で『猫』の初版本が展示されるだけでなく、大手出版社による初のポケットサイズ版が発売されてフランスの読者が簡単に手に取れるようにもなった。[2]

しかし知名度こそ上がったものの、モンクリフの『猫』は、本格的に研究されてきたとは言い難い。同書の部分的な特徴については、幾人かの批評家による分析があり、参考にすべき点が多い。しかしなお、この著作が、実際に猫の地位の向上をもたらしたと言えるのか、それとも、あくまでも猫を口実に学問を風刺するパロディに過ぎなかったのか、評者たちの意見は分かれており、まだよくわかっていない。[3]モンクリフが人と猫の関係史において果たした役割を見定めるためには、この著作を時代の文脈に位置づけながら、内容を詳しく分析する必要がある。

本章では、感情史の立場からモンクリフの『猫』を読み解くことで、同書が一八世紀フランスの社会で果たした役割を明らかにする。感情史は、それ自体では意味を持たない身体現象としての感情が、意識化され、言語化されることで文化的な意味を帯びることに注目し、感情に社会的な意味が付与される過程を分析の対象とする。(4) この観点から『猫』を読み解くことで、モンクリフが猫に対する愛情と嫌悪の双方に特定の「かたち」と意味を与えることで、猫を愛でる態度を肯定する感情規範を作り上げたことが見えてくるだろう。

1 立身出世の宮廷人

まずは著者の略歴を確認するところから始めよう。(5) フランソワ゠オーギュスタン・パラディ・ド・モンクリフ(一六八七―一七七〇)はパリの平民の家庭に生まれた。父親はシャトレ裁判所の代訴士で、投資に失敗し、貧窮して亡くなったらしい。フランソワ゠オーギュスタンとその弟は母親の手で育てられた。弟が軍隊に入って兵士としての生涯を全うしたのに対し、兄は会話や手紙など社交に才能を示して上流社会に入り込み、スコットランド系の母親の姓「モンクリフ」を貴族風にして「ド・モンクリフ」と称した。したがって「ド」の付く名前とは裏腹に、彼は貴族ではなく、モンクリフという領地を有したわけでもない。

モンクリフの前半生については謎が多いが、『猫』の内容や周囲の証言から察するに、パリの知識人のサークルに出入りしつつ、幼君ルイ一五世の摂政オルレアン公やメーヌ公妃といった王族や、ギーズ家など名門貴族の庇護を勝ち取ったらしい。ギーズ家の仲介により、王族クレルモン伯爵ルイ・ド・ブルボンの寵臣になったモンクリフは、伯爵の支援を得て、一七三三年には、演劇史に輝く大作家マリヴォーを差し置いてアカデミー・フランセーズの会員に選出された。しかし翌年にクレルモン伯の不興を買い、その元を追われたらしい。その後は以前から目を

図 5–1　M＝Q・ド・ラ・トゥール原画／L＝J・カトラン版画《モンクリフの肖像》1771 年

かけてくれていたダルジャンソン伯爵に仕えた。ダルジャンソンは近世に台頭した官僚貴族の名門で、伯爵は警視総監を務めた後、陸軍卿に出世した大物だが、ポンパドゥール夫人の一派との政争に敗れて一七五七年に失脚した。[6] この伯爵の兄に外務大臣を務めたダルジャンソン侯爵がいるが、こちらは文筆家でもあり、回想録にモンクリフに関する貴重な証言を記してくれている。

モンクリフは一〇歳ほど年少のダルジャンソン伯によく仕え、そのとりなしで宮廷の官職を授かった。一七四四年には王妃マリー・レクザンスカの読書係（lecteur de la reine）という新設の役職に就いたほか、伯爵を補佐するために陸軍省書記長の称号も得たという。同年には王政府検閲官（censeur royal）にも就任し、依頼に応じて仕事をこなした。[7] 一七五一年には郵政長官（surintendant général des Postes）の伯爵の下で郵政書記長（secrétaire général des Postes）の職位も得たが、負担は少なく給料は良い、夢のような職だったらしい。国王ルイ一五世にも一目置かれたようで、居室に入る権利を授かっている。ダルジャンソン伯が失脚して蟄居を強いられた際には同行して忠節を尽くしたが、モンクリフ自身は郵政書記長などの官職の保持を許された。[8] 老衰で死去した際のモンクリフには四万リーヴルと高額の年収があったが、家族はおらず、葬式には親友二名（アカデミー・フランセーズの同僚デュクロと、劇作家ラ・プラス）だけが列席した。平民ながら大貴族の庇護を得て国家の中枢に地位を得たモンクリフは、デュクロと同じく、ロバート・ダーントンが「高級啓蒙」（High Enlightenment）と呼んだ栄達街道を歩んだ文士だったと言える。[9]

そのモンクリフにとって、文学は社交界で名を成し、有力者の恩顧と庇護を勝ち取るための手段だった。「文学のための文学」のような理念が現れる前の近世においては、常識的な発想である。[10] 彼はインド風小説『ゼロイードとアマンザリフディーヌの冒険』(一七一五)を匿名出版してささやかなデビューを飾った後、『猫』を書き、おそらく依頼に応えるかたちでオペラの台本も著したが、彼の著作のうち同時代人に最も高く評価されたのは、『気に入られる必要と方法に関する試論』(一七三八)だった。社交界を生き抜く秘訣を開陳したハウツー本である。[11] アカデミー・フランセーズ会員の権威を有し、当時の出版業界では一定の知名度を得ていた彼は、一七五一年と六八年には自選の作品集を出版しており、これらの作品集には著者の肖像画が付されていた。[12] 肖像版画が生前から流通するのは当時としてはまだ例外的なことであり、モンクリフがそれなりの有名人であったことがわかる。彼の死後には『有名男女の肖像』シリーズの一環として、上質な肖像版画が発売されてもいる(図5-1)。以上のキャリアにおいて『猫』は、大貴族の秘書を務めるも公的には認知されていなかった約四〇歳のモンクリフが、文壇と社交界で一気に知名度を上げる機会を作った重要な著作だった。

2　ジャンルとジェンダーの攪乱

それでは本題に移って『猫』の分析に取りかかろう。内容を論じる前に、まずは形式面の考察から始めたい。書物史家ロジェ・シャルチエが論じたように、書物の意味は、形式によって大きく左右されるからである。書物を作って売る側は、一定の社会集団を購買者として想定し、相手に合わせた形式を選ぶ。読者の側は、本を手に取ると、まずは形式に目を向けて、これまでに見てきた本と無意識のうちに比較し、内容に関するおおまかな予想を立て、その本が自分向けであるかどうか判断する。[13] ではモンクリフ(とその版元)は、どのような購買者を想定して、どのような体裁の本を作ったのだろうか。

『猫』の体裁

一七二七年にパリの大学街に位置するキヨー書店で出版された『猫』は、八折り判で約二〇〇頁を占める書籍であり、本文は匿名の貴婦人に宛てた一一通の手紙の形式を取っている。(14) 内容は「アジア」諸国（エジプト、トルコ、ペルシア、インド）の猫にまつわる習俗や伝承と、猫に関するフランス語の詩の紹介を主体とし、様々な逸話を交えながら軽妙に論じたものである。全体を通じて豊富な脚注が付されており、注釈が大半を占める頁もある（図5–2）。九点の挿絵が付されており、そのうち二点は折り畳み式の大きな版画である。エジプト関連の図版は既存の歴史書からの借用であり、残りは前章で検討した「デュピュイ嬢」やデズリエール嬢の猫演劇など、文学や社交界のゴシップに関するもので、宮廷画家コワペルが原画を用意した。いずれの挿絵も、貴族ながら趣味として版画制作を嗜んだケリュス伯爵が刷ったものである。手紙形式の本文の後には文学作品のアンソロジーが編まれており、デュ・ベレーによる飼い猫ブローの追悼詩、ラ・フォンテーヌの《猫と二羽の雀》を含む二点の寓話詩、そしてデズリエール夫人のグリゼット関連作品が収録されている。(15) 巻末

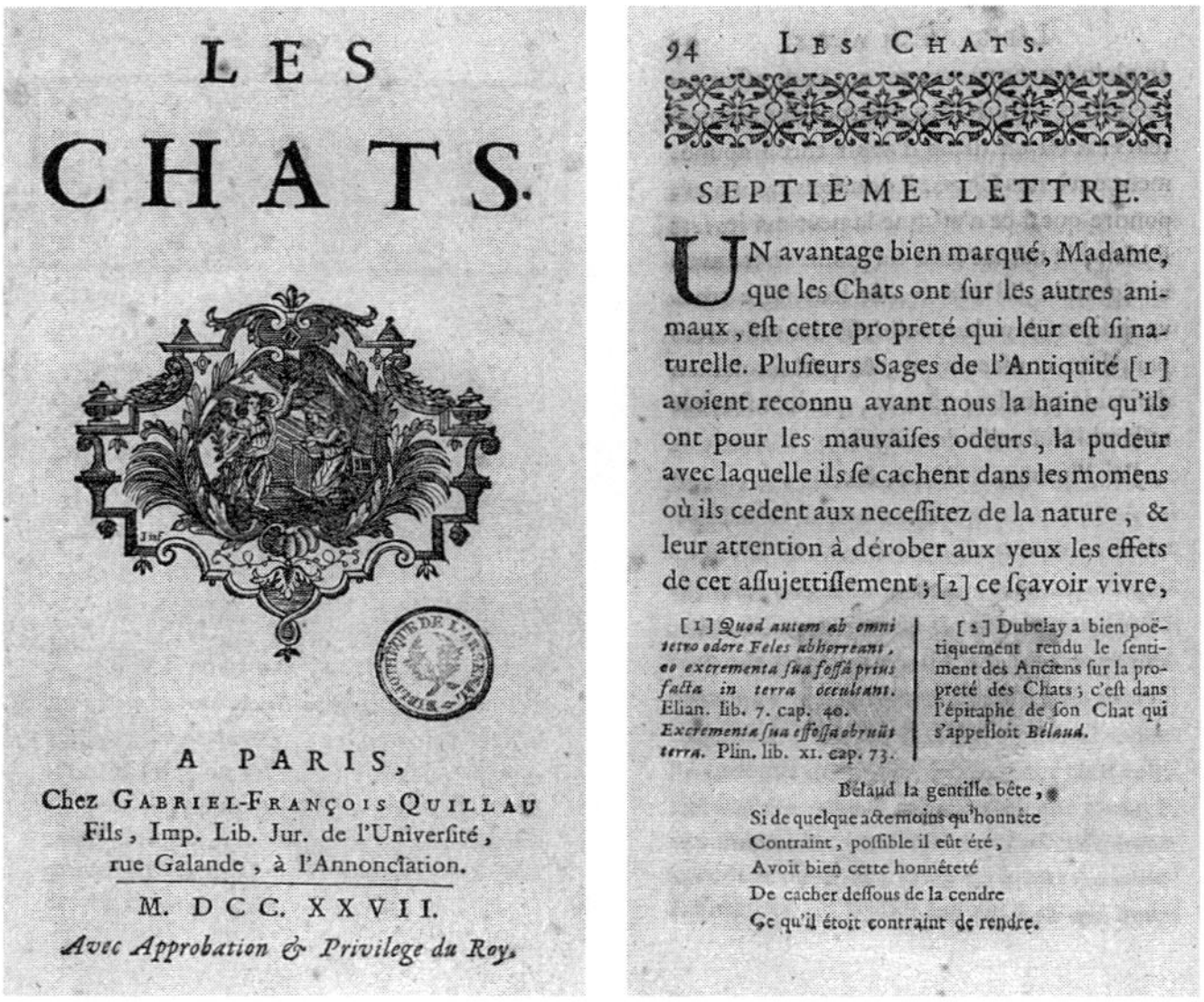
LES CHATS.

A PARIS,
Chez GABRIEL-FRANÇOIS QUILLAU
Fils, Imp. Lib. Jur. de l'Univerſité,
rue Galande, à l'Annonciation.

M. DCC. XXVII.
Avec Approbation & Privilege du Roy.

94 LES CHATS.

SEPTIE'ME LETTRE.

UN avantage bien marqué, Madame, que les Chats ont ſur les autres animaux, eſt cette propreté qui leur eſt ſi naturelle. Pluſieurs Sages de l'Antiquité [1] avoient reconnu avant nous la haine qu'ils ont pour les mauvaiſes odeurs, la pudeur avec laquelle ils ſe cachent dans les momens où ils cedent aux neceſſitez de la nature, & leur attention à dérober aux yeux les effets de cet aſſujettiſſement; [2] ce ſçavoir vivre,

[1] *Quod autem ab omni tetro odore Feles abhorreant, eo excrementa ſua foſſâ prius facta in terra occultant.* Elian. lib. 7. cap. 40. *Excrementa ſua effoſſa obruũt terra.* Plin. lib. XI. cap. 73.

[2] Dubelay a bien poëtiquement rendu le ſentiment des Anciens ſur la propreté des Chats; c'eſt dans l'épitaphe de ſon Chat qui s'appelloit *Bélaud.*

Bélaud la gentille bête,
Si de quelque acte moins qu'honnête
Contraint, poſſible il eût été,
Avoit bien cette honnêteté
De cacher deſſous de la cendre
Ce qu'il étoit contraint de rendre.

図5–2　モンクリフ『猫』初版の表紙と本文

には詳細な「目次」(table de matières) が付されているが、これは現代の索引《インデックス》に相当する。多数の注釈や版画が付された『猫』は、コストをかけて制作された豪華本であり、四リーヴルの価格で販売された。『メルキュール・ド・フランス』の書評でも、同書が「極めて入念に印刷されて」おり、印刷所側に「一切の手抜きが無い」ことが強調され、「贅を尽くし、紙は上質、活字も上等、版画は美麗」と物質的な側面が褒められていた。[16] したがってまず『猫』は、風変わりな主題に関する挿絵付きの豪華本として、珍品を求める愛書家に向けた作品だったと言えるだろう。

猫を賛美するためにこれほど豪華な本を作ることは、風変わりで逆説的な行為であり、だからこそ面白い企画として評価された。早くも一七二八年にロッテルダムで『猫』に独自の序文を付して再版した印刷業者ベマンが述べたように、猫という矮小な主題について、機知に満ちた会話を滔々と繰り広げる著者の妙技こそが、本書の魅力だった。[17] 現代の評者フランソワ・ラヴィエーズは『猫』を、エラスムスの『愚神礼賛』に代表される「逆説的礼賛」の伝統に連なる作品として位置づけている。[18] あえて卑俗な主題を選んで高尚な文体の論述を展開することは、近世の学者が古典教養を見せつけるために行った典型的なパフォーマンスである。猫が卑近な動物として蔑まれていることを前提に、その猫を高らかに礼賛することで、黒を白と言いくるめる話術を見せつけるというわけだ。

しかし全てが冗談に過ぎないのかといえば、そうではない。モンクリフは逆説的礼賛としての建前を用いながらも、実際には古代エジプトの習俗を論じるにあたって、ヘロドトスやプルタルコスなど古代人の著作をラテン語かフランス語で引用しており、猫の神を描いた図版も、モンフォーコンの『古代図説』補遺(一七二四)という本格派の研究書から複製している。オスマン帝国などイスラーム圏については、現地語に通じた東洋学者デルブロの大著『東洋叢書』(一六九七)や博物学者トゥルヌフォールの『レヴァント旅行記』(一七一七)など、一七世紀以来の豊かな東洋学の蓄積を活用している。引用が不正確なこともあるが、それでも猫に関する文献や図像をこれほど集めた前例は無かった。したがって『猫』にはれっきとした猫文化の研究書としての側面もあったのである。おそらくモンクリフは、挿絵の印刷を担当し、後に考古学的な研究の成果が認められて碑文文芸アカデミーの会員となったケリュス伯爵や、文中でインド神話の提供者として名指しされた同アカデミー会員のフレレといった「碩学《エリュディ》」たちから情報提供を受けたのだろう。[19]『猫』が、サロン向けの娯楽書に与えられることの少ない国王の裁可と特認を得て、つまり政府のお墨付きを得て、王国内での海賊版の出版が禁止されたかたちで出版されていたこと、そして歴史書を扱っていた大学街のキヨー社から出版されたことも、学問的な信憑性を高めたはずだ。[20]実際、『猫』には一定の学問的な価値が認められたようで、学術誌『ジュルナル・デ・サヴァン』に書評が掲載されている。[21]もし『猫』が事実に立脚しない単なる空想文学だったならば、こうした扱いは受けなかったはずである。

韜晦戦術

かたや逆説的礼賛という冗談であり、かたや文献調査に基づく研究であるという両義性が、『猫』の特徴であったが、どっちつかずの曖昧さは、モンクリフが意図して演出したものだったと考えられる。『猫』(*Les Chats*)という味気ない書名からして、作品のジャンルを自ら宣言しない曖昧な態度を象徴するものである。同書は出版直後から「猫の歴史」の通称で知られることになったが、この表現は本文三頁にようやく登場するものであって、本来の書名はあくまでも『猫』である。しかし一七四〇年代に出版された海賊版では、『猫の卓越性に関する論文』から始まる長大な書名や、『猫に関する哲学書簡』という題名が代わりに採用されている。[22]前者は学術論文の作法に合わせた題名であり、後者は『猫』初版の後に現れたヴォルテールの軽妙な社会批評『哲学書簡』(一七三四)にあやかった題名である。いずれも別の著作との類似によって内容に関する予測を促す題名だと言える。あまりにも茫漠としており、ある意味では不親切でもある『猫』という原題は、編者たちに避けられてきた。現代の再版においてもこの事情は変わらない。しかしモンクリフ自身が出版に関与した唯一の版である初版では、猫という主題だけが読者に知らされ、この作品がどのようなジャンルに属するのかは一切明言されていなかったのである。

読者としては、著者がどこまで本気で、どこから冗談を言っているのか見極める必要があったが、両者の境界を見定めるのは時に困難を極めたと思われる。カルタゴの名将ハンニバルを猫に例えるといった(87)、あからさまなジョークならまだしも、「文芸アカデミーのフレレ氏」が提供した「インド神話の断片」として挿入される物語が、創作なのか、実際の伝承であるかは明らかではない。パトリパタンという猫が天界に送られて三世紀後に地上に帰還した経緯を説明する内容で、管見の限り他の典拠が知られておらず、創作の疑いが拭えない(66–72)。しかし読者としては、わざわざ神話学者フレレの名前が出されているから、本物のインド神話かもしれないと思わざるを得ない。実際、『猫』を批判する小冊子を書いた同時代人は、この挿話を「突飛で下らない小話」と呼びつつ、「(しかし当世の学識者の提供によるという)」と括弧書きしている。モンクリフによる創作かどうか、判断に苦しんだのだろう[23]。

図 5–3　モンクリフ『猫』初版「正誤表」の《屁の神》

こうした韜晦の極みとして、巻末の正誤表に見える屁の神(Dieu Pet)の絵にも言及しておきたい(図5–3)。この絵は一七二六年に出版されていた法学者テランの論文の挿絵の複製で、本文三一頁に挿入しそびれたとして正誤表に追加されている[24]。しかし当該箇所の本文では、エジプト人がコウノトリも鼠も屁も神格化していたと簡単に述べられるだけで、コウノトリと鼠を差し置いて、あえてこの挿絵だけが必要だとは思えない。他の挿絵が全て猫に関係していることを考慮しても、場違いの感は強まる。おそらくこの絵は、学問じみたことを滔々と述べたが全ては冗談に過ぎないという含意を伝えるジョーク、つまり読者を最後に笑わせるために放たれた「最後っ屁」なのだろう。顔面を正面に向けていたテラン論文の元絵をわざわざ改変して臀部が見えるようにしている点にも、そのような意図が窺える。しかし話に「オチ」をつけるメタテクスト的な意味は、オランダのベマンによる海賊版では消えてしまった。正誤表の内容を反映して本文を訂正する過程で、ベマンは愚直にもこの図を三一頁に移動してしまったからである。この変更により、挿絵の統一感も、本の最後に屁の神が登場する効果も、失われてしまった。このように『猫』は、本格的な猫文化研究の側面を有しながら、著者周辺の人物以外には伝わらないほど高度に入り組んだジョークとして構成されていたのである。

男の学識、女のお喋り

モンクリフはなぜ、学者に一目置かれる文献調査をしておきながら、「歴史」というジャンルを特定する題名を避け、真意を測りかねる奇妙な冗談を作中に散りばめたのだろうか。もちろん本人が自分で意図を説明してくれることはない。そこでいくつかの補助史料を用いながら、ジェンダーの視点を導入して、答えを探りたい。

古代人の著作を引用しながら猫について論じる文章は、冗談であるにせよ、研究論文であるにせよ、古典教養を有する男性を対象とするテクストとならざるを得ない。ところが『猫』は、貴婦人に宛てた書簡の体裁を取ることから明らかなように、女性の愛猫家に向けた著作でもあった。『ジュルナル・デ・サヴァン』の書評家は、記事の冒頭から、同書が「書かれたのはどうやら、猫が好きなあまり、猫に危害が及ぶことはおろか、猫の悪口を聞くのも耐えられない女性たちのため」であると指摘している(25)。オランダ版の編者ベマンの方は、序文の最後に「この歴史書に飛びつく猫族に首ったけの女性がいったい何人いることか！　そして猫に関しては女性である男性が、何名いることだろう！」と書いている(26)。つまりベマンは、実際には男性の猫好きも多数おり、その者たちが歓迎するはずだと考えて『猫』をオランダで販売することにしたわけだ。しかし、その彼もまた、猫を好むのは女性だという建前を共有していたのである。

ここに問題がある。猫が「逆説的礼賛」の対象となるには、猫は下賤な動物だという前提がなければならないが、猫を好む読者に、そのような前提が共有されているとは限らない。つまり猫を本気で礼賛することと、猫ごときを礼賛して話術を見せつけることは、どこか矛盾するはずなのだ。この矛盾はジェンダーの問題でもある。逆説的礼賛は古典教養を前提とする遊戯だが、近世に古典教養を身につけられたのは基本的に男性ばかりであり、「猫好き」として想定された女性が、同じ教養を有するとは期待できなかった。この点に関しては、『猫』の出版直後に記されたある手紙に示唆的な証言がある。古銭学者グロ・ド・ボーズが王立図書館長ビニョンに宛てた書簡で、現在はフランス国立図書館に所蔵されている。『猫』を評したこの手紙の冒頭でボーズはこう述べている。

> 『猫』と題された書に関して私が思うところを、閣下が本気でお知りになりたいとご所望とは、どうも思えません。閣下は昨日、かの書が運ばれてきて、猫のかたちの神像が描かれているのをご覧になるや否や、私に意見をまとめるよう仰せになりました。今や、この書をお読みになったか、少なくとも軽く目を通されたはずですから、もう私の意見など不要とお考えのはず。著者は選んだ主題について楽しくお喋りするばかりで、深遠な研究を尽くす決意を全く欠いています (charmé de badiner avec son objet et nullement determine à l'épuiser par de profondes recherches)。それにご婦人宛ての文章なのですから、細かい学識 (détail d'érudition) を書き加えることは避けるべきだったと、閣下もお考えになったに違いありません。女性にとっては学識など、勉強になるどころか退屈なだけでしょう (plus propre à l'ennuyer qu'à l'instruire)[27]。

ビニョンはエジプト関係の挿絵を見て「学識」ある著作だと判断したが、実際に読んでみればこの著作が「深遠な研究」とは程遠い「ご婦人」向けの「お喋り」でしかないとわかったはずだ。こう述べたうえでボーズは、アウグスティヌスらを引用しながら猫の神話に関する独自の見解を述べている。モンクリフの意見など学説未満の駄弁であり、検討に値しないと判断したようだ。

ビニョンは宮内卿ポンシャルトラン伯爵の甥で、王立図書館長を務めながら王立の諸学会にも籍を置き、政府と学界を繋ぐ役割を担った高級官僚である。彼は『ジュルナル・デ・サヴァン』を影響下に置いていたのだが、同誌に『猫』の書評が掲載されたところを見るに、編集部はボーズの見解に反して、モンクリフの著作に一顧の価値ありと判断したようである。同誌の書評家は、『猫』を女性向けの作品として紹介した後に、「ご婦人方が既に〔猫の素晴らしさを〕確信していることを思えば」、わざわざ古代の「厳かな著述家たち」を引用するのは「懐疑的な学者を混乱させるために違いない」と述べていた。つまり古代人が引用されているこの著作が、女性向けであるはずがないという認識を示したのである。

女性に「学識」は合わない、というボーズの認識は、彼の個人的な偏見ではなく、むしろ当時の常識であり、女性の知的活動の範囲を拡大したサロン文化においても前提とされていた。というのも、前章で述べたように、サロンでは各々が自分の「趣味」と「感情」に基づいて「自然体」の会話をするものとされ、古典を引用して自説の根拠とする仕草は、知識をひけらかす、自分本位で押しつけがましい無作法な行為とされていた。楽しい「お喋り」の体裁で学問的な知識を披露すること自体は、スキュデリ嬢らサロン文学の作家たちが行っていたことである。[28]しかし「会話」のしきたりに準じたサロン文学では、注釈をつけて古典籍を引用することは避けられていた。サロン文学の形式を使って学問を広めた著作としては、後に科学アカデミーの終身書記に就任して科学の宣伝に尽力したフォントネルが、一六八六年に出版した『世界の複数性に関する対話』がある。男性学者が貴婦人に天文学についての「お喋り」をする体裁の解説書で、読みやすさが評価されて国際的な大ヒットを収めたが、注釈は一切付されていなかった。[29]女性宛ての書簡の形式で、動物の行動に関する奔放な考察を繰り広げた一七三九年の話題作『獣の言語に関する哲学的遊戯』を見ても、やはり脚注は一切付されていない。[30]

古典教養が男性に独占されていたこの時代には、古典の引用もまた男性的な文化だった。この点については、モンクリフの『猫』にあやかって出版されたパロディ作品『鼠の歴史』（一七三四）にも目を向けておきたい。軍人あがりの古典学者ブルドン・ド・シグレによるこの著作は、猫の賛美に対抗して、積年のライバルである鼠を礼賛した著作である。こちらもモンクリフの著作と同じく、古典教養を盛り込んだ「逆説的礼賛」であり、筆者が古書市場で確認した限り、これら二書を一冊にまとめて装丁させた一八世紀の購買者もいたようである。[31] 二〇二一年のポケット版でも、これらの二冊が一緒に編まれている。

しかし実のところ『鼠の歴史』は『猫』とは毛色の異なる作品である。「歴史」であることが題名に示され、「普遍史のために」(pour servir à l'histoire universelle) という副題が付されているが、「〜のために」という表現は歴史や博物誌など記述的学問《ヒストリア》でよく用いられた表現で、歴史書のパロディであるという宣言に等しい。また表紙に古代ローマの詩人マルティアリスの一節がラテン語でエピグラフとして引用されていることからも、この本が教養ある男性に向けられていることは明らかだった。実際、書簡形式の本文は男性 (Monsieur) に宛てられており、古典の引用が本文中に翻訳無しで何度も登場するから、ラテン語の素養がなければ通読できない。これは、ラテン語の引用を脚注に収めて、フランス語さえわかれば本文を通読できるように配慮したモンクリフの文体との大きな違いである。『鼠の歴史』は、男性の学識者を読者として想定し、鼠を口実にして古典教養と弁論術を見せつけ、「碩学」たちに一目置かれるために書かれた作品であり、純然たる「逆説的礼賛」だったと言える。古代ローマの『軍事論』の翻訳などの業績が認められて一七五二年に碑文文芸アカデミーに入会した著者ブルドン・ド・シグレにとって、『鼠の歴史』は男性学者たちに認められるための第一歩だったのである。[32]

猫と鼠は古来ペアにされてきたが、一八世紀に猫の礼賛をすることは、鼠の礼賛とは違う意味を持った。鼠を本気で愛する者などいないと考えられていたのに対し、ルイ一四世の時代以来、猫は実際に愛情の対象として語られるようになっており、とりわけ貴婦人に人気の動物として表象されるようになっていたからである。モンクリフの時代には、猫を無価値な動物と見なす態度と、猫に愛情を注いで大切に飼育する態度が、拮抗していた。つまり猫の礼賛が、弁論家が弄する単なる詭弁ではなく、猫の価値を他人に理解させ、その地位を向上させるための論説としての意味を持ちうる時代になっていた。

もちろんこの時代にも、男性の碩学を相手に、古典的な「逆説的礼賛」として猫について語ることもできただろう。それなのにモンクリフがあえて女性を読者として取り込み、古代語を知らずとも読める猫論文を書いたのは、猫を本当に愛する者たちも作品の読み手として想定したからに違いあるまい。そうでなければこの本が、オランダの書籍商によって、「猫好き」に売れる商品として再版されることはなかっただろう。しかしこの時代には、「猫好き」は女性であると言われていた。そこでモンクリフは、自著を、自分自身の猫を愛する気持ちの発露としてではなく、あくまでもご婦人を楽しませるための「冗談」として位置づけ、雅人（galant homme）としての語り手を演じたのである。(33)

このようにモンクリフの『猫』は、ラテン語の古典を引用しながら動物について論じる「逆説的礼賛」と、貴婦人を相手に「お喋り」を繰り広げるサロン文学という、当時の認識においては水と油の関係にあった二つのジャンルを交差させた、異例の作品であった。ではモンクリフはなぜ、このような特殊な選択をしたのだろうか。もし女性の余興に貢献することだけが目的だったなら、モンクリフ自身が述べたように、「事実」に基づく「歴史」ではなく、「想像力」に頼って小説を書くこともできたはずだ（3-4）。実際、一七世紀には貴婦人に猫小説を献呈した男性作家がいた（第7章参照）。だが彼はあえて、女性のために猫を賛美する著作に、男性の領分とされていた「学識」と「歴史」を持ち込んだ。モンクリフがジャンルの棲み分けに反して「猫の歴史」を書くことにしたのは、もちろん奇抜な作品で話題を作るためでもあったのだろうが、文献を引用して事実を積み重ねる「歴史」の作法に頼らなければ言えないことがあったからではないのか。彼は異質なジャンルを組み合わせることで、どのような論考を組み立てたのだろうか。

3 啓蒙された感情

ここからは、モンクリフが作品に張り巡らせた煙幕の奥に潜むものを見破って、統一的な解釈を示すことを試みる。もちろん『猫』は複雑なテクストであり、先に述べたように解釈の難しい箇所も少なくない。それでも全体を通して一定のテーマを見出せることを、本節と次節で論証したい。そのテーマとはすなわち、猫を愛することを肯定する感情規範を打ち立てることである。前章で見たように、一七世紀後半以後、猫を愛する貴婦人が印刷メディア上で存在感を増していたが、そうした女性を愚者として揶揄する言説もまた、一八世紀初頭の風刺文学にはあふれていた[34]。モンクリフはそうした風刺的言説に対抗して、猫を愛する感情を肯定する論理を、作品全体を通して示したのである。

まず注意すべきことは、モンクリフが猫に関する感情を直接的に表現していることである。前章で見たように、サロン文学では感情分析が重んじられ、微細な感情の機微を表現するための造語も行われていた。モンクリフは以前からインド風小説で男女の恋愛感情の機微を活写して、同時代の書評家から、「女性の精神と心の性質を自然に描いている」という賛辞を勝ち取っていた[35]。彼は恋愛小説で示した感情の言語化能力を『猫』でも発揮し、様々な感情語彙を用いている。「猫の愛好家[36]」(amateurs des chats) が示す「猫愛好」(amour des chats) を「猫趣味」(goût des chats, goût pour les chats) と言い換えたと思えば、「猫と交際する愉楽」(agrément du commerce des chats) を「愉悦」(délices) としても表現している (例えば、17, 39, 72, 102, 104, 105, 145)。逆に猫を嫌う感情についても、「猫恐怖」(peur des chats, frayeur des chats) や「猫嫌悪」(haine des chats) といった表現を使っている (5, 7, 42, 61, 99)。

こうした表現を用いることはいかにもありふれた、あたりまえのことに思えるかもしれないが、そうではない。前章で見たように、サロン文学においては「真価《メリット》」という概念がペット猫の賛美に使われていたが、これはあくまでも、猫そのものに何らかの特質を見出し、愛されるに値する存在として語る言葉であった。これに対してモンクリフが用いた以上の表現は、いずれも、猫そのものではなく、猫を前にした人間の感情を対象化して記述する表現である。つまり彼は、猫の素晴らしさを礼賛するだけでなく、猫を愛する者たちの心理それ自体を議論の対象にしたのだ。このように感情それ自体を言葉によってかたどることは、感情の社会的構築に資する重要な仕草である。(37) では彼が猫にまつわる感情をどのように語ったのか、具体的に見ていくことにしよう。

哲学者なら猫が好き

モンクリフは全一一通の手紙のうち第一信を序論と古代エジプト論に充てているが、その序論部分は、感情に関する理論的考察を含んでいる。冒頭でモンクリフは、「猫の弁護を試みたところ」、「ある事件に不意打ちされてしまいました」として、以下の情景を描く。

猫が一匹現れて、我が論敵のひとりの女性が、気を利かせて気絶してみせたのです。私は怒りの嵐に見舞われました。哲学でどう論じられようとも、今起きたことに対して何の償いにもならないと宣言されてしまったのです。猫など危険で反社会的な動物でしかなく、それは過去も、現在も、未来も変わらないというのです。私が苦々しく思ったのは、徒党を組んでこうした言葉を弄する人の多くが、才知あふれる人々だったことです。(2)

近世には実際に猫を恐れるあまり気絶してしまう人がいたらしい。フランス国王アンリ三世がまさにそのような人だと言われていたが、一八世紀初頭には、陸軍元帥ノアイユ公爵が猫を恐れる性格で知られており、幼君ルイ一五世が会議に猫を連れてくる度に体をこわばらせ、一度は王が猫の鳴き声を真似て背後から近づいてきたため気絶してしまったと、同時代人の日記に記されている。(38) モンクリフは「気を利かせて気絶した」(a eu la présence d'esprit de s'évanouir）と皮肉を利かせた表現で、そのような恐怖心を揶揄している。しかしこの場面では、むしろ猫に対する恐怖が当然の感情として受け入れられているのに対し、そのような動物をあえて愛する態度に「怒り」に満ちた批判が差し向けられている。恐怖が正当で、愛情が不当とされる、一種の「感情体制」が描かれているのだ。

この体制を転覆させるため、モンクリフは哲学書を引用して議論を進める。マルブランシュの『真理の探究』（一六七四）とロックの『人間知性論』（一六八九、仏訳一七〇〇）である。いずれも人間の理性が世界を捉える仕組みを論じた認識論の書であり、猫恐怖症についても論じていた。マルブランシュは妊娠中の母親の「想像力の暴走」が胎児に影響を与え、特定の事物に対する「生得的嫌悪」を植えつけることがあると述べ、その例として猫を恐れる人に言及していた。生得的観念の存在を否定した経験主義者ロックの方は、子供が生まれた後、成長する過程で、乳母から荒唐無稽な物語を聞かされることで、猫と恐怖を結びつける「誤った観念連合」を形成してしまうと書いていた。いずれの著者によっても、猫を恐れる気持ちが、非合理的な感情の例として使われていたのである。これらの議論を紹介したモンクリフはさらに、哲学者フォントネルの逸話も付け加えている。フォントネルはまさに乳母の物語によって猫を恐れるようになったが、物事を理性的に検討するようになってこの「偏見」を打ち破り、猫を「愛でる」（chérir）ようになったという。要するにモンクリフによれば、猫を恐れる者は「幼年期の偏見の虜」であるのに対し、猫を愛する者は「理性的な感情」を楽しむ真の哲学者である（5, 7, 141, 154）。

もちろんこうした主張は、そもそも猫が無害だと見なされていなければ成り立たない。つまりモンクリフは暗黙のうちに、猫が不思議な力によって人間に害を加えるという魔術的な思考を排除しているのだ。ここでロックが引用されていることは極めて示唆的である。ロックは現象の特性を、事物そのものではなく、認識主体たる人間精神の側から考えた哲学者であり、猫などの動物が目に見えない「隠れた性質」によって人間に影響力を及ぼすとした神秘主義思想の批判に貢献していた。モンクリフは彼を引用するだけでなく、後の箇所では、王立科学アカデミーや英国の王立協会の経験科学の論文を引用して、猫の眼球の瞳孔の開閉や、落下する猫の姿勢制御を、身体の仕組みに還元する説明を紹介している（125–127, 150–151）。猫は目に見えない力など有さず、無害であり、恐れるのは道理に反するというわけだ。モンクリフはこうした文献を支えとして、猫に対する恐怖心を、猫が人間の身体に働きかけて引き起こす生理現象としてではなく、理性の機能不全がもたらす「偏見」として論じたのである。[39]

東洋人は猫が好き

こうした哲学的な序論に続いて展開される「アジア」習俗論は、古代エジプトの動物崇拝や、イスラーム、そしてヒンドゥー教にも触れつつ、キリスト教徒から見た「異教徒」の宗教を紹介するものである。しかしモンクリフの議論には、異教徒を論難してキリスト教を擁護する姿勢がほとんど見られない。むしろ彼は、猫に関する非西洋の風習や信仰を好意的に紹介していく。

こうした論調が鮮明に現れる箇所として、古代エジプトの楽器シストルムを論じた第一信の後半を見てみよう。女神ハトホルの祭典などで使われたシストルムは、何枚かの円盤を通した棒を備えた楽器であり、振ることで金属片が音を奏でる仕組みになっていた。[40] 近世期には既に、猫の彫刻を装飾として施したものが、円盤を欠いた状態で出土していた（図5–4）。猫はとりわけ発情期にはうるさく鳴く動物であり、ヨーロッパでは騒音の象徴とされていたのだが、どうやらエジプトでは猫が音楽と結びつけられていたようだ。そこでモンクリフは、音楽と騒音を区別する基準に関して次の考察を述べる。

我々近代人の音楽というものは、言わば、全音《トーン》や半音《セミトーン》と呼ばれる一定の音の区切りに縛られています。我々自身もこの思考法にすっかり縛られて、こうした区切りに当てはまるものだけが音楽の名に値すると考えています。したがって、独自の素晴らしさがあるかもしれない音程や音同士の繋がりが、我々が勝手に作った枠に収まらず、捕捉しきれないとなると、不当にも、モーモー（mugissement）、ミャアミャア（miaulement）、ヒヒーン

(hannissement) などと呼ばれてしまうのです。エジプト人は間違いなく、もっと啓蒙されていました (éclairés)。彼らはどうやら動物の音楽を研究したようで、その結果、音そのものには正しいも間違いも無いと知っていたのです。そのような区別が、ほとんど必ず、音の組み合わせを協和音と不協和音に分ける人間側の習慣によるものでしかないと知っていたのです。[…] 我々には〔猫の音楽が〕雑音や騒音にしか思えないことは、我々の無知の産物でしかなく、我々の感覚器官が繊細に、正確に、物事を見分ける力を持たないことの結果なのです。(18–20)

オペラの台本を執筆し、詩歌も詠んだモンクリフには、音楽の素養があったものと思われるが、彼はここで、ヨーロッパの音楽の常識を投げ捨ててしまう。猫を楽器の装飾に用いたエジプト人を見て、真の音楽を知らない無知な民として揶揄するのではなく、むしろ猫などの動物の鳴き声を騒音として遠ざける狭隘な精神を批判するきっかけにしたのである。モンクリフの猫文化論は、貴婦人を楽しませる軽妙な「お喋り」という建前を隠れ蓑に、普遍的な真理とされているものが結局は一部の民族の「習慣」に過ぎないことを暴く文化相対主義の発想を示していた。[41] 彼はこの考え方を次のようにも表明している。

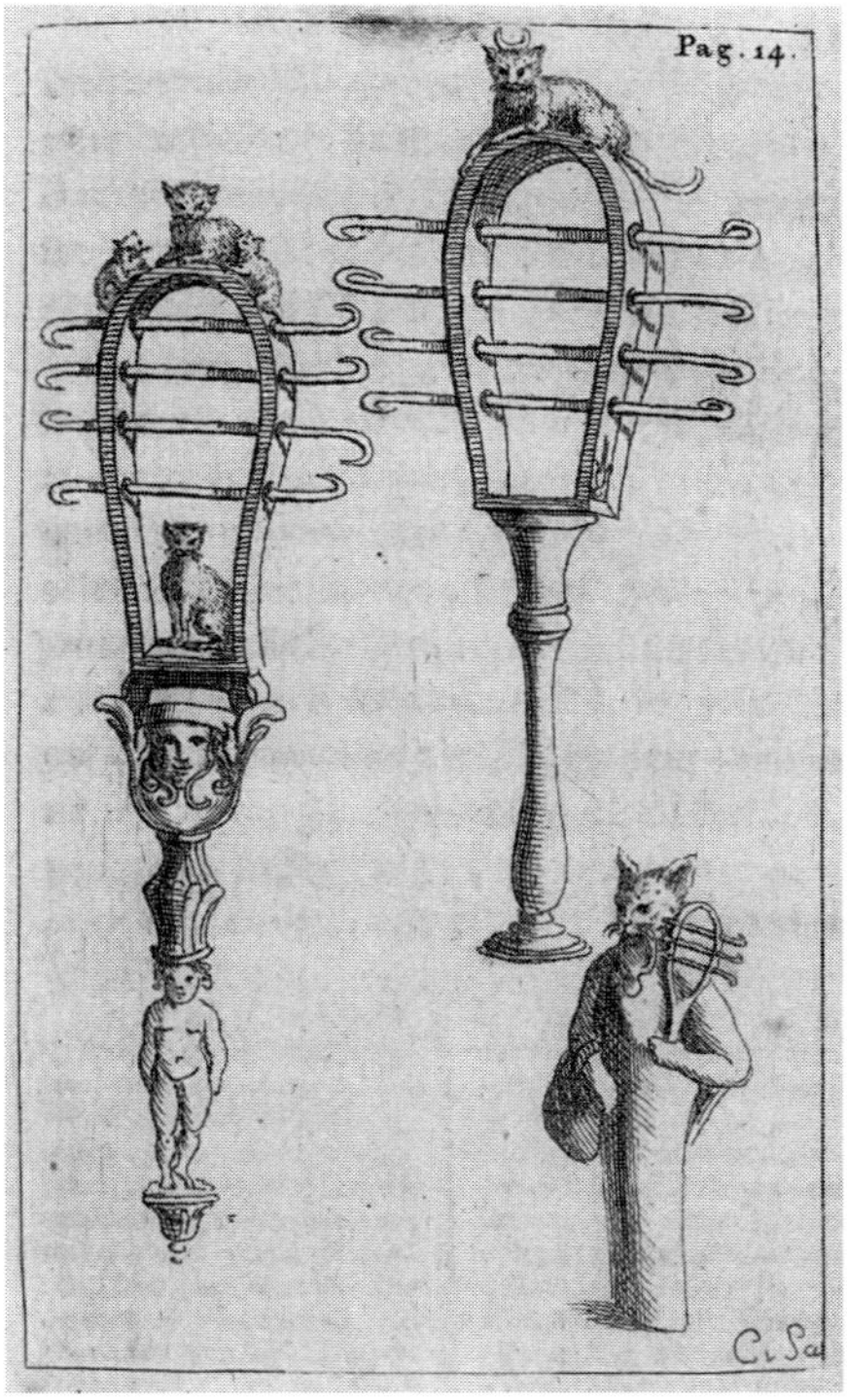

図 5–4　モンクリフ『猫』より《シストルム》

アジア人の音楽は我々にとって、控えめに言っても馬鹿げたものに見えます。しかし彼らの側からすると、我々の音楽こそ非常識なのでしょう。我々は相互に、相手がミャアミャア鳴いているだけだと思い込んでいます。言ってみれば、どの民族《ナシオン》も、他者の猫（le chat de l'autre）なのです。おそらくお互い様なのでしょう。無知に導かれると、誤った判断しかできません。（20）

ここで問われている「無知」とは、音楽の規則といった体系的な知識の不足のことではない。むしろ一定の知識体系に囚われて、所詮は自分たち特有の「習慣」でしかないものを普遍的な真理と混同し、その偽りの真理を振りかざして異文化を断罪する態度のことである。「近代人」よりもむしろ古代エジプト人の方が「啓蒙」されていたという言葉は、古代エジプト人が、動物という「他者」を「研究」の対象とし、その鳴き声に耳を傾けるほどの知的柔軟性を有していたことを意味している。もちろん、モンクリフはここで、猫を神として崇拝した古代エジプト人を理想化し、「啓蒙」的知性の体現者に仕立てあげているのに過ぎないのだが。

続いて第四信のイスラーム論に目を向けてみよう。モンクリフはここで、「アジア人が猫に熱を上げていること」を「迷信の所業」とする意見を批判する。彼の考えでは、東洋人が猫を崇拝するのは、猫を好んだことで知られる「マホメットの例」に盲目的に追従しているからではない。ムハンマドには「猫の父」を意味するアブー・フライラという名の弟子（教友）がいた。モンクリフいわく、ムハンマドは類まれな「策謀家《ポリティック》」だったが、その彼が「弟子のひとりに権威を与えようとして猫の父という名前を付けた」のは、以前から「猫がアラブ人のもとで大いに尊敬されていた」からに違いない。そうでなければ、アブー・フライラという名は不名誉なものになっていただろう。[42] したがってアラブ人の猫愛好は、イスラームの産物ではなく、これに先立つ民族的な習俗なのだという（63–64）。

ムハンマドを「策謀家」と呼ぶモンクリフの言葉は、イスラームに敬意を示すものとは言えないが、それでも彼が典拠とした文献との論調の差は顕著である。彼はここで英国の牧師プリドーが著したムハンマド伝の仏訳を引用しているが、これは『ペテン師の本性、マホメットの生涯にいみじくも表れる』という原題から明らかなように、ムハンマドを偽預言者として描き、イスラームを論難する、キリスト教の護教論だった。ところがモンクリフは、こうした全面的な非難には乗らず、むしろムハンマドが猫に優しく接したという逸話に注目して、猫に価値を認めた人間としてムハンマドを描いている。こうした引用の手つきは、オスマン帝国領に存在した猫の養育施設を紹介する箇所にも見られる。この施設の存在を証言したトゥルヌフォールの旅行記では、猫ごときを大事にする慣習を揶揄するような論調だったが、モンクリフは猫シェルターの存在という事実だけを抜き出して、東洋人が猫に対して「礼節」を尽くし、猫たちを「家の子供」のように扱っていることを好意的に紹介している[43] (60–61)。

このようにモンクリフは、猫を神として崇拝して楽器の装飾にも用いた古代エジプト人にも、猫を愛でた預言者を信奉するアラブ人にも、かなり好意的なまなざしを向けていた。ローマ・カトリック教会が異端に目を光らせていた時代に、モンクリフは愉快なお喋りの体裁で、異教徒たちの宗教を少しなりとも肯定する、過激な思想を垣間見せていた。もちろん、彼の主張の要点は、異教徒を擁護することにはなく、「アジア人」が「猫に対する高い評価」(grande opinion des chats) や「深い尊敬」(grande considération) を示していたことをもって「猫の栄光」を称えることにある (43, 64, 66)。しかしこの議論はそもそも、「アジア」の異教徒たちが正常な判断力を有することを前提とするものである。もし異教徒たちが偽りの宗教に騙される無知迷妄の民であるならば、彼らが猫を高く評価したところで、それが猫の「栄光」を示すことにはならない。東洋人に厚遇されたことを猫の賛美のための論拠とするモンクリフの議論は、根本的な部分で、キリスト教徒だけが物事の道理を知っているとせずに、むしろ異文化にも一定の理を認める、文化相対主義に貫かれていたのである。

啓蒙されれば猫が好き

クルアーンのフランス語訳が初めて出版された一七世紀は、東洋諸語に通じた学者たちが地道な文献の研究を進めて、イスラームに関する理解を深めていった時代である。古代エジプトについても、ヒエログリフはまだ解読されていなかったものの、好事家が蒐集した遺物の図像学的・考古学的研究が始まり、モンクリフが図版を借りたモンフォーコンの『古代図説』(一七一九―二四)などが現れていた。[44] 一八世紀には、アントワーヌ・ガランがアラビア語とペルシア語の写本を自由に翻訳した『千夜一夜物語』(一七〇四―一七)の成功をきっかけに、東洋に対する関心は専門家の輪を越えて広がった。モンクリフが一七一五年に出版したデビュー作『ゼロイードとアマンザリフディーヌの冒険』は、『千寵一寵物語』(*Les milles et une faveurs*)と改題されて再版されたことから明らかなように、当時の東洋ブームにあやかった数多の小説のひとつだった。

こうした東洋趣味の文学は、一七世紀以来の専門的な文献から情報を得て異国情緒を演出しただけではなく、異邦人のまなざしを借りてヨーロッパの常識を相対化するための場にもなった。初期啓蒙の古典として名高いモンテスキューの『ペルシア人の手紙』(一七二一)は、まさにそのような視点に立つ作品だった。周知のように同書は、ペルシアの外交官が記した手紙の体裁を取る小説であり、キリスト教世界の習俗が、ムスリムの目にどのように映るのか、想像を巡らせて書いた思考実験的な作品であった。モンクリフは『猫』で『ペルシア人の手紙』を引用しているから(44–45)、おそらくモンテスキューの考え方を参考にしたのだろう。普遍的な真理に見えるものが、異邦人の目にはただの奇妙な慣習にしか見えないことに意識を向けて、自分たちの足元にある偏見や習慣を見つめ、批判の対象とする。このような思考法は、モンクリフがひとりで編み出したものというよりは、彼が生きた一八世紀前半の初期啓蒙時代に醸成された思潮だったと言うべきである。[45]

一八世紀の思潮である「啓蒙思想」は、一七世紀の科学革命の精神を受け継いだ者たちが、社会の伝統や宗教的権威に合理主義的な批判を加えた運動、あるいは幸福追求権と言論の自由、そして法の下の平等を掲げ、自由民主主義の社会をもたらした思想運動だと言われることが多い。[46] 啓蒙思想家たちは近代社会の生みの親として称賛されることもあれば、逆に欧米列強による植民地支配や人種差別主義を準備した者として糾弾されることもある。[47]

しかし近年の研究では、啓蒙思想とは、こうした近代的な思想信条を形成する前段階として、まずは自分たちの認識を知らないうちに縛っている常識の数々から自由になることを目指す知的運動だったと指摘されるようにもなっている。モンテスキューが『ペルシア人の手紙』で行ったように、異文化のまなざしを導入して、ヨーロッパで普遍的な価値だと思われているものが、本当に普遍的なのか、それとも地域的な「習慣」に根差した「偏見」に過ぎないのかを問うことが、普遍的な理念を形成するためにまず必要な作業だったということだ(48)。

こうした観点からすると、猫を愛でる異教徒の立場から、ヨーロッパにはびこる「猫嫌悪」を批判したモンクリフの『猫』は、まさに啓蒙思想の産物だったと言えるだろう。この著作は、合理主義が広まったことで迷信が廃れて、猫が愛されるようになったことを示す証拠として扱うべきではない。むしろそのような歴史観を初めて示した著作として、つまり猫を愛することを「理性」に、そして猫を嫌うことを「迷信」に結びつけることで、「理性の進歩」を人間が猫を愛するようになる過程と同一視する思想を説いた著作として読むべきなのである。実際『猫』は、そのような歴史観を示す以下の言葉で締めくくられている。

安心しましょう、奥様。いつか猫の真価《メリット》が広く認められる日が来るでしょう。我々ほど啓蒙された国民が、いつまでも猫に対する偏見に囚われて、これほど理性的な感情を拒み続けるなど、あり得ないことです。必ずや、人々の会合で、舞台の上でも、散歩道でも、舞踏会でも、学問の府においてすら、猫たちは受け入れられる、いやむしろ人気者になるでしょう。飼い猫（son chat）とは、一緒にいると実に楽しい友であり、驚嘆すべき曲芸師であり、生まれながらの天文学者にして(49)、卓越した音楽家であると、人々が感じ取る日が必ず来るのです。しかしそのような、黄金時代に比することのできる時代が一体いつやってくるのか、まだ正確に知ることはできません。理性が偏見の産物を打破する必要があるわけですが、理性の進歩はゆっくりとしたものだからです。理性は人間を導く際に手加減をします。どうやら人間が、理性によって導かれていることに気づいてしまうことを、理性の側が恐れているようです。人間にとってはなんとも恥ずかしく、猫たちにとっては実に不利益なことですが。(154–155)

モンクリフは猫の「真価」を列挙するにあたり、鼠の駆除という実用的な側面を無視している。「啓蒙された国民」であれば、猫を鼠狩り用の家畜としてではなく、「一緒にいると実に楽しい友」(ami de très bonne compagnie)だと「感じ取る」(sentir)はずだというのだ。引用部では猫を実用的な目的のために飼う態度ではなく、猫を愛する気持ちこそが、「理性的な感情」と呼ばれ、その感情の普及が「理性の進歩」と連動させられている。乳母によって猫に対する恐怖を植えつけられたフォントネルが、哲学の力によって猫を「愛でる」ようになった歩みを、あるいは「動物の音楽」に耳を傾けて猫の音楽性を重んじるに至った古代エジプト人の学びを、人類全体がたどるべき過程とすることで、モンクリフは、人と猫の関係の変化を、「理性」による「偏見」の打破という、人間精神進歩の歴史に位置づけたのである。

4 猫愛好家の共同体

モンクリフは猫を礼賛するにあたって「メリット」という言葉を多用しているが、前章で述べたように、事物や人物の「メリット」は判断主体が主観的に付与する価値であり、その価値は、判断主体の社会的地位に左右される。一介の凡人ではなく、洗練された身分ある貴人が猫を評価することこそが、その猫の「真価」を証立てる。ところがエジプト人もムスリムも、モンクリフがどれほど好意的に紹介しようとも、『猫』の読者にとっては異教徒であり、権威ある判断主体として認められるとは限らない。猫の「真価」を示すには、有無を言わさぬ権威を誇る人物のお墨付きが必要なのだ。そこでモンクリフは、猫を愛した貴族や知識人の事例を列挙して、「猫趣味」に箔を付ける戦略を取った。

猫好き列伝

『猫』の後半部分は、逸話や文芸作品の紹介を通じて、猫を愛した有名人を列挙する一種の「猫好き列伝」として読むことができる。紹介される人物として特に目立つのは巻末のアンソロジーに作品が収録されたデュ・ベレーとデズリエール夫人で、いずれも飼い猫に関する詩を出版していた高名な詩人である。本文には猫に関する詩を詠んだ詩人として、三名のアカデミー・フランセーズ会員が登場するほか、レディギエール夫人の件も、メニーヌの墓の挿絵（前掲図4-12）つきで詳しく紹介されている。(50) 紹介される詩の多くは既に印刷されて出回っていたものだが、それぞれの作品は元来、詩人の著作全体のごく一部でしかなかった。モンクリフは、それらの細かな作品を一冊の本に集めることで、猫が以前から理知的な人々の関心を惹いていたことの証拠としたのである。

モンクリフは他に典拠が知られていない独自の逸話も収録しているが、それらは彼がサロンで集めたものだろう。ギーズ家がブランベル（Brimbelle）というアジア原産の猫（おそらくアンゴラ）を飼っていたことや、そのギーズ家出身のブイヨン公妃が猫を愛していたこと、そしてルイ一四世の庶子に嫁いだメーヌ公妃がマルラマン（Marlamain）という猫を飼っていたことなどである。モンクリフは未公開の独自情報まで使って、「これほど多くの第一級の人々」（tant de personnes du premier mérite）が「猫の交際の価値」（le prix du commerce des chats）を認めたのだと主張した（76–77, 95–97, 105–107, 145）。

こうした議論を組み立てる際にも、やはり原典を換骨奪胎する引用が行われている。滑稽文学の巨匠スカロンが韻文形式の新聞の記事として詠んだ、飼い猫を失った女性に関する詩の引用を見てみよう。原文は、貴婦人が猫を溺愛するあまり宝石を沢山つけていて、その宝石ごと猫に逃げられてしまったから「憤激した」のだが、怒りの理由が猫の失踪にあるのか、宝石を盗まれたことにあるのかは不明だ、という内容だった。[51] ところがモンクリフは、この女性が「真珠の宝石よりも飼い猫の失踪のために」憤激した、とさりげなく結末を書き換えて、この事件を、女性が宝石よりも猫を大切に思っていた事例に組み替えている（101）。

ラ・フォンテーヌの登場の仕方にも注意したい。寓話作家として揺るぎない名声を誇ったこの詩人は、第7章で見るように、猫を悪役として作品に登場させており、飼い主と猫との愛情関係を否定的に描く作品も書いていた。しかしモンクリフは、ラ・フォンテーヌもまた猫を賛美していたかのように語っている。彼は猫とは関係の無いラ・フォンテーヌ作品を引用し、その内容が「あたかも我らが雌猫の名誉のために言われた」かのようだと書いた。猫が実際に登場する作品についても、「ラ・フォンテーヌ氏は寓話のそこかしこで猫に馬鹿げた称号を与える素振りを見せるかのよう」だが本当は「猫の礼賛」が目的だったのだという解釈を示している（78–79, 110）。誰もが知るラ・フォンテーヌもまた猫の魅力に屈した、というシナリオを強引に作ったのである。

都合よく引用されたのは詩人だけではない。遺言事件の「デュピュイ嬢」も美化された姿で登場する。モンクリフはピエール・ベールの『歴史批評辞典』経由でこの事件について知ったとのことで、『メルキュール・ギャラン』の記事に遡って調べたようだが、裁判関連の文書は見つからなかったと述べているから、遺言状の印刷版は目にしなかったようである。彼は「デュピュイ嬢」がハープ奏者だったことに注目し、彼女が飼い猫を前にして、猫の反応を見ながら演奏の腕を磨いたのだと述べた。モンクリフはこの美談を捏造することで、デュピュイが猫に与えた年金を、「彼女が飼い猫に負っていると考えた恩」に対する「適切な感謝の印」として語った。デュピュイの遺言制作の瞬間を描いた挿絵では、彼女が猫を優しく撫でて、指さしながら遺言の口述筆記を行っている（図5–5）。法律家たちが驚きを示しているものの、デュピュイはベッドに横たわって穏やかな表情を浮かべており、戯画化されているわけではない。こうして「デュピュイ嬢」は、カリグラのように気まぐれから動物を特別扱いした狂人ではなく、音楽的才能を有し、恩義を忘れずに適切に感謝する、感受性豊かな貴婦人になった（138–139）。

引用を通じた印象操作に加えて、もうひとつ注目すべきことがある。それは猫を愛した有名人を列挙するにあたって、モンクリフが女性の事例に多くの紙幅を割きながらも、男性の事例も挙げたことである。デュ・ベレーに加えてアカデミー詩人メナールが雌猫を追悼する詩を詠んだことを紹介するにあたって、モンクリフは「メナール氏がこれほど優しく飼い猫を悼んだとしても驚くべきではありません。この雌猫が氏の孤独を慰め、哲学の支えになってくれていたに違いないのですから」と、猫が男性の伴侶にもなることを明言している（135）。

図 5–5　モンクリフ『猫』より《デュピュイ嬢の遺言》

別の箇所では三名の男性の事例が一挙に語られる。フォントネルが子供の頃に猫を飼っており、猫を相手に演説して弁論術を鍛えたこと。モンテーニュが『エセー』の一節で、猫が鳥を捕まえる様子に言及していたこと。そして「フランス史上最大の大臣のひとり」が激務の合間に猫を眺めていたこと。この大臣の話は「周知」の逸話だとされていて、社交界で流布していた噂と思われるが、注釈によれば「コルベール氏」のことらしい。これら三名の例からモンクリフは、「子供の猫趣味は類まれな素質（un mérite supérieur）の予兆」であり、そしてこの趣味は成人して「極めて真面目なお仕事」に従事するようになった後にも残ると主張した。「猫趣味」が子供と女性だけでなく、成人男性にも宿るものだと明言したのである（102–103）。

こうした実例の列挙は「猫好き」が世の中に存在することに関する単なる記録ではなく、むしろ戦略的な言語行為として捉えるべきである。一七世紀の女性作家が、女性でありながら著述することを正当化するために、サッフォーら古代の女性知識人の事例を列挙したように、過去の偉人の「列伝」は、その後継者を自認する者たちが自分の存在を正当化するための拠り所となる。(52) 一九世紀に民族や国民国家の歴史が書かれ、二〇世紀に女性史や性的マイノリティの歴史が書かれたように、歴史を書くことは、特定のアイデンティティを有する者たちが、自らの存在を宣言するための重要な手段となるのだ。(53) モンクリフは有名人の逸話を積み重ねることで、そもそも世の中に「猫愛好家」が何人も存在するということを知らしめた。そうして、猫を愛する感情を、孤立した特異な人間のものとするのではなく、少なからぬ人々、それも偉大な人々に共有された正当な感情として位置づけたのである。

穏やかな愛情

モンクリフは偉大な愛猫家たちを列挙するだけでなく、彼ら彼女らをグループとして特徴づける表現も作中に散りばめている。ここでは顕著な例としてレディギエール夫人とメーヌ公妃に関する箇所を見てみよう。まずレディギエール夫人が猫の墓を建てたことについて、モンクリフは長い注釈を付して次のように述べている。

> レディギエール夫人の例は、全くもって特異ではありません。飼い猫に愉悦（délices）を見出す人々は広く見受けられます。普通、繊細な魂と穏やかな情念（une âme delicate et des passions douces）を有する人々です。猫趣味が、未だに荒ぶる情念に支配されている心には根づかないというわけではありません。しかし普通、せわしなさよりも逸楽に満ちた生活（une vie plus voluptueuse qu'agitée）を送る人々に宿ることが多いのです。(105)

モンクリフはレディギエール夫人を「例」（exemple）として、その例から一般的な原則を導き出している。前章で見た通り、夫人は生前、莫大な財産と風変わりな性格で知られており、愛猫メニーヌが猫の中でも特別な存在であることを強調していた。モンクリフはそのレディギエール夫人を例外とするよりも、むしろ愛猫家の典型として提示したのである。彼は本文でもメニーヌの墓碑を紹介するにあたって、飼い主がこの猫を「狂わんほどに愛した」ことを「強い愛着の特徴」(caractère des grands attachements) だと書いている。類型化する意味を持つ caractère という語を用いて、夫人の感情を愛猫家に共有された一般的感情としたのである (104)。

レディギエール夫人が代表する愛猫家は「せわしない」生活を送り「荒ぶる情念に支配されている」者ではなく、「逸楽に満ちた生活」を送る「繊細」で「穏やか」な者だとされている。日々の労苦に満ちた労働者ではなく有閑階級の貴族のことだと言わんばかりだが、モンクリフはそのようなあからさまな表現は使わない。「人々」(personnes) と性別を特定しない表現が使われていることにも注意しよう。彼は猫に対する愛情を、性別を問わず、洗練された心を持ち、感情を制御できる者に特有の感情として語った。平民から成りあがった男性であるモンクリフは、「猫趣味」を血統ある貴族の特権とするのでも、女性の特権とすることもなく、洗練されて穏やかになった人々に宿る心情としたのである。「まだ荒ぶる情念に支配されている」者だって、男も女も、いずれは猫を愛するようになるだろうという啓蒙と進歩の余地を残したのだ。

猫愛好を穏やかな感性と結びつける傾向は、メーヌ公妃の飼い猫マルラマンの死に際を伝える次の言葉にも見られる (引用文の主語はマルラマン)。

> 息絶える半時間前、落ち着きのない様子から、高名な女主人の居室に運ばれたがっていることがわかりました。その御許に至るや否や、最後の力を振り絞って、いとも甘美に別れを告げた (les adieux les plus tendres) のです。それから少しして、連れ出してほしいと態度で示したのですが、死ぬ姿をお見せしたくなかったのでしょう。自分の部屋にまで戻されて、そこで息絶えたのです。彼の最期の吐息は、あの柔らかで優しい (doux et tendres) 鳴き声でした。〔メーヌ公妃に〕撫でていただくことで〔マルラマン自身も〕高名になったものですが、そのような栄誉にあずかる度に発するのが常 (coutume) だった、あの声です。(105–106)

第1章で見た『失寵の小姓』などの風刺的な物語においては、飼い主が猫「ごとき」の死に示す悲しみが、身体的兆候の誇張によって、情念の暴走として描かれていた。一方この引用部は、飼い主の身体の様子を外部から描写するのではなく、むしろ飼い主の視点に立って、猫が死に際にも愛情を示そうとする仕草を読み取る語り方になっている。だからこそ猫の死は突発的な出来事ではなく、持続的な関係（coutume）の終着点に位置する最期の別れとして提示されている。叫ぶ者はおらず、吐息（soupir）が聞こえるほど静かな場所で、ゆったりとした時間が流れている。二度も登場する形容詞 tendre が、この情景に「甘美」で「柔らか」な印象を与えている。モンクリフは飼い主が猫を失う場面を、制御を失った情念の爆発としてではなく、長年の関係に終止符を打つ悲しくも甘美な離別として描いたのである。

猫の友情

先の引用部でマルラマンが飼い主との関係を生きる行為主体として描かれていたように、モンクリフは随所で、猫が偉人の愛情に値する（mériter）のは、この動物が自発的に飼い主に対する愛情を示すからなのだと示唆している。モンクリフは最終章にあたる第一一信で、猫が人間と関係を築くに至った過程を想像力豊かに説明し、その関係を「礼節」ある「交際」になぞらえた。

その最後の手紙によれば、猫たちは「都市の上層」で「幸福な自立」を享受しており、「自ずから繁栄する一種の国」を築き、「人間に頼ることなく富と平和」を謳歌している。したがって猫は、犬などの「地を這う生き物」よりも高次の存在なのだ（142–143）。モンクリフは以下のように続ける。

猫たちは人間に対する純粋な優しさ（tendresse）や礼儀（convenances）、気質の調和といったものを有します。だからこそ我々は彼らを所有できているのです。この意味で犬族よりも百倍ほど尊敬に値するというのに、実に多くの人々が、恥知らずにも、猫を犬よりも下に位置づけています。犬が我々に懐くのは、我々の助けが無ければ死んでしまうからに過ぎません。よく見てみれば犬たちは、卑劣な身分に適応してへりくだり、どんな侮辱を受けても、どんなに酷い扱いを受けても、耐え忍んでいます。なんという違いでしょう！　犬は、たとえ完璧な犬であっても、忠実な奴隷に過ぎません。これに対して猫は、楽しい友（un ami amusant）であり、その愛着は全くの自由意志に基づいています。猫は、あなたのために時間を割いてくれるその一刻一刻に、どこに居ても誰を好いても構わない自由気ままな生き方を犠牲にしてくれているのです。（144–145）

一般に忠実だと言われる犬は友ならぬ奴隷であり、飼い主に付き従うのは生存のための戦略に他ならない。ところが猫は人間に頼らずとも生きていけるからこそ自由であり、だからこそ対等な友となる。犬は世話がかかるが、猫は飼い主にわざわざ世話をさせて「恥」をかかせず、むしろ「我々の住まいを破壊する動物を退治してくれる」のであり、そのうえ「我々に交際の楽しみを与えてくれる」のだ（148–149）。モンクリフは他の箇所では猫の鼠対策の役割をほとんど無視してきたのだが、この箇所では都合よくこれに言及し、猫の自立性を強調している。

しかしモンクリフにとって重要なのは、猫が鼠を殺して人間の役に立つことではなく、優れて「社会的」な能力、つまり他者を害さないために自己を律する能力を有することである。彼によれば、猫は爪を外に出した状態こそが正常であり、爪を隠しているのは、人間を傷つけないために「絶え間ない自制」（perpétuelle contrainte）を自らに課しているからに他ならない。猫は「機械の自然な動き」、つまり身体の本来のあり方を「制御」（retenue）する「不断の配慮」（attention continuelle）によって人間との「交際」を楽しんでいる。したがって猫は他者に対する「愛着を抱くことも、人間に対する行動において思いやり（prévenances）を示すこともできる」動物であり、要するに「細やかな友情」（la délicatesse de l'amitié）を知る動物なのである（152–154）。

このような議論は、猫を人間の「社会」の側に引き寄せて、動物界から分離するものである。近世において「友情」という言葉には現在よりも広い意味があり、利益を度外視した無私の愛情という現代にも残る意味だけでなく、アリストテレス自然学の用語として、本性の似た事物がお互いを引き寄せ合う力も指した[54]。普通、動物に生じる「友情」は後者とされた。例えば一七世紀のアリストテレス主義者の医師キュロー・ド・ラ・シャンブルは、『動物間に見られる友情と嫌悪に関する論文』(一六六七)において、二種の動物が利益を得るために友好関係を結ぶこと(現在の用語なら「共生」と呼ばれるもの)を「友情」と呼んだ。彼はそうした関係が、人間同士を繋ぐ「誠実な友情」(amitiés honnêtes)とは違うと明記して、「真の意味で誠実な行為があり得るのは自由があるところのみだが、獣は自由ではない」と述べていた[55]。無私の友情は、友とする相手を選択する行為を前提とする感情であり、したがって自由意志を前提とする、人間に固有の感情とされていたのである。

猫には自由意志があると宣言するモンクリフにとって、猫が人間に対して示すのは、この人間に固有の無私の友情に他ならない。猫を自由な動物と見なす発想は近世初期から主に図像で普及していたが、第Ⅲ部で見るように、猫の「自由」は普通、野生的な性格を有し、人間に懐かず従わないことを意味していた。モンクリフの語る猫は、他者を信用しない野生動物であるどころか、むしろ積極的に人間との「交際」を求め、そのために「礼儀」をわきまえて自己を律する、優れて社交的で社会的な動物である。彼はサロン文学が練り上げてきた社交生活の諸側面を表す言葉を人と猫の関係に適用することで、猫を、洗練された人々に相応しい高貴な動物に仕立てあげたのだ[56]。

犬を貶めて猫を礼賛する言説は、現代人にはお馴染みに思われるかもしれないが、この言説が広まったのは管見の限り一九世紀以後のことである。近世においては犬を忠実な動物として評価し、猫を不忠の動物として貶める言説が支配的であり、猫を擁護した者も、しばしばこの価値観に合わせて、猫の犬らしさを強調していた(第Ⅲ部参照)。モンクリフは「逆説的礼賛」の一環として、自著の内容を単なる「冗談」として片づけてしまう逃げ道を用意しながら、通説と真っ向から対立する斬新な議論を展開した。一七世紀末の猫礼賛言説が、グリゼットやメニーヌのような貴族的な猫が「類まれ」で例外的な存在であることを強調していたのに対して、モンクリフは一部の貴族猫だけを礼賛するのではなく、全ての猫が潜在的には「友情」に値すると主張した。そして猫が万人に愛される「黄金時代」が来るかどうかは、人間の側が「啓蒙」されて「偏見」から自由になり、猫の「真価」を見抜けるように「趣味」を洗練させられるか否かにかかっていると述べたのだ。

おわりに

感情史研究の旗手のひとりバーバラ・ローゼンワインによれば、感情の歴史を研究するにあたっては、「ヨーロッパ」や「フランス」といった「単一の社会」に均一の文化が共有されていたと考えるのではなく、そうした大きな社会に存在する様々な「感情共同体」の違いを見極めることが重要だという。感情共同体とは、「感情とその表現方法に関して同じ評価基準を有する社会集団」のことであり、その形成にあたってはテクストが一定の役割を担う。例えば中世西欧においては聖人伝が感情にまつわる文化的コードを広め、共同体を形成するメディアとなった。したがって感情共同体は、文芸批評で言う「解釈共同体」や「読者共同体」に近しいものとして捉えることができるという(57)。

モンクリフの『猫』が人と猫の関係史において果たした役割を簡潔に言い表すならば、それは猫愛好家の「感情共同体」の形成に大きく貢献した、ということになるだろう。古典を重んじる男性的な学識の文化と、文芸を男女の娯楽のために用いるサロン文化とが水と油の関係にあると考えられていたこの時代において、女性に宛てた手紙に古典籍を引用する注釈を付した形式の『猫』は、文学の常識に反する型破りの作品だった。モンクリフがあえてジャンルの慣行を破って「猫の歴史」を書いたのは、卑近なテーマを教養たっぷりに論じる「逆説的礼賛」を通じて書き手としての力量を示すためだけではなかった。猫を恐れる感情を批判し、猫を愛する感情を肯定するひとつの感情規範を打ち出すためでもあったからである。彼は認識論哲学によって理論武装したうえで、東洋研究の成果に依拠してヨーロッパ人の「慣習」を相対化する柔軟な思考を展開した。そうして猫を嫌う心を幼稚な「偏見」としたうえで、モンクリフは、猫を愛した偉人たちを男女にわたって列挙し、彼ら彼女らの権威を借りることで、猫を愛でる心を、洗練された高貴な魂に宿る「理性的な感情」に仕立てあげた。『猫』は「猫愛好」を肯定して「猫嫌悪」を否定する規範を示し、その規範を体現する偉人たちの先例を語ることによって、「愛猫共同体」を築く書物であったと言えるだろう。

モンクリフの著作は、愛猫家が自分の感情を正当化するために使える戦略的資源となった。猫ごときを愛することを批判する者に対して、「愛猫共同体」に属する貴族や知識人の実例をもって反論することができるようになったのである。実際に『猫』がそのように使われたことは、第10章で示すことになるだろう。こうした効用は、モンクリフが猫を主題とする著作として、架空の物語ではなく、ジャンルとジェンダーの棲み分けをあえて侵犯して、典拠を示しながら事実を積み上げる歴史書の体裁を選んだからこそ得られたものであった。

このような書物を書き得たのは、「猫好き」の数が増えたから（だけ）ではない。一八世紀初頭に特有の思想と文化の状況も背景にあったからである。一七世紀以来の、東洋研究の深化とサロン文化の発展が無ければ、モンクリフがこのような本を構想することは不可能だったはずだ。そして何より、彼が貴婦人相手の軽妙洒脱な「お喋り」の体裁で、ヨーロッパ人の「偏見」に対する批判を展開することができたのは、異文化と比較しながら自分たちの常識を疑う啓蒙思想が当時の社会に芽生えていたからであった。大貴族に取り入って宮廷で出世したモンクリフは、国王の権力も身分制も批判しなかった。それでも彼は、非西洋の文化を参照しながら「我々」の常識を疑い、血統よりも物事の「真価」を見極める判断能力を重視する論理を張り巡らせ、理性と感情の洗練が切り開く黄金時代を未来に見出す歴史観を示した点で、ひとりの啓蒙思想家だったのである。

第Ⅲ部　表象による馴致

世の中には様々な猫がいる。人懐っこい猫もいれば、人を信用しない猫もいる。十人十色なら十猫十色だ。しかし現代人が目にするイラストや写真や動画には、たいていの場合、人に馴れた猫が登場する。人を見れば逃げだす臆病な猫は、そういう猫を保護したり、去勢して管理したりする活動の録画などを見ない限り、ほとんど目につかない。現実には数多の野良猫が人目を忍んで生きているはずだが、そういう猫の存在はあまり意識されないのだ。フランス語なら定冠詞単数で表現される、典型的で本来的な「猫」(le chat) なるものは、現代では人間に甘える姿をしている。人間を恐れて威嚇し、爪や牙を向ける野生的な猫は、もはや例外的である。そういう猫を見慣れていない者が猫の野生状態を目にすれば、気の毒で、救ってあげたいと思うかもしれない。

人間が物事を認識したり表現したりする際には、複雑な現実の一部を切り取らざるを得ない。ありのままの現実は、人間の脳に処理できないほど複雑で混沌としているからだ。そのように現実の一部を切り取ったイメージのことを「表象」と呼ぶ。同じ現実を切り取るにも様々な方法があるが、そのうち大勢に共有されたものは主流化して「集合表象」や「社会的表象」と呼ばれるものになる。もちろん表象は、ありのままの「現実」からの引き算だけで成り立っているわけではなく、空想的な要素が足し算されてもいる。実際には表象が含む要素のうち、「想像界《イマジネール》」に属するものと「現実界」に属するものを区別することは、必ずしも容易ではない[1]。

一七世紀末から一九世紀初頭までの「長い一八世紀」を通じて、フランスでは猫の社会的表象が大きく変化した。ルイ一四世が君臨した時代において、猫は鼠対策に有用ではあるものの、食料を盗み、人を引っかく暴れん坊として描かれることが多かった。ところがフランス革命期に台頭したナポレオンが皇帝になり、彼を放逐したブルボン朝最後の王たちが玉座に返り咲いた約一五〇年後には、飼い主に優しく世話をされて手懐けられた、穏やかでおとなしい猫が、文学でも絵画でも科学でも存在感を放つようになる。かつては手に負えぬ野獣とされていた猫が、今や飼い主に懐く愛情豊かな動物としての姿を獲得したのである。

第Ⅲ部では、猫が社会的表象において馴致《じゅんち》されていくこの過程が実際にどのように生じたのかを、科学と文学と美術の三分野を横断して示していく。まずは科学の世界を訪ねて、哲学者デカルトが近代科学の礎を築いた時代から、「動物学」という学問が誕生した時代まで、猫に関する学問的言説の推移を辿る。猫の性質に関する新たな学説が生まれるにあたって、啓蒙期を代表する博物学者ビュフォンが大きな役割を果たしたことが示されるだろう（第6章）。次に文学の世界に移動し、寓話やおとぎ話における猫表象の変遷を再構成する。一七世紀末のペローの『昔話集』ではまだ長靴をはいて主人のためにあくせく働いていた猫が、クッションに鎮座して惰眠を貪る身分を勝ち取るに至った道筋を、今や忘れられた作家たちの作品を掘り起こして跡づける（第7章）。最後に絵画の世界にお邪魔する。美術史は普通、歴史学とは別個の領域として研究されているが、図像を論じることなしに、猫の社会的なイメージの変化を語ることはできない。美術史家による研究成果を頼りにしながら、一八世紀のロココ芸術を盛り上げた画家たちが、斬新な猫の表象を創出していたことを示したい（第8章）。

第6章　博物学者の猫論争
――ビュフォンと啓蒙の問題系――

はじめに

初めて猫を飼うことになったとしよう。初めてだから、わからないことばかりだ。自由気ままな動物だと言うが、自宅で一緒に過ごすなら、最低限のルールは覚えてもらいたい。では猫のしつけはどう行えばよいのだろう。そもそも猫にどう接すればよいのか。ネットにも情報は転がっているが、こういう場合には知識を体系的に学べる書籍が家にあると安心だ。ちょうど『猫の飼い方・しつけ方』という本がある。(1) さっそく買って、猫をお迎えするまでに目を通しておこう。

……というように現代社会では、猫の飼い主のための情報があらかじめ用意されている。だから猫の「しつけ方」を教えるマニュアルが存在することなど、当然だと思われるかもしれないが、実はそうではない。西洋では中世以来、猫は「生まれ」に規定された本能的動物であり、「育ち」の影響を受けないと言われていたからである。(2) ところが一八世紀にはこうした猫のイメージが揺らぎ、やがて一八二〇年代には、フランスで初めて猫の「しつけ」を論じる本が出版されるに至った。訓練を通じて猫の行動様式を変えることを説く「しつけ」の発想は、伝統的な猫観とは相いれないものだった。この猫観の転換がどのように生じたのかを示すことが、本章の課題である。

フランス語で「啓蒙の世紀」と呼ばれる時代に猫のしつけに関する考え方の変化が生じたことは、偶然ではない。序章で述べたように、啓蒙思想とは、合理精神によって伝統を批判し、社会の進歩を目指す思想である以前に、そもそも自然状態を脱して社会状態に移行する人類の「文明」の歴史がどのようなものであるかを問う思考様式でもあった。自然から社会への移行とは、ありのままの物事に人間が手を加えていくことであり、「野生」に「人為」が介入の度合いを強めていく過程に他ならない。では、人間はどこまで自然を変えることができるのか。人間が自然を変質させた先には何が待っているのか。こうした問題が大勢の知識人の関心を集めた時代に、野生本来の特性を決して捨てないと言われてきた猫に対しても、人為がどこまで影響を及ぼすのかが改めて問い直されることになった。そうして猫に「しつけ」を施す可能性が見出されたのである。自然と文化の間、野生と文明の間に位置する不思議な動物をめぐる思想の発展を、近代哲学の入り口から辿ることにしよう。

1 デカルトの衝撃

哲学史の「近代」は一七世紀に始まると言われる。この時代に近代哲学の礎を築いたことで名高いデカルトは、動物の歴史においても、近代的な「動物」概念を作った思想家として重視されている。一八世紀の猫思想を理解するための前提として、まずはデカルトの動物論について概観することから始めよう。

デカルトの動物観は「機械論」的な世界観に根差していた。[3] 機械論とは、世界の現象を物体の運動に還元する考え方である。物体に自由意志や能動性を認めず、全ての物体が受動的に、外部からの働きかけに応じて運動すると見なすのだ。世界全体が機械仕掛けの巨大装置のようにできていて、神が創造して駆動させたこの装置のなかで、個々の物体はその歯車のように動いているに過ぎないというわけである。デカルトによれば、生命を持たぬ無機物や、移動しない植物だけでなく、自由に動き回るかに見える動物もまた、実は物質の運動過程に従って動くだけの自動機械と見なすことができるという。動物を機械になぞらえるこの学説を、哲学史では「動物機械論」と呼ぶ。

デカルトの機械的世界において、人間は特別な位置を占めている。人間の身体は物質であり、動物と同じく、物質世界の内にある。しかし人間には、理性や精神や霊魂と呼ばれる非物質的な部分が備わっている。人間精神は、物質の相互作用に従属する受動的なものではなく、むしろ意志によって能動的に身体を動かし、運動を引き起こすことができる。こうして自由意志を宿す精神はまた、言語という記号を操り、複雑な思考を発展させて推論することができる。ところが言語を解さぬ動物には、推論能力も自由意志も認められない。だから物質の運動に従って受動的に動くだけの「機械」と見なすほかないのだ。こう説いたデカルトの学説は「動物機械論」というより、心身二元論に基づく「人間例外論」と呼ぶべきものかもしれない。というのも、動物機械論はあくまでも世界全体を物質の運動に還元する機械論が導く帰結に過ぎないのであって、むしろその機械世界の中で人間だけは「精神」を有するという例外を認めたことが、デカルトの理論の特徴だからである。(4)

人間と動物を峻別する発想自体は、人間だけが不滅の霊魂を有するとしたキリスト教神学にも見られるものだったが、それでも中世哲学において、人間と動物の間には一定の連続性が認められていた。植物や動物にも（生命原理としての）「魂」は宿るとされており、人間は「植物的魂」と「動物的魂」に加えてさらに「理性的魂」を有する点で動植物と異なるのだと言われていたからである。(5) また宗教的な文学においてはしばしば、「動物に倫理性が注入」されていた。(6) つまり犬に忠義を見出し、猫に怠惰や貪食や色欲を見出すといったかたちで、動物に善悪の基準が適用されて、美徳や悪徳が投影されていたのである。(7) ルネサンス期には、人間を動物の上位に置く通説に対する懐疑論が、プルタルコスら古代の著述家の影響下に現れ、モンテーニュの『エセー』などを通じて広まったが、研究者が「動物優越論《テリオフィリー》」と呼ぶこの思潮もまた、動物に知性や道徳性を投影する思想だった。動物優越論は、賢く見える動物の逸話を取り上げて、その動物よりも劣って見える人間の愚昧を強調する議論だったからである。[8]

デカルト哲学の新しさは、精神と物質を明確な境界線で区切り、動物を物質世界の側に追いやったことにある。動植物の生命に対しても「魂」という言葉を用いたスコラ哲学の体系を拒絶したデカルトは、数学によって物事を説明する可能性を模索し、そのために世界の仕組みを微細な物質が衝突しあって発生する不断の運動の過程として思い描いた。この機械論的世界観によって、自ら動き、意思を有するように見える動物の行動までをも説明してみせることが、デカルトの課題だった。この課題のために彼は、動物を、感覚を通じて外部からの刺激を受け取り、その刺激に合わせて、選択の余地なく、受動的で自動的なかたちで動く存在とする仮説を生み出した。デカルトの革新は、人間の動物に対する優位性を説いたことにあるのではなく、世界を精神と物質によって区切り、動物を（そして人間の身体をも）物質に還元したことにあった。[9]

デカルトの動物論は西洋近代の動物思想の根幹と見なされているが、発表されてすぐ万人に受け入れられたわけではなかった。むしろ彼の理論は「獣魂論争」（la querelle de l'âme des bêtes）と呼ばれる大論争を引き起こしており、論争は医師ラ・メトリが『人間機械論』（一七四七）を出版した一八世紀まで続くことになる。[10] デカルト哲学をめぐる論争の争点は多岐にわたり、「獣魂」問題に限られなかったが、動物を「機械」と見なす仮説は、常識に反する奇説としてとりわけ大きな注目を集め、文学作品や貴族の書簡でも度々話題になっていた。[11]

獣魂論争においては、動物に宿る感情の性質が問題となり、とりわけ動物に「苦痛」（souffrance）が宿るか否かが問われた。デカルトとその支持者らは、動物に善悪を投射する従来の考え方を退けて、動物に宿る「感情」を単なる物理現象として説明するのに腐心した。「苦痛」は道徳的な感情だから動物には宿らないというのが、デカルトと彼を擁護した神学者マルブランシュの主張だった。反デカルト主義者たちはこの主張に目をつけて、「デカルト主義」とは「動物を、感情も知識も一切欠いた純粋な機械と見なす」思想であり、動物が苦しむことを否定して、冷酷な仕打ちを正当化する思想なのだと主張した。[12]

したがってデカルト主義の同時代的インパクトは、動物を物理現象に還元する思想に社会を染め上げたことにあるのではない。むしろ動物が知性や感情を有するかどうかを哲学の主要な問題にし、人間と動物の共通点と相違点を見定めることを思想家たちの関心事にしたことにあった。[13]こうして育まれた動物をめぐる問題関心が、博物学者ビュフォンの手によって育てられて、猫観の大転換のきっかけを作ることになる。

2 人家に潜む野獣——ビュフォンの猫

ジョルジュ＝ルイ・ルクレール・ド・ビュフォン（一七〇七—八八）は一八世紀フランスを代表する博物学者のひとりである。今では生物命名法を確立したスウェーデンのリンネの陰に隠れてしまった感があるが、当時はリンネのライバル格の学者として大きな影響力を発揮した。ビュフォンは、デカルト主義を支持して、動物だけでなく人間の身体に関する唯物論的な考察を展開したことで知られている。しかしビュフォンには別の顔もあった。犬を高らかに賛美する反面で猫を「邪悪な」動物と呼んで悪しざまに形容し、猫に対する「憎悪」を科学の場でまき散らした学者としても語られてきたのである。[14]デカルト主義者であるはずの彼が、動物に対して善悪の基準を適用するかの言葉を用いて、猫を「邪悪」と呼んだのはなぜなのだろうか。ビュフォンにとって、猫はどのような動物だったのか。ビュフォンの猫論を、彼の思想体系に位置づけながら、答えを探ることにしよう。

まずは基礎的な事実の確認から始めよう。ブルゴーニュ地方の法服貴族の家に生まれたビュフォンは、一七三九年に王立庭園の長に任命され、元来は薬草研究のために作られたこの施設を、ヨーロッパを代表する動植物の総合研究所へと成長させた。彼がこの王立庭園を拠点に、共著者を募りながら生涯をかけて取り組んだのが、主著『一般と個別の博物誌』（全三六巻、一七四九—八八）である。[15]同書は巧みな文章表現が好評を博して大変な売れ行きを見せ、科学書としては当代随一のベストセラーになり、一九世紀末に至るまで何度も再版されて読み継がれた[16]。

ビュフォン『博物誌』の特徴は、個々の動物種の記述を越えた理論的な考察を示すことで、専門家の輪を越えて多くの知識人に読まれたことにもある。博物学は元来、動植物の薬効や毒性を知るための実践知としての側面を有する学問であり、その担い手は主に医師だった。経験的な動物の観察が重要性を増した一七世紀以後も、動物を解剖して身体構造を観察したのは医師であった。『博物誌』の解剖学篇を担当したのもビュフォンの親戚の医師ドーバントンである。ところが数学者あがりのビュフォンは、医療的な実践知にも、昆虫学者レオミュールら同時代の博物学者が専念した動物種の地道な記述にもあまり関心を示さず、世界の仕組みを原理的に把握するための博物学を追究した。

こうした理論重視の態度は一七四九年に出版された『博物誌』冒頭三巻に如実に示されている。ビュフォンはこの三巻に収めた諸論考で、「比較」を軸とする知識の経験的な獲得を博物学研究の軸として提示し、旧約聖書に頼らずに地球史を考察して地質学の領域を切り拓き、生命の発生や「生殖」(reproduction)に関する理論を示し、「人間の博物誌」(histoire naturelle de l'homme)では、従来の博物学では範囲外とされていた人間を対象に据え、その「本性」(nature)を論じてみせた[17]。つまりビュフォンは、動植物に関する情報を集めて整理するという従来の博物学の範囲を越えて、人間とは何か、人間と動物の違いは何かといった、抽象的で原理的な哲学を展開したのである。こうした考察に、近代的な猫観の基礎となる哲学が宿っていた。「家畜」と「野生動物」の差異をめぐる哲学である。

家畜と野生動物

動物を、従順で有用な家畜と、獰猛で有害な野獣とに区別する思考法は、西洋では中世から存在した。中世史家ピエール＝オリヴィエ・ディットマールによれば、ヨーロッパでは一三〇〇年頃に「家畜」(pecus)と「野獣」(bestia)の違いが理論化されていた。エデンの園では全動物が草食性で平和に共存していたが、楽園追放後の動物は、人間に仕える従順な草食動物たる「家畜」と、堕落した人間を懲らしめる獰猛な肉食動物たる「野獣」とに分かれたとされたという。[18]

ビュフォンは自然界の仕組みの説明から、聖書や神学をなるべく排除するように努めた。彼は、穏和な動物の一部が神罰として野獣に変化したという神学的な説明を避けて、むしろ本来は全ての動物が野生状態にあったところ、その一部だけが家畜に変化したのだと主張した。彼はこの考えを、デカルトの心身二元論に経験論哲学の要素を加えることで構築した。[19]

未知の存在を既知の存在と比較することを知識獲得の原則としたビュフォンは、人間自身に関する考察から始めて、人間にとって近しい家畜を記述し、次に旧世界の野生動物、その次に新世界の野生動物の記述に進む手順を取った。この研究過程の始まりを告げる『博物誌』第三巻の「人間本性論」は、デカルトの心身二元論を踏襲して、人間の特殊性を確認するものだった。なるほど人間は身体という物質的な部分においては動物と似通っており、だから動物との比較を通じて人間に関する考察を深めることができる。しかし人間は、延長を持たない非物質的な霊魂（理性とも精神とも呼ばれる）を有する点で特別な存在である。人間が精神を有することは、我々人間自身の内的感覚から明らかだが、動物は言語を持たないから、精神を有する存在だと認めることはできない。言語は精神の存在を示す外的な徴候であり、思考に必要な能力でもあるからだ。「人間は理性的な存在だが、動物は理性を欠く存在である」。両者は質的に違う存在であり、「無限の距離」で分かたれている (III, 443)。

この「人間本性論」によってビュフォンは、獣魂論争にデカルト主義の立場から参入し、動物に一定の知性を認める論者に批判を加えた。ビュフォンはとりわけ王立科学アカデミーの同僚レオミュールを意識していたようだ。昆虫学者レオミュールは、ミツバチの行動を研究した結果、昆虫には状況に応じて行動を変化させる能力が、すなわちある程度の知能 (intelligence) が備わっていると主張していた。[20] ビュフォンは、ミツバチは常に「同一の範型《モデル》」に従って行動しているに過ぎず、だから常に同じ巣しか作ることができないと書いて、レオミュールに反論している。ビュフォンによれば、観念を比較して思考を発展させるためには言語が必要であり、動物に思考能力を認めることはできない。動物は常に同じ行動を繰り返しているのであり、「何も発明せず、何も改良しない（ne perfectionnent rien）」から「進歩」（progrès）しないのだ（III, 440–441）。

家畜の記述が始まる第四巻（一七五三）の冒頭に置かれた「動物性質論」は、人間と動物を比較することで、人間の特殊性を再び強調し、レオミュールら反対論者にさらなる攻撃を加える論文であった。初版で約一〇〇頁を占めるこの長大な文章の論点は多岐にわたるが、ここで注目したいのは、「感覚」（sensation）や「感情」（sentiment）に関する議論である[21]。ビュフォンはロックの感覚論を受け入れて、目や耳や鼻といった感覚器官が外界から受ける刺激が「知識」（connaissance）の源泉となることを認める。ところで感覚器官は物理的な身体に属するものであり、動物にも備わっている。しかし動物が知識を獲得することは無い。なぜなら知識は感覚的刺激に由来する観念を比較したり組み合わせたりして得られるものだが、動物にはそうした「省察」（réflexion）に必要な理性が無いからである。人間は省察によって眼前にある世界を離れて抽象的な思考を発展させるが、動物は自らを取り囲む世界しか知らず、単純な「獣欲」（appétit）を満たすために刹那的に行動するばかりである。動物は現在に生きるのみだが、人間は過去の記憶を持ち、未来を見据えて物事を考えることができる。人間だけが未来のために自己と周囲の事物を「完成させる」（perfectionner）のだ（IV, 40–69）[22]。

ビュフォンによれば、訓練された動物（un animal instruit）が行動を変化させることは、以上の理論の反証にはならない。しつけを受けた犬が、目の前に餌を置かれても自分を制御して食べずに待つことができるのは、訓練の過程で受けた懲罰を観念として想起し、我慢する判断を下しているからではない。懲罰によって身体に痛みが刻み込まれた結果、食欲が喚起されると同時に、その痛みが再び生じるように身体が変化したからだというのだ。つまり動物が訓練を通じて行動を変えるのは、思考するように学ぶからではなく、身体に習慣が刻み込まれるからだという。猿が人間の仕草を真似ることや、オウムが人間の言葉を真似ることもまた、感覚に与えられた刺激を身体が繰り返すことで生じる機械的な「模倣」(imitation)でしかない。動物の親が子に授ける「教育」(éducation)も、子が親を機械的に模倣する過程に過ぎず、だから錯誤が生じる余地が無く必ず成功するのだという。人間が言語によって観念を組み合わせて新たな物事を「発明」し、その内容を言語によって伝達することで知識を増やしていくのに対し、動物は同じ内容を永遠に模倣し続けるだけで、変化しない(IV, 38–39, 87–90)。

ここにビュフォンの議論の特徴がある。彼によれば、動物は、能動的な創発性は有さないが、受動的な変容可能性を有してはいる。動物自身は受動的な模倣しかできないため、新しい物事を学ぶことなく、同じ内容を子孫に伝え続ける。しかしこの過程に人間が介入することで、変化の余地が生じる。つまりある時点で人間に手を加えられて習慣を変化させた動物が、人為的に引き起こされた変化を子孫に伝えることはあり得るのだ。

ビュフォンが個々の動物の記述の前に設けた「家畜」に関する考察では、まさにこうした理論的帰結が述べられている。「家畜」(animal domestique)とは人間に従うことで性質を変化させ、「自然状態」を脱して、「脱自然化」(dénature)された動物に他ならない。つまり全ての動物は元々、「自然のみに従い、欲求と自由の法しか知らぬ野生動物」だったのだが、そのうち一部の動物が、人間の影響を受け入れて変化し、家畜になったのである。家畜は人間に「手懐け」(apprivoiser)られて「養育」(éducation)されることで、人間にとって都合の良いように「完成させられた」(perfectionné)動物なのだ(IV, 169–173)。

ここでéducationの概念について捕捉しておきたい。現在この単語は「教育」の意味で用いられ、人間による動物の「飼育」(élevage)や「調教」(dressage)とは区別されている。しかしこの言葉は元々「養い育てる」ことつまり「養育」することを指し、人間の子供だけでなく動物相手にも使われていた。この「養育」には、外敵から保護したうえで食事を与えて成長を促すという意味だけでなく、生来の性向を矯正するという意味も込められていた。「養育」は自然本来の状態からの分離を指す言葉であり、「生まれ」と対置される「育ち」を意味する言葉であった。動物の「飼育《エルヴァージュ》」や「調教《ドレッサージュ》」に「養育《エデュカシオン》」の語を当てはめることは、現代フランス語にしても日本語にしても違和感のある表現だが、一八世紀のフランス語では一般的だった歴史的用法であることを理解されたい。本章では以上の理解に基づいて、この語を、文脈に応じて「教育」「養育」「しつけ」と訳し分ける[23]。

ここまでの議論をまとめよう。ビュフォンは人間が地上の支配者となったことで、動物の一部が野生状態から分離して家畜に変化したと考えた。本来は全ての動物が穏やかに共存していたところ、神罰によって人間を襲う野獣が生まれたとするのではなく、元々すべての動物が野生状態にあったところ、人間がその一部を支配して家畜に変化させたと論じることで、神ではなく人間を主体として家畜の誕生を説明したのである。もっとも、フランス王国の高級官僚だったビュフォンは教会当局に問題視されないよう、「人間の動物に対する支配」は「神の賜物」であるとも述べてはいたのだが[24]（IV, 170）。

ビュフォンは人間と動物の違いを時間化した。観念を比較することのできる人間は過去の蓄積の上に現在を生きることで不断に新しい知識を獲得し、未来を見据えて物事を「完成」させていく。動物は生得的に備わった「本能」によって生きるばかりで、普通は未来も過去も無い現在に留まっている。しかしその一部は人間の支配下に取り込まれて、過去のある時点で野生状態を脱して「家畜」に変化した。もっとも『博物誌』では、自然界を通時的な変化の相で捉える「自然史」的な発想は、とりわけ地球の成り立ちの考察に適用されており[25]、動物の時間性の考察は萌芽的なものに留まった。後述する通り、動物の「家畜化」が人類史的な考察に取り込まれたのは一九世紀のことである。それでもビュフォンは、野生動物の一部が家畜に変化したと述べることで、動物のあり方を歴史的に考えるための理論的基礎を作ったのである。

友情と愛着

人間が家畜を従えるに至った理由として、ビュフォンは当初、人間には理性があり、動物には理性が無いこと、つまり知能の有無を強調していた（IV, 169-170）。しかし『博物誌』第五巻（一七五五）の項目「犬」以後、新たな要素が重要視されるようになる。家畜が「感情」(sentiment)によって飼い主と繋がることである。犬が訓練に耐え、懲罰を受けても逃げ出さないのは、飼い主に「懐いている」(s'attache)からに他ならない。人間はまず「優しさ」(douceur)と「愛撫」(caresses)をもって犬を手懐けてから、これを「養育」して使役し、他の動物を「征服」するに至った。つまり犬など一部の動物には「懐いて従うことのできる」(capables de s'attacher et d'obéir)能力が備わっており、人間はこの能力を「完成」させる、つまりその潜在力を刺激して自分に都合の良いように活用することで、これらの動物を従えるに至ったのである(V, 185–188)。

家畜には飼い主に対する愛着を抱く能力が備わっている。しかし『博物誌』の家畜篇で記述される動物がわずか八種しかいないように、家畜となる種は動物全体の中でも少数派である。[26] 言い換えれば、家畜は家畜になれる特殊な身体構造をしており、多くの動物の身体にはその能力が無い。例えば、犬は「容易に手懐けられ、主人に懐いて忠実であり続ける」が、狼は幼体のうちから人の手で育てられても「一切懐くことは無く」、育つにつれて「獰猛な性格」を示すようになり、「野生状態」に戻ってしまう(VII, 41–42)。籠の鳥として人気のカナリアは飼い主に懐いて歌を教わって覚えるが、生まれつき歌が上手な野鳥ナイチンゲールは人間に懐かず、歌を教えようとしても覚えない(XIX, 1–3)。犬やカナリアのように「養育」を受け入れるか、狼やナイチンゲールのように「自然」そのままの状態に留まるかは、身体の性質によって決まっている。ビュフォンは、このように人間との関係を条件づける動物の身体的な性質を、「体質」(naturel)という言葉で表現した。[27]

このようにビュフォンは、人間の動物に対する支配が、家畜に愛着感情を抱かせることによって成り立っていることを認めた。しかし彼は、人間と動物が愛情で結ばれることを祝福したわけではない。むしろ飼い主が動物に対する愛着を抱くことを激しく批判していた。「動物本性論」によれば感情には二種類ある。ひとつが身体に生じる刹那的な感情であり、恐怖や憤怒や愛情(性欲)はこちらに属する。もうひとつが理性に依拠する持続的な感情であり、「熟慮を経た忌避」(aversions réfléchies)や「持続的な嫌悪」(haines durables)や「変わらぬ友情」(amitiés constantes)

といったものである。前者は身体現象であるから人間にも動物にも宿るが、後者は理性を有する人間にしか宿らない（IV, 78–80）。

「愛着」とは二者が一緒に過ごすうちに自ずから芽生える身体現象であり、動物にも宿る感情である。したがってこの愛着を「友情」（amitié）と混同すべきではない。友情とは、理性ある二者が、誰が友人として相応しいか理性的に判断し、自由意志によって相手を選別したうえで育まれる感情である。つまり友情とは、理性のふるいにかけられた愛着のことであり、理性ある人間の専有物である。ビュフォンがこの区別にこだわるのは、人間と動物の上下関係を忘れて、動物愛玩に耽る者がいるからである。犬が飼い主に抱く愛着を「友情」と混同すべきではない、と述べたうえで、彼は動物愛玩者を次のように批判した。

女性がカナリアに抱く友情とやらも、子供が玩具に抱く友情とやらも、〔動物が抱く友情なるものと〕同じようなものである。いずれも熟慮を欠いた盲目的な感情に過ぎない。動物がそのような感情を抱くのは〔動物本来の〕欲求に根差しているから、〔人間が抱く場合よりも〕まだ自然である。しかしもう一方の〔女子供が抱く〕感情は、霊魂とは全く無縁の、つまらぬ娯楽を対象とするものでしかない。こうした幼稚な習慣が持続するのは無為のせいであり、〔こうした習慣が〕力を持つのは頭の中が空疎だからに過ぎない。人形趣味や偶像崇拝といった命無き事物に対する愛着など、愚の骨頂（le dernier degré de la stupidité）ではなかろうか？（IV, 84）

動物が人間に懐くのは自然だが、人間が動物に対する愛着を抱くのは、下等な感情に耽る恥ずべき行為だというわけだ。理性を持たぬ動物は人間よりも下位の存在であり、「友情」の相手にはなり得ない。頭を使って物事を「熟慮」する者なら、それくらいのことは理解できるはずである。通常は「人間」（homme）について論じるばかりのビュフォンは、ここであえて「女性」に言及することで、動物を愛情の対象と見なす態度を「女子供」の所業として一蹴したのである。

このような発言が飛び出るのは、ビュフォンが動物を嫌悪していたからではない。彼は動物に対して深い関心を寄せていたし、人間が動物に無用の暴力を加えることを批判したり、人間が動物を「完成」させることで動物は本来の自由を奪われて「奴隷」になると述べたりして、人間中心主義を相対化する視点も提示していた（IV, 169 ; VII, 6–7）。しかし彼は、動物を寝室に招き入れて親密な関係を築く態度を良しとしなかった。ビュフォン研究の大家ジャック・ロジェが指摘したように、ビュフォンは犬について語る際にも、畜舎で大量飼育された猟犬のことを想定している節がある。(28)

ロジェはビュフォンの態度こそが当時は一般的だったと考えて、一八世紀には犬を暖炉の前で可愛がるような感性はまだ希薄だったと主張したが、おそらく実態は少し違う。むしろ一八世紀には動物を「友情」の対象と見なす者が存在感を放つようになっていた。だからこそビュフォンは痛烈な批判を書いたのだろう。ビュフォンは「動物性質論」を含む『博物誌』第四巻の出版以前に、冒頭三巻の文体が評価されてアカデミー・フランセーズ会員に選出されていたが、彼の入会に際して歓迎演説をしたのは、あのモンクリフだった。(29)ビュフォンが『猫』を読んでいたとは思えないが、猫を人間と対等な「友」として語るモンクリフのような者が存在することは彼の意識に上らざるを得なかっただろう。

ビュフォンが思い描く世界において、動物を可愛がる者は秩序を乱す存在である。人間と動物は物質的な身体を有する点で似通っており、両者の身体には似たような感情が宿ることがある。しかし理性を有するのは人間だけであり、だからこそ人間は動物を支配する立場にある。動物が人間に対して示す愛着は、人間がその動物を手懐けて支配することを可能にするのだから、秩序に適合する感情である。しかし人間が動物に対して抱く愛着は、理性による選別を経て放棄されるべき下等な感情に過ぎない。そのような感情に溺れることは、理性ある存在には相応しくない。だから人間はあくまでも人間同士の間で友情を育むべきである。このように、ビュフォンが『博物誌』で展開した人間論と動物論は、人間と動物の関係をめぐる理論であると同時に、人間が動物に対して示すべき態度を規定し、一種の感情規範を示す言説でもあった[30]。

猫の特殊性

従順で有用な家畜と獰猛で危険な野獣とを区別する思考に、猫はうまく収まらない。猫は鼠除けとして人間の役に立つ点で家畜的でありながら、人間に対する従順さを欠く点で野獣的だからである。既に中世の動物誌家アルベルトゥス・マグヌスは、猫が撫でられるのを好む「親しみのある」動物であるとしながら、しかしガチョウと同じく「臆病で他者と距離を取る」ことも指摘し、野生動物ながら「柔和で、容易に馴致可能（domesticabilia）」な象と対照的な存在だとしていた[31]。しかしルネサンス期の動物誌家たちは、猫を「家畜」に分類するのに躊躇しなかった。「猫は親しみのある家畜である」（Feles animal est familiar ac domesticum）と宣言したゲスナーは、猫の習性として、撫でられれば「甘美に鼻を鳴らす」様子を詳しく記述しているから、人に馴れた猫を意識していたようだ[32]。ゲスナーに続いて大部の動物図鑑を書いたアルドロヴァンディは、猫を、犬が主人とその所有物を守るように、鼠から食料や家財を守ってくれる点で「同様に家畜」だとしているから、従順であるかどうかを考慮せずとも、有用であれば家畜として認めてよいと考えたらしい[33]。

ルネサンス期の博物学者と違い、ビュフォンは猫が家畜であると認めるのに躊躇した。だからこそ彼は『博物誌』の項目「猫」を、家畜を論じる第四巻と第五巻ではなく、第六巻（一七五六）の冒頭、野生動物篇の直前に置いている。その項目は次のように始まる。少し長くなるが、段落の終わりまで丸ごと訳出しよう。

猫は不忠の召使いであり、必要に迫られて据え置かれるに過ぎない。さらに厄介で手に負えない家中の敵と戦わせるためである。というのも我々は、獣ならなんでも好み、娯楽のためだけに猫を飼育する者たちのことは考慮しないからである。一方は実用（usage）、他方は誤用（abus）である。この動物は、とりわけ若いうちには感じの良さを示すものの、同時に、生得的な悪意、狡猾な性格、邪悪な体質を有している。〔これらの性質は〕年齢とともに悪化し、しつけをしても隠されるだけである。筋金入りの泥棒で、よく育てられたとしても、ペテン師のごとく追従的になるだけだ。ペテン師と同様の巧みさ、繊細さ、悪事を働く趣味、悪戯をする性向を有するのだ。奴らのように足音を消して、意図を隠し、好機を窺い、じっと待ち、狙いを定めて、瞬時に一撃を食らわしたかと思えば、罰されることなく逃げおおせ、姿を隠し、呼び戻されるまで出てこない。社交の慣わしをたやすく身につけるが、良俗を心得ることはない。その愛着はすべて見せかけである。まっすぐに歩かず、まなざしは両義的。好意を寄せる人を見る時ですら直視しない。相手を疑っているのか、騙そうとしているのか、近づくにも回り道をする。そうして愛撫を求めるが、愛撫がもたらす心地よさを感じるだけである。主人その人に全ての感情を捧げる、あの忠実な動物とは全く異なり、猫は、自分のためにしか感じず、愛するにも条件つきで、他者と交わるのも相手を出し抜くためだけであるように見える。このように体質が似ていることから、猫は、何もかも正直な犬よりも、人間にお似合いである。(VI, 3-4)

動物を記述する学問にしては随分と装飾過多な文章だと思われるかもしれない。しかし当時は、博物学が娯楽や教養のための読み物として人気を博し、このような文体がむしろ求められた時代であった。一八世紀には教師プリュシュが『自然の光景』(全九巻、一七三二―五〇)で記録的な成功を収めたことで、読み物としての博物学の人気が高まっていたのである。[34] プリュシュが開拓していた読者市場に訴求することを狙ったビュフォンには、自著に読み物としての魅力を与えるように文章表現を凝らす必要があった。

したがって先の引用部は、読者を惹きつけるための文章芸だと考えるべきである。ラ・フォンテーヌが寓話詩で描いたようなペテン師としての猫を想起させながら、猫の仕草を具体的に読者に思い描かせる文学的パフォーマンスなのである。猫を「不忠の召使い」と呼ぶ冒頭の言葉も、身近な使用人を思い出させて笑わせる表現かもしれない。引用部の後半は、猫をペテン師になぞらえてこき下ろしたうえで、実はそのように卑劣な猫の方が、素直で実直な犬よりも我々人間に「お似合い」であるとする皮肉な「落ち」で締めくくられている。この文章は、当時の読者が慣れ親しんでいた猫のイメージ、つまり修辞学で言う常套句（lieux communs）を散りばめて、読者がすらすらと読み始められるように構成されている。そうして読者を引き込んでから、記事は生息地の列挙や解剖学的特徴の記述など、専門的な内容へと進んでいくのである。[35]

するとーつの疑問が生じる。ビュフォンが猫を悪しき動物として描いたのは、読者におもねるために過ぎなかったのか。それとも彼自身、本気で猫を悪しき動物だと思っていたのだろうか。ビュフォン研究者の多くは前者の解釈を取っている。ビュフォンはデカルト主義者であり、動物に善悪の基準を当てはめることはないから、猫に「悪意」を投影する擬人的な表現を使うのは、あくまでも表現上のことに過ぎないというわけだ。[36] しかし異論もある。一八世紀思想史の大家ジャン・エラールは、彼が猫を悪しざまに描いたのは、読みやすさを心がけるあまり、当時の社会に蔓延していた「猫嫌いの偏見」を文章に取り込んでしまった結果だとした。つまり公衆に語りかける姿勢を取った結果、思想的な原則とは裏腹に、猫を邪悪視する通念を取り入れてしまったのだという。[37]

これまでに示されてきた以上の解釈では、猫を邪悪視するビュフォンの言葉が、彼の思想とは無縁のものとして切り離されてきた。無意識に偏見を取り込んだにせよ、意識的に常套句を用いたにせよ、猫を邪悪視する表現は、動物を物質に還元するビュフォンの原則とは無縁の不純物だというわけである。しかし本当にそうなのだろうか。ビュフォンが人間と動物の差異について述べたことだけでなく、家畜と野生動物の違いについて述べた内容も踏まえれば、以上の言葉もまた、『博物誌』が示す世界観に位置づけることができるのではないか。

先に見た通り、ビュフォンは理性ある人間と理性なき動物を区別しながら、動物のうち人間の支配を受け入れた一部の種が、養育（しつけ）を通じて変化し、家畜になったと述べていた。このことを念頭に置いて引用部を見ると、猫が「生得的な悪意、狡猾な性格、邪悪な体質」（une malice innée, un caractère faux, un naturel pervers）を有しており、そしてこれらの特徴が「しつけをしても隠されるだけ」（l'éducation ne fait que masquer）であると述べられていることに気づく。つまり猫が悪い動物であることは、自然本来の性格を保持し、「養育」の影響を受けつけないことと密接に結びついているのだ。「よく育てられた」（bien élevés）猫たちが「ペテン師」（fripons）に似ているのは、「社交の慣わし」（habitudes de société）を身につけても「良俗」（mœurs）を心得ないから、つまり表面的には洗練されて「追従的」（souples et flatteurs）になっても、根本的には悪事に対する「趣味」（goût）や「性向」（penchant）を保つからだ、という比喩的な表現においても、自然本来の悪性が矯正されないことが常に問題になっている。

ビュフォンは既に『博物誌』第五巻で、犬が「養育」されるのは飼い主に懐くからだと述べ、自然本来の性質が改変されるには、まず動物が人間に愛着を抱くことが必要だと指摘していた。引用部の後半では、この「愛着」の問題に話題が移っている。ビュフォンによれば、猫は「見せかけの愛着」（l'apparence de l'attachement）を示すだけで、本当の愛着を抱くことはない。犬は自らの全存在を飼い主に捧げて、飼い主の喜びを自らの喜びとする。これに対して猫は「自分のためにしか感じないように見える」（paraît ne sentir que pour soi）。猫は飼い主の「愛撫を求めるが、愛撫がもたらす心地よさを感じるだけ」（chercher des caresses auxquelles ils ne sont sensibles que pour le plaisir qu'elles leur font）、つまり飼い主に懐いているから近寄るのではなく、身体的な快楽を求めて、人間をあたかもマッサージ機のように利用するばかりである。愛着を通じて人間を飼い主として認知し、人間のために存在するように変化したのが家畜だというビュフォンの観点からすると、愛着能力を持たない猫はその定義にうまく当てはまらない。

実際ビュフォンは項目の後半で、猫の家畜性を疑問に付している。

猫たちは我々の家に住んでいるが、完全な家畜とは言えない。もっともよく手懐けられた猫でさえ、服従しているわけではないからだ。猫たちは完全に自由だとすら言える。自分のしたいことしかせず、無理やり一定の場所に留めておこうと手を尽くしても一瞬で逃げ出してしまう。それに大半の猫は半野生（demi-sauvages）であって、飼い主を認知せず、納屋や屋上に通うばかりで、時折、空腹に迫られて台所や配膳室にやってくるだけである。(VI, 7–8)

羊などの畜産動物は人間に囲い込まれて生殺与奪の権を握られ、犬や馬は人間に仕えるために長期間にわたる調教と訓練を受ける。いずれも人間の目に見えるところで飼われ、人間の命令に合わせて行動する。ところが大多数の猫は、鼠が出現する倉庫や屋根裏に放置され、たまに台所で餌付けされるときを除いて、同じ家に住む人間の前に姿を見せず、勝手に生きている。この特殊な立場は、猫の有用性が、鼠を捕食する生得的本能に由来することに起因する。人間は猫を調教して服従させたのではなく、放置してその本能を利用しているに過ぎない。だから猫は、人家にありながら、「主人」に服従する家畜ならば失うはずの「自由」を保っている。

猫が家畜とされているのは、鼠対策のため人家に「据え置かれて」きたという「実用」(usage)、つまり慣習の結果に過ぎない。猫はその性質からすれば、むしろ野生動物に近い。ビュフォンは先ほどの「半野生」という言葉を反転して、次のようにも書いている。

それに猫は、言わば半家畜(demi-domestique)に過ぎないのだから、家畜と野生動物の中間(nuance)を成している。というのも、ハツカネズミやドブネズミやモグラなどの迷惑な隣人を召使い(domestiques)と見なすわけにはいかないからである。こういう隣人は、我々の家や庭に住んでいながら、いささかも自由で野生的であることをやめない。人間に懐いて服従する代わりに、人間から逃げ、暗がりに巣食ってそれぞれの習性(mœurs)や習慣を保ち、完全な自由を保持している。(VI, 15)

一般に家畜と見なされる猫と、害獣と見なされる鼠との間には、ビュフォンの考え方からすると、差異よりも共通点の方が多い。猫は便利で鼠は迷惑ということになっているが、両者ともに、人家《ドムス》に住みながら、人間を頂点とする秩序に組み込まれることなく、「自由」に生きている点で、全く似通っているからである。

ただし、動物に自由意志を認めないビュフォンにとって、人間の支配を受け入れずに「自由」に生きるあり方は、猫の主体的な選択の結果ではない。「邪悪な体質」をしているから、つまり人間に懐いて服従するのに必要な愛着能力を身体に備えていないからである。研究者たちが指摘してきたように、ビュフォンは項目の冒頭で動物に対して善悪の基準を適用するかの表現を用いても、その後に動物の習性を身体構造に即して説明しなおすことで、道徳的に見える現象を物理的な物事に還元している。[38] 項目「猫」でもビュフォンは、猫と犬の身体構造を比較して、屈強で嗅覚優位の犬が正面から敵と戦うのに対し、猫はしなやかだが力が弱く、視覚優位の体を有するため、夜間に活動し、獲物を背後から襲う「卑怯」な戦い方をする、と述べている（VI, 6–7）。つまり人間には「卑怯」と思われるような仕草も身体構造の結果であると唯物論的に説明したのである。

要するに項目「猫」冒頭の文章は、無意識な偏見の発露でも、思想内容とは無縁の文飾でもなく、ビュフォンの家畜観からすれば、猫が完全な家畜とは呼べない「半野生」の「半家畜」であるという主張を導入する役割を担っていたのである。「生得的な悪意」といった表現は、猫が人間に従わない野生的性格を保持し、「養育」によってその性格を失わない「体質」を有することの比喩なのである。

眠らない猫

このように解釈しても、ビュフォンの猫論にはひとつの根本的な謎が残る。彼はなぜ、猫が人に懐くことなどあり得ず、懐いているように見えても、それは見せかけに過ぎないと確信していたのだろうか。ここでは、第1章で実践した、テクストに動物の存在を読み込む姿勢に立ち返って、ビュフォン自身が実際に猫とどのような関係にあったのかを考えることで、答えを探ってみたい。そうすることで、彼の立場がもっとよく見えるはずである。

ビュフォンの死後に知人が出版した『ビュフォン伯爵の私生活』（一七八八）によると、「彼は猫を好まず、沢山の鼠を飼っていた」という。つまり屋敷に猫を置きたがらず、鼠の繁殖を防げずにいたらしい。猫無しで済ませるため、一種の懸賞金制度を設けて、「小鼠一匹捕まえるごとに一スー、大鼠なら生死にかかわらず三スー」を使用人に与えるのも厭わなかった。[39] ビュフォン自身も『博物誌』で猫について、「犬よりもたくさん飼育されているが、ほとんど出くわさないので、数の多さを感じさせることはない」と書いている（VI, 8）。彼にとって、猫は物置などに放置されて、あまり姿を見せない、遠くの存在だった。

ビュフォンと猫の関係を考えるにあたってさらに示唆的なのが、眠りに関する記述である。ビュフォンはこう書いていた。「猫の眠りは浅く、眠るというより眠ったふりをするだけである」。ところがこの主張に対しては、ディジョン在住の技師パジュモから異論の手紙が寄せられることになった。パジュモが一〇匹以上の猫を観察して確めたところでは、猫の「眠りは深く、一種の麻痺状態である」。この技師は次のように体験を語った。「私はいつも寝台で猫と一緒に寝ており、足元に置いております。ある寝付けない夜に、邪魔なので猫をどかそうとしたところ、あまりにも重く、動かないので、死んでしまったかと思い、驚きました」。ビュフォンはパジュモの証言を受け入れて『博物誌』の補遺（一七七六）に収録し、「猫の眠りが時に極めて深くなることを知らなかった」と自説を訂正するに至った（VI, 9 ; Supplément III, 114–115）。

この逸話を取り上げた研究では、ビュフォンが猫を嫌うあまり習性を正しく観察できなかったのだと言われてきたが、そうではあるまい。[40] おそらくビュフォンは自分なりに猫を観察していたが、周囲にいる猫は人間を（少なくとも彼を）信用していないので、警戒を解かず、人が来たら目を覚まし、逃げてしまったのだろう。パジュモの方は明らかに猫を手懐けて可愛がっていた。彼の家で猫は飼い主に信頼を寄せ、だから熟睡したのだと考えられる。ビュフォンとパジュモはそれぞれ違う人猫関係を生きていた。観察の条件が違ったから、その結果も異なったのである。

ビュフォンは、自分が知っていた、人間と距離を保って生きていた半野生的な猫たちを念頭に、猫という動物一般を記述した。半野生的な猫こそが自然で正しい、定冠詞単数の「猫」なのだという立場から、飼い主に懐いた（かに見える）ペット猫を例外として排除したのである。実際彼は、項目の冒頭で、「我々は、獣ならなんでも好み、娯楽のためだけに猫を飼育する者たちのことは考慮しない」と宣言していた。人間は動物の支配者であると語ることが、動物を「友情」の対象に引き上げる態度の批判に繋がっていたように、猫は「半野生」の「半家畜」であると語ることは、猫を身近に手繰り寄せて「娯楽のためだけに飼育する」行為の批判を言い含んでいた。ビュフォンの猫論は、猫を、愛着能力を欠いた動物と見なして、家畜と野生動物の中間に据えただけでなく、猫の本能を鼠対策に利用することを正当な飼育態度としながら、猫を手懐けて愛でる態度を批判する論文でもあったのだ。

異論の芽生え

ビュフォンの猫論は『博物誌』の再版を通して、そして他の博物学者によって引き写されたことでも流布し、標準的な学説となった[41]。しかし異論がなかったわけではない。例えばパリで私設の博物学講義を開いたヴァルモン・ド・ボマールが世に問うた人気書『博物学事典』（全六巻、一六四六―一六八）では、猫の野生性に関する疑義が示されていた。ボマールは項目「猫」でビュフォン説を紹介した後、サン＝ジェルマン定期市の見世物として話題をさらっていた「ミャアミャア楽団」（le concert miaulique）の事例を挙げている[42]。興行師に調教された猫たちが、猿の指揮に合わせて鳴いて合唱する内容だったらしい。一七世紀に流行った滑稽画に触発された見世物だろう（図6―1）。ボマールはこの事例から、「猫はとても気が強い動物だが、いくつもの曲芸をするよう調教する（dresser）ことはできる」と結論づけた[43]。性格を変える「養育」とは言わずとも、芸を教え込む「調教」は可能だと述べたのである。

さらに興味深い異論として、教育論者ギヤール・ド・ボリューの『博物学講義』（一七七〇）も取り上げよう。ボリューはビュフォン説を踏襲し、猫は「野生に戻ろうとする一定の傾向をいつまでも保つ」種であり、「しつけ不可能で、愛着を抱くこともないように見える」と述べながら、重要な補足を加えている。すなわち「今しがた述べたところの猫は、ひとが和らげて、完成させようと試みない猫である。家に居つくように残飯を放られて、鼠などの害獣を狩るに任されている猫であり、要するに、ほとんど野生的な猫のことである」。ビュフォンの記述は、鼠対策に利用される猫にしか当てはまらないのであって、世の中には違うタイプの猫も存在するというわけだ[44]。

ボリューは続ける。犬は「住む家の雰囲気を身につけ」、「使用人と同じで、有力者のもとでは偉そうになり、田舎では粗野になる」ものだが、同じことは猫にも当てはまる。「秩序と平和が統べる家では、そこに住む全てが、猫も含めて、一般的形相を獲得し、そこから離れることは少ない」。つまり落ち着いた家では猫も落ち着いた性格になるのだ。富裕層の家庭で飼育されたペット猫を念頭に置いた発言なのだろう。猫は概して野生的だが、それでも「我々は、猫をわずかながら人間化（humaniser）することに成功した。もしかしたら、猫を完全に柔和で社会的にする方法があるのかもしれない」。ボリューは別の著作『自然の生徒』の第二版（一七七一）でもこう述べている。「教育によって得られぬものは無い。猫を鳥と平和に共存させることだってあるではないか？[45]」この著者は教育（しつけ）によって、猫が鳥を捕食する本能すらも抑え込むことができると考え、そのように性質を変えることを「人間化」として表現したのである。

図 6–1　J・ブリューゲル原画／B・A・ドゥンカー版画《猫のコンサート》1771 年頃

3　文明と野蛮の鏡――ソンニーニの猫

ビュフォンの猫論に対する本格的な批判は、さらに時代が下った一八〇〇年頃に現れる。声を上げたのは、第2章で農学者として登場したシャルル゠シジスベール・ソンニーニ・ド・マノンクール（一七五一―一八一二）である。彼はエジプト旅行と猫の飼育体験を通じて独自の視点を獲得し、ビュフォンに対する異論を提示するに至った。

ロレーヌの小貴族ソンニーニは、法曹としてのキャリアを捨ててフランス海軍に入隊し、一七七二年から翌年にかけて南米ギアナを探検し、フランスに帰国するとビュフォン『博物誌』にアメリカ大陸の鳥類の専門家として協力した。その後は一七七七年から翌年までエジプトからギリシアに至る地中海沿岸の各地を歴訪して、現地の動植物や習俗を研究した。帰国後は農学研究に従事し、革命期のインフレが原因で地代収入が激減してからは文筆に活路を見出し、旺盛な出版活動を行った。『ビュフォン博物誌』新版（全一二七巻、一七九八―一八〇八）や、ヴァルモン・ド・ボマールに代わる『新博物学事典』（全二四巻、一八〇三―〇四）など浩瀚な出版物も計画し、順調に予約購読者を集めて出版を完遂した。当時の学界で権勢を誇ったジョルジュ・キュヴィエと対立したことから公的研究教育機関のポストを得られず、不遇のうちに没したが、出版界では富農層や実業家層を中心に多くの読者を獲得した書き手として、一目置かれた存在だった。(46)

ナポレオンの下で教育研究機関の再編が進んだ一八・一九世紀の転換期において、ソンニーニはある意味で反時代的な存在だった。当時、キュヴィエら国立の研究機関にポストを得た正統派の学者たちは、ビュフォンの壮大な理論を机上の空論として批判しながら、専門分化された実証研究に邁進し、その成果を学者向けの専門誌で発表していた。これに対してソンニーニは、むしろ知識の総合と公衆への発信というビュフォンの路線を継承し、啓蒙期の「哲学」の伝統を護持した。科学史家ピエトロ・コルシらが指摘するように、ソンニーニはビュフォン派と呼びうる学者集団の領袖として、協力者を集いながら『博物誌』の改訂を進め、専門主義に傾斜した主流派に対抗する勢力を作っていたのである。[47]

エジプトでの異文化体験

このようにソンニーニはビュフォンの知的遺産を守る立場にあったが、猫に関しては師の見解を批判した。猫に関するソンニーニの観察は、まず『上下エジプト旅行記』(一七九九)に記された。[48]ナポレオンの遠征によってエジプトに対する関心が高まった時期に出版された同書は、現地人を堕落した民として描く傾向の強い著作であり、序文ではフランス人の侵略が「文明」による「無知」と「野蛮」の征服として祝福されている(VE, I, i–ii)。

ソンニーニはとりわけエジプトの都市部の民に厳しい目を向けた。彼によれば、ロゼッタの町では犬が不浄の動物と見なされて足蹴にされ、人家から遠ざけられていた。「絶えず通行人の攻撃を浴び、ときには徒党を組んだ悪党によって無慈悲に虐殺される」その姿は見るも無残だった。犬は「文明化されたすべての民」に厚遇され、「野生人」によってすら仕事仲間とされている。それなのに「馬鹿げた宗教」が生んだ「馬鹿げた偏見」に囚われている「マホメット教徒」は、犬に「不当極まる激烈な嫌悪」を向けている。犬を手懐けて従えることこそ、野生人と文明人が共有する自然な態度であり、ロゼッタにいるような堕落した「野蛮人」だけが犬を虐げているのだ。したがってソンニーニとしては、犬に対して「同情を抱くのと同じくらい、野蛮人に対する軽蔑と義憤に駆られる」のだという(VE, I, 265–279)。

ところがその同じロゼッタの民が、猫には優しさを示していた。「トルコ人は猫を大いに好む」ので、猫は「モスクに入り放題」で「預言者が愛でた動物として歓迎されている」。犬がモスクに少しでも近づけば「礼拝堂が穢れるとして即座に殺される」のとは雲泥の差である。ソンニーニによれば、「物理が全てで道徳をほとんど知らぬ民族」は犬の「心に響く忠義」の価値を認識できず、「猫の魅惑的な外見」を好むのだという(VE, I, 318–319)。

ところがソンニーニはエジプト人が猫を愛でることを、過ちとして非難することはしない。彼はむしろ猫が重宝される理由について、ヘロドトスを引用しながら合理的な説明を述べている。猫は鼠から農作物を守るため有益だったため、古の時代より法律で保護され、いまでも民に好まれているというのである。エジプト人が猫を「崇拝」してきたのは、実のところただの「趣味の問題」ではなく、「全人民の利益と生存」を図るという「政治的な目的」に合致する合理的な習慣であり、非難に値しない（VE, I, 318）。

エジプトの猫を観察したソンニーニは、あることに気づいた。当地の猫が「とても柔和で人馴れしている」（très doux et très familiers）ことである。「フランスの一部地域」に見られる、「家畜よりも野生動物に近い」猫たちが、人間に対して「不信」を抱き「獰猛な性格」を示すのと対照的であった。ソンニーニは「私の住む県とその近隣の県」、つまりロレーヌ地方では、腹を空かせてやせ細った猫たちが、生き延びるために人間の食料を掠め取ると、人間に見つかって投石され、打擲され、犬をけしかけられて追い回されていたと述べたうえで、こう指摘する。

動物に対して野蛮なほど過酷に接する、こうした家主のもとで生きる猫たちが、獰猛な雰囲気を残した野生的な姿を捨てることなど、どうしてあり得るだろうか？　我が郷里に生きる、これらの惨めな猫たちを、パリで餌を貰っている猫たちと比べたらどうだろう。より良い扱いを受けて、絶え間ない恐怖とは無縁の猫たちは、人に馴れて愛らしい（d'une aimable familiarité）。これぞ、人間の性格が周囲の動物の性格に及ぼす影響を物語る、さらなる証拠ではないか。（VE, I, 320–321）

エジプトの都市部で見た猫の穏和な姿は、ロレーヌで人間から「野蛮」な仕打ちを受けている猫たちの「野生的」な姿とはかけ離れており、むしろパリで愛玩される猫たちの様子に似ていた。このことからソンニーニは、人間の「性格」に合わせて猫の「性格」が変わることに思い至り、猫が「獰猛」になることも「柔和」になることも、「人間の仕業」（ouvrage de l'homme）に違いないという結論に達したのである（VE, I, 320–321）。

ビュフォン批判

ソンニーニが編集した『ビュフォン博物誌』は、原版に欠けていた動物種の記述を追加するだけでなく、文章の順序を変えて全体を再編成し、ビュフォンが論じていた動物種の記述には、原版の出版以後に得られた知見を補う「補論」を付け加えた増補版だった。この増補版の第二四巻に収録された猫に関する「補論」で、ソンニーニはエジプト旅行の経験に基づいて、ビュフォンに対する批判を展開した[49]。

ソンニーニはまず、エジプトとアジア〔地中海東岸地域〕では猫が「古来より家畜状態に慣らされて」(habitués à une très ancienne domesticité) いるため、「極めて柔和で人馴れしている」と指摘する。彼によれば「この体質上の変化は、気候の影響よりも、人間から受ける世話や心遣い (des soins et des ménagements) に由来する」。エジプトにおいて猫が「極めてよく扱われている」ことを具体的な事例を挙げながら詳述したうえで、ソンニーニは次のように主張する。

猫は一般に愛着を抱かないと考えられているが、これは間違いである。我が国の猫の大多数のように、絶え間なく攻撃され、追い回され、殴られ、餌は一切与えられないか、ごく少量しか与えられない動物に対して、恭順 (docilité) や愛情 (affection) を要求する権利など、あるのだろうか? 彼ら〔猫たち〕のやせ細った姿は、その悲惨な境遇だけでなく、そこに住む人間たちの野蛮性 (barbarie) を示している。あれほど過酷な生活を強いられた動物が、荒々しい習慣や獰猛性の名残 (des habitudes farouches, et l'empreinte de la férocité) を保たないことなど、あるのだろうか? しかし、ひとが猫の性質をどれほど悪しきものと考えようとも、猫は心遣いをもって扱われ、ひとに親しく世話をされ、愛撫されるのに慣れれば、自らを正し、穏やかで愛想のよい性格 (un caractère aimable de douceur) を獲得するのだ。猫を観察したことがある者なら、養育によってその体質がどれほど変わるのか、知っていることだろう。猫が、野生状態とほとんど変わらない素行 (mœurs) を捨て、完璧に手懐けられた動物に求められる美質を身につけることすら、珍しくないのだ。(HN, XXIV, 41–42)

猫は人間との関係の中にある。猫が「獰猛」に振る舞うのは、猫という種が古今東西そのような動物だからではなく、この動物を「大多数の人間が虐待（maltraitent）」してきたからであり、猫の側が過酷な仕打ちに応答し、生き延びるために適応してきたからに他ならない（HN, XXIV, 44）。猫は人間の態度に合わせて自らを変化させる。人間が獰猛なら猫も獰猛になり、人間が柔和なら猫も柔和になる。猫は人間のあり方を反映する鏡なのだ。

なお、この「補論」では『エジプト旅行記』に見られたパリのペット猫への言及が消えている。おそらくソンニーニは、猫に優しく接する態度を、都市部に固有の現象としたくなかったのだろう。というのも彼は、第2章で見たように、農学者として、農村部の民もまた猫を手懐けて世話するべきだと説いていた。猫は餌を与えられて人に馴れると鼠を狩らなくなるという説に対して、手懐けられた猫でも鼠対策の役割を果たすことを、彼は飼い猫の例を引用して力説していた。農村を賛美して都市の堕落を批判したソンニーニにとって、猫を優しく飼い、手懐ける態度は、洗練された都市民の特権ではなく、「有用」な市民たる農民にも共有されるべき美徳なのだ。

感傷主義のレトリック

人間と動物のあるべき関係を論じることとは、人間が動物に対してどのような姿勢を取るべきか説くことに繋がる。ビュフォンは人間が動物を支配する秩序を語りながら、動物を愛する人間を批判していた。ソンニーニもまた人間が動物を支配するべきことを認めるが、しかし彼は、動物に対して愛情をもって接することを良しとする、別の感情規範を提示していた。

ソンニーニはビュフォンの猫論に加えた注釈で、自分が飼い猫を「大いに愛していた」（j'affectionnais beaucoup）ことを認め、その飼い猫が一七歳まで生きたことや、パジュモの猫と同様に熟睡していたことを、猫の寿命や睡眠に関する実例として紹介した。彼は「補論」でも、おそらく実体験に基づいて、飼い主に可愛がられた猫の仕草を具体的に描写している（HN, XXIV, 14, 16–7, 45）。つまり彼は、猫を「愛し」、手元に手繰り寄せて撫でることを当然の行為として語ったのである。

個人的体験記としての性格が強い『エジプト旅行記』で、ソンニーニはさらに詳細に飼い猫について語っていた。出版物で飼い猫の思い出が語られた稀有な事例である。彼が印刷物という公の場で猫を愛する飼い主として自らを呈示した、その方法を見てみよう。

『エジプト旅行記』で記述されるのは雌のアンゴラ猫で、滞在中に現地人から譲られ、フランスに連れ帰ったものだという。全身が白い「絹のような長毛」に覆われ、「柔らかな桃色」の鼻と口、そして青と黄色のオッドアイを有するこの猫は、「実に心惹く優しさ」(une douceur vraiment intéressante) を示し、誰にも危害を加えなかったという。移動の際には「膝の上に静かに留まるので、〔籠や檻に〕閉じ込める必要は無かった」。飼い主が「孤独」な時にも身を寄せ、「仕事や省察の最中に、愛情に満ちたささやかな愛撫で」ソンニーニの気を惹き、散歩にも紐に繋がれることなくついてきた。主人の声を判別し、その外出時には不安そうに家の中を探し回り、「私の次に愛情を注いでくれていた家人の足元」で待っていたそうだが、これは妻か使用人のことだろう。この猫が「斜めに歩くことは一切無く、その物腰は率直で、目は性格そのままの柔らかさであった」と書くのは、猫はまっすぐ歩かないと主張したビュフォンに対する暗黙の批判だ。ソンニーニに深く懐いたこの猫の記述は、次のように締めくくられる。

この動物は長年にわたり、我が悦びの源であった。愛着の表現に満ちたあの容貌といったら！　いったい何度、あの優しい愛撫によって、苦しみの時には励まされ、不幸の時には慰められたことだろう！　いったい何度、裏切り者として非難されてきた種に属するこの存在が、我が家で、真の裏切者どもと鮮やかな対比を成したことだろう！　友情の仮面を被って篤実の士を訪ね、謀ろうとする、あの畜群のことだ。あの蛇どものために、我が心は幾度となく冷や水を浴びせられ、その度に引き裂かれた！　不幸なり人類、悪人は長生きする。あの唾棄すべき輩——名前を書いてやりたいが、天の正義が雷によって白日の下に晒してくださるのに任せねばなるまい――あの輩が未だに死に損なって厚顔無恥の悪事に耽っているというのに、わが美しき、愛おしき伴侶は死んでしまった。最期の苦しみが続く日々、私は片時も離れずに付き添ったが、私を捉えて離さなかったあの目から、ついに光が失われたのだ……。私の目から涙が流れた……。今もまだ流れている…………。感じる魂を有する方々は、悲哀と感謝に満ちたこの脱線をお許しくださるだろう。利己主義と無感覚によって魂が干乾びた者たちのことはどうでもよい。私が書くのは彼らに向けてではないのだ。(VE, I, 323–324)

あたかも制御を失った激情が暴発したかに見えるかもしれない。しかし実のところ引用部は、感傷小説の約束事を忠実に守っている。まずは単語選択を見てみよう。「愛おしき伴侶」と訳した原文は intéressante compagne で、形容詞 intéressant を touchant や attendrissant の同義語として用いている。これは一八世紀の感傷主義に特徴的な言葉遣いである。この語は本来「関心を惹く」という意味で、当時も今も「面白い」(知的関心を惹く)という意味で用いられるのが主である。しかし感傷主義の言語では、他者の同情や共感を惹かずにいられない、有徳ながら不幸な人物に適用され、気がかりで仕方がない存在を指す語として使われていた。(50) この語は一八世紀末には心に触れる魅力を指して広く使われるようになり、例えば当時の典型的な感傷作家バキュラール・ダルノーは、心安らぐ田園生活には「心惹く柔らかさ」(douceur intéressante) があると述べていた。(51) ソンニーニもこの用法に基づいて、愛猫を「心惹く伴侶」と呼んだのである。

文体の面では、感嘆符と点線の多用が目立つが、これも感傷小説で用いられた文章作法である。感傷主義の言説構造を研究したデイヴィッド・デンビーによれば、感傷文学においては、「感じる魂」を有する登場人物が、自らの感情に圧倒されて、言葉を詰まらせる場面が好んで描かれた。真心の感情を覚える者は言葉を失うのであって、感情について淀みなく語るのは無感動な人間が本心を偽っている証である、と考えられていたのである。したがって感傷主義の文学では、涙を流すことや、お互いに抱きしめ合うことなど、身体的な行為が、感動に言葉を失った者が示す真の感情表現として重視された。[52] こうした場面で感情が横溢して言葉が足りないことを示す記号として、感嘆符と点線が多用されたのである。

注意すべきことに、言葉を使わずに身体を通じて感情を通わせることは、動物にもできることとされた。[53] むしろ動物は言葉を喋らないがゆえに嘘をつかず、本当の気持ちを偽ることなく身体で表現する存在とされ、人間が発する身体的なサインから感情を読み解く能力も有するとされた。とりわけ犬は、正直かつ忠実で感情的コミュニケーションに長けた動物として、感傷小説ではしばしば美化された。猫は一般に利己的で同情心を欠く存在とされたが、ソンニーニはこの通念に逆らって、自分の飼い猫に犬のような共感能力が備わっていたと主張したのである。実際、彼はこの猫が「猫のきらびやかな毛並みの下に、最も愛すべき犬の体質」を備えていたとも書いている（VE, I, 323）。犬を貶めて猫を持ち上げた洗練主義者モンクリフとは違い、感傷主義者ソンニーニは猫を犬になぞらえて称揚する論法を選んだのである。

第三に、ソンニーニは引用部で、あえて悪人の存在に言及することで、愛猫との感情的な紐帯を、善悪二元論的な世界の中に位置づけている。感傷主義の世界観によれば、人間は生まれながらに他者を思いやる感受性を有しているが、大多数の人間は世の荒波に揉まれるなかで他者への共感能力をすり減らし、魂が干乾びて、他人の不幸に心を動かされない利己主義者になってしまう。一握りの人間だけが、生来のみずみずしい感受性を保つことができるが、そうした者たちは、有徳でありながら、社会にはびこる悪人たちに翻弄されつつ生きるしかない。デンビーが示したように、感傷文学ではこうした「美徳の不幸」が中心的な物語構造となった。この物語は、「感じる魂」を有する善人が、ついに他の善人と出会い、真心に満ちた関係を築いて幸福を勝ち取ることで終わる。[54] ソンニーニが唐突に「唾棄すべき輩」を引き合いに出すのは、愛する猫との関係をこの「美徳の不幸」の物語構造に組み込むためである。最後に「感じる魂を有する方々」に語りかけるのも、自分の発言を、感受性豊かな少数派の輪の内側に向けた発言として位置づけるためである。

ちなみにソンニーニは友人ティエボーの証言によれば、実際には複数の猫を飼っており、「いつも身の回りに何匹もの猫を侍らせていた」という。しかも浪費癖のために生活が貧しかったのに、「自分のための資金が足りないときですらそうしていた」[55]。ティエボーはソンニーニが死去した際に発表した追悼の辞では、彼が「エジプトから連れ帰った愛しい雌猫」の死に「あふれんばかりの涙を流した」ことや、彼が「常に身辺に猫を求め」、「猫たちに不幸があれば、それがどれほど些細なものでも、深い悲しみに沈んだ」ことを美談として語っていたが、実際には猫に依存するほどの思い入れに批判的な目を向けていたようだ[56]。おそらくソンニーニは、そうした周囲の冷ややかな目を意識して、著作ではエジプトから連れ帰った雌猫の話をするに留めたのだろう。どれほど感傷的な言葉を用いようと、彼は言うべきことを選んで、読者の賛同を集められるかたちで自己呈示することに努めていた。

まとめると、ソンニーニは、ビュフォンに二重の批判を差し向けたのだと言える。第一に、彼はエジプトでの異文化体験を通じてフランスの状況を相対化し、猫の性質が人間側の態度に規定されていたことを指摘した。ビュフォンが猫の生得的で普遍的な性質と見なした野生性が、実は人間との関係に依存する可変的な性質であることを強調し、猫もまた「養育」を通じて変化すると主張したのである。第二に、ソンニーニはビュフォンとは違う感情規範を体現していた。『博物誌』の著者は、真の「友情」は人間同士にしか芽生えないと主張し、動物と感情的な絆を結ぼうとすることを批判していた。これに対してソンニーニは、感傷小説の文体や世界観や物語構造に依拠して自分の飼育体験に意味づけをすることで、猫を「伴侶」として飼うことを、「感じる魂」に相応しい有徳な行為として語った。ビュフォンが猫と距離を置くことを当然視したのに対し、ソンニーニは猫を手繰り寄せて手懐け、愛情を注ぐことを正しい行動として示したのである。

4 「恩義の支配」——キュヴィエの家畜理論

先に記した通り、ソンニーニは出版業界では一目置かれていたが、国立自然史博物館といった公的機関に身を置く主流派の学者からは軽蔑されていた。ジョルジュ・キュヴィエを中心とするその主流派は、ジョルジュの弟フレデリックを編者とする『自然科学事典』(全七三巻、一八一六—四五)を世に問うて、ソンニーニ派の『新博物学事典』に対抗し、その序論でソンニーニを「詐欺師《シャルラタン》」呼ばわりしていたほどである。この序論によれば、ビュフォンもその弟子ソンニーニも、実際の動物を観察せずに書物から情報を集める「まとめ役」に過ぎない。ジョルジュ・キュヴィエは、厳密な知識の伝達には「峻厳体」(style sévère)が適しており、比喩を多用する文飾過多の「美文体」(beau style)は相応しくないと述べて、ビュフォンやソンニーニの文体も批判していた。[57]

ところがそのキュヴィエの周辺にも、ソンニーニとは違うかたちで猫に関する省察を深めた者がいた。前述の『自然科学事典』の編者フレデリック・キュヴィエ(一七七三—一八三八)である。フレデリックは、兄ジョルジュの庇護のもと一八〇三年に国立自然史博物館付属動物園の飼育係(garde)の職位を得て、飼育状態に置かれた外来動物の行動を観察した人物である。著名なジョルジュの陰に隠れがちだが、近年では動物心理学の先駆者として歴史学でも注目を集めつつある。[58]フレデリックは、かつてビュフォンが拒絶したリンネ分類法を採用し、動物園で飼育されたライオンの観察結果を「ネコ科」や「哺乳類」といったカテゴリーを用いて一般化し、ネコ科動物だけでなく哺乳類一般が飼い主に懐くことを説明する理論を構築した。

トスカンとライオン

キュヴィエ(以下フレデリックを指す)がパリに来る数年前、自然史博物館では、あるライオンが話題を呼んでいた。同博物館の付属図書館で司書を務めたジョルジュ・トスカンが、恐怖政治が終わった一七九四年の秋に出版した小冊子『自然史博物館動物舎のライオンとその犬の生涯』の題材になった個体である。同書は、セネガルで幼い頃から一緒に育てられた雄ライオンと「その犬」が、「純粋なる無償の友情」で結ばれていたことを称えるべく出版されたものである。博物館の専属動物画家マレシャルが現場で描いたという作品の複製版画がいくつも流通するなど、両者の「友情」は大きな注目を集めていた（図6-2）[59]。キュヴィエの思考の出発点にはトスカンの小冊子があったと思われるため、まずはこの小冊子の内容を検討しよう。

図 6–2　トスカン『自然の友』より《彼だけが唯一の慰め……》1800 年

　トスカンは感傷的な調子で二匹の「甘美な紐帯」を礼賛し、ライオンがこのような行動を示した理由として、飼い主の存在を挙げていた。このライオンは幼い頃にセネガルで捕獲され、温情的な「主人」のもとで、檻に閉じ込められることなく、むしろ「屋敷で自由に放され」、一緒に飼育された犬と「相互の愛情」で結ばれるに至った。トスカンいわく、「正反対の性質を持つ異種の動物間に友情が芽生えることは、まったく珍しくないが、これは人間の近くで生きるもの同士にしか起こらず、常に人間に対する恩義の感情（le sentiment de ses bienfaits）から始まるものである」。人間が「主人」として飼育し監督する場でこそ、動物は主人の「恩義への感謝」を抱き、荒々しい野獣性を捨て、「柔和」になるというのである。トスカンは動物における温和な心理の発生を、人間が与える「恩義」、つまり野生状態から切り離して保護する飼育形態の帰結としたのである[60]。

トスカンは重要な意味の転倒を行っている。ビュフォンはライオンを論じるにあたり、自然状態を理想視して、飼育下に置かれたライオンが野生本来の獰猛さを失うことを「堕落」として嘆いていた。[61] 一九世紀初頭に動物園を見に来た観客のなかにも、ライオンがおとなしいのに腹を立て、猛々しい振る舞いを見ようとして、石を投げて焚きつける者がいたという。[62] これに対しトスカンは、人間の支配下に置かれた動物の共存を理想的な状態として提示した。動物たちの平和共存を見せることは、恐怖政治期に自然史博物館の存続に尽力した学者たちが動物園の意義として強調していたものだった。かつては王侯貴族が富と権力を誇示する場であった動物園は、国民の道徳的啓発に資する「有用」な施設として存続を許されていた。[63] トスカンはライオンと犬の友情を見て、これぞ公衆の道徳教育に資する、新制動物園の理念を体現する事例だと考え、出版物で喧伝することにしたのだろう。

ネコ科から哺乳類へ

キュヴィエは『自然科学事典』第八巻（一八一七）に寄せた項目「猫」で、トスカンの思考を発展させた。彼は動物園で飼育されたライオンやトラの事例を挙げて、次のように書いている。

しかしこれらの動物は、いかなる愛（amour）によっても手懐けられないが、感謝の情によって〔他者に〕懐くことはある。囚われて、見知らぬ者の手から世話と餌を受け取らざるを得なくなれば、その習慣を通じて他者を信頼するようになり、間もなくその信頼は真の愛情に変化する。この愛情はやがて、これら〔ネコ科〕動物を家畜にすらするだろう。というのもネコ科の体質は全種において似通っており、私見では、ライオンもトラも、我らが猫〔イエネコ〕と同様に家畜化（rendre domestiques）可能に違いないと考えられるからである。[64]

おそらくキュヴィエはトスカンの論考から「感謝の情」を変化の要因とする理論のヒントを得たのだろう。彼は以上の原則を述べたうえで、イエネコについても重要な指摘を加えている。なるほど猫は「習慣的に会い、餌をくれる人々に一定の馴れ馴れしさ（familiarité）」を見せることを除き、「警戒心が極めて強く、隠れて孤独に生きる」動物である。しかし現実に存在する猫は実に様々であって、「全く似通った二匹の猫に出会うことは難しい」ほどである。というのもこの動物は「育て方によっていくらでも多様化する」（L'éducation les diversifie à l'infini）からだ。ビュフォンが記述したような「矯正不可能のペテン師」然とした猫もいれば、「書斎や畜舎のただなかで生き、何も盗もうとしない」猫もおり、「犬のように主人の後について歩くものすらいる」。これら「一部の猫に見られる高い家畜性（domesticité）」は、「人間が動物に対して行使する力」の「最も顕著な事例」であるとともに、動物の「体質」に宿る「柔軟性」や、「状況に適応するために動物に与えられた数多くの能力」の証でもある。キュヴィエの見立てでは、この現象には大きな理論的重要性がある。というのも、ほとんどの家畜に対して、人間は「自然由来の性質、とくに愛情を抱く性質を完成させたに過ぎない」が、猫が家畜性を高めるこの現象は、人間の「世話」が「新しい体質を完全に発展させ、ほとんど創造した」とすら言える稀有な事例だからである。[65]

猫が「人間との交流に対する強烈な欲求」（un besoin extrême de la société des hommes）を抱くこの現象は、なぜ生じるのか。キュヴィエは項目「猫」で、この欲求の源には、雌の母性愛があるのではないかとの仮説を示した。[66] しかし彼はその後の数年間で考察を深め、その成果を一八二五年に自然史博物館の紀要で二篇の論文として発表した。まず「動物の社交性について」と題した論文で、キュヴィエはライオンのほか鹿や猿など種々の動物の観察結果に基づいて、多くの動物種に「社交性の原始感情」（sentiment primitif de la sociabilité）が備わっていると主張した。つまり動物には、自己を保存し子孫を残す本能を越えて、「孤独を避ける本能」が宿っており、それが他者との「交流」に対する欲求として現れるというのである。この本能的社交性はふつう同種の動物を結びつけて群れを形成させるが、時には異種の動物同士を結びつける結果ももたらす。キュヴィエはその論拠として、雌のライオンが死んだ際に、一緒に飼われていた犬が悲しみのあまり餌を拒んで一週間後に後追いして死んだ事例などを挙げている。[67]

キュヴィエの第二論文は「哺乳類の家畜性に関する試論」と題されている。彼は同論でまず、野生状態を唯一の

「自然」として理想視し、飼育状態を「堕落」として等閑視したビュフォンを批判した。そもそも動物の行動を直に観察して研究するならば、観察者である人間の存在を排除することは不可能である。そこでキュヴィエは、自然と人為の二項対立に囚われることなく、動物が自らの置かれた状況に適応して生きる仕組みを、人間の介在がもたらす影響も考慮に入れて研究するべきだと説いた[68]。

そこからキュヴィエは、飼育下に置かれた野生動物が、飼育環境を受け入れて変化することを、具体的な事例を挙げながら論証していく。キュヴィエはこの変化が「隷属」の産物ではないことを強調する。というのも彼によれば、飼育環境に置かれた野生動物が暴れることを止めて大人しくなるのは、人間による「恩義の支配」（empire du bienfait）に同意して、これを受け入れるからに他ならないからである。動物が支配を受け入れるこの過程で、「社交性の本能」が働くことで、周囲の存在（他の動物や飼育員）に懐き、「愛情」を抱くようになる。キュヴィエの観察によれば、こうして馴致され得るのは、一般に（誤って）大人しいと思われがちな草食動物だけではなく、哺乳類のほぼ全ての種である。この論文でキュヴィエは、『自然科学事典』でネコ科について述べた内容を敷衍して、哺乳類一般に拡大して論じたのである。哺乳類に社交的本能を認めるこの理論のもとでは、イエネコが飼い主に懐き、「情熱的にその愛撫を求める」ことも、当然の現象として理論に包摂されることになる[69]。

ビュフォンは家畜と野生動物の違いについて、動物の各論的記述で少しずつ考察を深めていったが、体系的な理論を築くには至らなかった。キュヴィエは動物園での観察結果を拠り所としながら、ビュフォンが萌芽的に示していた思考を発展させ、「家畜性」の一般理論へと鍛え上げた。哲学史家ベネデッタ・ピアツェッシによれば、一八三〇年頃には、キュヴィエら国立自然史博物館の学者たちが「家畜化」（domestication）という概念を作り出し、人間が動物を馴致して支配する過程についての考察を深めたという[70]。キュヴィエの論考は、人間が自然界に支配を打ち立てることで文明を発展させるという人類史的な展望を切り開く一助となった。この過程で、猫が飼い主に懐く現象もまた、人間が周囲の動物を「家畜化」して支配する秩序に位置づけられることになったのである。

おわりに

一八二八年、猫のしつけ方を飼い主に説明したフランス初の――世界初かもしれない――本格的な教本が出版された。『イエネコのしつけに関する体系的概論』という一〇〇頁強の著作で、偽名出版されたが、著者はジャン・レダレスという文筆家だと言われている。モンクリフのように女性に宛てた手紙の体裁を用いながら、猫の悪癖を矯正する方法を具体的に論じた、画期的な著作だった。例えば、猫が食べ物を盗まないようにするには、泥棒猫を犯行後に追いかけて処罰するのではなく、目の前に食べ物を置いて待たせ、猫が手を出した瞬間に罰を与えることで、勝手に手を出してはいけないと教えることができるという。「もしあなたが不満な素振りを見せれば、猫はたやすく理解してくれます。あなたに嫌われたくない一心で盗みを控えるでしょう。あなたに養ってもらっていることを覚えているからです」。猫にしつけを施すという当時としては斬新だった考えを提示するにあたり、レダレスはソンニーニとキュヴィエを引用して理論武装している[71]。初の猫飼育マニュアルは、人間の影響力が猫の性質の変化をもたらすと論じた彼らの論文に立脚していたのである。

猫にしつけを施す発想は、長期的に見れば、デカルトが築いた理論的な基礎の上に発展した啓蒙期の動物論の副産物だった。デカルトの動物機械論を受け継いだビュフォンは、ロックの経験論を取り入れながら、人間と動物の区別の内側に、家畜と野生動物の区別を設けた。言語と推論によって知識を蓄え、自己と周囲の環境の「完成」度合いを高めて「進歩」していく人間は、動物のうち一部の種を「養育」によって改変し、従順な「家畜」に変化させた。この理論を示したビュフォンはしかし、猫を手懐けることを知らず、猫愛玩者に批判的な目を向けていた。彼にとって猫は、人間の「養育」の効果を絶対に受けつけずに自由独立の野生的気質を保つ、人家の野獣なのであった。ところがオスマン帝国領エジプトで人間に馴れた猫を目の当たりにし、自らも猫を愛したソンニーニにとっても、動物園で飼われたネコ科動物が飼育員に懐く様子を観察したキュヴィエにとっても、猫が人間に世話をされれば柔和な「家畜性」を身につけることは当然の事実であった。両名はビュフォンの理論に立脚しつつ、彼の猫論を修正して、猫を「しつけ」可能な「家畜」として位置づけなおしたのである。

こうした猫観の転換の末に書かれたレダレスの猫飼育マニュアルは、猫を自由気ままな動物として評価するものではなかった。むしろ猫が飼い主に対する「感謝を抱く」こと、そしてそれゆえに「教育によって洗練され、人間化し、体質を治す」(se polit, s'humanise, et corrige son naturel par l'instruction) ことを力説するものだった。猫は「注意深くしつけをするほどに、生来の悪徳 (vices de nature) を失い、従順で行儀よく (docile et civil) なる」と語るレダレスにとって、人間に監督されない自然本来の猫は「悪徳」に満ちている。飼い主に「感謝」を抱いて、「しつけ」を受け入れることでようやく、猫は「忠実な友」となるのだ[72]。猫を愛する者は、動物に対して「恩義の支配」を打ち立てる者、つまり自然を従える文明社会の体現者に他ならない。

レダレスが猫飼育論を出版した一八二八年は、七月王政期に首相となる歴史家ギゾーが『ヨーロッパ文明史』を発表した年でもあった。野生状態から社会状態に移行する人類の歩みにおいて、ヨーロッパ人が他民族に先駆けて「文明」状態に到達したとの理解を示した同書は、植民地主義者たちが他民族を教導する「文明化の使命」を掲げる時代の幕開けを告げる歴史理論書だった[73]。異邦人が猫を可愛がる姿に触発されてヨーロッパの自己批判を求めたモンクリフやソンニーニの時代は終わった。ヨーロッパ人が、猫はもちろんのこと、植民地で獲得した野生動物すら手懐ける文明の力を誇示して、自分たちが支配者だと主張する時代が始まったのである。

第7章　長靴を脱いだ猫
——寓話詩と妖精譚——

はじめに

　猫の社会的イメージを形成するのは、当然、科学的な言説だけではない。映画や漫画などの様々な娯楽作品もまた、科学と同じかそれ以上に、人々の意識に「猫はこういうものだ」という理解を植え付ける。映画も漫画も生まれる以前の社会で、娯楽として重要な役割を担ったものといえば、文学が挙げられる。そこで本章では、一八世紀の人々に娯楽を提供した文学作品において、猫がどのように描かれていたのかを探ることにしよう。

　とはいえ文学と呼びうる作品の全てを検討することは現実的ではない。そこで本章では、寓話詩（fable）と妖精譚（conte de fées）を主たる対象として取り上げる。ラ・フォンテーヌに代表される寓話詩も、ペローに代表される妖精譚（おとぎ話）も、動物が頻繁に登場する短篇として、多くの作品を通時的に比較検討するのにうってつけのジャンルだからである。しかも文学研究の進展により、対象時代の作品を体系的に調べることが可能である。寓話詩については、専門家ジャン＝ノエル・パスカルが一七世紀末から一九世紀初頭の作家を一覧にしている。[1]これにフランス国立図書館のオンライン目録での検索結果を合わせることで、合計で三三八篇の猫が登場する寓話を集めることができた。(2) 妖精譚については、一七・一八世紀の作品を網羅的に収録したオノレ・シャンピオン社の『妖精霊叢書』を用いた。(3) これらに加えて、猫を主題とする小説として唯一得られた作品『スペイン猫』も考慮に入れた。以上の作品群を通覧し、表象パターンの変化を浮き彫りにすることが、本章の課題である。

内容の検討に入る前に、まずは蒐集した寓話詩のデータを数値化して全体的な傾向を摑むことにしよう。表7-1はラ・フォンテーヌが『寓話集』の刊行を始めた一六六八年を始点、一八三〇年を終点とし、一七世紀末、一八世紀前半、一八世紀後半、一九世紀初頭の四期において、新作寓話詩の題名（主題）で猫とペアにされた動物を数えたものである。第一期と第四期が第二期と第三期に比べて短く、動物のカテゴリーもいささか恣意的に設定したので、あくまでも動向を概略的に示す目安でしかないが、それでも顕著な変化が見てとれるだろう。全期間を通じて鼠（小鼠《マウス》と大鼠《ラット》）が猫の敵役として不動の位置を占めているが、イソップ寓話や中世文学に由来する敵役（鶏、猿、狐、鷹）の割合が減少するのに合わせて、人間と犬の割合が急激に上昇し、鼠に比肩するようになった。この数値は、今や忘れられた一八世紀の作品においてこそ、猫が、飼い主たる人間との関係や、犬とのライバル関係に置きなおされたことを意味している。ではこうした全体的な変化はどのように生じたのか。具体的な作品に即して見ていくことにしよう。

表 7-1　寓話の題名（主題）で猫と一緒に登場する動物 [1)]

	1668–1700	1701–1750	1751–1800	1801–1830
鼠 [2)]	11（37 %）	11（24 %）	19（20 %）	40（24 %）
鶏	5（17 %）	4（ 9 %）	1（ 1 %）	3（ 2 %）
狐	3（10 %）	4（ 9 %）	0（ 0 %）	3（ 2 %）
猿	3（10 %）	4（ 9 %）	7（ 7 %）	6（ 4 %）
犬	2（ 7 %）	4（ 9 %）	21（22 %）	31（18 %）
人間	2（ 7 %）	3（ 7 %）	21（22 %）	33（20 %）
愛玩鳥	1（ 3 %）	2（ 4 %）	5（ 5 %）	8（ 5 %）
その他の鳥	1（ 3 %）	4（ 9 %）	5（ 5 %）	7（ 4 %）
その他	4（13 %）	6（13 %）	10（11 %）	36（21 %）
合計作品数 [3)]	30	46	94	168

注 1）同一の原典に基づく新訳は別作品として扱った。割合は小数点第一位で四捨五入した。
注 2）鼠はマウス（souris）とラット（rat）の総数。
注 3）単一の作品に三種以上の動物が出現することや，動物名を使わない題名もあるので，各項目の合計数と合計作品数は一致しない。

1　古代の遺産と民間伝承

猫文学探究の出発点として、ラ・フォンテーヌの『寓話集』とペローの『長靴をはいた猫』ほど相応しい作品はない。いずれもフランス文学が誇る古典であり、現在でも児童文学の金字塔の地位を誇っている。ラ・フォンテーヌの作品は韻文であるためフランス語圏を離れると知名度は下がるが、ペローの作品は子供向けの絵本に翻案されて世界各地で親しまれている。猫の表象に関する限り、両名の作品は、伝統に忠実だった。したがって彼らの作品は、以後の表象変化を見定めるための比較対象にもなるため、探究の出発点として適切なのである。

本能的で、嘘をつく

ジャン・ド・ラ・フォンテーヌの『寓話集』全四巻は、一六六八年から九四年にかけて出版された。寓話は古代ギリシアのイソップ（アイソーポス）を模範とする由緒正しいジャンルで、基本的には、動物を登場人物とする逸話を語った末に教訓を述べる韻文詩の形式を取る。イソップ寓話が印刷に付されて大流行した一六世紀から数多くの寓話詩人が現れたが、なかでもラ・フォンテーヌは、見事な詩行で評価されて近世を代表する存在となった。(4)

ラ・フォンテーヌの『寓話集』には猫が登場する作品が一一篇含まれる。(5) 概してこれらの作品で猫は、言葉巧みに他の動物を騙す狡猾な利己主義者として描かれる。人里離れた山林で鷹や狐と対峙するこの動物は、人家の周辺では鶏や鼠や猿や犬と敵対する。猫の相手となるこれらの動物は、近世の博物学で猫の生得的反感の対象（つまり天敵）とされた種、または中世文学におけるお決まりの敵対種（狐と猿）である。猫が他の動物といがみ合わない例外的な作品として《女に変身した雌猫》（一六七八）があるが、こちらは雌猫が女神の力で人間の女に変身するものの、変身後も鼠を見たらつい追いかけてしまったという話で、猫は何をされても本能を捨てないという中世以来の

猫観を踏まえた作品である。(6)

総じてラ・フォンテーヌの猫観は保守的である。同時期にデズリエール夫人らが詩に詠んでいたような貴族的ペット猫は、彼の作品に登場しない。この保守性は、詩の大半が既存の作品を下敷きにした模倣作であることに由来する。猫の寓話も一篇を除いて何らかの典拠に基づく模倣作であり、典拠の一部は一六世紀の作品だが、大多数は古代の作品であった。(7) 一七世紀末の文壇は、いわゆる「新旧論争」に燃えていた。古典古代の文学作品を絶対的な模範として仰ぐべきか否かをめぐり、古代人の権威を支持するボワローら古代派と、近代人は古代人の範例から自由になるべきだと考えるペローら近代派が激論を交わしていたのである。(8) この対立における古代派に陣取ったラ・フォンテーヌは、イソップら古代人が取り上げた題材を、独自の詩行によって変奏することで、古代人の叡智を伝えることを狙いとした。題材に関しては古典を踏襲し、内容の新規性よりも作詩力で勝負したのである。

ただしラ・フォンテーヌの猫寓話には一点だけ典拠不明で、独創らしきものがある。《猫と二羽の雀》(一六九四)である。一緒に飼育された猫と雀が仲良く暮らしていたが、ある時、猫が野生の雀を食べて味を知ってしまい、仲良しだったはずの雀まで食べてしまうという内容。家禽である鶏ではなく愛玩鳥の雀とペアにされ、しかもその雀と一緒に育てられたこの猫は、ラ・フォンテーヌが描いた唯一のペット猫と言ってよいかもしれない。しかしそれでも、女になった雌猫が鼠を追いかけてしまったように、猫は捕食者としての本能には抗えず、雀と平和共存することはできないというわけだ。数年後に出版されたある雑文集によれば、一七世紀後半のパリでは、実際に猫と犬と雀と鼠を一緒に飼育して、餌を分け合い、傷つけることなく一緒に遊び、さらに飼い主と一緒に歌声まで発するように育てあげた貴族女性が話題になっていたという。(9) 猫が敵対種と仲良く暮らしたという逸話が流布する状況で、そのような平和共存の可能性を否定する意味を込めて、ラ・フォンテーヌはこの詩を詠んだのかもしれない。意図はどうであれ、この作品は当時としては、猫は本能的な動物であって、飼い主にしつけられて穏和になることなどあり得ないと読者に釘を刺す意味があっただろう。

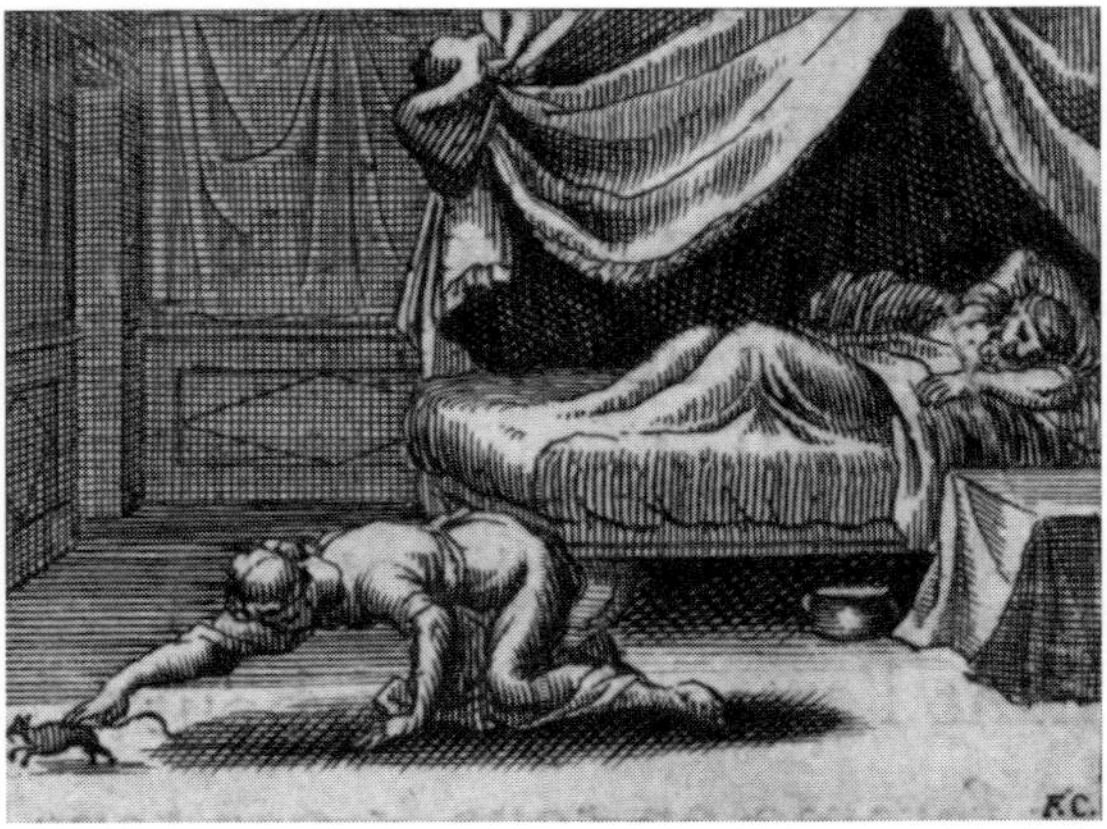

図 7-1　ラ・フォンテーヌ『寓話集』より《女に変身した雌猫》1668 年

《女に変身した雌猫》も飼い主がペットを愛でることについての作品として読むことができる。重要なことに、この詩の典拠であるイソップ作品では、雌猫が人間に恋をして、女神に頼んで変身させてもらうが、ラ・フォンテーヌ作品では、男性飼い主が雌猫に恋をして、女神に雌猫の変身を願う内容に変わっている。[10] 作中では雌猫を「ひどく可愛がっていた」ところの「馬鹿な飼い主」が、「過度の愛情」に溺れた結果「狂人よりも狂っている」と罵倒されている。つまりラ・フォンテーヌはイソップの原作を改変して、猫を愛情の対象とする男性を痛烈に揶揄する詩を作り上げたのである。[11] この詩だけをもってラ・フォンテーヌが猫をペットとする行為に敵対的だったと結論づけるのは早計だろうが、しかし彼が猫と飼い主の愛情関係を主題とする作品において、その愛情関係を極めて否定的に描いたことは間違いない。

ラ・フォンテーヌの『寓話集』には、女に変身した雌猫を除いて飼い主に愛玩される猫は登場しない。初版の挿絵を見ても、主人の居室に招き入れられているのは猫女だけである（図7-1）。残りの猫は山林か人家の周辺など屋外にいるか、倉庫や台所など階下の労働者の空間で鼠や猿と対峙している。《猫と二羽の雀》の猫は、雀と同じ部屋で飼われて育ったと本文で明言されており、一八世紀中葉の挿絵では専用のハウスまで貰っていたが（前掲図2-5）、初版の挿絵では屋外で鳥籠の中を覗き込んでおり、まるで野良猫のようである（図7-2）。

このように、ラ・フォンテーヌの『寓話集』は、少なくとも猫に関する限り、表象慣習を踏襲していたと言え

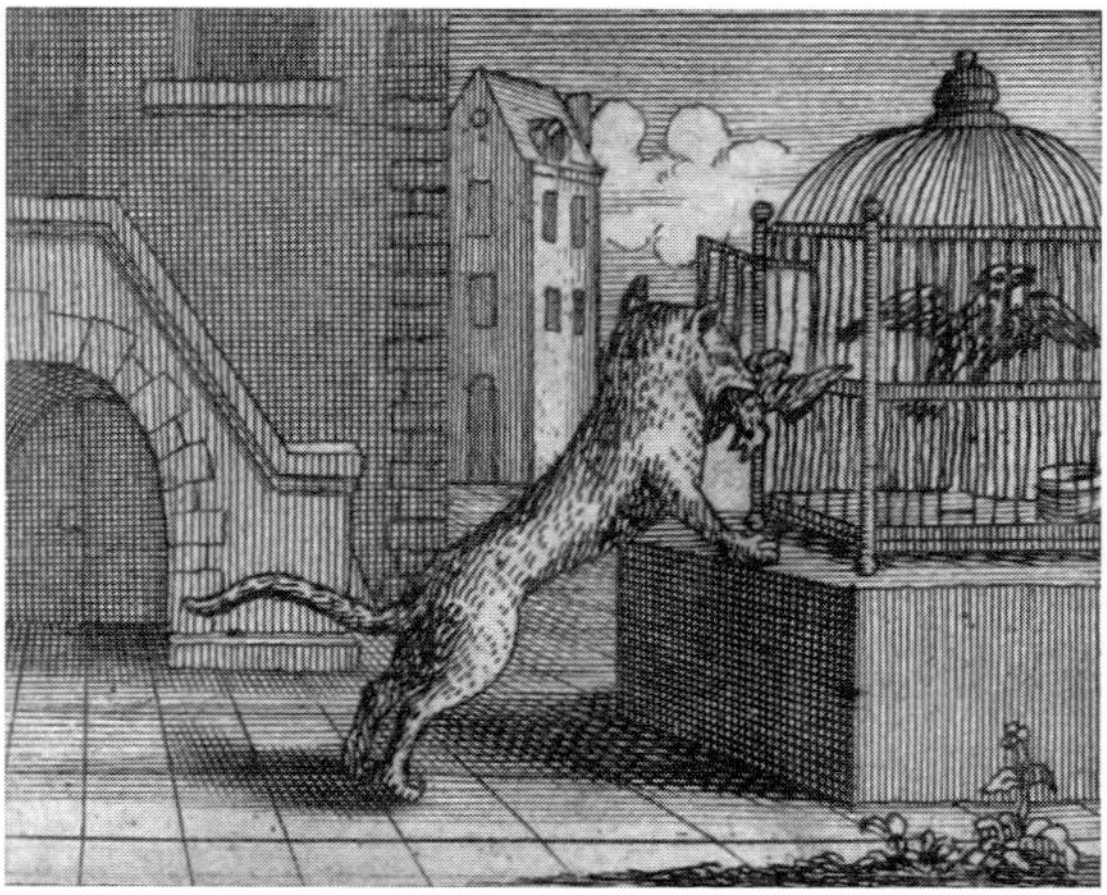

図 7–2　ラ・フォンテーヌ『寓話集』より《猫と二羽の雀》1694 年

る。猫は野生的で利己的な存在として描かれるばかりで、人間に可愛がられて穏やかに過ごすペットとしての姿はほとんど描かれなかった。猫を愛する飼い主が登場する例外的な作品でも、その愛情は徹底的に揶揄され、批判されていたのである。

貧しい者に味方する

ラ・フォンテーヌが『寓話集』の最終巻を世に問うた数年後にシャルル・ペローが『猫先生、あるいは長靴をはいた猫』を収録した『物語集、あるいは教訓付き昔話集』（一六九七）を出版したのは偶然ではない。新旧論争における近代派の第一人者だったペローは、古代の作家を手本として仰ぐラ・フォンテーヌに対抗するため、フランスの民間伝承を集めた体裁の『昔話集』を世に問うことで、古代人の教訓譚よりも「我々」（近代人）が語り継いできた物語の方が道徳的に健全で優れていると主張した。つまり『長靴をはいた猫』は「昔話」とされながら、新旧論争における近代派の武器として世に放たれたのである。(12)

以上の点は文学史の些細な問題に思われるかもしれないが、寓話と物語《コント》の違いを知るためには重要である。既に述べた通り、寓話は古典古代に遡るジャンルであり、その担い手の圧倒的大多数は男性であった。対してペロー作品のような「物語」は、ボッカチオの『デカメロン』に遡る近代的な（つまりルネサンス以後の）ジャンルに連なるもので、一七世紀にはサロン文化の一部として多くの女性作家に活躍の場を与えた。このジャンルの担い手としてはペローが有名だが、彼のような男性は実は例外的であり、一七世紀の物語作家の多くは女性だった。このように寓話と物語は、新旧論争が白熱した時代に、それぞれ古代派と近代派の領分として発展していったのである。

『長靴をはいた猫』は民間伝承に由来する作品であり、猫が動物界ではなく人間社会の中に置かれる点がラ・フォンテーヌの寓話集との最大の相違点である。あらすじをまとめると、貧しい粉屋が死に、その三男は一匹の猫しか相続できなかった。しかしこの猫が機転を利かせて大芝居を打ち、主人を侯爵として王に売り込み、その嘘を信じ切った王は、この男を婿に迎え入れる。猫のおかげで貧しい粉屋の子が王子に成りあがる成功譚である。

この物語は既に様々な批評の対象になってきたが、ここでは四点だけ指摘するに留めたい。第一に、猫は貧しさの象徴である。粉屋の長男が水車という不動産を、そして次男がロバという便利な役畜を相続するのに対し、三男は猫しか得られない。猫が簡単に手に入る価値の低い動物だと認識されていたからこそ、兄たちとの落差が際立つ。しかも猫が家畜として役に立つのは守るべき穀物がある場合の話で、何も持たない三男にとって、猫は肉と皮でしかない。後世の翻案では省略されやすい箇所だが、原版において三男は当初、猫しか相続できなかったことについて、肉を食べ、皮を剝いでマフを作ったら後には何も残らない、と嘆いている[13]。第2章で見たように、猫食も、毛皮をマフにすることも、実際に行われていた。この場面は近世の読者には貧しさを象徴する場面として、当然のように受け入れられたことだろう。

第二に、猫は貧しさから抜け出すための手がかりでもある。貧者が飼い猫のおかげで立身出世を遂げる話はヨーロッパの民間伝承に根付いていたようで、ペローが参照したと思わしき一六世紀イタリアの民話集に既に同様の話が見られる[14]。一七世紀のイングランドでは、中世の裕福な商人でロンドン市長に上り詰めたリチャード・ウィッティントンの伝説がもてはやされて演劇にもなっていた。旅行中に訪れた異国の宮廷が鼠害に苦しんでいたのを、飼い猫を使って解決してみせたことで、褒美に莫大な富を授かって、栄達への道を歩み出したという話である[15]。活躍する方法は違うが、ペローの猫も貧しい飼い主に富をもたらす点では変わらない。猫は富を呼び込む一種のお守りだというわけだ。逆に言えば、飼い主が猫を殺さずに生かしておくのは、その方が得になると考えたからである。猫はあくまでも有用な動物として飼い主の恩顧を勝ち取るに過ぎず、愛らしいから大切にされるわけではない。

第三に、猫は人間社会のルールを知悉し、そのルールを利用して狡猾に立ち回る存在である。[16] 猫は自力で狩った獲物を王に「カラバ侯爵」の名において献上することを繰り返し、この架空の貴族が実在し、しかも極めて裕福であると王に信じ込ませてしまう。作品の後半では猫が、城に君臨する屈強な人食い鬼をやっつけて、その城を飼い主のものにする。対決の場面で鬼は、魔法によって虎に変身して猫に襲いかかろうとするが、猫は言葉巧みに鬼の

図 7–3　ペロー『物語集』より《長靴をはいた猫》1697 年

自尊心をくすぐって、相手が自分の魔力を見せびらかすために鼠に変身するよう仕向けて、その鼠を食らうことで城を征服する。王も鬼も強力な相手だが、猫は言葉を巧みに操ることで、その相手を骨抜きにして、自分の意のままに操ってしまうのである。下位者が狡知を巡らせて上位者を出し抜く、という民話に広く見られる筋書きで、第1章で見たコンタの猫殺しエピソードにも同様の構造があった。言葉巧みに相手を騙す動物とされていた猫は、民話世界では、偽善者というよりも、世知辛い世を生き抜くトリックスターになったのである。

最後に、長靴をはいて世を渡る猫は、か弱く愛らしい存在ではなく、むしろ生き延びるために他者を脅す威圧的な存在である。初版の挿絵でも、猫は爪を展開して威嚇の姿勢を取り、農夫が帽子を取って恭順を示している（図7–3）。貧者の出世を助ける猫に長靴をはかせたのは、先行する作品には見られないペロー作品独自の設定だというが、その長靴は、馬上の軍人や狩人の立場を示す貴族的な履物であり、貴族社会に入

り込み、強者の威を借りて農民を威圧する猫の立場を象徴するものである。[17] 概してペローは子供を、守るべき純粋無垢な存在ではなく、自ら狡猾に立ち回って世の中を生き抜く存在として描いたとされるが、この指摘は猫についても当てはまると言えるだろう。[18]

『長靴をはいた猫』は、猫「しか」有さないことを極貧生活の象徴とする点でも、その猫の活躍により貧者が大出世を遂げる筋書きにしても、以前からの表象慣習に則るものであった。ただし、生き抜くために悪知恵を働かせる猫を、社会に入り込みながらも、世の中のルールから遊離した存在として描くペローの方法は、一八世紀の作家が、猫に独自の視点を与える作品を書く際の着想源になったことだろう。

2 猫の脱魔術化

ラ・フォンテーヌとペローが活躍した一七世紀後半には、既存の猫観から乖離する作品も現れていた。本節ではまず散文の物語作品を取り上げよう。いずれも魔法や妖精が登場する世界観に立脚し、その世界の内部で、猫を人間に可愛がられる存在として捉えなおしたものである。猫を愛でるこのまなざしは、猫が不可視の能力を有していると考える魔術的な世界観の否定の上に成り立っていた。逆説的なことに、この猫の脱魔術化と呼ぶべき変化は、魔法が描かれる作品にこそ見てとることができる。

ムスリムの騎士、猫になる

ラ・フォンテーヌの『寓話』第一巻の翌年に、『小説スペイン猫』(一六六九)という作品が出版されていた。かなりマイナーだが、猫を主人公とする稀有な中篇小説として注目に値する。以下では同作が、慣習に立脚しながらも、猫の愛玩動物としての側面にも光を当てていたことを示したい。
匿名出版された『スペイン猫』の著者は、グルノーブル高等法院の弁護士ジャック・アリュイスと目される。アリュイスは地方都市に住みながらギャラントリ文学の発展に寄与した作家で、『精神と心の和解』(一六六八)や『アベラールとエロイーズの恋』(一六七五)などの著作を世に問うている。後者はかなりの話題を呼んでアベラール・ブームを起こし、ルソーの『新エロイーズ』に繋がる文学潮流を作った。[19] 第3章では雌猫メノーヌを称える詩を書いたトルシュという人物を紹介したが、アリュイスはこのトルシュを模範として仰いでいたらしい。トルシュが『ブローニュの犬、あるいは忠実な恋人』(一六六八)という犬小説を発表したのに触発されて、『小説スペイン猫』を書いたのである。[20]
物語の舞台はイスラーム王朝が統べる中世セビリア。アフリカから来た「ムーア人」は「戦争と破壊」を終えると「ギャラントリ」をスペインにもたらし、優雅な宮廷生活を花開かせた。主人公の騎士アルマンゾールは、礼儀作法を体得した雅人にして気まぐれな女たらし。武骨な勇者を馬上試合で打ち破り、今や口下手な武人は時代遅れで、優雅な宮廷人の時代なのだと見せつける。ゼリーズ姫を誘惑するも、姫に飽き足らずその友人ダラシュも誑し込み、二股生活を謳歌する。しかしダラシュに夜這いした際、犬に吠えられて母君に見つかってしまう。怒り狂う母が責任を取って娘を娶れと迫るものの騎士は拒絶し、ダラシュは騎士の冷酷な仕打ちに泣く。部屋に閉じ込められた騎士が脱出を願い、ダラシュと母君が卑劣漢に天罰が下ることを願う。すると預言者が願いを聞き入れた。「公正なるマホメットはこの騎士の悪行を裁かずにはいられなかった」ので、アルマンゾールを猫に変身させてしまったのだ。騎士は我が身の変貌にあっと驚くがすぐに慣れ、窓から外に抜け出す。以後は市内を放浪する生活で、宮廷人の様々な秘め事を目撃していく。やがて貴婦人アッシュに拾われて可愛がられ、今度はゾロイード嬢の寵愛に浴するが、その姉妹に嫌われて追い払われ、人知れず死ぬ(引用は1, 71)。
要するに前半は騎士アルマンゾールの情事を語り、後半は猫になった騎士が見知った色恋沙汰として短篇を連ねる恋愛小説である。変身したアルマンゾールは発話能力を失うが、読み聞き能力は保ち、会話を盗み聞きしたり、手紙を盗み見たりして貴族たちの恋模様を知る。後半部の物語は猫の冒険譚と、猫が垣間見た宮廷人の恋愛譚に分かれるが、筋書きは不統一で、ぶつ切りの逸話が連続する散漫な構成である。[21] 前半部の要素が伏線として活かされることも無い。結末の部分で、本作は全て猫自身が書きなぐった悪筆の回想録を、発見者が解読して出版したものだと種明かしされるが、著者が猫自身であることを示唆する要素は作中に無く、後付けの印象が強い。トルシュの犬小説に触発されたアリュイスが、ほとぼりが冷めないうちに出版すべく短時間で書き上げた作品なのだろう。文学作品としては粗悪と言わざるを得ないが、それでも猫に関する部分は独創的であり、分析する価値がある。

猫物語は、変身してしまった事実に気づいたアルマンゾールの思索から始まる。騎士は絶望するが、熟考した結果、猫でいるほうが人間よりも幸せではないかと思い直す。人間は他の動物よりも自分の方がすごいと自惚れているに過ぎず、本当は社会のしがらみや虚しい野心に駆り立てられた不幸な存在だ。対して動物は気楽なものである。特に猫は「主人も親分もおらず、法律も制限も無く、自分の意志の命令にだけ従っていればよい」のだから、もっと幸せではないか（75–80）。

このような理屈は動物優越論の典型だが、アリュイスはいささか意地悪にも、こうした論法などただの強弁に過ぎないとばらしてしまう。猫は幸せになれず、その生活も平穏とは程遠いのだ。発話能力を失ったせいで人間女性を口説けなくなり、雌猫をめぐって他の雄と喧嘩するにも、弁舌が使えず腕力しか通用しないために苦戦を強いられる。台所に侵入して食べ物を盗めば、使用人に追い回される。猫生活は苦労に満ちていた（86–88, 103–108, 256）。

この作品では、「主人」を持たずに「自分の意志」だけに従う猫の自由が、自分で鼠を狩ったり食べ物を盗んだりして生きていかねばならない苦労と結びついている。作中で猫は何度か貴婦人の寵愛を勝ち取るが、潤沢に餌を与えられたと明言されることはなく、鼠狩りを止めることもない。アリュイスの猫は、自由と貧困に結びついたままである。同時期にパリのサロン作家が描きはじめていた、貴婦人の裕福な生活の恩恵にあずかる猫ではない。

アリュイスが保守的な猫観に立脚していた理由のひとつは、猫物語の作り方にもあっただろう。というのも猫の冒険譚は、猫に関することわざに基づくエピソードを積み重ねることで成り立っているからである。ことわざをお題に作り話をする遊びは一六世紀後半から一七世紀前半に流行ったもので、一七世紀後半のサロンでもよく行われていた。(22) ことわざをベースとする以上、主人公の造形は伝統的な猫の表象に沿うことになる。したがってアルマンゾールは犬を嫌い(127)、鼠を狩るが時には苦戦し(254)、料理女が恋人と逢瀬している間に台所に忍び込んでチーズを盗む(219)。いずれもことわざに対応するエピソードである。(23) 主人公が本能に従って鼠を狩り、腹が減れば台所の食料を掠め取るのは、ことわざで想定されていた猫がそのような存在だったからである。

しかし『スペイン猫』は伝統一辺倒ではない。というのも、アリュイスは一部のことわざを活用して、猫の愛玩動物としての側面をも描いているからである。ある時アルマンゾールは女中に捕まってその女主人への贈り物にされる。この主人は灰色の猫を失ったばかりだった。アルマンゾールを受け取るも、全身真っ黒なのを見て自分の猫ではないと気づき、違うではないかと女中を叱りつける。召使いは言い訳して「夜の猫はみな灰色」と口にする(128–130)。夜は物事の違いが(美醜の違いも)見えなくなるという意味のことわざだ。飼い猫を他の猫から区別して、かけがえの無い存在として扱う貴族の態度と、猫ならどれも同じだと考える使用人の態度の差が顕在化する場面である。アリュイスはこのことわざを使って、猫をペットと見なす者とそうでない者の差を描いたのである。

この場面とは別にアリュイスは、三つのスペイン語のことわざを使って、猫が人間に可愛がられる場面を描いている。アルマンゾールはゾロイード嬢が無くしたはずの恋文を見つけてやり、この女性の「類まれな友愛」を勝ち取る。ゾロイードは「この猫をよくお世話する」よう使用人に言いつける。使用人の方は猫の様子を見て、自分たちもこの猫を「撫でて」、「仲よくする」(faire amitié)ことを望むのだが、猫の方はゾロイードだけに愛想よく振舞って、使用人の「誰とも仲良くしてやらなかった」。無理やり撫でてこようとする者を「思わず引っかいてしまう」こともあった。スペイン語のことわざにあるように、「猫は自分が誰を好いているか知らしめる」とともに、

「猫は良い友だ、ただし引っかく」のだという(194)。アリュイスはこれらのことわざを用いて、猫が特定の相手にしか懐かず、逆に言えば、自分が決めた「友」には懐くことを描いた。

以上の場面で猫が「思わず」(sans y penser) 相手を引っかいてしまうと明言されることに注目したい。というのもアリュイスはここで、撫でてくれる人を引っかく恩知らずな動物と見なされていた猫が、実はそこまで恩知らずではないのではないか、というささやかな反論を提示しているからである。猫が人間を引っかくのは、人間が無理やり撫でようとするからであって、猫は耐えかねて「思わず」引っかいてしまうのだと述べられている。

これだけでは強引な解釈と思われるかもしれないが、実はアリュイスはこの主張を、続く場面で極めて明確に行っている。ゾロイードが猫を宮廷でお披露目する場面である。ゾロイードが皆の前で猫を「撫でて可愛がる」(le flattait et le mignardait) と「猫の方は彼女に一切の害をなさずに楽しそうにしている」。この様子を見て「その場にいた騎士全員が、猫の善良さと機嫌の良さに驚いた。各人が猫を褒めたたえ、背中を撫でて、足を摑んで動かした」。猫は最初こそ機嫌よく対応していたのだが、やがて気が変わる。

しかし猫は、褒められているうちに、穏やかにしてやったせいでこの若貴族たちが増長していることに気づいた。そこで本来の役回り (son métier) を果たして、触るのを止めさせることにした。もう三回も、前足に触ってきて、好意の証なのか握手してくる者がいた。おそらく、爪切り済みと思われたか、爪の使い方を知らないと思われたか、はたまた爪を使う度胸が無いと思われたのだろう。我らが猫は、現実を教えてやることにした。柔らかな前足を男の手から抜き取ると、猫爪で腕を引っかいてやり、血みどろの深紅に染めてやったのである。この騎士はびっくりした。攻撃されたことそのものよりも、あれほど温和な姿をしていた猫が、かようにも残酷な行為に及んだことに驚いたのである。(196–197)

見事に引っかかれてしまった騎士は一部始終を見ていた宮廷人たちに笑われてしまう。そこで苦し紛れにこう述べる。皆さん、「猫の爪と信心屋の黒服」には注意が必要ですよと。偽善者を猫になぞらえるスペイン語のことわざだという（198）。アリュイスはこのことわざを使いながら、猫を偽善者として描くのではなく、むしろ皆に可愛がられるあまり迷惑を被った人気者として描いている。この一節は、猫が人間を引っかく様子を、猫に同情的な立場から描く、極めて珍しい場面である。アリュイスは、人間を引っかきがちな動物として猫を描く慣習に従いながら、それでいて猫が可愛がられる場面を描き、さらには、ある者には可愛く見える猫が他の者には忌々しく見えるという認識の差が生まれる仕組みまで描いたのである。

どうやらアリュイスは自分で猫を可愛がっていたか、あるいは猫を可愛がる貴族の家に通っていたようだ。そう考えられる根拠は二つある。一つは『スペイン猫』の冒頭に付されたヴィリウ侯爵夫人宛ての献辞（頁番号無し）である。この文章でアリュイスは「奥様」に、猫が文学の主題になるなどあり得ないと思うかもしれないが、そういう「軽蔑」や「嫌悪」を忘れてください、と呼びかけているのだが、その根拠として、「奥様」と「偉大なる旦那様」の「御許に置いていただく」ために「自由」を犠牲にした猫がいたことに言及している。侯爵夫妻に懐いてその館に住み着いた野良猫がいたのだろう。侯爵夫妻はこの野良猫の件以来、猫を好むようになっていたのかもしれない。そうであるならば、猫に対する「軽蔑」を捨ててほしいという前半の文言は一般読者を意識したレトリックだと考えられる。

もうひとつの根拠は、作中の猫の行動の描き方である。アリュイスは猫が人間に撫でられた際に見せる仕草をかなり具体的に描写しており、実際にその様子を観察していたのだと推察できる。例えば、最初に拾ってくれたダラシュ嬢に撫でられた際、主人公は「他の猫がするのと同じように、この美しい娘が背中の上に手を走らせる度に尻尾を持ち上げ、膝の上でひっくり返り、優しく娘に体をなすりつける。撫でられると発するある種のささやきが聞こえることすらあったが、もっと上手に気持ちを表現できないことを悔しがる声であるらしい」（87–88）。これを性的な比喩として読むことも可能かもしれないが、膝に乗った猫が腹部を晒し、いわゆるゴロゴロ声を出すというのは、ペット猫が飼い主に見せる仕草の写実的な描写だと言ってよいだろう。トリスタンの『失寵の小姓』など、猫愛玩を他人事として描く作品には見られないディテールである。一連の行動が猫という種によく見られると明言する点には、猫はこういう動物なのだという著者の認識が窺える。(24)

要するに『スペイン猫』の主人公アルマンゾールは、人間から放置されて鼠を捕ったり食べ物を盗んだりする猫の姿と、人間(それも若い貴婦人)に可愛がられて穏やかな振る舞いを見せる猫の姿の双方を併せ持つ存在だった。言い換えればアリュイスは、猫を手懐けて可愛がる人と、猫を放置して鼠を狩らせ、食べ物を盗んだり家具を壊したり悪戯をしでかした際には害獣扱いして追い回す人が、同じ屋根の下に住む世界を描いたのである。『スペイン猫』は、猫をぞんざいに扱う立場と、猫を可愛がる立場の双方を、どちらかに偏ることなく描いている。人猫関係の多様性を中立的な立場から描写した作品と言ってよい。

しかし多様な関係が描かれている反面で、ある重要な要素があえて排除されている。作中の世界では、登場人物の誰も、猫に超自然的な力があることを認めないのである。これはアルマンゾールが三毛猫を予感させる「スペイン猫」という書名とは裏腹に「全身真っ黒」な猫に変身することを考えれば、特に注目すべきことである(75)。猫のなかでも、黒猫は特に魔術と結びつけられていたからである。(25)

作中では主人公が人間に迫害される場面が二つあるが、いずれも魔術信仰とは無縁である。ある時は貴婦人が飼っている「ブローニュ犬」の両眼をくり抜いたために飼い主の怒りを買い、使用人を総動員した復讐を仕掛けられる。またある時は、自分を可愛がってくれるゾロイード嬢の家で鼠と取っ組み合いをする過程で花瓶を割ってしまい、ゾロイードの姉妹の逆鱗に触れて家を追い出される。いずれにおいても主人公は貴族女性の怒りを買って殺されそうになるが、それはあくまでも自分が何らかの悪さを働いたことが原因であって、黒猫だからという理由だけで理不尽に迫害されるわけではない(127, 256)。

むしろ以上の場面以外で、アルマンゾールは見知らぬ人からも好意的な扱いを受けている。変身後まもなく彼は使用人に捕まえられ、貴婦人アッシュに献上されてそのペットになるが、見知らぬ黒猫を見て使用人も女主人も恐れを抱くどころか、撫でて可愛がろうとする(85-89)。穏やかな黒猫を見た宮廷人が恐れることなく近づいて可愛がろうとしてくるのは、既に見た通りだ。

モンクリフの著作を思い出すと、『スペイン猫』に登場する「ムーア人」が猫に優しいのは、イスラームのおかげだと思われるかもしれない。しかしモンクリフが引用した東洋学の研究書は、アリュイスがこの小説を書いたときにはまだ出版されていなかった。『スペイン猫』の作中では、猫を可愛がるアッシュのサロンで男性たちが猫礼賛を繰り広げる場面があるが、そこではエジプト人の例ばかり引用され、ムハンマドの伝承は出てこない(94)。おそらくアリュイスは、イスラームにおいて猫に高い評価が与えられていたことを知らなかったのだと思われる。

アリュイスが描く世界の特殊性は、実際にイスラーム圏から伝来した物語作品と比較することでさらに際立つ。アントワーヌ・ガランのフランス語訳によって広く知れ渡った『千夜一夜物語』(一七〇四—一七)のことである。というのもこの物語集には、ムスリムを猫好きとして描写したヨーロッパ人旅行者の記述からすると意外なことに、猫を愛らしい存在として描く場面は無いからである。アラビアとペルシア由来の物語写本をかなり自由に翻訳した同作には、猫が何度か登場する。しかし物語において猫が何らかの役割を果たすのは、可愛がられるからではなく、魔力を有するからである。ある物語では魔人《ジン》が黒猫に変身して巨大化し、スルタンの馬事係を恐怖させる。別の物語には人馴れして自発的に「甘えてすりよってくる」黒猫が出てくるが、媚薬の材料として毛を一本、主人公に抜かれるために登場するだけで、可愛がられる瞬間は描写されない[26]。これに対してアリュイスは、ムハンマドに変身魔法を使わせるものの、変身が終わった後は一切、作中に魔法を登場させない。猫は魔力ある存在としてではなく、魔力は無いが、人間に可愛がられたり、迷惑をかけたりする存在として注目されているのだ。

このように『スペイン猫』は、中世イスラーム王国を舞台にしながら、猫の魔術性という、実際のアラビア語やペルシア語の物語に描かれていた要素は徹底的に排除していた。アリュイスは猫を脱魔術化したうえで、魔力無き猫が人間と切り結ぶ様々な関係を描いた。彼の小説は、手に負えない恩知らずで迷惑な動物として猫を描く伝統に従いつつ、猫を、魔力も悪意も欠いた愛すべき動物に仕立てあげる新しい表象を先取りしてもいたのである。

おとぎの国のペット猫

アリュイスの『スペイン猫』はあまり売れなかった。出版後すぐに（おそらくパリで）海賊版が現れたことを除き、再版されなかったのである。しかし一七世紀が終わる頃、彼の猫観をある程度引き継いだドーノワ男爵夫人が、大きな成功を収めた。ドーノワ夫人はペローの『物語集』の出版から数ヶ月後に『妖精物語』全四巻を、そして翌年に続篇二巻を出版して成功を収め、それまで形式が固まっていなかった「妖精物語」（conte de fées）をひとつのジャンルとして確立した、「おとぎ話」の大成者である。ペローが農婦を語り部とする民間伝承の体裁を取ったのに対し、ドーノワはボッカチオ以来の枠物語の作法に則り、富裕者が余興として物語を語り合う枠組みを使った。物語は魔法使いの妖精が住む中世風の世界で、王子様やお姫様が活躍する作風である。猫はドーノワ作品のそこかしこに顔を見せるが、顕著な役割を果たすのは『悪戯王子』（一六九七）と『白猫』（一六九八）においてである。

『悪戯王子』は、妖精を助けた主人公が、お返しに全身を不可視にする魔法をかけてもらい、透明人間として冒険する話である。男子禁制の「やすらぎ島」（l'île des Plaisirs tranquilles）に忍び込むと、島を統べる姫君が「大流行中の青い猫をたいそう可愛がっていました」。猫はブリュエという名で、金の鈴と真珠の首輪を身にまとい、テーブルの上で金の皿の前に座り、ヤマウズラ、ウミツバメ、キジ、そして「極上の煮込み料理」まで与えられる贅沢ぶり。驚いた主人公は「おやおや！　この太った青い雄猫、鼠を一匹も捕まえたことがなさそうだし、僕よりも卑しい生まれなのは間違いないのに、麗しきお姫様と一緒に食事する栄誉にあずかっているぞ」と思い、姿が見えないのをいいことに、猫の後ろに座って料理を平らげてしまう。姫も付き人も「青猫ちゃんがこれほどの勢いで食べたのは初めて」と驚く。[27] この「大流行中」（fort à la mode）の青猫は、レディギエール夫人らが見せびらかしていたシャルトルー種なのだろう。この作品では鼠狩りを免除された希少種の貴族猫に、豪華な装身具と豪勢な食事を与えていることが、離島の姫君の莫大な富を示すエピソードとなっている。アリュイスの作品には見られなかった、猫を顕示的消費の手段とする飼い方が描かれているのである。

続篇に収録された『白猫』では、王位継承の試練を課された王子が、魔法の城に迷い込み、城に住む雌猫の助けを得て試練を乗り越える。物語の最後、雌猫は長年の呪いから解放されて人間の姿を取り戻し、王子と結婚する。魔法の城では猫姫が、これまた猫の姿をした宮廷人にかしずかれ、主人公に鼠肉をご馳走として与えたり、猿に乗って鼠狩りに興じるのを見せたりする。城の回廊にはラブレーやペローやラ・フォンテーヌの作品に登場する猫に加えて「物書き猫」つまりアルマンゾールの肖像があるとされ、ドーノワが『スペイン猫』を知っていたことがわかる。しかし注意したいのはむしろ、この回廊に「猫になった魔法使い、魔女集会ほか数々の儀式」を描いた絵も飾られていることである。というのも主人公は、空飛ぶ手が行き交う摩訶不思議な城の様子に気圧されて、雌猫が喋り、他の猫も人間のように振る舞っているなど、「これほど猫まみれ（chatonnerie）だとちょっと魔女集会じみている」と、魔術に対する若干の恐怖心を示すからである。主人公は、挿絵に描かれる壮麗な城の魅力や白猫の優しさ（図7-4）に心惹かれながらも、この猫たちがみな実は魔女なのではないかという警戒心も抱くのだ[28]。

アリュイスが魔術に関する話題を避けたのに対し、ドーノワは猫と魔術の結びつきにあえて言及した。ドーノワらが妖精物語を世に問うた一七世紀末は、マルブランシュやフォントネルらのデカルト主義者が、魔術とされているものなど人間の想像の産物に過ぎないと主張していた時代である。妖精物語は、妖精など空想の存在に過ぎないという批判が進んでいた時代に、その空想をあえて娯楽に供することで成立したジャンルだった[29]。妖精物語の作者たちは、自作が気晴らしの遊戯に過ぎず、その内容を本気で信じるのも、本気にして批判するのも的外れであると作中のそこかしこで示唆していた。例えば『ドン・キホーテ』を引用することで、かつてセルバンテスが行ったように、馬鹿げた空想をパロディの題材にしているだけだと示唆することが常套手段となっていた。ドーノワは『白

図 7-4　ドーノワ夫人『新物語集』より《白猫》1698 年

猫』でも『ドン・キホーテ』に言及して、こんな魔法話を本気にしてくれるな、と読者に仄めかしている。[30]

読者にアイロニカルな態度を取るようにしむける仕掛けは、後世の再編集版では削除されがちな枠物語にも潜んでいた。『白猫』を収録した『新物語集、あるいは流行りの妖精たち』の枠物語は、モリエールの『町人貴族』をモデルとする無教養な金満家ラ・ダンダニエールを中心に展開する。この御仁は「ちょっぴりドン・キホーテな」(un peu Don Quichotte) 気質をしており、甲冑を着こんで隣人と喧嘩した際に酷い怪我を負ってしまった。その静養の暇つぶしとして物語を聞かされるのである。『白猫』は修道院長リシュクールによって読み上げられるが、別の登場人物が作者ということになっている。モリエールの『才女気取り』をモデルとする学者気取りの滑稽な女ヴィルジニーである。リシュクールはこの物語を読み終えると、こともあろうにラ・ダンダニエールが爆睡していることに気づく。叩き起こして「こういう作り話《フィクション》が好きなんですか」と聞くと、金満家は「作り話などではありませんぞ」と反論する。「昔こういうことがあったのです。これからもあるでしょう。時代遅れとか言われますがね」などと、古き良き時代なら自分も主人公の王子様のように生きられたのだと豪語するものだから、呆れた修道院長は「旦那様なら妖精と結婚できたでしょうね」と返すしかない。[31] この枠物語を通じてドーノワは、猫が魔法の城に住んでいて人間の言葉を話すなど、空想に過ぎず、そんな話を本気で信じるのは、ラ・ダンダニエールのような馬鹿者だけだと念を押していた。

『白猫』のヒロインは『悪戯王子』の青猫ブリュエと違い、飼い主に可愛がられたペット猫ではないが、それでも猫でありながら他者（主人公）の心を惹く魅力的な存在として描かれていることは間違いない。ドーノワ夫人が切り拓いたおとぎ話の世界では、猫を愛おしい存在として登場させることが可能になっていた。彼女の後に続いたおとぎ話作家たちは、この可能性を膨らませていく。

ペローとドーノワがジャンルを確立したことで、一八世紀には多くの作家がおとぎ話を書くようになった。このジャンルは当初、ペローのような例外を除いて女性作家の独壇場だったが、今や男性作家も続々と参入するようになった。背景には『千夜一夜物語』の大ヒットがあった。東洋学者ガランによる翻訳書だった同書は、他の男性によるパロディを誘発したのである。つまり王子様やお姫様を主人公とする中世風の世界観を嫌厭していた男性作家たちが、東洋文学のパロディなら恥ずかしくないと思って魔法物語を書くようになったのだ。モンクリフのデビュー作はまさにこの風潮のもと生まれた東洋風恋愛小説であったし、学者界の大物ビニョンも『アブダラの冒険』というパロディを書いている。こうして、女性が中世風物語を書き、男性が東洋風物語を書くという一種の分業体制ができあがった。[32]

男性作家は『千夜一夜物語』に倣い、猫を魔術的な小道具として登場させることが多かった。[33] ここでは小道具の猫を用いて愛猫家を風刺した作品として、テミズール・ド・サン＝ティヤサントの『ティティ王子の物語』（一七三六）だけ取り上げよう。おとぎ話の体裁を借りながら政治風刺も盛り込んだ長篇で、出版時には大きな話題を呼び、英訳も作られた。主人公のティティ王子は、王国の跡取りながら、玉座にしがみつく両親に嫌われており、妖精ビビだけが心の支えである。居室で孤独に過ごす王子を、カナリアに変身して慰めていたビビは、部屋に入ってきた意地悪な王妃が連れていた猫に噛み殺されそうになる。ビビは瞬時に犬に変身して、猫を噛み殺し、王妃の足元に放り投げる。王妃は嫁入り前から「たいそう愛していた」(aimait beaucoup) この「ペットの猫」(chat favori) が死んでしまったことに「筆舌に尽くし難い」ほど取り乱し、「さながら王家が滅びるか」の勢いで泣き叫び、息子に死をもって償うよう要求する。怒り狂う王妃を鎮めるために、国王はティティを宮廷から追放するしかない。こうして放浪の身になったティティの冒険が、物語の本体を構成する。[34]

『ティティ王子』における猫の登場の仕方は、第1章で検討したトリスタンの『失寵の小姓』と似ているが、相違点もある。『ティティ王子』の王妃は夫を尻に敷き国政を牛耳る女性で、知性がありながら、苛烈で冷酷な人物としても描かれている。猫のエピソードは、彼女が猫の死を理由に息子の死を願う怪物的な母親であると印象づけるものだ。王妃は周囲を従える強い女性であり、猫を溺愛するからといって周囲から馬鹿にされておらず、むしろ周囲にも猫を重んじることを強要しているようである。ある意味で猫愛好家の台頭を物語る変化と言えるだろう。この物語は後述するルプランス・ド・ボーモンの児童文学集に翻案されたことでさらに有名になったが、息子の死を願う王妃の台詞は子供に読ませるには適切ではないと判断されたようで、削除されている。[35] また、幻想文学で名高いカゾットの初期作品『猫の手』(一七四一)も、主人公が猫の足を踏んでしまったことで気の強い王妃の逆鱗に触れて宮廷を追放される話で、『ティティ王子』の影響を受けたものと考えられる。[36]

女性作家の作品には、猫により重要な役割を与えるだけでなく、伴侶動物として好意的に表象するものがあった。作者不詳の『虹の王子さま』(一七三二)は、中世風の世界設定と、女性権力者を好意的に描くことから女性作家の作品と思われるが、犬に劣らず忠実な猫が登場する。主人公の姫君が性悪妖精に捕まりそうになった際、一緒に連れていた犬がその足に噛みついて戦うのと同時に、猫も妖精の顔面に飛びついて目玉をくり抜き、これを撃退するのである。[37] 猫もまた飼い主を愛し、飼い主を守るために戦うということが、ごく当然のように語られている。

当代屈指の女性作家グラフィニ夫人の初期作品『アゼロル姫』(一七四五)では、姫に恋する王子が猫を持ってきて、その愛らしい姿に姫は心を奪われる。白と黒の凡庸な毛並みながら、人間を引っかいたりしないなど「心の美質」を有する猫だ、と紹介に一頁まるごと費やされている。[38] 猫の性格を好意的に記述した稀有な一節だが、後にこの猫の正体が性悪妖精だと判明することで、結局すべて「猫かぶり」だったことにされる。実を言うとこのキャラクターは、著者の飼い猫をモデルにしていたことがわかる稀有な事例である。グラフィニ夫人が友人に送った手紙にそう明言されているのだ。詳しくは第9章で論じることにしよう。

このグラフィニ夫人と懇意にしたリュベール嬢の『星姫《エトワレット》』(一七五三)に至っては、猫が寄り添ってくれることの意味が明瞭に言語化されている。主人公は奴隷に身をやつした少女で、王子との恋愛が発覚して国王夫妻の怒りを買い、牢獄に幽閉される。すると白い雌猫が現れて寄り添ってくれ、体温で厳しい寒さを和らげてくれる。星姫は「白猫さん、私の苦しみをわかってくれるのは世界中であなただけ」と辛い身の上を打ち明ける。話を聞いてくれ、しかも涙を前足で拭ってくれるこの猫は、獄中の姫君にとって「ただひとりの忠実な伴侶」となる。[39] この後すぐ白猫の正体が、主人公を助けるために変身していた人型妖精だと判明するので、猫が優しくしてくれるのはあくまでも妖精が猫の姿を借りているからだということにされてしまう。それでも以上の場面で姫君が、物言わぬ猫が寄り添ってくれることに感謝し、話しかけて悩みを打ち明けていることに変わりはない。リュベール嬢は、飼い主に心理的な安らぎを与える伴侶動物としての猫を作品に描き入れたのである。

なおリュベール嬢もまた、この場面にメタフィクション的な要素を添えている。というのも星姫が猫に話しかけると、猫は言葉を発し、王子もあなたのことを思い続けているのですよ、と慰めてくれるのだが、そこで語り手はこう述べているからである。「雌猫が喋るのを聞いて星姫が気絶しなかったことに驚く人が大勢いるに違いありません。しかし、愛しの人の話という、とても心を惹く話題だったこともありますが、星姫は、この国の才人がもっぱら勉強の対象としていた妖精物語を読むことで精神に飾りをつけていたものですから」、猫が言葉を発しても驚かなかったのだという。[40] 妖精物語を読む行為に作中で言及することで入れ子構造を作って、おとぎ話なのだから猫が喋るのは当然だと開き直るとともに、猫が人格を有するのはあくまでも空想世界の出来事である、という含みも持たせたわけだ。

このようにドーノワ夫人以後の女性作家たちは、変身魔法によって人間（人型妖精を含む）と動物の境界が曖昧になるおとぎ話の特性を活かしながら、猫を貴婦人の伴侶として描いていった。モンクリフが猫論を世に問うた一八世紀前半には、フィクション作品の中にも愛すべき存在としての猫が少しずつ浸透していたのである。[41]

3　自然界から人間界へ

ペローとドーノワ夫人に続いて数多くの妖精譚作家が現れたように、ラ・フォンテーヌ以後には数多の寓話詩人が作品を世に問うようになった。一八世紀は寓話大流行の時代であり、自作の作品集をフランス語で出版した本格的な作家に限っても、その数は一〇〇人以上に及ぶ。[42]彼らの寓話においても、猫に新たな姿を与える試みが重ねられていた。ラ・フォンテーヌにおいては野獣と見紛う野生的な動物だった猫が、人家の内側に位置づけられ、飼い主との関係において描かれるようになったのである。

こうした新しい表象がもっぱら「新寓話」（fables nouvelles）と題された詩集に見られるのは偶然ではない。この名称は、古代人の模倣という規範に囚われずに寓話の題材を新規開拓した近代派の詩人たちが、ラ・フォンテーヌら古代派と差別化を図るために採用したものだからである。一八世紀には、近代派の巨頭ラ・モットが『新寓話』（一七一九）の序文で、新しい主題を発見する必要性を説いたことをきっかけに、寓話詩の題材はさらに多様化していった。[43]こうして寓話というジャンル全体が「近代化」されていくなかで、猫と飼い主の関係はいかなるものか、そしていかなるものであるべきかという、新しい問題を取り上げる寓話詩が現れる。

人家の内側へ

その嚆矢と見なせるのがフュルチエールの《猫と鼠》(一六七二)である。「よく餌付けされて」、「ご婦人方」の「ペット」(favoris)にすらなった「人馴れして柔和な猫たち」がいたところに、横柄な雄猫が現れて、幅を利かせて近所の鼠を独占するものだから、この猫たちは狩りをやめる。すると猫たちは、「穀潰し」(bouche inutile)と見なされて「家からも町からも追い出され」てしまう。(44) 少し後に出版されたシシュロー・ド・ラ・バールの《鍛冶屋と猫》(一六八七)も似た作品である。「仕事を一切しない」怠け者の猫が「甘ったれた」声で飼い主を篭絡して寵愛を勝ち取るが、鼠がのさばっているのに気づいた飼い主が業を煮やして、「穀潰し」の「小悪魔」は殺されて「セーヌ川の真ん中」に投げ捨てられてしまう。(45) これらの二作において、猫はあくまでも鼠対策の家畜と見なされており、無為徒食の愛玩猫が存在する余地は無い。それでも、猫を可愛がる人間を描く点は革新的である。

デュ・リュイソーの《男と猫》(一七〇七)では猫の盗み癖が主題化された。男が猫を「小さい頃から飼育(élevé)していた」。しかし「世話」をしてやっているのに、「この悪党」は「来る日も来る日も生来の欠点をさらけ出し」、「恩人」を爪で引っかき、食料を盗む始末。飼い主は耐えかねて「頭にきつい一撃」を加え、「忌々しい獣はその場で死に、恥ずべき罪の報いを受けた」。教育は大切だが、世の中には手の施しようがない「ペテン師」や「偽善者」や「恩知らず」がいる、というのが教訓。ラ・フォンテーヌが《女に変身した雌猫》で取り上げた、「猫は本性に抗えない」というテーマはそのままに、その猫にしつけを施そうとした人間を描いたのである。(46)

猫を飼い主と他の動物との三角関係に置く作品もいくつか現れた。まずは一七世紀末の人気作家ル・ノーブルの《ペットたち》(一六九七)。愛する対象を次々と替えていく気まぐれな男性飼い主と、その気まぐれに振り回される動物たちを、あたかも国王と宮廷人のように描いた寓話詩で、この作品には雌猫が猿、オウム、犬と同等の愛玩動物として登場する。(47) デュ・リュイソーの《猫と鼠》(一七〇七)では、鼠たちが、家の主人が愛でるナイチンゲールを殺して、その罪を猫になすりつける。猫は鼠をよく狩っていたが、「詐欺師」と思われていたため「死を宣告され、弁解の余地なく処刑」されてしまう。[48] ラ・モットの《犬と猫》（一七一九）では、むしろ猫が陰謀家の役割を演じ、貴婦人が可愛がっていたセリン（カナリア）を殺し、その罪を忠犬ラゴタンになすりつける。ラゴタンは使用人に愛されていたが、女主人の命令により殺されてしまう。[49] 以上の三作では、動物同士の争いが野生界ではなく飼い主の支配下にある家で展開する。ただしデュ・リュイソーとラ・モットにおいて、猫はペットの鳥よりも一段低い地位にあり、猫としても飼い主の愛を欲するわけではない（ラ・モットの猫が犬と対立するのは食料のためである）。

このようにラ・フォンテーヌからラ・モットまでの間、従来のテーマを継承しつつ、猫を飼い主との関係の中に置きなおす寓話が登場した。一七三〇年頃には、この流れに乗って斬新な猫寓話をいくつも書く作家が現れる。一八世紀前半の最も多作な寓話詩人アンリ・リシェである。彼は寓話集を三度出版して合計で一一点の猫寓話を世に問い、表象の刷新に大きく貢献した。

リシェ作品においてまず目につくのが、猫を愛玩動物として描くものである。《犬と猫》（一七二九）では、両種の対立というそれ自体では既出のテーマが、伯爵夫妻のペット同士の不和の形を取る。スパニエル犬は伯爵夫人のお気に入りで、猫は夫の寵愛を受けている。お互いにいがみ合い、「猫がひいきにされれば、犬が嫉妬する。なんでもないことで喧嘩する」。犬は夫人の前で猫を「泥棒」として告発し、猫は伯爵の前で犬を「無用の長物」として貶める。結果、「旦那様は犬を殺し、奥様は猫先生を叩き殺した」。悪口を言い合ったせいで双方ともに死んでしまうわけだ。猫はライバルを「無用」として非難しているから、有用な動物として伯爵に重宝されている節があるが、この作品は犬を猫の上位に置くのではなく、同列の存在として戦わせている。[50]

《二匹の猫》（一七二九）では猫の間の格差が主題になる。「主人に愛された白猫」ロディラール（Rodilard）は「沢山のベーコンを食らい、朝から晩まで暖炉の前から動きやしない」。他方で黒猫ラトン（Raton）は毎日鼠を狩っているのに害獣のように扱われ、見つかれば棍棒を持った家人に追い回される。「不正に苛立った」ラトンは、ロディラールを陥れるつもりで、鼠狩りを止める。その結果鼠が繁殖し、家の主人は激怒。しかしロディラールが叱られるのかと思いきや、ラトンが大目玉を食らってしまう。無為徒食の貴族猫が愛玩されるのは鼠を狩るかどうかとは無縁であり、逆に鼠狩りに利用される猫は、どうあがいても主人には可愛がってもらえない。無情な階級差別を描いた作品だが、語り手は階級構造それ自体を批判しない。むしろ末尾では「復讐は無駄」という、差別に抗うことを諦めさせる教訓が説かれている。[51]

《大鼠・小鼠・猫・犬》（一七二九）は、鼠を食べた猫が、勢い余ってチーズを食べてしまい、「忠犬」に「盗人を罰しておいて、自分が盗んでどうする！」と叱られる話。鼠からチーズを守るよう任された猫が、自らチーズを食べてしまうという主題は、後続の寓話詩人が盛んに模倣するところとなった。[52] 猫が騙す相手が動物から人間に置き換わったのである。

この作品の発展版と言うべき作品が二点、一七四四年の詩集に収録されている。まず《男と猫》を見てみよう。ある「田吾作」（manant）がチーズをしまいそびれて猫に食われてしまう。飼い主は「偽善動物め、暖炉の傍でしゅんとうずくまって」、「猫かぶり」しているが、本当は「ただのろくでなし」だ、と非難するが、猫は反論して、チーズをしまっていなかったのも過ちではないかと指摘する。語り手は猫の主張が正しいとして、「男は軽率だった」、「猫を誘惑に晒さぬようにチーズは隠しておこう」と結論する。猫が食料を食べてしまうのは本能のゆえであるから、責めるのはおかしいのではないか、と問いかける作品である。[53]

同時に収録された《羊と猫》にも同様の考え方が見られる。飼い猫が、可愛がってやっているのに「本能」に従って盗みを働くので、飼い主の男が耐えかねる。そこで猫を叱りつけ、庭の羊を指して、頭は悪いが悪戯はしない、この「のんきな動物」のひそみに倣ったらどうだ、と諭す。しかし猫は反論して、あの間抜けな羊は何も考えていないが、ご主人様が知らないうちに農作物を食べていますぞ、と告発する。「そっちこそどうなんだ」式の詭弁で猫が言い逃れする話である。しかし語り手は猫の悪知恵を問題視していない。むしろこの詩は猫の発言で終わり、その内容が余韻を残す構成になっている。動物はみな「本能」に従って生きているだけで、羊を善良だと思い込んでその行為を見過ごし、猫だけに「悪意」を見出すのは不公平ではないか、と読者に考えさせるのである。[54]

リシェは最後の寓話集に収録した《子供と猫》(一七四八)でも、猫を告発する人間側の偽善を暴いている。この作品では、子供に盗みを咎められた猫が、子供の方もつまみ食いをしているのを知っているぞと脅し、お互いに相手を見過ごして悪事を続けた方が得になるではないか、と誘惑する。猫を偽善者と呼ぶ人間が、実は自ら偽善者なのではないか、と示唆する作品だ。[55]

これまでに見てきた寓話詩人と同様、リシェも伝統に片足を残した「用心深い革新者」だった。[56] 彼は、通例に倣って、猫を盗人にして弁舌巧みな偽善者として描きながら、その猫の悪知恵が発揮される文脈を変えることで、新しいテーマを開拓していった。リシェの猫はもはや鼠を食らうために悪知恵を働かせるのではなく、飼い主に取り入るために愛想を尽くし、その弁舌を飼い主に対する自己正当化に、さらには飼い主の誤りを暴くために用いるようになった。猫が人間の行動を覗き見て論評する構図は、アリュイスの『スペイン猫』に見られたもので、寓話においてもヴィルデュー夫人が《猫とコオロギ》(一六七〇)でこの構図を使っていた。[57] しかしこれらの作品の猫は、屋根の上を闊歩して家々の様子を外から眺めるばかりである。リシェの猫は、家々を巡る根無し草ではない。ひとつの家で、ひとりの飼い主との関係を生きている。こうして「新寓話」において猫は、飼い主に反論する独立心を保ちながら、特定の家に紐づけられていった。山林や裏庭から、人家の内側に移されたのである。

猫の視点

本章の冒頭では、寓話詩で猫と組み合わされる動物種が、一八世紀後半に急変したことを指摘した。猫を鶏や狐と組み合わせるかわりに、人や犬と組み合わせる傾向が強まったのである。この変化の背景には、ジャンル全体の変容がある。リシェら世紀前半の近代派詩人が後続の作品の模倣対象となったこともあるが、前述のパスカルの研究によれば、変容をもたらした最大の要因は、イギリスやドイツなど外国人の寓話詩がフランス語に翻訳され、新しい主題の着想源となったことにある。加えて、児童文学がジャンルとして成立したことで、教育的な配慮を施した寓話詩が増えたことや、もはや先人の模倣ではなく、実体験を着想源とする寓話詩が増えたことも、猫の役割の変化をもたらした(58)。

外国文学の影響下で出現した猫関連のテーマとしては、飼い主に冷遇された猫の境遇を共感的に描くものがある。英国人エドワード・ムーアの『女性向け寓話集』(一七六四年に仏訳)に収録された《農夫とスパニエルと猫》がその着想源となった。スパニエル犬を可愛がる農夫の前に、「腹をすかせた猫」が現れて「謙虚になけなしの餌を乞う」。その姿勢に感心した農夫が肉を一切れ与えると、犬が憤慨し、餌を貰う資格があるのは主人に「奉仕」する者だけだと声高に主張する。猫はやはり謙虚に、自分もまた鼠狩りを通じて主人に貢献していると抗弁し、犬に問いかける。「なぜわたしの幸福な姿があなたを苦しめるのでしょうか、食べ物はあなたとわたしに十分なほどあるではありませんか」。農夫は猫の言い分を受け入れて、「無礼な犬を足蹴にして」罰する。この猫は、虐げられながらも支配者に直訴して、その主張を認めてもらう労働者の比喩になっている。スパニエルは労働者支援を認めない支配階級に対応するのだろう。気の毒な猫に対する同情と、不当な犬に対する憤慨を誘う作品である(59)。

ムーアの寓話はフランスの人気作家ドラの《農夫と犬と猫》(一七七二)の着想源となった。ただし単なる模倣ではない。というのもドラの作品では、犬ではなく農夫が悪役になっているからである。やせ細った猫は、空腹に駆られて「なけなしの餌を盗もうとする」が、農夫に「盗人として追い払われる」。そこで猫は「秘かに仕事を止めてしまう。屋根の上で夢を見て、竃の中で眠り、台所で無為に過ごす」。すると鼠が大繁殖し、農夫は怒り狂うが、時すでに遅く、食料も持ち物も食いつくされていた。そしてようやく農夫は犬だけでなく猫も「必要」だったのだと悟る。「ささやかな奉仕を過小評価することは、国家に対する盗みを働くこと」という教訓で詩は終わる(60)。

ドラはムーアの主題に、猫のストライキというリシュの筋書きを交えつつ、独自の視点を導入している。ムーアの猫が謙虚な態度と弁舌によって農夫に自らの理を認めさせるのに対し、ドラの猫は農夫と対話することすらでき

図 7–5　ドラ『寓話集』豪華版より《農夫と犬と猫》章末飾り，1772 年

ていない。空腹に駆られて食料を掠め取ろうとして、その結果「盗人」の烙印を押されてさらに嫌われる悪循環に陥っているのだ。この意味でドラの作品は、猫の邪悪性なるものが人間の冷酷な仕打ちの反映に過ぎないと述べたソンニーニの主張を先取りする詩と言えよう。パスカルは、ドラの寓話集に暴政批判が繰り返し登場することを指摘しているが、不正の糾弾で終わるこの作品も、その一環を成している。なおドラの『寓話集』は初版の翌年に豪華な挿絵付きで再版されたが、《農夫と犬と猫》の末尾には野菜籠で熟睡する猫が描かれており、ストライキの成功を祝福するかのようである（図7–5）。

　不当な人間に虐げられた猫の立場を想像することは、フランス革命期の一七九二年に寓話詩集を世に問い、ラ・フォンテーヌに次ぐ寓話詩人として高い評価を受けたフロリアンの作品において、さらなる展開を見せる。まず《二匹の猫》を見てみよう。この寓話では、勤勉に鼠を狩る痩せこけた猫が、寝てばかりで丸々と太った兄に問いかける。兄さんは「何もせずに生きて」、「僕は働いてばかり」なのに、なぜ「ひとは兄さんにばっかり餌をくれて、僕にはくれない」のか。すると兄は純朴な弟をあざ笑って言い放つ。「お前は仕えることしか知らない」が、「俺はご主人の傍にいて、曲芸で楽しませているのさ」。「成功する秘訣」とは、「巧みであることにあり、有用であることにはない」。「義務」などを信じるのは「愚者」のすることだ、と。兄猫は、世の中で得をするのが誰であるのかを見抜き、だからこそ労働を拒絶する。勤勉な猫が虐げられて愛玩猫が甘い蜜を吸うというリシェ以来の構図だが、勤勉な猫が報われる解決を迎えることはなく、不条理に順応して生き抜くシニシズムの勝利に終わる[61]。

社会の仕組みを見抜いて巧みに生き延びる能力自体は、既にペローが猫に与えていた。しかし長靴をはいた猫は、貧者に出世をもたらす有用な存在だった。これに対してフロリアンの猫は、現世的な利益を生まず、飼い主を「楽しませる」だけの寄生者である。そのような猫が「穀潰し」として殺されずに安穏と生きていられるのは、猫を「楽しみ」のために飼う人間の存在がもはや自明視されているからに他ならない。

同様のテーマが浮上するフロリアンの作品として《犬と猫》も見ておきたい。この作品では、主人に売り払われた犬が、鎖を断ち切って何度も売られる前の飼い主の元に帰ってくるも、主人は忠義を褒めるどころか、棍棒を振り回して犬を売却先の家に追い戻してしまう。驚きを隠せない犬に対し、旧知の老猫が言い放つ。「馬鹿なやつ、人間が我ら動物を愛するのが、我ら動物のためだと思っていたのか」と。フロリアンが描くのは、美徳が報われる善良な世界ではない。自己愛がはびこる世界で、人間は動物を不当に搾取するばかりである。そのような主人に忠義を示しても報われることはない。この暗黒の世界で、猫の利己心は、嘘に騙されずに世界の不条理を見抜く透徹した知性として立ち現れる[62]。

文学史では一般に、フランス革命を境目にして、啓蒙時代が終わってロマン主義時代が始まったと言われる。合理性を重んじ、美徳が報われると信じて、文学にも道徳改善という「有用性」を求めた啓蒙主義の後に、世界に幻滅して、「世紀病」に苛まれるロマン主義が現れる。フロリアンは、このロマン主義的な幻滅の態度を猫に託した最初期の人物だったと言えよう。

猫と教育

一八世紀後半に寓話の主題が多様化した背景には、児童文学の隆盛もあった。寓話が児童向けであることは自明に思われるかもしれないが、実は一八世紀半ばまで、読者を児童に限定した作品はほとんど無かった。ラ・フォンテーヌの寓話詩も、ペローの物語集も、性的な冗談が含まれるなど、児童に相応しくない内容を削除する配慮はされていなかった。ところが一八世紀半ばから、学校教育で中心的な役割を果たしていたイエズス会士が一七五九年にフランスから追放され、ルソーの『エミール』（一七六二）が記録的成功を収めたことなども背景に、教育的な配慮を施した児童向けの文学が急増した。例えばルプランス・ド・ボーモン夫人は、家庭教師と児童との対話を枠物語とし、その合間に既存の妖精物語を児童向けに翻案した短篇を散りばめた『お話の宝庫』（一七五六）で国際的な人気を勝ち取り、児童文学の先駆者となった。[63]

この状況下で、一部の寓話詩人は自作を児童文学として提示するようになる。[64]その先陣を切った元イエズス会士ジョゼフ・レールは、『子供の友』と題した寓話付きの教育書を一七六五年に出版して、ボーモンの『お話の宝庫』に劣らぬ大成功を収めた。[65]レールの著作は増補と改訂を重ね、一八〇三年には寓話のみを抜き出した『子供の寓話詩人』も出版された。一八世紀後半から一九世紀初頭にかけて、少なからぬ寓話詩人がこの例に倣って、児童向けの作品集を世に放った。こうした児童向け寓話集には二つの特徴がある。ひとつが古典文学への言及や博物学的な知識を説明する脚注が付され、若い読者の学びを促すように配慮されていること。[66]もうひとつが、児童に親しみやすい物語を通じて教訓を説くために、作中に動物の子供や親子を積極的に登場させたことである。[67]

猫は親しみやすい動物と見なされて教育的寓話に頻繁に登場した。その際に猫は、教育を受ける児童の比喩としての役割を担った。この過程で、猫を本能に縛られた動物とする表象が少し揺らぐ。教育を受けることとは生まれ持った性向を矯正することであり、すなわち本能を捨てる、あるいは制御することを意味するからだ。例えばルジュンヌの《二匹の猫、若者と年寄り》（一七六五）には、「鼠で満足する」ことを学び、地下倉庫から外に出ない老猫が登場する。若い猫に自分と同じように生きるよう説くのだが、若者は地上の誘惑に負けて外に飛び出し、女性使用人が飼っている雀を食べ、罰されて死んでしまう。学ぶことを知らない愚かな猫を主人公としつつ、その傍らに欲望を制御することを覚えた老猫を登場させる作品である。(68) アンベールの《怖がる猫》（一七七三）では、「息子の育て方」に疎い「パリ猫」が、無謀な戦いを挑まぬよう、巨大な鼠は危険だと教えるのだが、恐怖を植えつけられた子供は全ての鼠を怖がって狩りをやめてしまう。子供に迷信を吹き込む「乳母」の「脅威」を示す比喩だというこの寓話では、ネガティブな仕方ではあれ、猫が鼠を狩る本能が、教育によって押さえつけられている。(69)

　これらの事例からもわかるように、猫は基本的に教育の失敗を示す役割を担った。この傾向は、教育寓話の大家レールの作品にも見てとれる。彼の《寡婦と子猫》（一八〇三）には、子猫を溺愛する女性飼い主が登場するが、何をしても叱らないものだから、猫の増長を招いてしまう。結局、悪戯を繰り返すので手に負えなくなり、飼い主の愛想も尽きる。猫を親に甘やかされた悪童に見立てる寓話だが、同様の作品は数多い。(70) 同じくレールの《猫と犬》（一八一二）では、それぞれが悪い子と良い子として登場する。猫が「厳しい主人」（＝先生）を嫌って反抗するのに対し、犬は「僕のため」なのだと理解して主人のお仕置きを素直に受け入れる。「全ての児童がこのように、先生に対して同様の感情を抱き、彼〔犬〕を手本にせんことを！」と結論されるこの寓話は、教員レールの素直な願望を示したものかもしれない。(71)

　猫を悪童に見立てる一般的な傾向に反して、むしろよくしつけられた猫が登場する例外もあった。行政官僚としてのキャリアの傍らに詩作を嗜んだデュトランブレの《母親と子供》（一八〇六）である。同作では母親が子供にこう語りかける。うちの猫を見てごらんなさい、「よく餌を与えられ、愛でられて可愛がられた」（Bien nourri, chéri, caressé）おかげで「本性に打ち勝つ」ことができたのですよ。「ビュフォン」が何と言おうと「私たちのお世話で手懐けられたのだから」（nos soins l'ont apprivoisé）、その変貌ぶりは「人類を恥じ入らせるほど」なのよ、だって「優しさに対して無感覚」で改心しない悪党が沢山いるのだから。こう聞かされた子供は、猫に倣って良い子になることを決心する。(72) 養育者の愛情に応えて改心した猫を、子供の模範とする作品である。

経験主義と感傷主義

デュトランブレのように、特定の猫の事例から、猫を邪悪視するビュフォン的な態度を相対化する寓話詩は、実は革命以前からあった。ビュフォンの学説が一部の博物学者の疑義に晒されていた一七七〇年代に、母猫が子猫に対して示す母性愛のエピソードを取り上げて、猫を愛情に満ちた動物として語る作品が現れていたのである。

その例としてまずは、官報『ガゼット』の編者を務めた保守派の文筆家オベールの作品を見てみよう。一八世紀有数の多産な寓話詩人だったオベールの作品において、猫は何度も登場するが、多くの場合、邪悪な動物としての役回りを担っている。しかし《雌猫とその子》(一七七三)だけは例外である。この詩によれば、雌猫が飼い主である寡婦ロジーヌのベッドに入れてもらった際、外に飛び出して、一緒に温めてもらうべく子猫をくわえて戻ってきたという。「ロジーヌ」は詩的な偽名だろうが、「自然の叫び」に「雌猫たちが耳を傾ける」ことを「いささかの真実」(quelque vérité)によって証明するという言葉から、実体験に基づく作品だと思われる。ロジーヌがオベールの使用人を指すのか(つまり雌猫がオベール家の猫なのか)は不明である。しかしこの詩では、「猫が好きなのがロジーヌの弱み」だが、「この弱み」は「大勢の誠実な人々」、そして「誰よりも私」にあると白状されている。実名出版された詩集にこう記されているのだから、この詩を男性の著者オベールが自分の猫愛好を告白した作品として読んでもよいだろう。[73]

一七七九年には、読者からの投稿を集めて毎年刊行された詩集『詩神年鑑』に、学校教師ベランジェールが《雌猫と嵐》と題した詩を寄せた。嵐が迫るなか屋外にいた雌猫が、「自分のためというより大切な子供たちのため」に、人家の玄関の呼び鈴の紐に飛びついて音を鳴らし、自ら必死に鳴き声をあげて、ついに家人の注意を惹く。扉が開き、住民は驚く。「誰だろう？　猫ちゃん！　奇蹟だ！　信じられない！」(Qui va-là ? C'est ... Minette ! au miracle ! au prodige !)そしてめでたく屋内に入れてもらったという話である。登場する人間が著者自身なのか、その家人なのか、赤の他人なのかはわからないが、いずれにせよベランジェールはこの作品を気に入っていたらしく、一七八五年の自作詩集に再録している[74]。

一八世紀半ば以後は、以上の二作品のように、実際の出来事を韻文で報告する体裁の寓話詩が増えた。こうした作品はもはや、古典的な意味での寓話ではない。というのも寓話は本来、動物に会話能力を与えるなどして、実際にはあり得ない出来事を描きながら、抽象的な教訓を引き出すジャンルだったからである[75]。先人の模倣に留まらない新しい主題の開拓が進んだ時代にあって、寓話はもはや即興詩（poème de circonstance）と隣接するほどに自由なジャンルになっていた。動物に関する記憶すべき出来事が生じたときに、寓話詩がその出来事を記録して公開するための媒体になったのである。一八二七年にも、エルヴェシウス夫人がヤマネコを手懐けたことを報告する詩が、「寓話」として出版されている[76]。

先に見た詩では、実体験に取材する経験主義的な態度と、雌猫が子猫に示す愛情を賛美する感傷的な態度が交わっていた。この交差点に立った詩人の作品を二つ取り上げて、本章を締めくくろう。一七五〇年生まれの土木技師ブラールが趣味として書き溜めた寓話詩を、晩年の一八二七年に出版したものである。ブラールは有名な作家ではなく、その作品の社会的インパクトは小さいと思われるが、内容面では猫表象の新たな可能性を示すものとして注目に値する。

まず《雌犬と雌猫》を見てみよう。「著者の眼前で生じた出来事の忠実な報告」を詩にしたものらしい。飼い主（つまりブラール）の愛情を浴びた柔和な雌犬が、同じ家に住む雌猫と「本当の友達であるかの良好な関係」を築いていた。主人の「忠実な伴侶」だった雌犬と違い、「雌猫は独りで家を守っていた」。「鼠を怖がらせるのが役回りで、甘やかされてはいなかったが、世話はされていた」というから、ブラール家の人々は猫と適度な距離感をもって接していたのだろう。さて、この猫が妊娠すると、犬の方は「年来の良き友」の状態を見抜いて、自らの寝床を明け渡し、その前で「昼も夜も見張りに立った」。しかも出産後に雌猫が子猫を育てるのも手伝ったのだという。動物にも「友情」は宿るのであり、むしろ友情の篤さにおいて動物は「われら〔人間〕に比肩する」ほどで、だから友の「欲求に耳を傾け」て助けあう。主に犬の献身を称える内容ではあるが、それでもこの作品は、人家で飼われた猫が、攻撃性を抑制して異種の動物と友好関係を築いたことを立証するものであり、ラ・フォンテーヌの《猫と二羽の雀》と真っ向から対峙するものと言える。(77)

《若猫と老女》では、飼い主と猫の関係が主題となる。独身生活を送る老女が紡績で得る給与は少ないが、「彼女とその伴侶(compagnie)には十分だった」。伴侶というのは「彼女が優しく愛していた猫」のことで、この猫だけが彼女の「楽しみ」(amusement)だった。ミミ(Mimi)という名のこの猫は、「ご馳走を求めて嗅ぎまわる寄生虫ども」とは違い、パンとミルクとブイヨンを貰うだけで満足し、獲物を狩ることは無い。「彼には鼠も未知の存在」だった。ところがミミは飼い主の外出中に鼠を捕まえて食べ、その味を知り、秘かに鼠狩りに耽るようになってしまう。老女は飼い猫が「貪食」の虜になったことを見てとり、こう諭す。「息子や、愛しい子や(Mon fils, mon cher enfant)、あたしは貧しいけど、それでもふたりで幸せだったじゃないか。でもお前はいま、悪徳の泉から水を飲んだのだよ」。忠告を受けてもミミは欲望に身を委ね、飼い主の知らぬ間に鼠を求めて外出を重ね、近所の猫とつるんで鼠を狩り、人間の食料を盗むようになる。結局ミミは、猫の被害に耐えかねた使用人が仕掛けた毒入りのご馳走を食べてしまう。棍棒を手に追いかけてくる使用人から命からがら逃れたミミは、家にたどり着くも、体に毒が回ってしまった。ミミは「ママ」(maman)の忠告を聞かなかったことを後悔し、自分が死ねば「おばあちゃん」(ma bonne)にはもう「秘密を打ち明ける友」がいない、「老いの苦しみを和らげる」ものが無くなってしまう、と嘆きながら息絶える。(78)

本作は飼い主と猫の愛情関係を好意的に描いた稀有な寓話詩である。老女は猫ばかり可愛がる変人として愚弄されることなく、むしろ質素な生活に満足する良識に満ちた人物として描かれている。その彼女が、猫を「息子」のように「優しく愛し」、腹心の友として秘密を打ち明けることは、孤独な独身生活を生き延びるために必要な慰めとして認められている。本作は著者が自己の体験を語ったものではない。しかしブラールは、あくまでも女性登場人物に託すかたちながら、猫が孤独な人間にとって大切な「伴侶」になることを認め、そのことを親子関係の比喩を用いて描いた。家族関係が愛情に基づくならば、猫もまた疑似的に子供の役割を担いうると示唆したのである。《若猫と老女》は、家庭の幸福を野生の不幸と対比する作品でもある。老女がミミと幸せな関係にあるのは、あくまでも老女がミミにパンと牛乳とスープだけを与える間、つまり肉食を避けることで猫の捕食者としての本能を抑えている間だけである。家庭的幸福は、質素倹約に努めて欲望を制御することで成り立っている。鼠という禁断の獲物を食べてしまった猫は、捕食者としての情念を解放してしまい、楽園を離れて「悪徳」に耽るようになる。フュルチエールら一七世紀の寓話作家が、無為徒食の猫の存在を認めなかったのに対し、ブラールは逆に、猫が鼠を狩ることを問題視している。猫が「伴侶」としての役割を果たし得るのは、鼠対策の役割を捨てて、本能を制御した先のことなのである。野生的なものを敵視し、家庭《ドムス》の秩序を称揚するブラールの寓話は、同時期に出版されたレダレスの猫飼育マニュアルと世界観を共有していたと言えるだろう。

おわりに

一八三〇年、ドイツ・ロマン派E・T・A・ホフマンの猫小説『雄猫ムルの人生観』がフランス語に翻訳された。音楽家クライスラーの生涯と雄猫ムルの生涯を交互に語る奇抜な構成の作品で、小説の歴史にも猫の歴史にも名を遺した傑作である。ロエーヴ゠ヴェマールによる訳文は、あまり原文に忠実ではないと言われている。しかし、母国ドイツでは冷淡に受け止められた『ムル』が国際的な名声を勝ち取るきっかけを作った、歴史的には重要な翻訳である。

ホフマンは実際にムルという名の猫を溺愛していた。インクの染みが付いた紙片がムルの「自筆原稿」として現

図 7–6　ホフマン『雄猫ムルの人生観』フランス語版表紙の挿絵，1830 年

存するほどである。[79] 小説の主人公ムルもまた、飼い主のアブラハム先生に愛されている。川に捨てられていた子猫を保護した先生は、ムルと名付けたこの猫にしつけを施して「注意深く育て」、「居室の友にして伴侶」に仕立てあげた。先生は、ムルに鼠を狩らせず、むしろ沢山の餌を与え、ムルが汚れまみれで帰宅しても叱るどころか優しく洗ってやる、寛容な飼い主である。その先生の下で世間知らずに育った学者気取りのムルは、家の外に繰り出し、近所の人間に迫害され、母親に出会い、猫の学生団体に参加し、貴族主義者の犬が集う社交界に顔を出すも失敗して成長する。この過程をムルが自ら語る自叙伝形式の本作は、自伝文学と教養小説の巧みなパロディである。[80]

ルソーやディドロからも影響を受けたホフマンの作品が、フランスで好意的に受け止められたのは、もちろん音楽家クライスラーの物語が示したロマン主義的な世界観が評価されたからなのだろうが、それだけではないだろう。ペローとラ・フォンテーヌの時代から、数多くの作家たちが猫のイメージを少しずつ変えていったからこそ、飼い主にしつけられて人を引っかかなくなったペット猫を主人公とするこの作品が、フランスの読者にすんなり受け入れられたはずなのだ。動物を使って教訓を説く寓話も、魔法使いの妖精が登場する中世風の世界を描くおとぎ話も、いかにも前近代的な古臭い文学だと思われるかもしれない。しかしいずれも新旧論争時代の「近代派」が育てたジャンルであり、古代人の模倣というルネサンス期以来の文芸の規範を越えて、新しい主題を開拓する実験場になっていた。だからこそ作家たちは、猫を鶏や狐や猿と対峙させる旧来のテーマから離れて、この動物を人間の下で犬の隣に置くことができた。つまり猫を自然界から引き抜いて、人間が住む世界に招き入れる物語を紡ぐことができたのである。

ところでホフマンの小説の冒頭にはムルを描いた挿絵が載っているのだが、その姿はドイツ語版とフランス語版で大きく違う。ホフマン自身の原画に基づく原作のイラストでは、ムルは後ろ足で立つ擬人化された姿をしており、『長靴をはいた猫』の面影を少し残していた。しかしフランス語版のムルは、皿が置かれた隣でクッションに座って寝るアンゴラ猫の姿をしている（図7-6）。フランスに来たムルは、動物世界を抜け出して人家に入り、飼い主に世話をされて安穏と生きるペットの顔を獲得したのである。飼い主に皮を剝がれて肉を食べられることなど思いもよらぬ、安らかな顔で寝ているこの猫に、長靴は必要なさそうだ。

第8章　優雅なふれあい
――ロココ時代の猫絵画――

はじめに

猫の社会的イメージの変遷を辿るには、当時の社会に存在した具体的な図像《イメージ》作品を考慮することも必要不可欠だろう。猫が「愛らしい」ことは、当然ながら、言葉を通じて説明されるだけでなく、図像によって視覚的に示されるものだからである。したがって本章では、人と猫の関係を描いた絵画作品に目を向けて、猫に対するまなざしの変化を跡づけることにしたい。

現代の感覚からすると、絵画は芸術家が自分の感情や感受性を頼りに内面を表現したものだと思われるかもしれない。しかしこれは一九世紀以後に広まった芸術観である。それ以前の絵画は、画家の感情表現として分析しても、あまり上手くいかないことが多い。モチーフの歴史的発展を捉えるには、むしろ、それぞれの画家が、先行する作品からテーマを引き継ぎながら、それぞれに独創的な変奏を加えていった過程として美術史を見る方が効果的である。前章では寓話詩を時系列的に配置して猫関係のテーマの発展を明らかにしたが、それと同じ方法を図像分析にも用いるということだ。このことを念頭に置いて、猫図像学の探究に乗り出そう。(1)

西洋美術史で一八世紀はロココ芸術の時代と呼ばれる。一七世紀のバロック絵画が、国王や大貴族を出資者として、複雑な構図の壮大な歴史画によって代表されたのに対し、ロココは私邸の装飾に活動の場を移した画家が練り上げた様式で、個人の生活を主題とし、男女の恋愛を官能的に描く技法を発達させたことで知られている。[2] 第Ⅱ部で論じたサロン文化（ギャラントリ）の芸術面における発露がロココだったと言ってもよい。[3] そのロココ芸術の担い手たちが猫の描写方法を刷新したことを示すのが、本章の課題である。[4] 以下では「猫と女性」ならびに「猫と子供」のペアの描かれ方の変遷を辿り、最後に、一八・一九世紀の転換期に何作もの猫画を世に問うた女性画家ジェラールの作品を取り上げて、表象の変化を跡づけよう。なお本章では、分析対象の作品を図版として掲載するが、紙面の都合から版画の題名や説明文が記された枠部分を省略した場合もあることに留意されたい。

1 視覚から触覚へ——猫と女性

猫が女性と結びつけられていたことは既に何度も確認した。猫を愛でることは女性の振る舞いとされており、だからモンクリフのような男性作家が猫について語るためには、女性に奉仕するためといった口実を設ける必要があった。絵画でも同様に、猫は女性と一緒に描かれることの方が、男性と一緒に描かれることよりもはるかに多かった。しかし実際に猫と女性の関連が画面上でどのように打ち立てられたのかを観察してみると、一七世紀から一八世紀にかけて、一定の変化があったことがわかる。端的に言えば、女性と猫が、視覚ではなく触覚を通じて繋がるようになったのである。

図 8-1　H・ホルツィウス原画／J・サーンレダム版画《視覚》1595 年頃

高貴な視覚と低俗な触覚

　オランダを中心に風俗画が発展した一七世紀には、猫と女性を一緒に描いた絵がいくつも制作されたが、それらの絵では、女性の社会的地位に合わせて、猫の位置づけが変わった。

　裕福な女性が描かれる場合、猫は目が大きく、夜間にも視力を発揮することから、視覚の象徴として女性の傍に配置された(5)。この際、女性は猫と没交渉で、可愛がる仕草は描かれなかった。例えばホルツィウスの原画による視覚の寓意版画（図8-1）では、色男が差し出す鏡に見入る女性が中央に描かれ、その傍らに鋭い目をした狐のような猫がいる。猫はあくまでも画面の端に添え物のように登場するに過ぎず、女性の注意を惹いていない(6)。

　猫に注意を向ける仕草は、むしろ労働者階級の女性を描いた絵画に見られる。例えばフェルメールのライバルだった風俗画家メッツーの《食事をする女》を見てみよう。《猫の食事》としても知られる油彩画である（口絵2）。猫に餌を与える女性を描いたものだが、暗い階下の部屋にいるこの女性は、エプロンを付けた労働者である。おそらく家事使用人だろう。猫の方は立ち上がってエプロンにしがみつき、魚の骨を貰うだけでは満足できないのか、傍らに置かれた鶏を物欲しそうに見つめている。メッツーの作品においては、色鮮やかな服に身を包んだ裕福な女性

図 8-2　作者不詳［《猫と遊ぶ女》］17 世紀

が首輪をつけた小型犬にお手をさせたりして戯れるのに対し、くすんだ色の服を着た慎ましい女性が、食料を盗もうとする、行儀の悪い猫と一緒に描かれた[7]。一七世紀フランスの絵画蒐集家マロールの所持品（現在はフランス国立図書館所蔵）にも猫と戯れる女性を描いた版画があるが、その女性もやはり労働者の姿をしている（図8－2）。前足を摑まれた猫は顔をしかめて、明らかに嫌がっている。このように、小型犬を手懐けることが裕福な女性の仕草とされたのに対し、猫にしつけを施さないまま手繰り寄せることが労働者の仕草とされたのである[8]。

優雅な愛撫

一八世紀に入ると、猫と戯れる仕草が、裕福な女性の行動として描かれるようになる。まずはロココ芸術を代表する画家のひとりフランソワ・ブーシェの作品を見てみよう。彼の作品に猫は何度も登場するが、ここでは版画化されて流通した《危険な愛撫》（図8－3）を取り上げる。目を細めて口を少し開いた、恍惚状態の女性が、膝に乗せた猫の背中を撫でながら、虚空に視線を向けている。画面上部にはカーテンの紐が不自然な位置に垂れ下がっているが、これは房を睾丸に見立てた男性器の隠喩だろうか。背景にはカーテンの奥に本棚が見えるが、蔵書は一八世紀に妖精物語のパロディとして増加していた官能小説かもしれない。画面下に添えられた詩の内容を考慮すると、この女性は猫を「愛撫」（caresse）しながら、恋人に思いを馳せているのだとわかる。というのもこの詩には、

図 8–3　F・ブーシェ原画／J・ド・ロンゲイユ版画《危険な愛撫》18 世紀

図 8–4　F・ブーシェ原画／E＝C・タルデュー版画《鏡の前で扇子を持つ女》1750 年頃

美女よ、猫の愛想に騙されるな、猫は恋と同じで、気を許せばすぐに裏切られるぞ、とあり、優しく撫でても恩知らずに引っかいてくる猫が、移ろう恋心の象徴とされているからである。

この版画を、女性版画家タルデューが刷った類似の作品（図8–4）と比べてみよう。タルデューの版画では、上部の紐はそのままに、猫が鏡に、背景の本棚が窓に置き換わっている。添えられた詩は、見てくればかり気にする美女に対し、外見よりも性格を磨いて尊敬されるようになりなさい、と説教するものである。恋愛要素が薄れており、女性の表情を見ても、口角の上がり具合が抑えられる反面で眉毛の角度が上がっており、恍惚というよりも鏡に見入る集中の表情だと言える。こちらも原画が散逸しているが、どうやらブーシェは、この姿勢で座った女性を中心に据えた作品を複数制作していたようだ。《危険な愛撫》と比べてみると、この作品の方が、女性の手の位置が扇子にぴったり合っており、自然に見える。逆に《危険な愛撫》の猫は今にも走り出しそうな姿勢で、膝の上で撫でられる猫としてはぎこちない。おそらく扇子を持った女性像が最初に描かれて、次に、鏡と同じく視覚の象徴であった猫を、女性の手になんとか馴染むように描き入れて、《危険な愛撫》の構図が成立したのだろう。変更を加えたのがブーシェなのか、それとも版画家ロンゲイユなのかは定かでない。(9) いずれにせよ、ブーシェかロンゲイユのいずれかが、鏡に見入る女性という旧来の画題から出発して、そこに一捻り加えて、猫と女性を触覚によって結びつける新しい表象を編み出したのだと考えられる。

従来の画題が変奏されていく過程は、画家ルフェーヴルの原画を版画家シャトーが刷った一七一一年の作品にも見てとれる（図8-5）。少女が布を巻いた猫に粥を与える様子を描いた図像である。このような「おくるみ」は乳幼児が一般にまとわされるものであり、赤子のように布に包まれた猫は、以前から滑稽画の題材となっていた。(10) 一七世紀の版画《雄猫の養育》（図8-6）はその一例である。猫を赤ん坊のように可愛がる集団を描く微笑ましい光景に見えるからか、「おくるみ猫」は現代でもネット上で猫好きたちにもてはやされがちである。

図 8-5　N・ルフェーヴル原画／N・シャトー版画《おくるみ猫に食事を与える少女》1711 年

しかしこの行為は、むしろ猫を虐めて遊ぶ行動の一種だったのではないかと思われる。関連史料が少ないため断言することは難しいが、この画題は、一七世紀中葉に哲学者ヌレが批判的に記述した祝祭の慣行と関係していたと考えられる。第1章で見たように、ヌレによれば、南仏の町エクスでは、晩春の聖体祭において、動物を用いて聖史

図 8–6　J・ルブロン《雄猫の養育》1580 年頃

をパロディ化する演出が横行しており、その一環として、布で包んだ猫を空中に放り投げる場面があったという[11]。これはあくまでもエクスの風習に関する証言だが、《雄猫の養育》でも、焼き網を楽器に見立てて奏でるふりをする人物がいるなど、さかさまの世界が描かれていることは確かである。女性が猫を抱え、男性が粥を与えているが、「猫に粥を作る」とは「無駄なことをする」という意味のことわざだったらしく、説明文でも、この「珍妙な雄猫」に「粥を与える」ことが「マルゴの狂態」と呼ばれている。「マルゴ」とは初期風俗画の大家ブリューゲルの登場人物フリートのフランス語名であり、ことわざに取材するのもブリューゲルの手法だった。要するに「おくるみ猫」の主題には、猫ごときを赤子のように可愛がるからこそ滑稽だという転倒の意味合いがあったはずである[12]。

　シャトーの版画はこの主題に一捻り加えて、場面を裕福な家に移している。少女が経済的に恵まれていることは、絹の艶を示す衣装や、装飾付きの調度品から明らかである。下部には「こんなに不細工で意地悪な獣」を可愛がる少女の「気まぐれ」をあざ笑う詩が付されており、猫に粥を与えるのを馬鹿げた行為とするまなざしは変わっていない。しかしその愚行に耽る主体が富裕層の若い女性に置き換わったのである。

　同様の風刺版画として《当世の狂気》（図8-7）も取り上げたい。制作者も制作年も不明で、アルフォール獣医学校のアーカイブ（現ヴァル＝ド＝マルヌ県立文書館）に辛うじて残った希少品である。過剰なまでの宝石を身に着けた高級娼婦と思わしき女性が、鏡の前に座り、膝の上に色男風の衣装を着せた猫を乗せ、その前足を片手で握っている。女性は穏やかなほほ笑みを浮かべているが、もう片方の手で道化の錫杖を握っていることから、愚者として提示されていることがわかる。説明文は《危険な愛撫》と似て、猫を「移り気な裏切り者」である点で「恋人」になぞらえ、愛情を注いだところで報われないぞ、と女性を揶揄する内容である。着飾った猫は明らかに後ろ足の爪を展開しており、前足の爪も出しているように見える。《危険な愛撫》との類似点が多い作品だが、《当世の狂気》は、女性が優し気な表情で猫を見つめている点で、猫を可愛がる行為をさらに一歩踏み込んで表現したものと言えるだろう。《当世の狂気》という題名からは、このように猫を愛玩する行為が一種の流行になっており、おしゃれ好きな女性を虜にしているという含意が窺える。

LA FOLIE DU SIECLE
Ce chat que vous voyés soumis et caressant
Vous egratignera peut etre,
Il est inconstant,il est traitre,
Il est l'image d'un amant.

図 8–7　作者不詳《当世の狂気》18 世紀

ブーシェと並ぶロココ絵画の巨匠ヴァトーの作品も見ておこう。元々は油彩画で、ヴァトーの死後に作品集の一環として《病み猫》の題で版画化されたものだ（図 8-8）[13]。飼い猫が病気になったことを嘆いて医者を呼んだ女性と、猫などのために出張ってきた医者の双方を揶揄する風刺画である。時代遅れの衣装を着た喜劇役者風の医者は、猫の前足を掴んで脈を図るかの素振りを見せ、猫の方は驚いて抵抗し、

図 8-8　A・ヴァトー原画／J＝E・リオタール版画《病み猫》1731 年

医者を爪で引っかいている。下部に付された三篇の詩から成る長い説明文は、恋人が死んでも喜んだほど冷血なのに猫が病気になっただけで嘆く女を愚弄し、さらに、医者が猫の相手だけしていれば人間の犠牲者が減って良かろう、と医者の無能力も非難する内容である。男性の死を悲しまなかったのに猫が死にそうになると取り乱す女性という人物像は、当時の風刺文学に見られるステレオタイプだった[14]。ヴァトーはこのステレオタイプを取り上げて、飼い主の猫に対する愛着を誇張して描いたのである。

ここまで見てきた版画は、どれも猫好き女性を風刺するものばかりである。しかし見方を変えれば、そもそもそれまで画像に描かれることの少なかった、猫を可愛がる女性を主題にして、人々に愛猫家の存在を知らしめたのだとも言える。猫を可愛がる女性が、一七世紀の作品のように、歯をむき出しにして笑う下品な労働者として描かれておらず、むしろ裕福な女性とされたことは、猫愛玩を上流階級に広まった「当世」風の行為と見なす傾向を強めたはずである[15]。風刺的なメッセージは、猫を愛でる女性の図を売るのに必要な口実だったのかもしれない。猫を好む者は、下の詩を切り取ったり隠したりして、ネガティブな意味を削減することもできただろう。

肖像画と絵画展

これまで版画に注目してきたのには理由がある。今では美術館に所蔵されている絵画も、かつては別の環境に置かれていた。したがって絵画を社会に位置づけられた一種のメディアとして捉えるならば、可能な限り、各々の絵が置かれていた場所も考慮せねばならない。彩色画は基本的に単品で制作され、複製されるとしても数が限られており、したがって所蔵者の周辺人物の目に入るだけだった。対して版画は比較的大量に印刷されて、何人もの購買者に販売されて流通したから、私邸に飾られた油彩画よりも多くの人に見られたはずである。版画は比較的安価で携帯も容易なことから、図像の物理的な移動も大いに促進した。例えば本章で最初に取り上げたホルツィウスによる視覚の寓意版画は、フランスの所有者によって一八世紀中葉に複製されて再び絵画市場に出回っていた。[16] とはいえ版画の多くは油彩画の複製であったから、油彩画と版画を対立的に捉えるのはミスリーディングかもしれない。より厳密には、版画がオリジナル絵画の拡散に貢献したと言うべきだろう。[17] 要するに版画は、図像を拡散する重要なメディアだったのであり、猫の社会的表象を図像から探る本章にとっては、特に重視すべき史料なのである。

とはいえ一点限りの絵画が不特定多数の目に触れる場が無かったわけではない。教会が宗教画を信徒に見せる場になったことがその最たる例である。フランスでは一八世紀に入ると、前世紀に発足した王立絵画彫刻アカデミーの会員の作品を公衆に向けて展示する展覧会がルーヴル宮殿で定期開催されるようになった。「方形の間《サロン・カレ》」で開催されたことから美術史では単に「サロン」と呼ばれるこの官展は、労働者にも開かれた娯楽として数多くの来場者を集めた。一八世紀には版画と並んでサロン展が、オリジナル絵画を購入する資金を持たない人が作品に触れる機会を提供するようになっていたのである。[18]

宗教画や歴史画と違い、私邸に飾られるため見る者が限られる風俗画や肖像画もまた、絵画展のおかげで公衆に示されるようになった。そうして公開された猫のいる肖像画としては、一七四七年のサロンで展示された《ユキエ嬢の肖像》（図8-9）がある。パステル画で名を馳せた肖像画家ペロノーの作品である。微笑みを浮かべて側面を

図 8–9　J＝B・ペロノー《ユキエ嬢の肖像》1747 年

向いたユキエ嬢は、片手で猫の耳を触り、もう片方の手で前足を摑んでいる。猫は爪をしまったままで、嫌がるそぶりを見せずに、好奇心ありげな顔を画面前方に向けている。画面が小さいこともあり、猫は周縁に辛うじて顔を出す程度の面積しか占めていないが、逆に言えば面積が限られているのに登場する栄誉にあずかったのである。

抽象的な「女性」なるものを描く風俗画では、猫を可愛がる態度を揶揄する意味が加えられていたが、特定の人物を描く肖像画では、そうした揶揄は不要であるどころか、モデルの名誉を傷つける場違いな要素となる。肖像画において猫が描き入れられるのは、あくまでもモデルが猫を飼っていたという伝記的事実を示唆するためである。第4章で見たレディギエール夫人（そしてルネサンス期の婦人）はあくまでも希少種の猫を肖像画に描き入れさせていたが、ユキエ嬢の猫は毛色からして雑種と思われる。珍種の猫を誇示する意味は無く、単にユキエ嬢がこの猫を可愛がっていたことを示唆するのだろう。よく手入れされているのか、猫の毛並みはつややかで、ペロノーはその柔らかな質感の再現に力を注いでいる。

レディギエール夫人の肖像画について見たように、肖像画に猫を描き入れるにあたっては、モデルの名誉を傷つけないよう配慮した演出を施す必要があった。《ユキエ嬢の肖像》では、モデルが猫の方に目を向けることなく、背筋を伸ばした凛々しい姿勢を保っている。猫を可愛がりながらも、過剰に執心しているわけではないと示唆する、バランスを取った描き方と言える。

なおマリー＝アンヌ・ユキエは、ブーシェやヴァトーの複製で知られた版画家ガブリエル・ユキエの娘である。ペロノーは父親の肖像画も描いて、同時にサロンに出展していた。絵画展に来るような美術愛好家にユキエの名前はそれなりに知られていたことだろう。一七四七年の官展は、裕福な親方の令嬢が猫を優しく撫でる姿が、公衆の目に触れる機会となったのである。

図 8–10　J＝B・ペロノー《伝パンスルー・ド・ラ・グランジュ夫人の肖像》1747 年

ペロノーは同年、本書のカバーに用いた婦人肖像画も描いている（図 8–10）。官僚貴族パンスルー・ド・ラ・グランジュの妻マグダレーヌを描いたものと言われている。腕に抱かれたシャルトルー猫が存在感を放っており、柔らかな毛並みの再現が見事である。ここでも飼い主は猫を見下ろすことなく背筋を伸ばしている。ややポーズが固いのは、実際に猫を抱いたまま描かれたためかもしれない。猫もどことなく落ち着かない様子で、よく見ると前足の先には爪が少しはみ出ている。猫の首についた鈴付きの首輪が、飼い主の首を飾る真珠付きのリボンに対応するかのようだが、これは第4章で検討したサロンの詩のように、飼い主と猫の間に相似関係を打ち立てる演出だと言える。

この絵は一九八四年に米国のゲッティ美術館に取得され、現在は一般公開されている。しかしペロノー作品の専門家によれば、同美術館によって購入されるまで本作は私蔵品に留まり、広く公開されることはなかった。《ユキエ嬢の肖像》よりも猫が堂々とした存在感を放つ本作は、ごく私的な作品として制作され、公衆の目には晒されなかったのである。(19)

過激化する官能性

再び風俗版画に戻り、一八世紀後半の展開を見ることにしよう。ブーシェの弟子フラゴナールが活躍した一七七〇年代以降は、文学でも絵画でも官能性の描写が過激化し、あけすけな性的表現が増加した「放埒《リベルタン》」の時代である。(20)この時代、猫を触覚と結びつけて官能の象徴とする傾向がさらに強まった。このことを三点の作品を通じて示そう。

まずは、フラゴナールの原画に基づく《良き母》(図8-11)を見てみよう。森の中で母親が子供たちとふれあう様子を描いた作品である。赤子の眠るベッドの傍らに座る母親は、別の幼児を撫でながら、反対側に視線を向けている。視線の先には背後から忍び寄る男子が、水瓶を傾けて母親の隣に置かれた皿に水を注いでいる。母親と男子の間で、白いアンゴラ猫が母親の肩に頭をなすりつけている。猫は目を閉じており、視覚ではなく触覚を通じて女性と結びついている。美術史家エマ・バーカーが指摘するように、フラゴナールの原画では、母親は目を細めて猫に流し目を送っており、子供の世話をしながらも、官能の悦びに気を取られていることが強調されていた。版画では母親の目が大きく開かれ、《良き母》との題名が付されており、女性の性的放埒を示唆する原画の意味合いが薄れている。(21)それでも、目を閉じてすり寄る猫が性生活の隠喩として機能していることに変わりは無い。子育てに没

図 8–11　J＝H・フラゴナール原画／N・ド・ロネー版画《良き母》1779–80 年頃（部分）

頭することなく、性にうつつを抜かす母親像は、フラゴナールのライバルだった道徳画家グルーズや、その崇拝者ディドロらによって批判されたところであった。

この作品の猫像をさらに戯画的に発展したものとして、ユエの原画に基づく《幸せな猫》(図8-12)がある。侍女に着替えの世話をされている裕福な女性が、全裸で椅子に重心を預けているその隣で、椅子の上に座る白いアンゴラ猫が、女性が脱いだと思わしき衣服に全身を擦り付けている。両目を閉じて、鼻が強調されたその顔面から、服の臭いを嗅いでいることがわかる。しかもこの猫は尻尾で女性の太ももに触れるだけでなく、陰部を指し示してもいる。このあけすけな性描写においても、猫はやはり視覚から切り離されているが、触覚だけでなく嗅覚とも結びつけられているのが新しい。

最後に、スウェーデン出身の画家ラフレンセンの原画による《かわいい猫ちゃん、君みたいになれたらな》(図8-13)を見ておきたい。両脚を開いた行儀の悪い姿勢でベッドに腰かけた女性が、猫の尻尾

図 8-12　J＝B・ユエ原画／L＝M・ボネ版画《幸せな猫》1787 年頃

を指で挟むように撫でている仕草は、性的な奉仕を暗示するようにも見える。足元には薄い本が開いた状態でぞんざいに放置されているが、このように乱雑に扱われる本は官能小説だと考えられる。管見の限りこの絵は、女性が猫に対して話しかける様子を描いた最初の作品である。題名（キャプション）はその発言内容だが、女性がなぜ猫の立場を羨んでいるのかは判然としない。娼館で住み込みの労働を強いられている女性が、建物の内外を自由気ままに行き来する猫の自由を羨んでいるのだろうか。この解釈の当否はともかく、本作が、女性と猫が向き合い、仲良くふれあう場面を描きつつ、その場面に性的な含意を込めた図像であることは確かである。女性と猫の親密な関係を、性的な仲睦まじさの比喩として描くことが、一八世紀の風俗画の一般的傾向であった。

　ここまで風俗画と肖像画に即して見てきたように、一八世紀の絵画では裕福な女性が猫とふれあう様子が描かれるようになった。官能性を探究したロココ時代の画家は、快楽の源泉として触覚を重視し、裸体の肌の質感の表現に工夫を凝らしたと言われている。[22] そうした全体的な傾向が、猫の柔らかな毛並みに触れる心地よさを図像に

図 8–13　N・ラフレンセン原画／J＝F・ジャニネ版画《かわいい猫ちゃん，君みたいになれたらな》1786 年（部分）

表すことを後押しして、女性と猫の接触を描く潮流ができたのだろう。版画の多くには猫を可愛がる態度を批判する文言が添えられていたものの、もはや猫は貧しさの象徴ではなくなり、むしろ裕福で、繊細で、流行に敏感な女性の愛玩動物として描かれるようになった。そうした新しいイメージが、絵画展や版画を通して、社会の中に広まっていたのである。

2 いじめの終わり——猫と子供

西洋近世の絵画では、子供もまた猫と一緒に描かれることが多かった。近世の子供と言えば、フィリップ・アリエスの学説が有名である。アリエスによれば、子供を大人と違う存在として区別する考え方が広まったのは一八世紀のことで、それまで子供は不完全な「小さな大人」として扱われていた。子供の歴史の研究に先鞭をつけたアリエスの学説は、その後の研究の進展によって修正を迫られており、中世には中世なりの子供観があったと指摘されている。それでも、子供を特徴づける要素、つまり「子供らしさ」が時代を通じて変化してきたことは、アリエス以後、広く受け入れられて歴史学の常識となった。[23]今では美術史の研究が進んだことで、一七世紀オランダで児童肖像画がジャンルとして成立し、目を大きく描くなど、子供を愛らしく描く技法が発達したこと、そして児童画において、猫が児童性の象徴として用いられたことがわかっている。[24]しかし、管見の限り先行研究では見逃されてきたことだが、猫と子供を一緒に描く方法もまた、ロココ時代に大きく変化した。

子供と猫の大騒ぎ

子供と猫の象徴的な関係を論じるには、クリスペイン・デ・パッセの《少年期》(図8-14)が良い出発点となる。[25]

ライフサイクルを描いた七連作の二番目にあたり、《幼年期》と《青年期》の間に位置する図像だ。羊を抱く穏やかな乳幼児を描いた《幼年期》や、たくましい犬を付き従える男子を描いた《青年期》とは異なり、《少年期》における児童と猫の関係は不和に満ちている。右側の子供は猫を抱きかかえて不敵な笑みを浮かべているが、左側の子供は猫の爪に引っかかれ、痛みに泣いている。ホラティウス『詩論』の模倣と思わしき説明文には、自分の足で立ち、言葉を話すようになった児童は、同じ年頃の友達と遊ぶものだが、訳も無く笑い、訳も無く泣いて、機嫌が目まぐるしく変わる、とある。この図は、男児が集まって一緒に遊ぶことを表すと同時に、猫を捕まえて喜んだかと思えば（右）、次の瞬間には猫に引っかかれて大泣きする（左）という児童のせわしなさも表現した作品なのである。猫を捕まえて、無理やり押さえつけることが、児童らしい行為とされている。逆に言えば、猫は捕まえても暴れる動物として、児童のせわしなさの象徴となった。

PVERITIA
2
Hæc pueri voces jam docti reddere imago est,
Signantis certo pede humum, assuetique coævis
Ludere cum socijs, pronique irascier atque
Placari et quavis facilis mutarier hora
Crispin de Passe iunior. excud.
Carol. Vtenb. Inder.

図 8–14　C・デ・パッセ《少年期》16 世紀末～ 17 世紀初頭

　猫を使って子供の子供らしさを演出するこの意匠は、その後オランダでさらに発展し、構図も複雑化した。例として風俗画家ステーンの油彩画《猫に踊りを教える子供たち》（図 8–15）を見てみよう。少女が笛を吹くのに合わせて、年長の男子が猫の前足を摑んで無理やりステップを踏ませているの

図 8-15　J・ステーン《猫に踊りを教える子供たち》1660–79 年頃（部分）

を、他の子供たちだけでなく、犬も楽しそうに眺めている。当時の図像学においては、犬が教わったことをすぐに覚える動物として教育や規律の象徴とされたのに対し、猫は自立心が強く拘束を嫌うことから、野生そのままの状態に留まる矯正不能の動物とされた[26]。この絵もまた、人間の言うことを聞く犬と、反抗する猫を対比したものである。ステーンは他にも《猫に読書を教える子供たち》や《猫をからかう子供たち》などを描いたが、いずれも猫を無理やり押さえつけ、嫌がる姿を見て笑う子供たちの遊びが主題となっている。猫を捕えて、何かを教え込むことが、馬鹿らしくておかしい行為として滑稽画の主題になったのである。こうした絵画はステーン研究者にも「残酷」と評されているが、ステーンとしては、猫いじめを問題行動として批判したのではなく、あくまでも無邪気で楽しい、子供らしい遊びとして描いたのである[27]。

こうしたオランダの潮流に呼応する作品はフランスでも制作されている。その一例として、猫に楽譜を見せて無理やり音楽を教え込もうとする少年を描いた滑稽画がある（図8-16）。苦しそうな表情で爪を剥き出しにして抵抗

図 8-16 P・ブレビエット原画／E・ドーヴェル版画《猫と遊ぶ子供》17 世紀

On void bien qu'il est vn enfant │Voulant en faire la pratique
D'enseigner aux chats la Musique,│Est il rien de plus triomphant
Brebiete. inuen.　　　　　E. Danuel excu. Cum priuile Regis

する猫を、少年が押さえつけている。騒音の象徴であり、物事を学び得ないとされた猫に音楽を教えようとするのは、二重の意味で逆説的な行いだった。説明文でも、猫に音楽を教える行為が、子供じみた、馬鹿げた行為であると示唆されている。

このように、一七世紀の風俗画において、猫は落ち着きがなく拘束を嫌う点で子供に似た存在とされ、その猫を無理やり押さえつけて気まぐれに付き合わせる行為が子供らしい愉快な行動として描かれていたのである。

爆笑から微笑へ

嫌がる猫を無理やり押さえつけて楽しむことを、無邪気な遊びとして見過ごす態度は、一七世紀末から問題視されていった。ジョン・ロックは『教育に関する考察』（一六九三、仏訳一六九五）において、まさにそのような態度が蔓延していることを批判し、幼少期に動物を虐める子供は、大人になれば他人に対して残酷になると警鐘を鳴らした。ロックは、知人女性が実践した賢い教育法を紹介すると称して、少女に子犬などの小動物を与えて大切に飼育させ、死なせてしまった際には厳しく叱ることで、自分より立場の弱い者に対する温情を身につけさせ、母性を育むこともできると主張した。(28) 経験主義が流布した一八世紀には、幼少期に動物を「残酷」に扱うことで他者の痛み

図 8-17　F・ブーシェ原画／G・ドゥマルトー版画《少女と猫》18 世紀

図 8-18　F・ブーシェ原画／G・ドゥマルトー版画《おくるみ猫》18 世紀

に対する感受性が鈍り、冷酷な人格が出来上がるという考え方が普及し、児童が動物を痛めつけることを問題視するまなざしが広まっていく。

ブーシェは子供と猫が優しくふれあう様子を描くことで、以上の子供観の転換を後押しした。猫と子供のペアは彼の風俗画にも出てくるが、特筆すべきなのはむしろ素描《デッサン》である。一八世紀にはフランスでも絵画愛好家のすそ野が広がり、素人が絵を描く手本にしやすい素描の複製版画が売られるようになった。ブーシェはこのデッサン・ブームに乗って、多くの素描を版画として流通させていたが、その中には子供と猫が優しげにふれあう様子を描いた作品があったのである。[29]

ここでは絵画アカデミー所属の版画家ドゥマルトーの作品から二つ取り上げよう。鉛筆の雰囲気を残したまま版画にする新技術を用いて刷られ、連番付きで販売されたもので、いずれも先に見た「おくるみ猫」のテーマにアレンジを加えたものだ。ダザンクール夫人所蔵の原画に基づく版画（図8-17）では、籠の中に入れられて布で包まれた猫が若い娘に抱えられているが、猫は全身を拘束されているわけではなく、前足を自由に動かせる状態にある。腹を上に向けた姿勢で娘の腕に体を預け、きょとんとした顔で耳を触らせるままにしているが、これは猫が娘に懐き、信頼を寄せていることを示唆する姿勢である。徴税請負人マラン・ド・ラ・エの所蔵品に基づく版画（図8-18）でも猫は布に包まれて前足を外に出している。二名の若者に覗き込まれた猫は、顔をしかめて爪を剝き出しにして抵抗するのではなく、困惑したコミカルな表情を見せるばかりである。こちらも、普段から可愛がられている猫が、子供の遊びに付き合わされている情景として読み取れる。これらの作品で、子供たちは口を大きく開けて豪快に笑うのではなく、穏やかに微笑んでいる。

このようにブーシェは、嫌がる猫に無理やり「しつけ」を施そうとする子供の所業を笑い事とした前世紀のまなざしを排して、子供が猫と穏やかにふれあう様子を描き、版画によって公衆に見せつけていた。こうして動物を虐めて遊ぶ「やんちゃな子供」が「優しい子供」に置き換わる過程で、男児を差し置いて女児が前面に躍り出たことも、ここで指摘しておきたい。動物を育てることが道徳教育に資すると説明した際にロックがあえて女児の話をしたのと重なる現象である。おくるみ猫は、カーニヴァル的な馬鹿騒ぎという当初の文脈を離れて、少女が母親の真似事として行う「おままごと」になった。

思い出の猫

一七六二年に出版されて同時代人に絶賛されたルソーの『エミール』は、子供を子供として尊重する態度を表明した画期的な教育理論書だった。同書は教育者の介入を削減して子供の自発的な成長を促す子育て方法（いわゆる消極教育）を説いたことで有名だが、そうした子育ての前提には、幼少期を将来のための準備期間として捉えるのではなく、それ自体で楽しむべき人生の一時期として位置づける発想があった[30]。幼い頃に母親が口ずさんでいた歌を聞くと幸福な子供時代を思い出して涙が出ると述懐したルソーは、素朴な歌のような些細な物事ですら、子供を幸せにし、その子供が長じても優しい思い出の種になるのだと書いた。「子どもを愛するがいい。子どもの遊びを、楽しみを、その好ましい本能を、好意をもって見まもるのだ。口もとにはたえず微笑がただよい、いつもなごやかな心を失わないあの年ごろを、ときに名残り惜しくさえ思いかえさない者があろうか[31]」。

子供が猫と戯れる情景は、まさにその愛すべき「遊び」や「楽しみ」の典型例となった。一七七八年に出版された『エミール』の再版に挿絵画家モローが寄せた図像を見てみよう（図8‐19）。ルソーが第一篇で、子供には自力で成長する力が備わっていると述べて消極教育の原則を打ち出し、「これが自然の規則だ。なぜそれに逆らおうとするのか。あなたがたは自然を矯正するつもりで自然の仕事をぶちこわしているのがわからないのか[32]」と述べる箇所に添えられた絵だ。消極教育の理念を視覚化するように、画面では若い両親が二人の子供から距離を取って見守り、子供の好きにさせている。無垢なることを示すように裸体をさらけ出す幼子のうち、立っている男子が白い猫を抱いている。猫は子供の手を噛んでいるが、子供が痛みに叫ぶわけではないところを見ると、甘噛みしているのだろう。猫は、乱暴に騒ぎ立てる児童にもてあそばれるのではなく、穏やかに「微笑」を浮かべる児童の遊び相手になっている。

図 8‒19　J＝M・モロー原画／J＝B・シモネ版画《これが自然の規則だ。なぜそれに逆らおうとするのか》1778 年（部分）

『エミール』が反響を呼んだ一七六〇年代は、オランダでは既に一七世紀から存在していた児童肖像画が、フランスでもひとつのジャンルとして確立された時期にあたる。子供を血統の継承者としてではなく、大切な愛らしい存在と見なし、その純粋無垢な姿を肖像画に記録する慣行が、ルソーに後押しされて急速に広まったのである[33]。モローの挿絵が制作される以前から既に、ブーシェの薫陶を受けた肖像画家ドルーエが《少女と猫》（図8–20）を一七六三年のサロンで展示していた[34]。本作は画家シルヴェストルの娘を描いた肖像画で、少女は猫を赤子に見立てて母親ごっこをしている。ドルーエはおそらくブーシェの素描を参考にこの構図を作ったのだろう。猫が腹部をさらけ出した無防備な姿勢でいながら、抵抗することなく少女の腕に収まっていることに注意したい。少女は猫を布で包んで拘束して無理やり遊びに付き合わせているのではなく、猫を手懐けて、言わばその同意のもとで一緒に遊んでいるのだ。ドルーエは二年後の一七六五年にも三毛猫と戯れる幼い男児の肖像を描いており、そちらでは猫が男児の手を甘噛みしていた[35]。モローはこうした作品を『エミール』の挿絵の参考にしたのかもしれない。

図 8–20　F＝H・ドルーエ《少女と猫》1763 年

　フランス革命期の一七九三年には、少年と猫の友好関係を描く作品がサロンに登場した。ダヴィッドの弟子ガルヌレーが息子と猫を一緒に描いた肖像画を出展したのである[36]（口絵4）。後に海洋画家として活躍するアンブロワーズ＝ルイ少年が、テーブルに座らせた白とグレーのアンゴラ猫に身を寄せている。少年は猫を抱くように片腕を周囲に回しながら、もう片方の手では猫の前足を持ち上げて握手している。猫はやや退屈そうな絶妙な表情をしているが、少年の抱擁を嫌がらず、引っかくことなく握手を受け入れている。猫を大きく目立つように描き、テーブルに乗せて持ち上げ、顔面を少年とほぼ並列させた本作は、一八世紀に起きた猫の地位向上を体現する作品と言えよう。ガルヌレー（父）は一八〇四年のサロンに出展した《音楽のレッスン》でも、妻と娘と思わしき人物と一緒に、似た毛色の猫を登場させている。一家でこの色のアンゴラ猫（とその子孫）を可愛がっていたのだろう。

ここまで見てきたように、絵画に描かれる児童と猫の関係は、一八世紀に大きな変容を遂げていた。一七世紀において、猫は落ち着きを欠いた騒がしい動物である点で子供に似通った存在とされていた。猫を捕えて、嫌がるのも気にせず無理やり押さえつけて、遊びに付き合わせる行為が、やんちゃな子供らしい行為として描かれていた。ところが一八世紀には、動物を痛めつけて遊ぶ行為を問題視する教育書が現れるとともに、絵画においても、子供が猫を虐めるのではなく、むしろ優しく愛でる姿が描かれるようになった。大勢で集まって猫をもてあそんで遊び、豪快に笑っていた子供に替わって、家庭に囲われて個人化され、猫を手懐けて可愛がり、優しく微笑む子供が現れたのである。

猫の親子

子供と猫が穏やかにふれあう様子を描写できるようになったのは、子供観の変化に加えて、猫という動物を描く技法も変化したからである。一八世紀はフランスで動物画がジャンルとして成立した時期でもあった[37]。動物描写の技法が洗練されるなかで、攻撃性を抑制しながら猫を図像化する手法が発展していたのである。

紙幅の都合から詳述はできないが、動物画の刷新を示す版画を一点だけ取り上げよう。先に風俗画家として名前を挙げたユエの原画による《アンゴラ猫とその家族》（図8-21）である。中央に鎮座する母猫を、母乳を飲んだり、草の上でじゃれ合ったりする子猫たちが囲んでいる。画面左側に水入れと思わしき鍋が見えるように、庭園が舞台になっているのだろう。[38] 親猫の子猫に対する愛情は、近世初期から描かれていた古い主題である。しかし従来の作品で、この愛情は、子猫を守る親猫が外敵（とりわけ犬）に示す攻撃性として描かれていた。[39] 一八世紀前半に活躍し

図 8–21　J＝B・ユエ原画／H・シュミッツ版画《アンゴラ猫とその家族》1775–80 年頃

図 8–22　J＝B・ウドリー原画／G・ドゥマルトー版画《家庭内闘争》18 世紀

図 8-23　J＝B・ウドリー原画／J・ドーレ版画《ポインターの雌犬とその家族》1758 年

た動物画家ウドリーも《家庭内闘争》の題で版画化された作品で、まさにそのような瞬間を描いていた（図8-22）。間引きのために生まれたての子猫を取り上げようとした際に母猫が抵抗する様子が観察されていたことから生まれた画題なのかもしれない。

ユエは、雌猫の母性を、子供を保護しながら乳を与えて育てる姿によって表現した。つまり以前からの主題である親猫の愛情を、攻撃性から切り離して描いたのである。ただしこの構図はユエの独創ではない。既に晩年のウドリーが似た構図の犬絵をサロンに展示していたからである（図8-23）。この作品は批評家に絶賛され、二度も版画化された人気作であった[40]。家族愛が風俗画や児童肖像画を通じて礼賛されるようになった一八世紀中葉には、子供を愛する親の気持ちを犬や猫に投影する絵画が流行していたのである。

このように一八世紀に生まれた動物画では、猫が穏和な姿を獲得しつつあった。猫を本能的な動物とする理解はそのままに、その本能の内容を、他者に対する攻撃性から、子供を守り育てる習性に変えることで、猫を愛情に満ちた動物として捉えなおす動きがあったのである。こうした動きが生じていたからこそ、猫と子供の優しいふれあいを描くことも可能になったと考えられる。

3　家族の一員――マルグリット・ジェラールの猫

一八世紀美術における猫の変身の集大成と言えるのが、女性画家マルグリット・ジェラール（一七六一―一八三七）の作品である。猫を何度も登場させた彼女の作品の特徴は、性的な要素を過度に強調することなく、情愛に満ちた家族生活を彩る存在として猫を位置づけた点にある。本節ではこのことを、代表的な作品に即して論証する。

ジェラールはフラゴナールの義妹にして弟子であり、ブーシェの孫弟子にあたる。一四歳の時に三〇歳ほど年長の義兄のアトリエに移り住み、その薫陶を受けた。一七八〇年代から風俗画家として活動を始め、革命期には肖像画も手がけるようになり、晩年の一八三〇年代に至るまで精力的に画業を続けた。生前には高い評価を受けたが、死後は忘却され、二〇一九年にようやく、美術史家カロル・ブリュメンフェルドの研究によって、その活動内容が明らかにされたところである。(41)

そもそも女性画家が珍しかった時代にあって、ジェラールは女性風俗画家という、輪をかけて珍しい存在だった。当時のフランスの有名女性画家としては他にヴィジェ・ルブランとラビーユ＝ギアールがいたが、両者ともに王族や宮廷貴族の庇護を受けた肖像画家であり、王立絵画彫刻アカデミーの会員になることで、画家としての社会的地位を確保していた。これに対してジェラールは、家族関係のおかげでルーヴル宮殿のフラゴナールのアトリエに住む特権を得て、義兄の指導を受けるだけでなく、アトリエを訪れる画家や画商や購買者との面識を得ることができた。したがって彼女は、宮廷貴族に依存することなく、都市の絵画市場で風俗画家として活動できた。つまりジェラールは、貴族の依頼を受けて肖像画や大部の歴史画を制作するのではなく、買い手のつきそうな主題を選んで風俗画を制作し、それを実物のまま、あるいは複製版画として売るかたちで画業を営んだのである。(42)

作品の検討に移ろう。まずは一七八三年から翌年にかけて制作された、《予期せぬ花束》の題で知られる初期作

図 8–24　M・ジェラール原画／H・ジェラール版画《予期せぬ花束》1790 年頃

品（図8–24）を見てみよう。フラゴナールの指導下で制作され、後にジェラールの兄アンリが版画化したものである。二名の女性がいる部屋に、窓の外から少年が花束を持ってきて、中央の女性に言い寄る場面だが、女性たちの足元でアンゴラ猫がスパニエル犬に噛みついている。ブリュメンフェルドによれば、二匹の動物はフラゴナールが描き入れたもので、猫が女性を、犬が男性を象徴しており、少年が手痛い仕打ちを受けることを予告しているのだという。[43]犬も猫も女性のペットと見なせるが、しかし人物と動物の間に一切の交流が描かれていないことに注意したい。犬と猫の対立は、あくまでも恋愛の比喩でしかない。

これに対して、一七八四年か八五年に制作されたと目され、八七年に版画化された《猫ちゃんの勝利》（口絵1）では、犬と猫が女性飼い主の寵愛をめぐって対立する。題名の通り、猫が犬を差し置いて飼い主に抱きかかえられて「勝利」している。この白い大きなアンゴラ猫を抱きかかえた女性の足元で、嫉妬したスパニエル犬が吠えている。フラゴナールから独立したジェラールは、犬と猫の対立を、飼い主の愛を求めるペットとして読み替え、そのうえで猫を勝利者として画面の中央に位置づけたのである。

この作品をフラゴナールの《幸せな母》やユエの《幸せな猫》と比べると、官能性の演出が削減されていると言える。猫が女性に体をすり合わせるのではなく、むしろ頭部をやや離しているからだ。女性が猫を抱きかかえる姿勢は、むしろ同時期のジェラール作品に見られる、赤子を抱く母親の姿勢に近い（図8–25）。ユエの《幸せな猫》（*L'Heureux chat*）が男性形だったのに対し、本作では「猫ちゃん」（Minette）が女性形になっていることも、飼い主と猫の関係が性的関係の比喩ではないことを示す選択と言えそうだ。ジェラールはこの頃から既に、若い女性飼い主と猫との関係を、官能性を強調せずに描く方法を模索していたのだと考えられる。

一七八九年に始まったフランス革命は、ジェラールのようなアカデミー外の画家にとって転機となった。それまでアカデミー会員のみに限られていたサロン展への出展資格が、万人に開かれるようになったからである。実際、革命期には男性だけでなく、多くの女性画家が作品を出展するようになった。しかしジェラールは、革命期に登場

図 8-25　M・ジェラール原画／H・ジェラール版画《その日最初の愛撫》1790 年頃

した数多の女性画家と一緒くたにされたくないと考えたのか、むしろサロンからは距離を取り、肖像画の注文を受けるなどして、私的な場で活動を続けた。

そのジェラールがようやくサロンに作品を出展しはじめたのは、一七九九年のことである。この年の出展作には、猫が登場する《娘を膝に乗せた女性》が含まれていた。シチリア・ブルボン家のマリー＝カロリーヌ（後のベリー公妃）が注文した複製画に基づいて、一八二二年に《幸せな母》の題で版画化された作品である（図8－26）。この版画はベリー公妃所蔵品の複製版画集の収録作品で、この画集の第二巻に含まれる購買者一覧を見るに、流通は王侯貴族ら最富裕層に限られたが、ロシアやポーランドを含むヨーロッパ各地に及んでいたことがわかる[44]。

《幸せな母》では、椅子に座る母親の膝上に幼い娘が立っており、隣の丸机に乗った小さな猫の前駆を摑み、持ち上げるようにしている。猫は身を引くわけではなく、母親の顔を見上げており、娘に抵抗することなく、おとなしく腕を摑ませている。画面右下には犬がいるが、吠えることなく母親の顔を見上げている。猫が中心に、犬が周辺にいる構図は革命以前の風俗画に見られたが、二匹の動物は吠えることもじゃれ合うこともなく、まっすぐに母

図 8-26　M・ジェラール原画／クレチアン版画《幸せな母》1822 年

親の顔を見つめている。猫も犬も、母親を頂点とする家庭の秩序を乱すことなく、その秩序に加わっている。

ブリュメンフェルドによれば、ジェラールの家族画では、父親が不在であるか、周縁的な位置を占めていた。女性史家が示してきたように、ナポレオン時代は、一八〇四年の民法典で妻の権利が厳しく制限されるなど、家父長の権威と権利が強化された、近代的ジェンダー体制の確立期にあたる。(45) 独身を貫いて画家としての生を全うしたジェラールは、母親中心の家族画を描き続けることで、そうした時代の潮流に抵抗していたようだ。(46)《幸せな母》も、夫に頼らずに自ら家庭空間を統べる女性の姿を描いた作品だと言えるかもしれない。

その後ジェラールは一八一四年のサロンに、猫を画面の中心に置いた風俗画を出展した。《飼い猫に牛乳を飲ませる少女》、別名《猫の食事》(口絵3)である。豪華な装飾を施された腰掛に鎮座する白と茶色のアンゴラ猫に、少女が牛乳を与える様子を描いた油彩画である。猫が牛乳を飲むところを見る少女はかすかに微笑んでおり、その隣には、羨ましそうに皿を見上げるスパニエル犬が座っている。

この絵は、よくしつけられた猫を描いた稀有な作品である。女性が猫に餌付けする場面はメッツーが既に描いていたが(口絵2)、彼の作品では、労働者階級の女性のエプロンに、みすぼらしい猫がしがみついていた。魚の骨を貰いながら物欲しそうに傍らの鶏を眺める猫は、床の上で立ち上がり、餌を貰ったらすぐ逃げ出してしまいそうな姿勢をしていた。これに対してジェラールの猫は、よく手入れされた柔らかな毛並みを誇り、足をそろえて椅子の上に座っている。そして少女がわざわざ屈んで皿を近づけてくれるおかげで、首を伸ばさずにミルクを飲んでいる。このような状況で餌を貰っていることは、猫が少女だけでなく、真横で座っているスパニエル犬の存在にも慣れていることを示唆している。ジェラールの《猫の食事》は、椅子に座って皿からミルクを貰う行儀のよい猫を描いた、画期的な作品だった。

動物に「しつけ」(éducation)を施すことは、フラゴナールが一七七〇年代の作品《教育が全て》(*L'Éducation fait tout*)で取り上げた主題だった(図8-27)。フラゴナールの作品では、服を着せた犬に後ろ足で立つように指示を出

図 8-27　J＝H・フラゴナール原画／N・ド・ロネー版画《教育が全て》1791 年（部分）

す少女を、若者の集団が楽しそうに見守る場面が描かれている。バーカーはこの作品を、ルソー以来の教育熱の風刺として解釈する。(47) ジェラールもまた一八〇四年頃にこのテーマを取り上げて、騎士の服を着せられた犬が二足歩行をして飼い主の家族全員を楽しませる《ラトンの勝利》を描いていた。(48) これらの作品では、「しつけ」が曲芸を教え込むこととして表現されていた。

犬の曲芸を描いた以上の絵画と比べると、《猫の朝食》はパロディ的な要素が薄れている。この絵が主題としているのは、犬に衣装を着せて芸を教え込むという、有用性を欠いた純粋な娯楽としての「しつけ」ではない。猫を犬と一緒に飼育して他者に対する信頼を植え付け、他者の眼前で大人しく皿から牛乳を飲むことができるほどに落ち着いた性格に育て上げるという意味での「しつけ」を描いているからである。猫もまた「養育」ないし「しつけ」によって野獣性を捨て去ると博物学者が主張するようになった一九世紀初頭において、ジェラールは絵画を通じて同様の主張を行ったと言えるだろう。

これまで見てきたジェラールの作品に、絵画展の聴衆はどのような反応を示したのだろうか。残念ながら、受容を窺わせる史料はほとんど無い。フランス革命の勃発以来、男性画家たちが壮大な歴史画の制作に専念するなか、批評家たちも歴史画について詳しく語るばかりで、ジェラールの風俗画は詳しい論評の対象にはならなかった。《猫の食事》が出展された一八一四年に、「ジェラール嬢は現在、我らが流派〔フランス絵画〕の名誉に最も大きく貢献する女性のひとりだ」と評した批評家でさえ、彼女の出展作品については次の一言を述べるに留まった。「細やかな色彩、いとも心地よい造形、これこそ彼女の絵画において長年愛されてきたものである[49]」。

家族画の中心に母親を据えたジェラールが、フランス革命期に強化されつつあった性別規範に抵抗していたとしても、彼女の評判は女性としての領分をわきまえていることに基づいていた。男性の領野である歴史画に挑戦せずに、家庭生活を描く風俗画に専念したからこそ、彼女は優れた女性画家としての地位を保つことができたのである。ある大手新聞では、一八〇二年のサロンに際して次のように述べられていた。「ジェラール嬢の作品は、その人柄の優しさと筆遣いの繊細さを立証するもの」だが、その「甘美な愛情の表現」が成り立つのは、「家庭生活のうち最も単純でありふれた行動」を「絵画の主題」とするからに他ならない。したがって彼女は、「自分たちの性に向いていない芸術」に挑戦しようと絵画教室に殺到する女性の「大群」(essaim) が倣うべき「模範」である[50]。つまり美術は本来、男性の世界であり、女性があえて美術を志すのであれば、ジェラールのように「家庭生活」の描写に専念すべきであって、男性の真似をして歴史画に挑戦するべきではないというのだ。このように、ジェラールは女性ならではの繊細さをもって家庭世界を描く画家として評価されていた。飼い主と猫の関係を描くこともまた、女性ならではの主題として認識されていたことだろう。

とはいえ、当然のことながら、画家が女性であるからといって、猫を描くとは限らない。同世代の女性画家ヴィジェ・ルブランとラビーユ＝ギアールは、現存する作品を見る限り、猫をほとんど描かなかった。二人とも大貴族を顧客とした肖像画家であり、たとえ自分が個人的に猫を好んでいても、顧客が要望しない限り、勝手に猫を作品に登場させることはできなかっただろう。ジェラールは日常生活を主題とする風俗画家であったからこそ、猫を頻繁に描くことができた。また彼女は、絵画市場で作品を商品として売る商業画家でもあった。購買者が猫の登場する絵を好むと考えていたからこそ、この動物を何度も描いたのだろう。

ジェラールの作品を、職業的な画家が生きるために制作した商品として捉えると、以上の解釈に行きつく。しかし彼女の作品の背景には、猫愛好家としての個人的な思い入れもあったかもしれない。そのことを示唆する史料として、ジェラールの友人パジュの作品と目される鉛筆画がある（図8-28）。この未完の肖像画で、ジェラールは作

図 8–28　J＝A＝C・パジュに帰属《猫を抱くマルグリット・ジェラール像》18–19 世紀転換期

図 8–29　E・ヴィジェ・ルブラン原画／J＝J・アヴリル版画《母性愛》1796 年

品に登場させていたような毛並みのアンゴラ猫を抱きしめている。ヴィジェ・ルブランが一七八六年のサロンで展示し、九六年に版画化された有名な自画像で娘を抱えていた姿を思わせる姿勢である（図8-29）。

この鉛筆画に付された次の四行詩も、ジェラールが猫を愛していたことを示唆するものだ。「これぞジェラール、愛と芸術の申し子。／皆が称賛する、その名前を聞けば……／だが何という落差！ 猫！ 彼女にお似合いか？／ヴィーナスの鳥こそ抱くべきだろう」[51]。「ヴィーナスの鳥」とは鳩のことで、愛の芸術家ジェラールには猫よりも相応しいアトリビュートというわけだ。この詩の著者は、ジェラールが不適切にも猫を抱いていることに驚いてみせているが、この選択を本気で問題視しているわけではないだろう。本当に不名誉だと思っているなら、わざわざ図像や詩句に表現するはずがない。この小品は、長年の画家生活を通じて猫のイメージを刷新したジェラールが、自宅で飼い猫を可愛がっており、その態度が周囲の人間に揶揄されながらも許容されていたことを示唆している。

逆に言えば、ジェラールは猫を愛していたようだが、その感情は、この未完成の粗描に辛うじて表現されるに留まった。ヴィジェ・ルブランが娘を抱く母親としての自画像を公衆に見せつけたのに対し、ジェラールは自らが猫を抱きしめる姿を見せびらかすことはしなかった。彼女はあくまでも風俗画を通じて、猫を女性に愛された動物として提示し続けたのである。

おわりに

ジェラールの《幸せな母》と似た経路を辿って版画化された絵画をもう一点取り上げて、猫図像学の旅を終えることにしよう。一八二四年のサロンで展示された後、ベリー公妃に購入され、その所蔵作として版画化された《猫を撫でる子供》（図8-30）である。ベルトンという男性画家が、庭を垣間見せるカーテンの前でアンゴラ猫を抱きしめる少女を描いた作品だ。典型的な児童像よりも面長気味なことから、実在の少女の肖像画だと思われる。ベリー公妃のコレクションの版画化計画を指揮した、ルーヴル美術館の作品復元部長ボンヌメゾンは本作について、「愛らしい子供が、巨大なアンゴラ猫を抱きしめて覚える心地よさ（plaisir）」を描いた「優雅な構図」だと評している。この作品もジェラールの絵画と同じく、「家庭生活」における「甘美な愛情の表現」だと言えるだろうか。[52]

しかし画面下部をよく見てほしい。描かれることの少ない猫の後ろ足がわざわざ目立つように加えられている。

図 8–30　R＝T・ベルトン原画／H・グレヴドン版画《猫を撫でる子供》1824–26 年頃

しかもこの足は男根的な形状をしており、少女の下腹部に向けて伸びているではないか。改めて画面上部を見てみると、猫は前足で少女の衣服を脱がそうとしているように見える。ベルトンは革命以前の風俗画家と同じく、「猫を抱きしめて覚える心地よさ」を性的な快楽の隠喩としたのである。成人女性ならぬ少女を、しかも実在の少女を描いたと思わしき作品にこのような卑猥な演出が施されているのは、まったく驚くべきことである。(53)

ベルトンの作品は、本章で辿った猫の変貌を象徴するものと言える。風俗画が生まれた近世初期以来の象徴体系において、猫は常に、女性や子供と関連づけられていた。しかし猫と女性の関係も、猫と子供の関係も、ロココ芸術が花開いた一八世紀には、それまでとは違う仕方で画面上に打ち立てられるようになった。かつては裕福な女性の傍に座ってその虚栄心を象徴するか、労働者階級の女性の周辺をうろついていた猫は、ロココ時代には、優雅な女性に愛撫される動物になった。猫を愛でる心地よさが、性欲の隠喩としての意味を与えられながら、画面に描かれるようになったのである。また猫はかつて、拘束を嫌う自由な動物として、豪快に笑う子供たちに捕まって玩具扱いされていたが、今や、家庭で穏やかにほほ笑む子供が優しく可愛がる友達の位置を占めるようになった。ベルトンの作風を見るに、猫に対する愛情を性欲と混同することを拒絶した女性画家ジェラールは、まだ例外的な存在だったのかもしれない。それでも、たとえ性的な意味が隠れているとしても、猫に顔を近づけて優しく愛撫する少女の姿が画面に登場するようになったのは、ロココと啓蒙の世紀に活躍した画家たちが、猫を穏やかに描く技法を発達させたからに他ならない。

第Ⅳ部　感情のかたどり

猫がペットとして認知される社会とは、猫を愛する者が多数存在するという事実が共有される社会に他ならない。しかし自宅で猫を可愛がる者がいることは、本来なら私的な世界の事実として、外部に共有されることはない。飼い主が公言したり、第三者に公言されたりしない限り、他人には知られない秘密に留まるのだ。第Ⅱ部で見たように、ルイ一四世時代には、サロンと印刷メディアが発達したことで、この秘密が不特定多数の公衆に発信される回路ができあがった。そして第Ⅲ部で確認したように、科学書や文学や絵画もまた、この事実の拡散に貢献した。ソンニーニが旅行記で行った感傷的な愛猫宣言がその最たる例である。一八世紀には、猫自身のイメージが変わるのに合わせて、その背後にいる、猫を愛でる飼い主たちの存在が社会に知れ渡るようになった。だからこそ、第Ⅰ部で見たように、猫を可愛がる飼育態度を批判する農学者が、一八世紀末に出現したのである。

ではこのプロセスを、当事者の飼い主たちはどのように経験したのだろうか。飼い主たちはいつから、どのように、猫を大切に思う気持ちを公言するようになったのか。愛猫の思い出を涙ながらに語ったソンニーニの著作は、一八世紀末に出版されていたが、それ以前から、飼い主が自分の感情を他人に伝えることはあったのか。

本書を締めくくる第Ⅳ部では、こうした問題に答えるために、飼い主が書いた手紙の分析（第9章）と、ある飼い主が隣人と係争を起こし、猫好きであることを相手側に暴露された事件の分析を行う（第10章）。取り上げる事例はいずれも一七五〇年代から七〇年代までの期間に位置する。この時期は、ビュフォンの猫論が世に現れる反面で、愛らしい猫の姿が児童肖像画などに散見されるようになった、猫表象の転換期にあたる。この過渡期を生きた飼い主たちの事例に密着し、彼ら彼女らの感情が言葉によってかたどられ、他者に伝達された過程を分析することで、猫を愛でる社会の到来について考える一助にしたい。

第9章　愛猫通信
——飼い主たちの感情表現——

はじめに

　筆者は猫を飼ったことがない。猫を飼う家に訪れた経験も数えるほどしかない。それでも大勢の人々が自宅で猫を飼い、その猫を大切に思っていると知っている。飼い猫を写した写真や動画を何度も見たり、飼い主が思いを綴った文章を読んだりした経験が何度もあるからだ。しかし改めて考えてみると、知人や友人のうち誰が猫を飼っているのか正確に把握しているわけではない。相手が猫を飼っていることは、何らかのきっかけで話題にならないかぎり知り得ないことだからだ。

　一対一のやり取りで猫の話題を持ち出せる場面は、意外と限られている。会話の相手が猫を（あるいはペットを）飼っているとわかっていれば、同好の士として猫談義の頻度は高まるだろう。ＳＮＳ上に猫画像や猫動画を投稿する人が多いのは、どこかにいる同好の士の目に留まると期待できるからに違いない。かつては愛猫家向けの雑誌が、そうした猫談義の場を提供していた。しかし猫好き向けの専門誌が出現したのは二〇世紀のことである。それ以前の時代に、猫好き同士が繋がり、猫を愛する気持ちを共有する場は、そう多くなかったはずだ。口頭ではそのような会話が交わされていたのだろうが、それがあえて文字に記されることは少なく、したがって後世に伝わることはほとんど無い。

しかし猫専門誌が現れるまで、飼い主が猫を愛する気持ちを文字化して他人に示すことが皆無だったのかといえば、そうではない。詩がそうした感情表現の場になったからだ。グリゼットを愛する気持ちを詩に託したデズリエール夫人の作品がその好例である。しかし詩は高度な技術を要する言語芸術であり、猫に対する思いを詩に詠めた者の数は限られただろうし、作品が高い評価を勝ち取って出版されることはもっと少ない。

ところが一八世紀には韻文詩よりも形式上の制約が少ない文章ジャンルが、猫に対する気持ちを表現するための場を提供するようになった。友人に送る散文の手紙である。一八世紀には、文通にかかるコストが減少したことで、定期的に手紙をやり取りする人の数が増え、文中で扱われる話題も多様化した。その結果、猫の飼い主たちが自分の感情を手紙に記すようになり、そうして生み出された手紙が現代まで伝わるようになったのである。ではこの時代の愛猫家たちは、どのような言葉を使って、自分の感情に「かたち」を与えて、文通相手にも認識されるようにしたのだろうか。猫を愛する気持ちが、秘匿されるのではなくむしろ手紙に託されて、遠隔地に伝わるという事態は、いかにして発生したのだろうか。こうした問題について、実在の人物数名が著した書簡と、一点の書簡体小説を使って考えてみよう。

1　書簡とその役割

西洋において近世は、活版印刷が普及して書物の流通量が急増した「印刷革命」の時代であると同時に、道路網と郵便制度の整備に支えられて手紙の流通量が増加した「通信革命」の時代でもあった(1)。王侯貴族や社交人士、学者や商人が、遠隔地の情報を求め、あるいは遠隔地に指示を出すために、大量の手紙をやり取りしていたのである。[2] 手紙は主に政治や経済や学問に関する情報伝達の手段だったが、一八世紀に入ると、新たな役割も担うようになる。書き手が自己の感情を分析して記述する場になったのである。[3]

手紙に感情を綴るなど当たり前のことだと思われるかもしれないが、そうではない。そのことを理解するために、一六世紀の事例を簡単に検討しておきたい。猫の歴史に関する研究では既に、一六世紀から猫に言及する書簡があったと指摘されてきたが、そうした初期の手紙は、あくまでも希少種の猫の入手に関する情報交換の手段とされており、飼い主が猫に対する思い入れを記述する場にはなっていなかった。

キャスリーン・ウォーカー＝ミークルの研究に依拠して、ルネサンス期イタリアきっての文化人イザベラ・デステ（一四七四—一五三九）の事例を見てみよう。マントヴァのゴンザーガ家に嫁いだ彼女は、希少種のシリア猫を入手するよう、配下の商人に命じていた。しかもイザベラは、一五一〇年にマルティーノと名づけた猫が死去した際には、宮廷人に命じて葬儀を執り行っていた。そのことを秘書がイザベラの息子に皮肉をこめて報告した手紙が残っているために判明した事実である。[4] イザベラが珍しい猫を好み、死を悼むほどに飼い猫に愛着を抱いていたことは、配下の者には周知の事実だったはずである。しかしウォーカー＝ミークルの研究を読む限り、残存する手紙は、希少種の入手に関するものか、葬儀の実施を報告するものだった。つまりイザベラ自身が猫に対する愛情を言語化したものではない。イザベラの猫に対する感情は、シリア猫を所望する意志や、葬儀実施の命令から周囲の人間が推し量るものであって、彼女自身が言語化し、手紙に記すものではなかった。[5]

ところが一八世紀には、飼い主が猫に言及するだけでなく、猫に対する自己の感情も直接的に語る手紙が現れる。こうした変化が生じた要因は二つあった。ひとつは文体に関する規範の変容である。一七世紀を通じて、書き手が、外的な事実に加えて、内的な感情を相手に伝える技術が徐々に洗練され、模範を示す書簡集や、書簡執筆の作法を説くマニュアルを通じて普及した。サロン文化が花開いた時代に、手紙においても、心に浮かんだ内容を率直に、飾らずに、会話するように述べることを良しとする規範が形成されたのである。一七二〇年代以後は、出版された普及したセヴィニエ夫人（一六二六—九六）の書簡が、ありのままの感情を率直に表現する手紙の模範として仰がれるようになった[6]。

とはいえ手紙は言語表現であり、文化的な約束事と無縁ではあり得ない。したがって実際には、感情を「率直に」語るのにも、特定の作法を技術として身につけ、実践することが必要だった。例えばセヴィニエ夫人は娘宛ての手紙において、娘に対する愛情という、一七世紀には書簡に記すことが普通ではなかった感情を表現するにあたって、二つの文章技術を使っていた[7]。ひとつは表現にバリエーションを持たせたことである。同じ感情表現を多用すれば、その言葉は空疎な決まり文句になってしまう。そこで、例えば「愛しています」（je vous aime）と毎回繰り返すのではなく、様々な捻りを加えて、この言葉が単なる挨拶になってしまうのを避けたのである。もうひとつは、自分が感情に溺れて理性を失ったわけではないと理解してもらうために、自己韜晦（アイロニー）を織り交ぜたことである。愛情表現が重苦しいと思われないために、軽やかな冗談を交えたということだ。定期的に送る手紙の内容を本心の発露として受け取ってもらうためには、技巧を排してはならず、むしろ適度な技巧をさりげなく用いて表現を調整することが必要だったのである。

一八世紀に手紙が親密度を増した背景には、自伝文化の発展もある。第2章と第8章でも触れたように、啓蒙時代には、経験を通じて人格が形成されていくとする経験主義的な自己観が広まり、日常的な体験が自己形成の要素として重視されるようになった。こうした思想は世紀末にかけてルソーの『告白』に代表される自叙伝に結実したが、それ以前から、書簡が自伝的な語りの実験場になっていた。例えばディドロは一七六二年七月一四日、愛人ソフィ・ヴォラン宛てにこう書いている。「僕の手紙は人生をかなり忠実に反映した物語になっています」、でも世の人は「誰も自分自身を研究しようとしない。頭の思考、心の動き、苦痛と快楽の全てを、正確に記録しておく勇気が無いんだ[8]」。経験主義の立場からすると、些細な体験や感情であっても、自己の構成要素として記録に値する。

そして友人宛ての私的な手紙が、その記録の場になった。ディドロの発言は、この発想をよく示している。友人との手紙が自己の感情を分析して開陳する場になったことで、猫に対する愛情も文字に記されるようになる。

ただし親密な書簡が現れたからといって、全ての書簡が親密だったわけではない[9]。個人の手紙というと、今では文通する二者だけが読む秘密のやり取りだと思われるだろうが、近世の実態はもっと多様だった。もちろん、親しい人間同士が第三者に知られたくない内容を綴った手紙を交わすこともあった。先に引用したディドロのソフィ・ヴォラン宛書簡は、そうした親密な書簡の代表例である。しかし多くの場合は、私信であっても、第三者に内容を知られることを想定する必要があった。郵便検閲官に中身を読まれる可能性があったほか、社交界では、手紙を受け取った者が、サロンでその手紙を知人に見せて話題にすることも多かったからである。例えばこの時代の書簡作家として有名なデファン夫人は、ヴォルテールと文通していることを誇りとし、かの文人から受け取った手紙をサロンで披露していたという。本章で取り上げるイタリア人学者ガリアーニの手紙も、宛先のサロンで回覧されることを前提にした文章だった[10]。著名人の手紙が受け手によって出版されることも少なくなかった。要するに、私的書簡にも公的（または準公的）と呼べる側面があったのである。したがって書き手としては、誰が自分の手紙を読むことになるか予測して文章を組み立てる必要があった。

以上の理由から、飾らず赤裸々に気持ちを書くことが理想とされた私的書簡であっても、何もかもをさらけ出すことは難しかった。書簡もひとつの制度であり、暗黙の作法に縛られていた。親しい友人に送る手紙であっても、言えることと言えないことがあり、言えることも適切な文体で表現する必要があったのである。たとえ実際には飼い猫を愛した者であっても、その感情を手紙に記したとは限らない[11]。飼い猫に対する感情を言葉にするには、そうした言葉を発することのできる状況、そしてそうした発言を受け止めてくれる文通相手が必要だった。このことを念頭に置いたうえで、実際に猫を愛する気持ちが言葉にされた稀有な手紙の分析に取りかかることにしよう。

2 たとえひとが嗤うとも——グラフィニ夫人の手紙

まずはグラフィニ夫人（一六九五—一七五八）の手紙を取り上げよう。書簡体小説『ペルー人女性の手紙』（一七四七）で一世を風靡した女性作家であり、腹心の友フランソワ＝アントワーヌ・ドゥヴォー（一七一二—九六）に宛てた膨大な書簡の著者でもある。[12] 専門家グループの約三〇年にわたる努力によって校訂出版された、グラフィニのドゥヴォー宛て書簡は、当時の私的書簡としては親密度が高い部類に属し、史料的価値が極めて高い。[13] 例えばグラフィニによる性的絶頂の記述や、ドゥヴォーによる同性に対する恋情の告白など、他の史料からは得難い貴重な記述が含まれるからである。[14] 人前では決して公言できないような秘め事を語り合う場となったこの書簡において、グラフィニが猫に対する思い入れを言語化するに至った過程を辿ることにしよう。

まずは伝記的な情報を確認する。後にグラフィニ夫人となるフランソワーズ・ダッポンクールはロレーヌ公国の都ナンシーに貴族の娘として生まれ、公国の軍人グラフィニに嫁いだ。夫との間には三人の子が産まれたが、皆夭折した。夫は賭博好きな乱暴者で、家庭内暴力も頻繁だったが、一七二五年に横死した。約三〇歳の若さで寡婦となったフランソワーズは、ロレーヌの宮廷人として生活し、ドゥヴォーと出会い、親しい関係を築いた。[15] 一七三七年にロレーヌ公がハプスブルク家のマリア・テレジアと婚約し、ウィーンに移住するためにロレーヌの宮廷を解散すると、フランソワーズは知人の居城を転々とし、ヴォルテールとその愛人シャトレ夫人が住むシレー城にも滞在したが、やがて一七三九年にパリに移った。ただし金欠で一家の主にはなれず、スタンヴィル侯爵夫人の侍女としての生活を強いられ、次いで修道院でリーニュ大公妃の侍女を務めた。ようやく自前のアパルトマンを借りて「自分ひとりの部屋」を勝ち取ったのは、一七四二年のことであった。

パリに移ったグラフィニ夫人は、女優キノー嬢と粋人ケリュス伯爵が共催したサロンに通った。ケリュスの友人でサロンの常連だったモンクリフとも一定の親交を結んだが、懇意にしたのは、そのモンクリフの親友デュクロだったようである。グラフィニはケリュスの後押しを受けて作家活動を開始し、ケリュスが編んだ短編集に二つの作品を寄せた後、一七四七年に『ペルー人女性の手紙』を出版して大ヒットを勝ち取り、作家としての名声を一挙に確立した。以後は自らもサロンを開き、デュクロやモンクリフらキノー嬢のサロンの常連を中心に、大勢の客を迎え入れた。来訪者の数はドゥヴォー宛書簡で言及された者に限っても二〇〇を越えるという。[16] 一七五〇年には悲劇『セニー』をコメディ・フランセーズで上演させて成功を収め、ウィーンの宮廷向けの作品執筆を引き受けるなどした後、一七五八年にパリで亡くなった。

このように苦労を乗り越えて名を成したグラフィニは、ロレーヌを離れてすぐにドゥヴォーとの文通を開始した。パリ生活の初期、大貴族の家でケア労働にあたっていた頃から、彼女はドゥヴォーに日々の苦労や悩みを打ち明けて、逆にドゥヴォーからの相談に乗っていた。年長の貴族グラフィニは年少の平民ドゥヴォーに対して一方的に親称（tu）を使う立場にあったが、喧嘩した際には敬称（vous）に切り替えていた。仲違いもあり、グラフィニが有名になった晩年にはドゥヴォーとの関係が希薄化する傾向もあったが、文通自体はグラフィニが亡くなる直前まで続けられた。両者は、恋情ではなく友情で繋がっているとの意識のもと、親密な関係を手紙によって維持し、日々の出来事や感想を語り合った。文通を始めてから一〇年以上が経過した頃、ドゥヴォーがそれまでの手紙の内容を「自分の人生と魂の歴史」と評したように、両者は、相手に対する信頼に身を委ねながら、手紙を書くことで自己を見つめ、記述する機会としていた。[17] もちろんそうした親密な関係でも話題を選ぶことはあったろうが、それでも二人の書簡は、他人の目を忘れて自分の感情を分析するための場になっていたのである。

このドゥヴォー宛ての手紙で、グラフィニはペットに対する自分の感情を徐々に言語化していく。彼女は動物と生活するのが好きだったようで、書簡には固有名を挙げられたものに限っても、七匹の犬と二匹の猫が登場する。そのうち雌犬リーズ（Lise）と雄猫アカジュ（Acajou）は特別だったらしく、長期間にわたって繰り返し登場する。

以下ではアカジュにまつわる感情表現を分析の主な対象とするが、まずはリーズに関する手紙から見ていきたい。リーズの事例を含めることで、グラフィニの文体が時間を通じて変化したことがよく見えるからである。

死にゆく犬を遠ざける

グラフィニはロレーヌを離れる際にやむなく飼い犬を手放してドゥヴォーに委ねたが、お気に入りのリーズだけはパリまで連れてきて、死ぬまで飼い続けた。接尾辞を付したリゾン（Lison）が転じたのか、ゾン（Zon）とも呼ばれたこの雌犬は、近所の庭を荒らしてグラフィニを困らせることもあったが、ホームシックの寂しさを慰めてくれる存在だった。一七三八年九月三〇日の手紙で、リーズは「忠実で頭が良いから魅力的」な犬として褒められている（I, 60）。一七三九年三月下旬、つまりグラフィニが大貴族の家で居候生活をしていた頃、リーズは子犬を出産した。グラフィニは自らの出産経験を重ねてか、産後の辛そうなリーズが「気の毒」（elle [...] me désole）だと、同情を記している（I, 399）。

同年六月二三日、新しく雇った使用人に馴れず外に出されたリーズが、近所の小童に投石されて虐められた拍子に失踪する事件が起きた。この日グラフィニは、自分の状態を以下のように記している。「リーズ、愛しのリーズ」（Lise, cette chère Lise）が「居なくなってしまった。泣きはしなかったけれど、もう少しで泣くところだった。残念」（Je n'ai pas pleuré mais il ne s'en faut guère. J'en suis désolée）。翌日、使用人に町中を探し回らせたが見つからない。「かわいそうなゾン」（Mon pauvre Zon）、多分助けようがない。何の報せもない」と手紙には焦燥感が滲む（II, 10–11）。翌日も探させたが無駄骨だった。グラフィニとしては、「こんなに気にかけるなんて恥ずかしいけど、悲しんでいるわけではないのよ（Je suis honteuse de l'occupation dont j'en suis, sans cependant me chagriner）。でも日中はゾンのことばかり考えて、夜は夢に見ちゃう」[18]（II, 15）。二七日には、「かわいそうなゾン、まだ見つからない。もううんざりしただろうから、話題にするのはやめるわね。発見の報告なんてできないと思うし」と諦めの言葉を記すしかなかった（II, 17）。このように、六月二三日から二七日にかけて、グラフィニはほぼ毎日、リーズを心配する気持ちを手紙に記し、ドゥヴォーに報告したのである。

その後は言葉の通り、グラフィニはリーズの話をやめた。しかし数週間が経過した七月二〇日、グラフィニは興奮冷めやらぬ様子で、次のように書いた。

当てて、さあ、私が今朝どうやって起こされたか、当ててごらん！ 全力で叫んで、笑って、百回は言ったわ、「あり得ない、まだ夢を見ているんだ」ってね。わかる？ 見える？ 私の寝室に入ってくるものが。いや、駄目ね、見えないでしょう。私自身、見えなかったんだもの。聞こえる？ バンと扉が開いて、音がするわけ。「ハア、ハア、ハア」そして「タタッ、タタッ、タタッ」って。わかるでしょう。「ハア、ハア、ハア」はD。でも「タタッ、タタッ、タタッ」がゾンだって、わかった？ そう、ゾン、リーズ、かわいいゾン、かわいこちゃん（le Zon, Lise, pauvre Zon, pauvre Mie）、Dが見つけてきてくれたのよ。〔…〕彼ったら、かわいいゾン（mon pauvre Zon）を連れ帰ってこれたものだから有頂天で、私はゾンと再会できて有頂天。現実だと思えなかったくらい。いなくなってから毎晩ゾンが見つかる夢を見ていたから、本当にまだ夢を見ているんだと思ったのよ。ゾンはたいそう私にすり寄って、私は接吻しまくって、Dは私が嬉しそうなのを見てご満悦。もう大団円だったわね（c'était en vérité une situation）。（II, 65–66）

Dとはグラフィニが思いを寄せていた（が結ばれなかった）男性デマレである。そのデマレがリーズを連れ帰ってきてくれたのだ。拙訳で伝わるか心許ないが、原文は驚きと喜びの入り混じった興奮を活き活きと表す名文である。リーズの失踪に思い悩み、再会に大喜びしたグラフィニが、この犬のことを大切に思っていたことは明らかだ。しかし注意すべきことに、グラフィニはリーズに対する愛着や愛情それ自体を言語化していない。手紙で記述されるのは、あくまでも失踪時の懸念や、発見時の喜びといった、出来事が惹起する強い感情であって、リーズに対する愛情がそれ自体として言語化されているわけではない。たしかに「かわいい」とも訳せる語 pauvre が多用されてはいるが、この言葉もリーズに付される形容詞であり、グラフィニ自身の感情を対象化する言葉ではない[19]。難癖じみた分析だと思われるかもしれない。しかしグラフィニの文体の変化を捉えるためには、感情それ自体が対象化されているか否かが重要な論点となる。というのも彼女はその後、自分がリーズに対して愛着を抱いていることを、直に言明するようになったからである。一七四四年五月一七日、リーズは再び出産した。グラフィニは分娩の様子が「痛ましかった」(m'arrachait l'âme)と記し、朝六時まで粘って生まれたのは一匹と伝えながら(つまり残りは死産ということか)、次のように付け加えている。

かわいい愛しのゾンちゃん(Ce Pauvre-Zon-Pauvre-Mie)が気がかりで仕方がない。私たちの古き良き時代から今でも残っている唯一の存在。いつも思い出させてくれるのよ。歳を取って随分と私に懐いたものだから、私の方までゾンに懐いちゃった(Elle m'est si attachée en vieillissant que je le suis à elle)。[…] またもや犬猫の話!(Voilà encore du chien et du chat !)(V, 273)

グラフィニは産みの苦しみに同情する言葉を以前にも記していたが、今度は自分と飼い犬が相互に懐いている(attachée)、つまり愛着で結ばれていると明言したのである。これは現存する書簡のうち、グラフィニがリーズに対して愛情に類する感情を抱いていると直に認めた唯一の箇所である。しかしここでグラフィニは、この感情表現に幾重にも抑制をかけている。まず愛着を最初に抱いたのはリーズだとされ、グラフィニ自身はリーズに合わせるかたちで愛着を抱いたことになっている。自分から積極的にそのような気持ちを育んだわけではないというわけだ。次にグラフィニは、このように犬について話をする自分を戒めるかの文言を最後に添えている。前便で猫の話をしていたこともあり(V, 262)、手紙で毎度のように動物の話をする自分の執着ぶりが、どこか社会規範に背いたおかしな態度であることを認めたのである。

そして何よりもグラフィニは、リーズをれっきとした愛情の対象とせず、ドゥヴォーとの思い出を喚起する媒体の地位に貶めている。このように動物に人間関係を取り持つ役割を与えることは、もちろん珍獣をやり取りしていた古代の君主たちの慣行に遡る仕草だが、近世の私的書簡においても、しばしば見られることである。例えばフランス語書簡文学の創始者のひとりである一七世紀の文人ヴォワチュールは、ある女性修道院長から貰った猫についての感謝を述べた手紙で、「猫自身がどれほど愛すべきであろうと、常にあなた様のことを思って、この猫を大切にすることにします」と述べていた。私信において動物は、文通相手との絆を確認する手段とされることが多かった[20]。グラフィニはあくまでもこの作法に則って、リーズを大切に思う気持ちを言語化したのである。

愛着や愛情を直接的に言葉にしないこの傾向は、リーズの最期を伝える手紙にも如実に表れる。以下は一七四六年一一月一五日（火曜日）の手紙の中盤に、さりげなく挿入された一節である。

そうだ、言い忘れるところだったけど、かわいそうなゾンが日曜日の夜一〇時に死にました。嬉しくて、まだその余韻に浸っているくらい（J'en ai eu une joie dont je ne suis pas encore quitte）。それがね、このかわいそうな獣、喉に腫瘍があって、息が詰まっていたのよ。ひと月前から、喘ぎ声が家の隅から隅まで聞こえていた。痛ましかった（elle m'arrachait l'âme）。一昨日から寝床を台所に下ろさせたけど、それでも衣装部屋まで声が聞こえた。日曜日、死ぬ一時間前、上まで這い上がってきた。扉の向こうで喘いで、部屋に入って来たそうに扉をガリガリするのが聞こえた。私すっかり動揺した（J'en fus bouleversée）。従僕に下にやらせた。でも、かわいそうに、痛みが悪くなって、私に助けを求めて戻ってきた。ようやく死んで、ほっとしたわけ（Enfin elle est morte, et j'en suis bien soulagée）。ミネットはほとんど泣きそうになっていたけれど、長年の友情（la vieille amitié）のせいね。（VIII, 134）

長年飼育した愛犬の死を伝える手紙で、最初に表明される感情が「嬉しさ」（joie）だというのは、どういうことだろうか。ここで感情史の研究方法についてウィリアム・レディが述べたことを思い出しておきたい。レディいわく、人間の身体に生じる原初的な情動は、それ自体では特定の名前も意味も持たない。そこに人間の意識が注意を向け、「嬉しい」、「悲しい」といった感情語彙によって特定の解釈を加えることで、不定形な情動に「かたち」が与えられ、言葉によって他人に伝達できる感情となる。この際に言葉は、情動の特定の部分を切り取って増幅し、それ以外の部分を意識から遠ざける役割を果たす(21)。

失踪事件の時の手紙を思えば、グラフィニがリーズの死を悲しまなかったはずがない。しかし彼女は「動揺」の激しさを認めても、その「動揺」に愛おしさや悲しみといった名前を与えなかった。ドゥヴォーが以前の手紙で行っていたように(22)、犬の死に際して、過去の思い出に浸る言葉を添えることもしなかった。むしろグラフィニは、以前から子犬の出産時に述べてきたような、苦痛に対する同情に意識を向け、その苦痛が終わったことへの「喜び」を集中的に言語化した。

このように語ることで、手紙執筆の前々日に生じたリーズの死は、もはや過去の終わった出来事となる。実際グラフィニは引用部の冒頭で、リーズが死んだことを「言い忘れるところだった」と主張して、自分にとってこの出来事がもはや大きな意味を持たないかのように振る舞っている。彼女は、「長年の友情」に思いを馳せて感傷に浸り、涙を流しそうになるような心境を、居候中だった姪ミネット（後のエルヴェシウス夫人）に押しつけて、他人事扱いしてもいる。この手紙でグラフィニは、犬の苦しみに動揺する人間として自分を提示しても、犬が死んでしまったことに悲しんで、その悲しみを引きずる人間として自分を描くことを拒絶したのである。

グラフィニがこのように悲しみを抑圧したのは、飼い犬の死を理由に悲しむことを、恥ずべきことだと考えていたからだろう。既に見たように、動物を大切に飼育した者が、その死を嘆いて悲しむ様子をあげつらって愚弄することは、風刺文学に頻出するテーマだった。グラフィニ自身、猫を殺されて怒り狂う女性を戯画的に描いたサン＝ティヤサントの『ティティ王子』を読んでいた（I, 116）。犬に対して強い愛着を抱くことを問題視するまなざしは、グラフィニと懇意にしたケリュス伯爵の著作にも見られる。彼は生前に出版しなかった手記で、妙齢を過ぎた女性は「心の空隙に耐えかねるあまり」、信心家になるか、犬に対して異常な執着を見せるとして、「頭の良い女性はこのような極端な行動には及ばない」と書いていた。(23) グラフィニ自身の意見が直接わかる史料は少ないが、これから見る猫についての手紙から類推するに、おそらく犬「ごとき」に入れ込んで取り乱した姿を見せることを良しとしなかったのだろう。すがりに来たリーズを拒んで階下に追いやったのも、使用人に「動揺」した姿を見せたくなかったからではないか。

このようにグラフィニは、リーズを可愛がったものの、自らの愛情それ自体を対象化し、言語化することを避けた。犬を思い出の媒体にするか、産みの苦しみへの同情や、失踪の無念と発見の喜び、最期の苦しみに対する同情と、その苦しみが終わったことへの喜びといった、出来事に由来する刹那的感情について語るに留まったのである。リーズに対する愛情は、それ自体として語り得ぬ感情であった。

死にゆく猫を抱いて泣く

グラフィニの生活圏には猫もいたようだが、その多くは階下の使用人によって鼠対策に用いられるだけの存在で、階上の主人と親しむことはなかったようである。彼女が猫に対して無関心であったことについては、示唆的な事例がある。一七四五年九月、友人にして借家人であったヴァルレが「類まれな猫」を寄越してきた。グラフィニはこの猫をパンパン（Panpan）と名付けることにした。パンパンとはドゥヴォーのあだ名だったので、一種の冗談である（VI, 579）。ところがグラフィニは、一週間後の手紙でパンパンが屋根裏を走り回っていると報告したのを最後に、この猫について語るのをやめてしまった（VII, 9）。おそらくパンパンは、鼠狩り要員として他の猫と一緒くたにされ、すぐにグラフィニの意識から消えてしまったのだと思われる。

パンパンを受け取ったとき、グラフィニは既に別の猫を飼っていた。正確にいえば、屋根裏や納屋に放置された大勢の猫から区別された一匹の猫が、グラフィニの居室で飼われていた。雄猫アカジュである。どこから来たのか不明だが、ドゥヴォーに報告するに値する人物からのプレゼントだったわけではないらしい。おそらく近所で生まれた子猫を引き取ったのだろう。この猫に関する記述を追うことで、グラフィニの文体に顕著な変化が生じたことがわかる。愛情を語るようになるのだ。

まずはアカジュが初登場する一七四四年五月一二日の手紙を見てみよう。

ドジといえば、言ってなかったけれど、四日前から子猫を飼っていて、アルルカンみたいに楽しい。くるっと回ったり、ぴょんと跳ねたり、変なポーズをするたびに、私は狂ったように大笑い。ほんと、自然はどうして、こんな不細工な動物にお恵みを与えてあげるんでしょう。もっと別の使い道があるでしょうに。でもあなたが驚くに違いないのは、かわいい愛しのゾンちゃん（Pauvre-Zon-Pauvre-Mie）がおとなしいこと。お仕置きしたら、二四時間しないうちに、猫が嫌いなのを隠すようになった。猫が背中の上で寝ていても我慢して、尻尾で遊ばせてあげている。私を見る目といったら、こんなに我慢しているんだぞという感じで、「ご命令ひとつで食ってやります！」と言わんばかり。（V, 259–260）

グラフィニは猫を身近に侍らせていたようで、この手紙の続きは猫がペンを触ったせいで文字が乱れている。一見、この猫を「可愛がっている」ようだが、グラフィニは子猫を「愛らしい」存在とは見なしていない。むしろ子猫を、喜劇の登場人物アルルカンのような曲芸師として紹介し、滑稽趣味の世界観に位置づけている。この世界観では、リーズが猫を受け入れて優しい態度を示すことも、心和む友情としてではなく、猫を殺したい欲望を抑える「我慢」として認識される。グラフィニは二週間後にも同じ比喩を用いて、「私の猫ったらたまらない。アルルカンとほとんど同じくらい好き。身のこなしでは引けを取らないし、態度はもっと多様だもの」（mon chat est délicieux. Je l'aime presque autant qu'Arlequin. Il a autant de grâce et une plus grande variété d'attitudes）と書いている（V, 279）。この猫が「好き」

(aimer)だと宣言したわけだが、この好意は、あくまでも喜劇役者に対する好みと同質の感情として語られている。

当初は猫の魅力を喜劇的なものとして語っていたグラフィニだが、この猫には「多様」な「態度」がある、つまりおかしさ以外の魅力が備わっていると考え始めたようである。実際グラフィニは、一七四四年の年末にかけて執筆した短篇小説の一節で、飼い猫の魅力を別様に記述している。翌年の初めに出版された『アゼロル姫』である。このおとぎ話では、猫に変身する妖精ズミオが、初登場に際して次のように描写されている。

特別な毛色をしていたわけではありません。黒い体に白い模様があるのは、屋根の上にいる多くの野良猫と同じでした。けれども、お顔に浮かんだ二つの大きな黒い眼、広い額、美の神様がお添えになったようなお耳が合わさって、柔らかな顔つきになっており、純粋な美そのものよりも千倍も魅力的でした。お口は小さくて素敵、まなざしの柔らかさに釣り合っています。そのお口が開くのは、体をすり寄せるときに、まるでフルートのように、整然と、繊細な鳴き声を発するときだけ。牙を剝くことも、爪を立てることもありません。魅力的な姿かたちに、心の美質が加わっていたのです。[24]

魅力的なズミオは、主人公アゼロル姫の心をすっかり摑んで、そのお気に入りになる。猫が姫君の寵愛を勝ち取る状況自体は、ドーノワ夫人の『悪戯王子』にも見られた(第7章参照)。しかし珍しい毛色と、豪勢な食事や豪華な装身具によって目立っていた同作の猫とは違い、ズミオは、画一的な美の基準にはそぐわない個性的な顔つきによって、そして攻撃性の欠如と「心の美質」によって褒められている。

グラフィニが一七四五年二月二五日の手紙でドゥヴォーに種明かししたところでは、この描写は自身の飼い猫と「瓜二つ」の「肖像」であり、物語の進行に影響を与えない「蛇足」ながら、「私の猫を出版物に載せたい」という動機で挿入したのだという。『アゼロル姫』の執筆を依頼していたケリュスは、この描写を見て、「愛」の仕業だ、愛が無ければこのような文章は書けまい、と絶賛したという(VI, 215)。姪ミネットはグラフィニ宛ての手紙で、この文章を読んで飼い猫の描写に違いないと見抜きました、と報告し、「ママン」も「猫が好き」だとは知らなかった、「私も猫が大好き」だから「とても嬉しい」と書いている。[25] かつてデズリエール夫人が詩を通じてグリゼットを話題にしたように、グラフィニも文学作品に飼い猫を登場させ、作中でその美点を褒めそやすことで、猫を可愛がっていることを仄めかし、周囲の人間に伝えたのである。

ただし作中ではズミオが、まさに猫を被って姫を騙す邪悪な精霊であることに注意する必要がある。グラフィニは、猫を狡猾な悪党とする慣習に依拠しつつ、その枠内で、飼い猫自慢を行ったのである。また、ズミオが実在の猫をモデルにしていることを示唆する要素は作中に無い。そもそも『アゼロル姫』は匿名出版で、グラフィニ夫人の作品だとすら告知されていなかった。したがってこの作品が、実在の猫に対する愛情の表明として機能したのは、グラフィニを知る人々の間でのことであり、赤の他人にはそのような背景があるとは伝わらなかったはずである。猫に関する作品を雑誌上で、しかも顕名で発表したデズリエール夫人と違い、グラフィニはあくまでも、限られた友人の輪の中で、飼い猫を愛していることを仄めかしたに過ぎなかった。

この件以後のドゥヴォー宛書簡では、飼い猫への言及はしばらく途絶えた。ドゥヴォーは一七四七年一〇月から翌年三月にかけて、人生で初めてパリに来て、グラフィニの家に泊まったが、その際に猫にも会ったと思われる。というのも、グラフィニはこのドゥヴォーの滞在以後、手紙でアカジュという名前で猫に言及するようになるからである。アカジュという名前は、早くも一七四四年一二月のキノー嬢の手紙に既に見られるというから（VI, 118, note 10)、以前からつけられていたに違いない。マホガニー（赤褐色）を指す語であるため、毛色に対応する名前ではない。むしろ一七四四年の話題作だった、デュクロの『アカジュとジルフィール』に由来する名前だろう。キノー嬢のサロンでは文学の登場人物の名前を実在人物のあだ名に転用することがしばしば行われていたので、その慣行に倣って名付けたのだと思われる。デュクロが名付け親だったのかもしれないが、名前の由来はドゥヴォー滞在時に口頭で説明されたのか、手紙に記されないため、確かめる術はない。明らかなのは、グラフィニが猫に名前をつけていても、その名前を手紙で明かすことは控えていた、ということである。

ドゥヴォーが帰ってから数ヶ月後の一七四八年七月四日、アカジュの名前が初めて書簡に登場する。その失踪を伝える手紙である。グラフィニはその時の感情を次のように表現した。

友よ、こんばんは。つらい気持ちだけれど、あなたには笑われるだろうね。でも本当につらいのよ（je suis dans une peine dont tu vas rire, mais qui n'en est pas moins une bien sensible）。かわいいアカジュ（Mon pauvre Acajou）がいなくなってしまったの。一日中かけて家中、近所中を探し回ったけれど、どこにも見つからない。心が締め付けられて酷い（J'en suis dans un serrement de cœur qui m'est terrible）。（IX, 171）

リーズの失踪時には捜索を使用人に任せていたグラフィニが、今回は自ら近所中を探し回ったという。注意すべきことに、ここでは発見できるかどうかだけが問題になっているのではない。むしろ「つらさ」（peine）、つまり「心」の痛みが記述対象とされている。リーズが出奔したときの手紙に、このような言葉は見られなかった。

その後どうやらアカジュは見つかったらしい。というのも一七五〇年五月三一日に、再び失踪事件が起きているからである。事件を伝える六月一日付の手紙でグラフィニはまず、色々な雑事に追われているとして、その冒頭にこう書いている。「まず言わないといけないのはね、ここ二四時間、不安（frayeur）で一杯だったのよ。昨晩、かわいいアカジュ（mon pauvre Acajou）が迷子になっちゃった。もう何もかもにやられる気持ちで、すっかり動揺しちゃった。恐ろしい夜を過ごして、朝は死にそうだった」。そこから日中の出来事の報告が続き、最後に締めくくりとして、以下の内容が記される。

帰宅、でもアカジュおらず。結局、二時間後、石膏と泥にまみれて、冷え切って死にそうな姿で運ばれてきた。大雨の中、路上で二四時間も過ごして、この家の石に隠れていたのよ。男に見つかって、無理やり持ち去られて、鼠を捕るのにちょうどいい土産だって妻のもとに持っていったら、その妻が、あなたの世話をしたナネットだったわけ。一目でどの猫かわかって、急いで私のもとに持ってきてくれた。考えてみて、どれほどの偶然が味方してくれたか。別の男だったら、もう帰ってくることはなかったのよ。雨が酷くなくて、石工が働いていたら、彼らに殺されてしまっていたはず。等々。結局、私は彼を手に抱いている (je le tiens)。これからは用心する。だって、これほど愛着を抱いているなんて、思ってもいなかったんだもの (je n'aurais jamais cru y être si attachée)。あら、こんな事について随分と書きすぎちゃったわね。(X, 538)

動物の失踪と発見がもたらす感情がどのように言語化されているかに注目して、この手紙をリーズ発見時の手紙と比較してみよう。リーズの時には、発見を夢見る行為が語られ、再会の喜びが生き生きと語られていた。これに対して今回の手紙では、迷子になったアカジュが見つかった喜びには、一度も言及されていない。もちろん猫が見つかって嬉しかったはずだが、グラフィニは自己の情動の別の側面に注目したのである。すなわち、アカジュが死んでしまったのではないかという「不安」と、そのような不安を通じてようやく自覚された「愛着」である。言語化される感情の相が変わることで、文章全体の調子も変化している。リーズ発見時は、喜びを共有すべく、嬉しそうに語りかける文体だったのに対し、今回は、頭によぎった不安のストーリーを開陳し、危機が去った後も「用心」する決意で終わる、緊張感に満ちた深刻な文体である。喜劇的というよりは悲劇的だ。グラフィニは、こうした語り方が異例であることを自覚して、自分を戒めるような文言を添えて文章を閉じている。

以上のようにグラフィニは、当初は滑稽な道化師として扱っていたアカジュを、「心の美質」を備えた愛おしい存在として意識するようになり、失踪時には不安を通じて愛着を自覚し、笑われるかもしれないと前置きしながら、ドゥヴォーに自分の気持ちを打ち明けた。社会規範にそぐわない例外的な感情の表明は、一七五三年八月二六日にアカジュが死んだ際にピークに達する。

暑かったけど、そういう色々にかまけていた。つらい悲しみから逃れるために。私の猫が死んでしまったのよ。他にも色々あるけれど。何もかも同時に起きるんだもの。猫のために泣くなんて物笑いの種だけれど、私は、私を愛してくれた存在を悼んで泣いている（Cela fait rire de pitié sur ceux qui pleurent un chat, mais je pleure un être qui m'aimait）。一一年間も私と一緒に生きて、しかも一切の害を為さなかった存在を。日々の心地よい習慣が失われてしまった。私は彼が苦しむのを見た。ここ数日間、私の腕の中でしか安らぎを得られないようだった。力を振り絞って私に甘えてきた。ああ、なんと涙が流れること！　私は彼を悼んで泣く。たとえおおいに馬鹿にされようと（Ah, que je le pleure ! Et que je le pleure encore, dût-on me trouver très ridicule）[26]。（XIII, 368）

リーズが苦しみながら死んだとき、グラフィニは痛みへの同情を語りながら、自ら看取ることはせず、悲しみを抑圧して、姪が「泣きそう」になっていたと他人事のように語っていた。それから七年が経ち、グラフィニは死にゆくアカジュに寄りそって最期を看取り、この猫のために「泣いた」（pleurer）と三度も記している。この動詞には「死者を悼む」という換喩的な意味もあるため、身体現象としての涙を指すとは限らないが、涙が出るほどの悲しみを表すことに違いはない。

ここでグラフィニが言葉にしている感情は、目の前の動物が苦しむのを見て思わず感じる同情心ではない。彼女が言う「つらい悲しみ」とは、飼い猫と一緒に過ごしてきた日々の「心地よい習慣」が失われたこと、つまり何年もかけて育まれた持続的な関係が断たれたことがもたらす喪失感情である。現代なら「ペットロス」と言われるところだろう。彼女は一種の気概をもって、当時の常識に照らせば「物笑いの種」でしかない感情が、自分にとっては極めて切実なものであると認識し、そうした感情を直視し、言葉にして、ドゥヴォーに打ち明けた。

リーズの死に際して悲しみを抑圧したグラフィニは、アカジュの死を前に、悲しみを率直に認めるようになった。語られる感情の幅が変化したのである。当初グラフィニは、ペットに関して、嬉しいことや楽しいことを積極的に語る反面で、悲しさについては表現を抑えていた。リーズの苦しみに対する同情心を語ることはあっても、自分と愛犬を結ぶ愛情関係をそれとして語ることはなかった。彼女はアカジュについても当初、子猫の滑稽な行動を笑って楽しんだと語っていた。ところが最後にはこの猫が自分を「愛してくれた」と宣言し、その死を、苦しみへの同情としてではなく、長年の関係が途絶えたことを惜しむ感情として語ったのである。

グラフィニがこれほど明確に感情表現のスタイルを変えたのはなぜだろうか。厳密な論証に取り組む余裕はないが、この変化の背景には、書簡体小説の流行に伴う感傷主義の隆盛があったものと思われる。アカジュとリーズの飼育期間はちょうど、英国のリチャードソンの小説『パミラ』のフランス語版（一七四二）が熱狂的に受容され、グラフィニ自身も同作に触発された『ペルー人女性の手紙』（一七四七）で大成功を勝ち取ったことで、感傷文学がフランスを席巻するようになった時期に対応する。序章で述べたように、繊細な感性を貴人の特権としていた洗練主義とは異なり、感傷主義においては、人にも動物にも生まれつき優しい感受性が備わっているのであり、言葉巧みに感情を表現するよりも、身体表現を通じて共感しあうことが重要なのだという発想が示されていた。グラフィニ自身、『ペルー人女性の手紙』で、インカ帝国から拉致されてフランスに到着した姫君ジリアが、現地の言葉がわからないままに、身振りを通じて現地の人々の共感を誘い、孤独の悲しみを慰めてもらう場面を描いていた。作中では「善意に満ちたまなざし」のような身体表現が「優しい心の普遍言語」(le langage universel des cœurs bienfaisants) であるとされ、その言語を話す能力は、貴族だけでなく、ジリアにあてがわれた女性使用人も示していた[27]。

ドゥヴォー宛ての手紙において、時間の経過によって生じる愛着を抱き、抱かせるものとされたリーズと違い、アカジュは動詞 aimer の主語にされ、飼い主に愛情を注ぐ主体として認知されている。『アゼロル姫』で猫が「心の美質」を発揮して攻撃性を抑制すると書いていたグラフィニは、死別に際してもアカジュが「一切の害を為さなかった」ことを回顧して、飼い猫が主体的に攻撃性を抑制し、受動的な「愛着」を越えた愛情関係を築いたのだという認識を示している。彼女がジリアに言わせたように、身振りが「優しい心の普遍言語」になるならば、物言わぬ動物が仕草を通して心の交流に参加してもおかしくない。グラフィニは実際、死にゆくアカジュの仕草を詳しく覚えていて、最期まで飼い主に寄りそう姿に信頼と愛情を読み取っている。真実の感情は身振りを通じて伝わるのであり、そうした共感の場では身分差も種差も消えて、感性ある存在が平等に繋がるのだという感傷主義の考え方に基づいて、グラフィニはアカジュの態度に「愛する」という動詞を当てはめたのではないだろうか。[28]

3 道化師の悲しみ――ガリアーニの手紙

グラフィニ夫人が亡くなってから数ヶ月後、ある外国人がパリに足を踏み入れた。イタリア啓蒙を代表する知識人で、現在では主に経済学者として記憶されるフェルディナンド・ガリアーニ（一七二八―八七）だ。[29]彼は一七五九年にナポリ大使の秘書官に任命されてパリに赴任し、以後、短期の帰国を挟みつつ、約一〇年間この大都市に滞在した。秘書官としての本務をこなしつつ、サロンに通う社交生活も謳歌した。とりわけ、いずれもディドロら百科全書派の牙城となっていたドルバック男爵邸とデピネ夫人邸に通ったことが知られている。一七六九年にナポリに本帰国した後、デピネ夫人（一七二六―八三）と交わした書簡が一九世紀初頭に死後出版されたことで、ガリアーニは機知に富む書簡作家として、さらには「猫好き」としても歴史に名を遺した。このデピネ夫人宛書簡に、ガリアーニの猫が登場するからである。[30]では彼は、どのような言葉で猫について語ったのだろうか。

まずは書簡の全体的な性格を確認しておこう。[31]ガリアーニがデピネとの文通を始めた理由は、実利的なものだった。デピネを通じてパリ社交界との関係を保つことが第一の目的だったのである。文通当初、ガリアーニはデピネが自分の話ばかりするものだから、ディドロら周囲の動向をもっと伝えるよう要求したほどだった。彼の名声を高めた代表作『小麦取引に関する対話』（一七七〇）にしても、ナポリ帰国後にデピネの仲介やディドロの添削を経て完成し、出版したものだった。デピネ夫人との文通は文人としてのキャリアを構築するための手段だったのである。手紙それ自体も、少なくともガリアーニの発したものは、デピネのサロンで回覧されていた。手紙を出版することも少しは考えていたようである。このように両者の書簡は公的な性格が強いものだったが、しかしデピネ夫人の死去まで続いた長年の文通の過程で、二人の間には感情的な絆も深まっていった。年齢を重ねて病気がちになった互いの体調を労わる文言が増えるなど、単なる情報交換には留まらない側面が強まっていくのである。こうした全体的な調子の変化に呼応するように、猫についての語り方も変化する。

猫を笑いの種にする

パリ滞在中のガリアーニは、話術によって何でも冗談にして笑い飛ばす、シニカルな姿を見せていた。フュルチエールが辞典に書いたように、「冗談」(badinage) とは「他人に対して情念を隠す」、つまり本音を隠す手段に他ならない[32]。ノルベルト・エリアスの『文明化の過程』以来の文化史研究では、ルイ一四世期以後のフランス宮廷において、名誉を守るために感情を押し殺す必要があったと強調されてきた[33]。しかしその場に相応しくない感情を押し殺すことは、押し黙ることとは違う。むしろ社交生活においては、世辞や冗談を言って相手の機嫌を取りながら会話を回すこともまた、「情念を隠す」手段として重宝されていた[34]。ガリアーニは、冗談に冗談を重ねることで、社交界の感情規範に順応したのだと言える。

しかしこの態度は、グラフィニ夫人の死後、ますます勢力を増していた感傷主義とは相いれなかった。一七六〇年九月二〇日、家族愛賛美の感傷演劇『一家の父』をついに上演させたディドロは、ソフィ・ヴォランにこう書いている。デピネ夫人のサロンにガリアーニが来たが、「人生で一度も泣いたことがない」だの、「父親、兄弟、姉妹、愛人いずれの死にあっても一滴も涙を流さなかった」だのと豪語したので、自分もデピネ夫人も随分と不愉快な思いをした、と。家族愛という人間的感情に浸ることを良しとしたディドロと、そうした感情を腐すガリアーニの間で、感情文化の違いが露呈したのだと言える[35]。

ガリアーニは帰国後に始めた文通でもシニカルな姿勢を貫いた。彼が猫について言及する際には、何らかの冗談が意図されていたのである[36]。このことを実際の手紙に即して見てみよう。

まず一七七〇年一二月二二日付、飼い猫に言及した最初の手紙である。この便でガリアーニはある著作の構想を述べている。題して『雌猫が子供たちに与える道徳的で政治的な教訓。王立図書館付猫語通訳士エグラティニ氏が猫語からフランス語に翻訳』。内容は、善なる人間神と悪しき犬神の対立を軸とする「神学」や、臓物やウナギやパルメザンチーズに満ちた猫天国について論じるものだという。政治社会論の荒唐無稽なパロディである。エグラティニという名前も、爪で引っかく（égratigner）という動詞をもじったものだ。このような「随分と風変わり」な著作について「ずっと夢想している」のは、「我が雌猫の他に付き合いが無い」からだという（I, 322）。

既に文学史料に即して見てきたように、近世ヨーロッパにおいて、動物をこのように笑いの種にすることは当然の仕草だった。動物という卑俗な主題に、神々や英雄に相応しい高尚な文体や形式を用いることで、落差によって笑いを取るわけである。モンクリフもまた、歴史という格調高いジャンルの作法に則って猫について滔々と論じてみせるパロディの体裁で、猫擁護論を展開していた。猫は素晴らしいと主張しつつ、都合が悪くなれば「ただの冗談」だと言い逃れができるように予防線を張ったわけだ。ガリアーニもこの作法に即して冗談を述べ、その冗談を述べる理由としてようやく、飼い猫しか友達がいないと書いている。こうすることで、あくまでも馬鹿げたコミカルな話題の一環として、猫を可愛がっていることを示唆したのである。

ナポリには飼い猫の他に友達がいないという主張を、ガリアーニは後の手紙でも度々行っている。猫未満のつまらない人間としてナポリの同郷人を貶めることで、パリのデピネ夫人とその友人たちを持ち上げる世辞なのだろう。逆に言えば、相手への世辞を口実として、猫と一緒に過ごす楽しみにさりげなく言及したのだとも言える。

ガリアーニは翌年（一七七一年）三月二一日の手紙では題名を変えて『猫の歴史』なる著作に取り組んでいると書

いた。「二匹の猫を育てて」その「習俗」を研究した結果、ミャアと鳴くのは求愛の仕草ではなく「呼び声」なのだという考察を述べている（III, 35–36）。五月三〇日に再び猫研究の話題が出てくるが、ガリアーニの語り方を象徴する文章であるから訳出しよう。病身のデピネ夫人の代わりに、その娘ベルザンス夫人に宛てたものである。

> 世間での我が評判を立て直すことができるかもしれないと思って、近頃は『猫の歴史』に取り組んでいます。私の観察によれば、猫たちのもとでは悠久の時より重婚が認められています。妊娠中の交尾は禁じられているが、子猫に授乳する期間に入ればその禁止が解かれることもわかりました。したがって、乳母と寝ても良心痛メルニ及バズ、と証明されたのであります。タンブリヌス、アゾリウス、デ・サンチェスなどイエズス会の御仁は反対していますがね。最後に、猫たちのもとでは、ご婦人方に道を譲り、その後ろを歩くことこそが、女性に敬意を示すことになり、礼儀に適った名誉ある恋愛作法（les honneurs de la galanterie）になるとわかりました。雌猫の尻尾が時折、雄猫の鼻に触れるように歩くわけです。このことから得られる結論として、我々はご婦人方に腕を差し出すよりも、ご婦人方のドレスをおめくり申し上げるべきであり、折々に、お尻にガブリと噛みついてさしあげるべきであります。そうしたらご婦人方は振り向き、我々の顔にフッと息を吹きかけてくださることでしょう。今後、私はこの原則だけを頼りにご婦人方にアプローチすることにします。[37]（III, 62–63）

あえてデピネ母子が知る由もないイエズス会の論者まで引用して学者風を吹かせながら、性的な冗談を言うことでプレイボーイの印象も与える文章である。ここでもガリアーニはモンクリフと似た話法を使っている。既に見たようにモンクリフは、貴婦人宛ての手紙を本文としながら、注釈には古典籍を何冊もラテン語で引用して衒学的なところを見せていた。そして猫について語るのは自分の好みのためではなく、あくまでもご婦人を楽しませるためだという体裁を貫いていた。ガリアーニの場合、犬を愛玩したデピネ母子に対して率先して猫の話をしているから、ご婦人のためにあえて猫を話題にしたという口実は使えない。そこで彼は、猫のつがいを猥談の題材にし、そこから自分の恋愛に話をつなげることで、色男としての自己像を提示したのである。

ガリアーニはこの手紙で、『猫の歴史』を書けば自分は、ナポリ王国の修史官ならぬ「爪史官《そうしかん》」(historiogriphe) になれると冗談を述べているが、これはモンクリフの「爪史官」(historiogriffe) というあだ名への言及である。ガリアーニが『猫』を読んでいたかはわからないが、モンクリフのあだ名については、デピネ夫人の周辺で編まれた王侯貴族向けの手稿新聞『文芸通信』で逸話が伝えられていたから、彼も知っていたのだろう。[38] 影響関係はともかく、ガリアーニがモンクリフと同じように、機知ある社交人として筆を動かしたことには間違いない。[39] 両者ともに、まず女性を口説く伊達男あるいは会話を盛り上げる才人としての自己像を演出し、そのうえで猫について面白おかしく語ってみせた。猫という動物に対して並々ならぬ関心を示していても、本当に愛すべき相手(女性)を忘れているわけではない、と仄めかしたのである。

このように、機知を重んじる一八世紀フランスの社交界において、猫は何よりもまず「冗談」の道具だった。下らない動物だと思われているからこそ、あえて話題にすることで笑いの種になったのである。逆に考えれば、どのような話題についても面白く語ってみせることを評価する規範があるからこそ、猫を話題にすることができたのだとも言える。

感傷の共同体

ガリアーニは最後まで、機知によって何事も冗談で包み込む韜晦話法を手放さなかった。しかし一〇年以上に及んだ文通期間の後半に入ると、自分が猫について思っていることをもっと直接的に記述する傾向が強まっていく。

この傾向はオスマン帝国からアンゴラ猫のつがいを入手した頃から顕在化した。雄の入手を控えた一七七四年五月一二日の手紙には、輸送中にこの猫が「死んだり、盗まれたりしなければ、ナポリにも三名の友達ができることになります(既に二匹の猫がおりますので)」と期待感を込めた言葉が見える (IV, 140)。翌年七月二九日には雌もマルセイユ経由で到着した。ガリアーニは「我が家族は減るどころか日毎に増えるばかりです」、「祝福してください、嬉しくてたまらないのです」(Faites-en-moi compliment, car je suis au comble de ma joie)と喜びを語っている(V, 46)。もっとも、この後にナポリ社交界の退廃を嘆く文言が続くので、やはりナポリを貶めてパリを持ち上げるレトリックは健在である。しかし猫を「友達」どころか「家族」とすら呼ぶところには、ガリアーニの思い入れの強さが垣間見える。

それから約二年が経つと、離別の期間が始まる。猫を次々と失ったガリアーニは喪失感情を隠すどころか積極的に記述した。一七七六年四月一三日、彼は病気がちのデピネ夫人が快方に向かっていることを祝福しつつ、次のように書いている。「私の方は元気なのですが、飼い猫を失った悲しみのうちにあります。此処で最も理性的な友達を失って私がどれほど残念がっているか、ご想像できますまい」(V, 71)。同郷人には猫未満の理性しかないという悪口を挟みながらも、自分が「悲しみ」(chagrin)に苦しんでいることを認識し、素直に認めたのである。しかしこの文からは、そのような感情が相手には理解されないかもしれないという孤立感も窺える。

ところが翌月、ガリアーニはデピネ夫人も動物について同じような「悲しみ」を経験したのだと知る。五月一一日、彼はベルザンス夫人にこう書き送った。

犬を亡くされたお母さまが感じられたに違いない悲しみとつらさ、私にもよくわかります。今こそ私のつらさを想像してください。我が猫が殺されたところなのです。ああ! 犬猫を失うというのはなんという喪失でしょう! 世界中のヴリリエール一族を集めても比較になりますまい。本当に、三週間前から立ち直れないままなのです。私に猫語を教えてくれた先生でした。未だに猫語は喋れませんが。英語よりも発音が難しいのですよ。でも聞き取りはかなりできるようになりました。(V, 73–74)

ガリアーニが受け取っていた前便は現存しないが、飼い犬の死を伝える内容だったのだろう。彼がパリ滞在中に見ていた小型犬が死んだのかもしれない(III, 172)。文中で名指しされたヴリリエール公爵は有力者として名の知れたフランスの大物貴族である。それほどの大人物が死んでも、犬や猫に死なれるのに比べれば些事というわけだ。ここでガリアーニが話題にしているのはおそらく四月に死んだ猫のことで、希少種を手に入れる前から飼っていた普通種の雄猫だと思われる。当時の一般的感覚からすれば、金銭を支払わずとも簡単に手に入る、価値の低い動物である。しかしガリアーニは、相手が似たような悲しみを経験しているこの機会に、他人にはどうでもよいと思われるペットの死が、飼い主にとっては一大事になると主張し、その悲しみを分かち合おうとしたのである。最後に猫語の話をするのは、思い出語りであるとともに、デピネ親子に以前の冗談を思い出させ、話を少しでも陽気にするための配慮だろう。

一〇月に入ると、今度はガリアーニが特に大切にしていた雌のアンゴラ猫が病気になってしまう(V, 108)。どうやら医者を呼んだらしく、一一月二日には猫の病が治療不能だと宣言されて「打ちひしがれた状態」(abattement)にあると綴っている(V, 114)。おそらくガリアーニが世話を尽くしたのだろうが、この猫はさらに半年生きた。ついに一七七七年七月一八日、ベルザンス夫人宛ての手紙に、その最期が次のように報告されている。

> 貴女の手紙を開こうとしたその時、ありうる限り最大の不幸、私の心にいちばん響く不幸が起きたと伝えられたのです。我がアンゴラ猫がテラスから中庭に落ちて、タイルの上で死んでいたと。この衝撃は私にとって雷の一撃です。冗談も誇張も抜きに、此処の事物は全て、この喪失があってからというもの、私にとってはどうでもよくなってしまったのです。私を愛しの祖国に繋ぎとめておくものなど無い。良いものは何も残っていない。我がマルセイユ猫(マルセイユから送られてきたのでした)が亡くなったのですから。(V, 169)

冗談ばかりで本心を打ち明けなかったガリアーニが、今や韜晦精神を打ち捨てて、感傷に浸り、愛猫の突然死によって生じた虚無感を素直に語るようになった。ナポリを貶める文言はしぶとく残っているが、冗談を言うために猫に言及するというよりも、悲壮な嘆きを語る中にいつものこき下ろしが挿入されている。

この宣言は文通相手にどう解釈されたのか。冗談として受け流されたのか、それとも本気で受け止めてもらえたのか。幸いにもベルザンス夫人が八月一〇日に記した返事が残っているから、答えを知ることができる。原文は句読点を欠くが、読みやすさを重視して文を区切って訳出する。

もう神父様〔ガリアーニは僧籍を有した〕、また猫のことで泣いたんですか。だって私が知る限り、命ほど大切な猫なんていうのはこれで四匹目ですよ。私のことを犬扱いなさるのね。他に言うことが無いんでしょう。だって四つ足の悼辞ばっかり聞かされるのが私の役回りです。仕方ない。そういうことなら諦めます。貴方は少なくとも、私が、優しくて人の痛みがわかる魂を持っていると思ってくださるんでしょう。そういうことならちょっとはましな気がします。私も犬を飼ってます。猫じゃありませんけど。皆に不細工って呼ばれてるけど、言うに事を欠いてるだけです。悪口を聞かされても私が一途でいられるか試したいんでしょう。なら言いますけど、私はこの犬が好きですよ。ハンサムな犬みたいにね。私を愛してくれてるんだから、少なくとも感謝しないと。もし残酷なる運命の女神が、峻厳にも、遅かれ早かれ、彼を私から奪うことがあれば、私の正当なる哀惜の情は、貴方にお伝えすることにいたします。そんな気持ちをわかってくれるのも、わかってもらいたいのも、貴方だけです。(V, 170)

ベルザンス夫人は二つのステップを踏んでいる。まずガリアーニの言葉を「四つ足の悼辞」として、つまり一種のジョークとして受け止め、下らない冗談に付き合わされる我が身を嘆いてみせている。そう前置きしたうえで後半では、死を惜しむほどに犬や猫を愛することは、「優しくて人の痛みがわかる魂」(l'âme tendre et compatissante) にこそ宿る感情なのだという理解のもと、むしろ動物を愛する気持ちを分かち合う、共感の言葉を述べたのである。

ベルザンス夫人はここで、周囲の悪口など気にせずに愛犬を大切に思う自分の気持ちを、ガリアーニになら理解してもらえるだろうと判断して、自発的に吐露している。意識してのことかはわからないが、彼女は感傷文学のレトリックを用いている。第6章でソンニーニに即して見たように、同情心に満ちた感受性豊かな人間が、外見ばかり気にする軽薄な人々の無理解に苛まれながらも、同じように優しい人間と出会い、気持ちを分かち合うというのは、感傷文学にお決まりのシナリオだった。デピネ夫人の娘は、何もかも冗談にして笑い飛ばすシニシズムに軸足を置きながらも、「なら言いますけど」(eh bien)の掛け声でもう一歩を踏み出して、感傷文学の言語を使って、ガリアーニに秘めたる感情を打ち明けたのである。

とはいえ感傷主義は、顔を出したかと思えばすぐに引っ込んでしまう。引用部の最後には、「運命の女神」を引き合いに出すなど、唐突に格調高い語彙が出現する。これはベルザンス夫人が、愛犬を大切に思う気持ちを、自分なりに仰々しいパロディ文体で包み込み、冗談としての装いを与えようとした結果だと思われる。続く文章でも「こういうこと(tout cela)より一段と重大」な報せとして王立科学アカデミー会長の死が伝えられており、犬猫に対する愛着など結局は些事に過ぎないという建前が保たれている。ガリアーニとしても、ベルザンス夫人の打ち明け話に反応することは控えている。彼は九月一三日にデピネ夫人宛てにこう書いただけだった。「私が手紙で四つ足の話ばかりするものですから、ご息女に怒られてしまいました。でもこの国の二つ足の話をしたらもっと酷いことになりますよ」(V, 173)。ナポリの人間を貶めるいつもの冗談を使って、ベルザンス夫人の言葉の前半にだけ答えたのである。書簡の基調はあくまでも皮肉主義であって、感傷主義は、パロディ・ゲームの枠内で一時的に噴出するに過ぎなかった。

ところが、一見するとこの解釈の反証となる手紙があるので、最後に取り上げておきたい。ガリアーニが一七七八年六月一三日にデピネ夫人に宛てたもので、以下の一節を含んでいる。

　私の状態をお知らせしないでおかないために、貴女にお便りを書かねばなりませんが、何と言えばいいのでしょう。毎日、後悔が募るばかり。独りになるとすぐ、夢うつつになり、悲しみに包まれるのです。死んでしまったから悲しいのではありません。それについては諦めがつきました。全く自然なことだとわかっています。私を含めて、誰もがいつかは死ぬのですから。死に方の問題なのです。いきなり、予期せぬ仕方で、死なれてしまったことが悲しいのです。つまり、もし二時間だけでも生き返らせることができて、お喋りをし、何をそこまで思い詰めていたのか、何を考えていたのか、最期の瞬間に何を求めていたのかを知ることができて、それからまた永眠してくれるのであれば、ちゃんとお別れができたと思って満足でき、慰められたと思うのです。初めて、遺言書というものの有用性、叡智、普遍的存在理由を理解しました。大切な人が死んでしまった時に、残された者たちにとって心からの慰めになるのですね。しかし、あんなに急に死なれてしまったから、本当のところ、自分から身投げしたのか、それとも卑劣にも投げ落とされたのか、わからないのです。このことが頭をよぎると酷く思い悩んでしまって、これほどつらいものはありません。しかしお心を暗くしてしまいました。(V, 189–190)

ガリアーニはここで話を切り上げて、手紙の残りの部分ではホラティウスの伝記を書く計画について述べ、デピネ夫人に協力を依頼している。つまり引用部は後で笑いに変換されることなく、ただ悲痛な苦しみとして語られるばかりである。

ではガリアーニは一体、誰の話をしているのか。原文には女性代名詞(elle)しか書かれておらず、性別の他に具体的な情報は無い。ガリアーニの手紙を編集した一九世紀の学者アッスは、雌猫について冗談めかして語られているのだと考えた[40]。ところが本章で参照してきた校訂版の編者マジェッティは「そういう推測は文脈上成り立たない」としてアッスを批判し、「愛人の死について語っているようだ」との見解を述べた(V, 189, note 2)。雌猫の話なのか、愛人の話なのか。デピネ夫人の返事を見れば答えがわかりそうなものだが、惜しいことに散逸している。残存する書簡から考えてみるしかない。

曖昧な文面からして、ガリアーニは、死んだのが誰かデピネ夫人が既に知っていることを前提にして書いているように思われる。ところがガリアーニの愛人としてデピネ宛書簡に登場するのは、彼がパリ滞在中に出会ったラ・ドービニエール夫人だけである。[41] この女性は一七七一年に亡くなり、ガリアーニは同年二月四日の手紙で、悲しみに打ちひしがれたと語っていた (II, 47)。散逸した書簡だけで言及される他の愛人がいた可能性は否定できない。しかし引用文の「彼女」は自殺または他殺により横死しており、その事件について現存する書簡で一切の言及が無いのは、ガリアーニ側の手紙の残存状況から考えて、いささか不自然である。

では雌猫の話なのだろうか。実を言うと、そのような読解を成り立たせる「文脈」はたしかに存在する。というのも、直前の手紙でデピネ夫人が次のように書いているからである。

[…] 私に一層明らかだと思われるのは、人類が静かに幸福に生きるようにできていないということ。というのも神父様、貴方ご自身が、家庭の悲しみ (chagrins domestiques) で健康を害されているそうではありませんか。野を走り回りたくなり、安らぎも得られず、陽気にもなれないとは、何をそんなに苦しんでおられるのですか? 猫が死んでしまったとか? (La mortalité est-elle parmi vos chats ?) それとも召使いや従僕の色恋沙汰や仲違い? 原因が深刻か軽薄かなど、関係ありません。お心にどのような影響があるかが重要なのですから。(V, 187)

ガリアーニは前便で、ご無沙汰の弁明として、「家庭の面倒事」(embarras domestiques) のせいで「身を引き裂く悲しみ」(chagrins cuisants) に苦しんでいると書いていた (V, 185)。デピネはこの言葉を見て、使用人関係のトラブルだけでなく、飼い猫の死も悲しみの原因の候補として挙げていたのである。しかもガリアーニが「悲しみ」の理由を語ろうとしないのは、下らない理由だからと恥ずかしがっているのではないかと推し量り、たとえ猫の死であろうと、つらい気持ちを生んでいることに変わりはないとして、理由を打ち明けてみるように促していた。

この文脈を考慮すれば、ガリアーニが、ベランダから落ちて死んでしまった雌猫の話をここで蒸し返したのだとしても、おかしくはない。実際、猫の話だと仮定すると、引用文全体を一種の文学的遊戯として読むことができる。ガリアーニは手紙の冒頭に謎めいた文章を置き、わざと曖昧な表現を駆使して、一体誰の話をしているのかと読み手を誘い込み、遺言書の話をしたり、大切な「人」(persomne)という言葉を使ったりして、人間の話をしているのだと思わせてから、最後に、落下して死んだという具体的な状況に言及している。既にアンゴラ猫の死について知らされていたデピネ夫人ならば、ここまで読むことで、ああ、これは雌猫のことだ、と理解できるようになっているのである。かつてデズリエール夫人が夫の気を惹くコケットを演じながらグリゼットへの愛着を表明したように、ガリアーニも、相手の不安をかき立ててから、実は猫の話だと理解させてその不安を解消する手法を取ったのである。もし本当に人間の愛人を話題にしているのならば、こうした語りの効果は無くなり、引用文は単なる嘆きになってしまう。それでは、韜晦の名手ガリアーニにしては、ひねりが足りないのではないか。

したがってこの手紙は、ガリアーニが飼い猫について、そして猫に対する感情について述べた、最後の手紙として読むべきなのである。ガリアーニを知悉した編者がこの点を見誤った背景には、死んでから約一年経ってもまだ猫の話をするほどの愛着などあり得ないという先入見と、ガリアーニは(人間の)女性を愛する好色漢であるはずだという先入見があったのかもしれない。しかし誤読が生じたのは、そもそもガリアーニが手紙の内部で「解答」を示さなかったからである。この手紙は以前の手紙と違って、言葉の背後に猫がいると知らなければ、猫について仰々しく語るパロディの一種だとわからないようになっている。

なぜガリアーニはこれほど曖昧な書き方をしたのだろうか。もしかしたら全てが「冗談」ではなかったのかもしれない。雌猫が書いた遺言書を本当に読みたかったわけではないだろうが、それでも、愛猫の最期に立ち会えなかったことへの「後悔」に苛まれていたことは、事実だったのかもしれない。デピネ夫人はどういう返事を書いたのだろうか。一年前に娘が行ったように、ガリアーニの言葉をなかば冗談として受け止めつつ、その冗談の中に本物の感情が隠されていると読み取り、共感を示したかもしれない。実際の手紙が読めないのは惜しいことである。

この最後の手紙は、猫を猫と呼ばずに哀惜の情だけを滔々と語る点で、以前の手紙とは一線を画すものだが、それでもガリアーニの感情表現のスタイルは一貫している。彼は必ず、猫に対する思い入れを、アイロニーによって包み込んだのである。つまり彼は、語りの内容と形式をずらし、真剣な物事を軽妙に扱い、軽薄な物事を真剣に論じるという、一八世紀の社交界で重宝された機知を駆使して、猫への愛情を表明した。猫の言語や習俗を重要な研究対象であるかのように語るのも、飼い猫をナポリの同胞よりも「理性的」な「友達」であるかのように語るのも、死んだ猫を人間であるかのように語るのも、そうしたユーモアの実践であった。

ガリアーニとデピネ母子は、長年の文通を経て、犬猫に対して強い愛着を抱いても良いのだという共通の理解を育み、そのような感情を語ることができる場、ある種の「感情共同体」を作り上げた。その場は、社会的規範の拘束から多少とも自由になれる「感情の避難所」でもあった。[42] この「避難所」で、犬猫の死のような悲しい事があったときにようやく、一時的に皮肉主義が捨て去られ、感傷主義の言語で動物への愛着が表明されたのである。

4 思い出のロロ——『ラ・リヴィエール伯爵夫人の手紙』

ここまで見てきた書簡は、一八世紀には非公開に留まった私的文書であった。したがって懐疑的な見方をして、グラフィニもガリアーニも、あくまで特殊事例に過ぎず、当時の社会一般について何事かを述べるには不十分だと考えられるかもしれない。そこで最後に、当時すでに刊行され、高い評価を勝ち取った書簡集においても、これまで見てきた事例と同様の語りの形式が現れることを示したい。そうすることで、ここまで述べてきたことが、一八世紀の書簡執筆の一般的な事情に関わるものだということがわかるだろう。

その書簡集とは、ガリアーニが愛猫との離別を経験していた一七七六年に出版された、『ラ・リヴィエール伯爵夫人から、ご友人ヌフポン男爵夫人への手紙』である。ルイ一四世時代の女性貴族が幼馴染の女友達に宛てて綴った手紙を、子孫が出版したという触れ込みの三巻本であった。[43] セヴィニエ夫人の同時代人が書いた手紙として話題を呼び、少なからぬ文芸誌で好意的に紹介された。王妃マリー＝アントワネットの離宮プチ・トリアノンの蔵書にもあったという。[44] 売れ行き好調だったようで、翌年に二巻本に組み直されて再版されている。大ヒットとは言い難いが、堅実な成功を勝ち取ったこの書簡集は、しかし実のところ、触れ込みに反して、全くの創作であった。プーラン・ド・ノジャン嬢という女性作家が、ルイ一四世時代に関する知識を活かして、ラ・リヴィエール伯爵夫人なる人物になりきって執筆した書簡体小説だったのである。

『ラ・リヴィエール伯爵夫人の手紙』（以下『手紙』とも略記）は知名度の低い作品であり、あえて取り上げる研究者もほとんどいない。しかし同作は、主人公が飼い猫に詳しく言及した手紙を含む稀有な作品として、本書においては大いに取り上げる価値がある。実在人物の手紙を論じてきたこの章で、いきなり小説を対象にするのは、一貫性を欠いた議論だと思われるかもしれない。たしかにこの書簡集は創作であって、実在の人物が交わした手紙と全く同列に論じることはできない。しかし以下に述べる理由から、この小説を分析することで、本章の議論をさらに深めることができると考えられる。

まずこの小説は、創作だと匂わせる要素をなるべく消して、実在の人物による真正の手紙だと思われるように工夫を凝らした作品である。書名はセヴィニエ夫人書簡集を模しており、[45] 冒頭には子孫が編者として寄せた序文なる文章があるばかりだった。プーラン嬢が一七八七年に著者として名乗りを上げるまで、同作は文芸誌でも実際の手紙として論じられていた。[46] 現代にも、創作と気づかずにこの書簡集を引用してしまった歴史家がいる。[47]

さらにこの作品は、実在の手紙だという前提で、優れた感情表現に満ちた名文として評価されていた。同時代の書評家は同作の文体について、「衒いも繕いも無い」、「心のまま」の「自然な」感情表現に満ちた文章だとの賛辞を寄せていた。[48] 架空の書簡ながら、感情表現に関しては、現実的で、「自然」だと広く認められていたのである。

そのような作品の主人公が猫についてどう語っているかを分析すれば、当時の人々に「自然」だと思われた感情表現のあり方が見えてくるはずである。

そこで本節では、『ラ・リヴィエール伯爵夫人の手紙』で主人公が飼い猫に対する自己の感情をいかに言語化したのかを分析し、グラフィニとガリアーニの手紙に見られたのと同種の抑制が、この小説においても見られることを示す。著者プーラン嬢は、このフィクション作品においても、おそらく実際の手紙の執筆感覚を活かして、文章上の工夫を凝らしていた。まず著者の略歴と作品の概要を確認してから、猫が登場する手紙を見てみよう。

著者プーラン・ド・ノジャンについて得られる情報は少ない。生没年も洗礼名も不明だが、パリ南東一〇〇キロメートルほどに位置するノジャン＝シュル＝セーヌ出身で、一七二〇年代に生まれて一七九五年頃に死去したと推定されている。(49) 『ラ・リヴィエール伯爵夫人の手紙』を皮切りに、一七八〇年代に続々と著作を世に問うた。児童教育書、ポール＝ロワイヤル修道院の歴史、詩集などである。詩集収録作品の献呈相手を見る限り、下級貴族や上層市民階級の家庭教師として生計を立てていたようである。結婚生活に関する著作もあるが、本人はおそらく独身を貫いた。なお面白いことにプーラン嬢は、詩集の序文で真っ先にモンクリフを引用している。(50) 教育者として、モンクリフの社交術論を高く評価していたのだろう。『猫』を読んでいた可能性もおおいにある。

『ラ・リヴィエール伯爵夫人の手紙』は、主人公が修道院で出会った幼馴染の女友達に数十年間送り続けた手紙の体裁を取る。一六八六年から一七一二年までの期間を舞台とする歴史小説であり、全ての手紙に日付が付されている。当時の出来事や、ボワローなど実在人物への言及を散りばめて時代性を演出している。しかし全体を貫く本筋は主人公の私生活であり、結婚・出産・育児という女性のライフステージの展開が描かれる。主人公と文通相手を結ぶ友情も、作品の大きなテーマだ。本作には当時の書簡体小説としては珍しい特徴が二つあった。文通相手からの返事を含まないこと、ならびに、恋愛ではなく同性間の友情を主題にしたことである。『手紙』は、女性同士が夫婦関係や子育ての悩みを打ち明け、相談しあいながら生き抜く様子を描く作品であり、今風に言えば、一種のシスターフッド小説だった。[51]

著者と主人公の関係も確認しておこう。主人公は結婚するまでプルネー（Plounai）嬢と呼ばれているが、これはプーラン（Poulain）のアナグラムである。しかもこのプルネー嬢は、ノジャン伯爵の孫とされている。プーラン・ド・ノジャンは後年、詩集の前文で『手紙』が自著だと明かしたが、その際に、男性の手を借りず独りで本作を執筆したことを強調している。[52] 女性が見くびられる世の中で、この小説が自分の作品であることを歴然と示す仕掛けを、主人公の名前に忍ばせていたのだ。しかし主人公が著者の名前を背負っているのには、もうひとつ理由があると思われる。『手紙』は私生活の細々とした描写に満ちた作品で、同時代の書評家に細部が過剰だと苦言を呈されたほどだった。[53] そうしたディテールには、後に見るように、既存の文献から引き写したのではなく、著者自身の経験に基づくと思われるものも含まれていた。したがって著者は、自分の名前にちなんで名付けた主人公に、ある程度まで自己を投影していたと思われる。

『手紙』は合計で一八五通の書簡から構成されているが、そのうち二通に、主人公の飼い猫が登場する。いずれにおいてもプーラン嬢は、女性が猫について語るための作法に気を配っている。それぞれを順に見ていこう。

猫が最初に登場するのは作品の冒頭、一六八六年六月二〇日付の第三信である。一六歳のプルネー嬢が、手紙の後半で次のように書いている。

土曜日、おば様がうちにいらしたちょうどその時、おばあちゃんが可愛がっている雌猫フィネットが子猫を産んだの。この腕白小僧、もう私の愛情をずいぶんと浴びているわ。母親と一緒に寝室に入れてあげて、二匹とも私と一緒に寝ているの。数日前からノジャンに来ているベルトーさんという尊敬すべきお方に「ロロ」という名前をつけてもらったわ。子猫が生まれたよ、とあなたに伝える手紙を書くつもりだ、とうきうきしておば様に言ったら、笑われちゃった。でもそれから言われたの。「まあ、あなたが手紙で飼い猫の話をするからって、驚くことはないわね。デズリエール夫人だって、詩の中で飼い猫の話をしていたもの」ですって。母親が子供にお乳をあげるところを見るのは、初めてだし、とっても嬉しい。なんて優しさなの！　それにとっても甲斐甲斐しい！　敵から守ってあげるときの勇気といったら！　ああ！　あのね、動物から人間が学ぶべきことだってあるのよ。(I, 13–14)

この文章は三つの部分に分けられる。最初に来るのが、フィネットとロロという二匹の猫に対する愛情表現である。プルネー嬢はここで、猫と一緒に寝るという行為だけでなく、自分の「愛情」(affection) それ自体にも明示的に言及している。

しかし子猫の誕生は、プルネー嬢にとっては嬉しい出来事でも、文通相手にはどうでもよいと思われるかもしれない。そこで主人公は「おば様」と「ベルトーさん」という二名の人物を巻き込むことで、この出来事を、相手も必ず興味を持ってくれるゴシップに変換している。「おば様」とは主人公と文通相手が一緒に過ごした修道院の長で、両名とも見知っている人物である。ベルトーの方は、第六信の注釈で、プルネー嬢の結婚契約書を作成するために来た「パリ高等法院の物知り弁護士」だと明かされる人物である (I, 35)。引用部で「尊敬すべきお方」と呼ばれているように、手紙で友人に紹介するに値する名士である。要するに主人公は、猫を人間関係の網目の中に放り込むことで、語るべき話題に仕立てあげたのである。

最後に、主人公は引用部の末尾で、猫に対する自分の興味関心に特定の意味を付与している。プルネー嬢にとって、フィネットとロロの観察は、軽薄な気晴らしではない。母猫が子猫を守り、育てる様子を見ることで、母性の何たるかを学ぼうとしているからである。第Ⅲ部で見たように、『手紙』が出版された一七七〇年代には、雌猫の母性愛が寓話や版画でも取り上げられて礼賛されていた。プーラン嬢はこの流行りのテーマを拾い上げて、猫を大切に育て、その行動を観察することを、少女が母親になるための訓練として位置づけた。主人公が猫の話をしても軽薄な娘ということにならないのは、猫との関係にこのような意味が付与されているからである。また、読者にとって、ロロ誕生のエピソードには、主人公がやがて母親になることを予告するという筋書き上の意味もある。

引用部にはまだ見逃すべきではない要素がある。おばの修道院長が主人公に示す反応である。おばは姪が猫を可愛がっていること自体は特別視していない。主人公の祖母もフィネットを可愛がっているのだから、猫に愛情を注ぐこと自体は、ありふれた行為だと見なしているのだろう。しかし彼女は、姪がわざわざ猫について手紙で報告しようとすることには驚いている。おばの目には、飼い猫を愛でることは当然でも、それをわざわざ他人に言いふらすことは奇異に映っているのである。

引用部にはさらに、おばが姪の行動を自分で解釈して納得する過程も描かれている。デズリエール夫人がグリゼットを詩に登場させていたことを思い出して、飼い猫についてわざわざ文章で言及するのは、そうおかしなことではないと得心したというのである。猫に対する愛情を他人に言いふらすことを不思議がる気持ちが、デズリエール夫人という権威ある先例の存在によって打ち消され、そのように言いふらす行為が認められるに至る過程を描いた、稀有な場面である。グリゼット関連作品が『メルキュール・ギャラン増刊号』に掲載されたのは一六七八年のことであったから、一六八六年にこのような場面を設定することは、歴史考証的にも正しい。デズリエール夫人の存在は、修道院長だけでなく、この手紙を読む者（つまり作中の文通相手と、現実の読者）に対しても、猫についてわざわざ語ることを許容させる効果を発揮したことだろう。

この手紙の後、飼い猫への言及は長らく途絶える。再登場するのは一七〇四年八月二〇日付の第一三二信。作中時間で一八年後のことであり、初版ではほぼ二巻分の文章が続いた後に来る手紙である。この間に主人公は結婚し、ひとりの息子を育てる母親となった。ラ・リヴィエール伯爵夫人は、ヌフポン男爵夫人となった文通相手が飼い犬の死に心を痛めていると知る。伯爵夫人は冷静である。犬が「憂鬱」（mélancolie）のせいで死んだと考えて悲嘆にくれるヌフポン夫人に対し、ラ・リヴィエール夫人は、「ほら、動物を飼って、愛着を抱きすぎると、こうなるのよ」と突き放すような様子で、「既に愛犬がいるのに、なぜ二匹目を飼うの？　一匹目が悲しむだけじゃない。［…］犬は友情に敏感な動物だから、嫉妬に駆られてもおかしくないのよ」と述べている（III, 87–88）。二匹目を飼わなければ、最初の犬が「憂鬱」を患うこともなかったはずだと叱っているのだ。しかしこう述べたところで、伯爵夫人はロロのことを思い出す。

でも、猫にも感情があるって信じられる？　私のロロ、おばあちゃんの愛猫フィネットの息子で、私が飼っていたやつね、生まれた時に話をしたことがあったでしょう。この猫、オウムに激しく嫉妬して、見たこともないほど黄色くなっちゃったのよ。もう全身真っ黄色。白目までね。まぶたを持ち上げて何度も確認したわ。お通じも全部、この色だった。こんなこと信じられないでしょう。でも全部、正真正銘の事実なのよ。何人か証人がいるけれど、それはもうびっくりして、猫という種全体に敬意を抱いたって。これほどの愛情を抱くことがあるなんて知らなかったっていうのよ。（III, 88）

プルネー嬢は感情を炸裂させ、感嘆符を多用する文体を使っていたが、成長してラ・リヴィエール伯爵夫人となった今、表現を抑制するようになった。ここでラ・リヴィエール夫人は自分の愛情を語るよりも、まるで博物学者のように猫の症状を研究し、目から排泄物に至るまで全てが黄色くなってしまったことの報告を優先させている。飼い猫ロロを、「猫という種全体」が「愛情」を有することを証明するサンプルとして扱っているのである。つまり主人公は、自分の感情や体験ばかりを述べるのではなく、体験から出発して一般的な考察を巡らせている。相手を笑わせる冗談ではないとはいえ、博物学者的な人格を装う点で、飼い猫を手がかりに猫の習俗を研究していると豪語していたガリアーニと似た語りの手法である。

この第一三二信では、全体の半分を占める分量が猫の話題に割かれており、先の引用部はその前半に過ぎない。続いて伯爵夫人は、ロロが黄色くなった「この現象について誰か博物学者に知らせるように提案された」が、ロロが他人の好奇心の餌食になり、「有害な実験」に晒されるのを危惧して、実際には学者に連絡しなかったと述べている。彼女も周囲の人間も、ロロの病気という「現象」を普遍的な学知に結びつけようとしたが、しかし飼い主である彼女は、ロロを大切に思っており、知識獲得の道具にすることは認めなかったというわけだ。

ではなぜここでロロの話をするのか。それはこの「現象」もまた、「嫉妬心と悲しみ」が引き起こしたのではないかと疑われるからであった。実はラ・リヴィエール夫人はヌフポン夫人からオウムを受け取っており、そのオウムの方は手紙で何度も言及されていた。ロロの名付け親ベルトーが、オウムが可愛がられる様子を見て嫉妬したからロロは病気になったのではないかと推察しており、「たしかに、あの腕白さんが来る前まで、私の猫以外うちのアパルトマンに動物はいなかったから」、ラ・リヴィエール夫人としてもこの仮説に同意するのだという(III, 89)。

つまりラ・リヴィエール夫人はヌフポン夫人が飼い犬を失って悲しんでいるこの状況で、犬が病死した原因が「嫉妬」にあるのではないかという仮説を、自分の猫を事例として引き合いに出して説明してみせたのである。相手が悲しんでいるのに、動物学的な考察を繰り広げるなど、いささか冷淡ではないかと思われるかもしれない。しかし実のところ、ラ・リヴィエール夫人は博物学的考察を述べるだけではない。次のように個人的な思い出を述べて、手紙を締めくくっているからである。

このロロ、かわいそうに、冬の間ずっと苦しんで、三月九日を最後に、すっかり姿を見せなくなった。この日までに病気が随分と酷くなって、もう骨と皮だけの状態で、立っている力すらほとんど無いようだった。死に場所を求めて、どこかに隠れたんだと思っていた。でも何年か後になって、溺死させられていたってわかったの。彼の苦しみは、元をたどれば、心に由来するものだった。だから彼を愛する気持ちは、もっと高まってしまった。死んでしまって悲しいと思ったほどよ。猫なんかに相応しくないくらいね。あなたほどの親友から貰ったのでなかったら、オウムのこと、嫌いになっていたと思う。(III, 89–90)

ロロは単なる博物学の標本ではなく、れっきとした愛情の対象であり、愛情の主体でもあった。グラフィニ夫人がアカジュを愛情の主体と見なしたように、ラ・リヴィエール夫人も、ロロから愛情を受け取ったのだと考え、それゆえにますますこの猫を愛したと吐露したのである。「猫なんかに相応しくない」という自己批判を添える点も、グラフィニ夫人の語りに近い。

主人公がこのタイミングでロロに対する愛情を語ったのには理由がある。注意すべきことに、ロロの死からこの手紙が書かれるまで、作中時間で一〇年以上が経過している。というのも件のオウムは一六九二年六月末の贈り物であり、順当に考えれば、ロロはその翌年の三月に死んだと思われるからである。オウムは文通相手との友情の生ける証であり、手紙で何度も繰り返し言及され、消息が伝えられていた（I, 387, 389, 399, 404 ; II, 18, 26, 248, 316, 321, 408 ; III, 3, 12, 23, 32, 119）。これに対して猫は、主人公にとって大切な存在だとしても、文通相手にとってはそうではなく、言及しても独りよがりな話題にしかならなかった。一〇年以上も経った後にようやくロロの死を話題にしたのは、文通相手が先に犬の死を話題にしていたからである。ラ・リヴィエール夫人は手紙の末尾にこう書いている。「当時はこんな話をしてあなたをうんざりさせたくなかったのよ。でも今日は良い機会だと思って、変わった出来事だし、伝えようと思ったの。だから老犬の死を乗り越えて、若いのに慰めてもらってちょうだいね」（III, 90）。デピネ夫人の犬の死を知ったガリアーニが飼い猫の死に言及したように、文通相手が大切な動物を失ったというきっかけがあってこそ、自分の動物について語ることが共感の輪を作ることになる。そうしてラ・リヴィエール夫人もロロの話を持ち出す気になったのである。

猫とオウムの違いについて、もう少し考えてみたい。面白いことに、作中ではロロ（Lolo）とその母猫フィネット（Finette）が名指しされるのに対し、オウムの固有名は出てこない。主人公が成長し、子供じみた言動を控えるようになりオウムの名前を言わなくなったのかと思いきや、そうではない。主人公がオウムを受け取ったのはまだ二二歳の新婦だった頃、つまり感傷的な言葉遣いをしていた時分で、オウムを受け取った際にも「かわいいオウムちゃんに沢山キスしてあげるね！」（I, 387）などと書いていた。ヌフポン夫人がオウムに名前をつけていてもおかしくないし、あるいはラ・リヴィエール夫人が名前をつけたことを報告してもよさそうなものだが、最後までオウムは「オウム」のままである。

対して猫は登場する度にフィネットとロロという固有名で呼ばれている。この名前は、幼児語的な響きがあり、文学作品の猫の名前としては型破りである。グリゼットやメニーヌといった既存作品に登場する名前を退けてまで幼い響きの名前を選んだのは、なぜだろうか。実際に著者がこの名前の猫を飼っていたことがあり、飼い猫を作中に登場させたかったからなのだろうか。もしそうなら、アカジュを偽名で作品に登場させたグラフィニ夫人よりも、さらに大胆なことではないか。

プーラン嬢の書簡が遺っていない以上、確実なことは言えないものの、この第一三二信の内容は、彼女の実際の経験に基づいていると考えられる。というのも、目から始まって全身が黄色くなり、排泄物にもその色が出るという現象は、現代の獣医学によれば、猫が肝臓や膵臓の病を患った際に示す黄疸の症状に他ならないからである。(54) 管見の限り、猫の黄疸を記録した同時代の文献は他に無い。そもそも、第3章で見たように、革命以前の獣医学で猫は等閑視されていた。したがってロロが黄色くなった話は、書物から得た知識を基に構成したのではなく、実際にプーラン嬢が猫を観察した経験に基づいているとしか考えられない。博物学者に報告するか迷ったというのも、彼女の実体験だった可能性がある。失踪の日が三月九日とわざわざ特定されているのも、作り話にしては生々しい。名前が「文学的」ではないことまで考慮すると、このロロが、プーラン嬢の飼い猫をモデルにしていたと考えても無理はないだろう。

プーラン嬢は、友情の証として世の中で頻繁にやり取りされていたことを理由にオウムを作品に登場させたのだろう。だからこそオウムは、固有名などのディテールを欠く漠然とした存在に留まった。これに対してロロとフィネットは、グラフィニ夫人が「飼い猫を印刷物に載せたかった」と言ったのと同じ動機によって、つまり飼っている猫の存在を示す証を残したかったから、作中に登場させたのだと考えられる。もしかしたら、ここで分析した二通の手紙は、黄疸に蝕まれて衰弱し、ある年の三月九日に姿を消し、知らぬ間に溺死させられてしまった愛猫ロロの思い出に、秘かに捧げられていたのかもしれない。

『ラ・リヴィエール伯爵夫人の手紙』は創作物である。しかし本作には、著者プーラン嬢が、猫について、自分の飼育体験に基づいて記したと思わしき手紙が含まれていた。しかもその猫に関する手紙は、実際の書簡に見られたのと同様の文章作法を踏まえていた。動物を友情の証としたり、共感の種にしたりして、文通相手との関係の中に置くことも、目の前のペットから一般的な知識を引き出すという学者的な論法を使うことも、これまで分析してきた実在書簡に見られた語りの作法だった。作者の分身として作られたらしきこの小説の主人公は、グラフィニ夫人やガリアーニと同じく、文通相手とのやり取りの文脈を見定めつつ、一定のレトリックを用いて、猫に対する愛情を言語化し、手紙の中に記していたのである。

おわりに

一八世紀には、打ち解けた文体で私生活の出来事を語り合う私的書簡のやり取りが広まったが、だからといって何もかも自由に語れるようになったわけではなかった。普通なら鼠対策の動物として用いられるばかりの猫という動物を愛おしく思い、その死を悼む気持ちを手紙に記すのは、特殊な行為だった。猫を可愛がっても、手紙ではその気持ちを言語化しない人も大勢いたことだろう。いざ猫に対する愛情を手紙に記すには、たとえ宛先が親友であっても、何らかの仕掛けが必要だった。

グラフィニ夫人は、飼い猫の死を嘆くなど「物笑いの種」でしかない、という一般常識を文中に取り込みつつ、しかし猫アカジュが「心の美質」を有し、飼い主に対して優しく振る舞い、愛情を示してくれたのだと述べて、猫に対する愛着を悲劇的な調子で語った。ガリアーニの場合は、かつてモンクリフが行ったように、全ては冗談であるという建前を手放さないままに、その冗談の枠組みの中で、研究家を気取ったり、周囲の人間を貶めたりしながら、猫に対する愛着を言語化した。プーラン・ド・ノジャン嬢の小説の主人公は、以上の二者の語り口を合わせるようにして、博物学者的な姿勢を取りつつ、猫が自分に対する「愛情」を示してくれたと語り、自らもその猫に「愛情」を抱いたと宣言した。このように、適切な語りの形式を選択し、適切なタイミングを見計らって話題を持ち出すことで、猫について語ることができたのである。

リチャードソンの『パミラ』を嚆矢とする感傷的な書簡体小説が流行した一八世紀後半のフランスでは、自分の感情を積極的に、仰々しいまでに言語化して共有する感傷主義が社会を席巻したと言われてきた。しかし感傷主義が社会に浸透していくには、時間がかかったはずである。猫に対する思い入れを、感嘆符を多用しながら大々的に著作で宣言したソンニーニは、一七五一年に生まれ、思春期から感傷小説に触れて育った世代の人間である。それ以前の人々は、セヴィニエ夫人が体現していた、感情をアイロニーで包む表現形式に慣れ親しんでいたのであり、その表現形式に軸足を置きながら、少しずつ感傷的な物言いを実践するようになっていった。「感じる魂」が理解してくれることを期待して、猫との友情を高らかに宣言することは、フランス革命以前の社会ではまだできなかった。ある者は自嘲しながらおずおずと、別の者は滑稽な物言いに感傷的な物言いを混ぜ合わせながら、少しずつ「言い得ること」の範囲を広げていった。そのように小さな革新が積み重ねられていった結果、人々の意識が変わり、新しい感情表現が「自然」なものとして普及するようになったのである。猫を愛情の主体として認め、猫と愛情に満ちた関係を育んだと他人に言うことも、そうして可能になったのだ。

第10章　大学街の猫裁判
――醜聞事件と感情の暴露――

はじめに

一七七〇年七月初旬、パリ大学法学部助教アンドレ＝ピエール・ボワイエは、博士論文の審査に出席するため家を出た。この時、彼はどことなく陰鬱な顔をしていたかもしれない。数日前から飼い猫が姿を消してしまっていたからである。外に出てすぐ、異変に気づいた。道端に猫が横たわっているではないか。うちの猫かもしれない！ボワイエはそう思ったに違いない。すぐに近づき、しゃがんで様子を見てみると、猫は既に死んでいた。体が硬直しているから、死後数日は経過している。足が折れて、腹から内臓が飛び出ていた。ボワイエはつらい現実を突きつけられた。目の前にあるのが、紛れもなく愛猫の亡骸だったからである。悲しみはやがて怒りに変わった。誰かが殺したのだ。大学での仕事を終えたボワイエは、帰宅するや否や、家の者に事実関係を問いただし、借家人ギイの妻を犯人と見なして、夫婦ともども即刻退去するよう命じた。突然の言いがかりに戸惑ったギイ夫妻は、無罪を主張して抵抗した。こうして起きたボワイエとギイの諍いは、間もなく裁判に発展した。下級審のシャトレ裁判所では決着がつかず、審理はパリ高等法院に持ち越された。一匹の猫の死が高等法院を巻き込むに至ったこの事件は、噂好きの注目を集め、ついには社交界に出回る手書きのゴシップ新聞で、珍事として報道されるに至った。

ギイとボワイエの係争は、些細な隣人トラブルに過ぎない。有名な政治家や知識人が関係したわけでもなければ、猫に関する何らかの法整備に繋がったわけでもない。したがってこの事件が、関係者の伝記で言及されたのを除き、後世の研究者に無視されてきたのも、無理のないことである[1]。しかし史料状態の良いこの裁判は、感情史の問題意識に照らすと俄然、注目すべき事例となる。訴訟の過程で出版された四冊の関連文書と判決文に加え、訴訟後に出版された一種のリベンジ文学までもがフランス国立図書館に保存されており、しかも二〇名の証人の発言を記した供述調書がフランス国立文書館に保管されている。この供述調書を印刷物と比較することで、猫の飼い主ボワイエの秘めたる感情が、印刷媒体で暴露され、メディア化されていった過程を再構成することができる。つまりこの事件は、本来ならば人知れず猫を可愛がり、記録を残さずに死んだはずの男性が、訴訟をきっかけに印刷メディア上で晒され、文学の題材となるに至った事件として、注目に値するのである。

この事件は一見すると、猫の飼い主ボワイエが批判されて風刺された事件であるかに見える。ところが実態はさらに複雑であった。というのも、大学教員の地位にある壮年の男性が、飼い猫の死を嘆き悲しんだというその行為を、むしろ肯定する主張も現れていたからである。しかも奇妙なことに、その主張は、ボワイエと敵対する立場の弁護士が提示したものだった。迷宮のように入り組んだこの奇妙な裁判が生んだ文書を繙くことで、猫をめぐる感情規範が揺れ動く時代の様子が鮮明に見えてくるだろう。

1　事件のあらまし

最初に史料を紹介しよう。ボワイエ事件に関する史料には二種類ある。まずシャトレ裁判所の警視（commissaire）

ジル＝ピエール・シュニュが二〇名の証人に行った事情聴取の内容を記した供述調書だ（図10–1）。シャトレ裁判所の公文書として、フランス国立文書館に保管されている。[2] もうひとつは、パリ警察の捜査官（inspecteur）として作家と出版業者を監視したジョゼフ・デムリの蒐集品としてフランス国立図書館に残る印刷物だ。[3] すなわち、裁判中に出版された四冊の「訴訟趣意書」、ならびに裁判結果を街頭で掲示すべく印刷された判決文である（図10–2）。「訴訟趣意書」が何かは後で説明しよう。なお、デムリはダーントンの『猫の大虐殺』で「作家の身辺書類を整理する一警部」として脚光を浴びた人物である。[4] 警察官として言論統制を担っただけでなく、文芸愛好家として作品を蒐集していた。ボワイエ事件に関する文書は、言論統制の対象というよりも、珍品として彼の関心を惹いたようである。

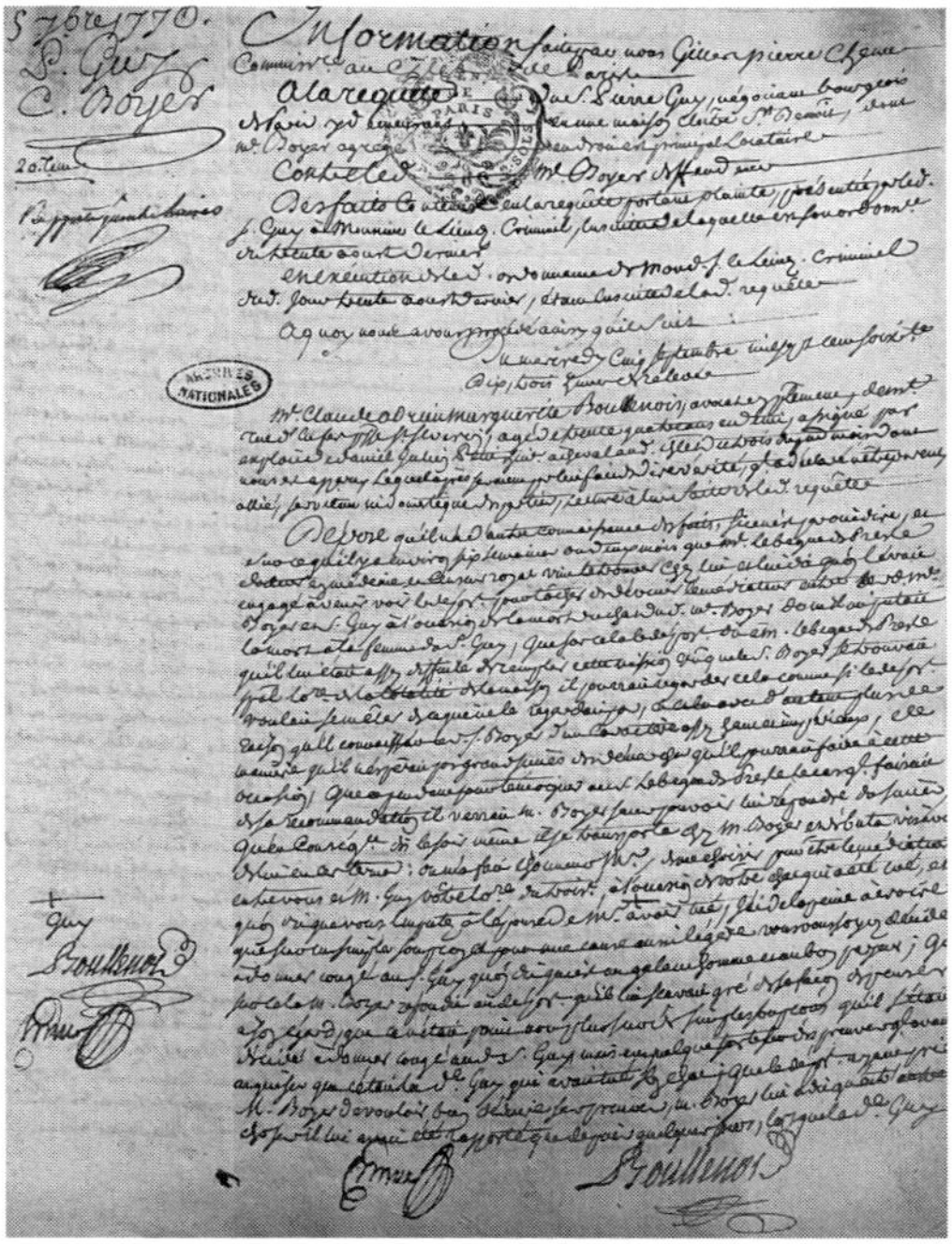

図 10–1　警視シュニュが作成した証人調書

以上の史料に基づいて、事件の経緯を再構成してみよう。裁判を起こしたのは猫を殺された飼い主ではなく、その敵対者ピエール・ギイ（一七一五—九五）であった。大学街のサン＝ジャック通りに店を構えた印刷業者兼書籍商デュシェーヌの下で働く書店員だった彼は、デュシェーヌが一七六五年に死去した後、経営を引き継いだ寡婦の店で、「社員」（associé）として勤務した。ダーントンによればギイは事実上の経営責任者だったという。実際ギイは、ルソーやヴォルテールら名だたる作家にも交渉の手紙を送っており、ルソーの『告

ARREST
DE LA COUR
DE PARLEMENT,
QUI déclare nulle & de nul effet la Procédure criminelle faite au Châtelet contre Me Boyer, à la requête du sieur Guy ; décharge Me Boyer de l'Accusation contre lui intentée ; fait défenses audit sieur Guy de récidiver ; le condamne en dix livres de dommages & intérêts applicables au pain des pauvres de la Conciergerie ; condamne ledit sieur Guy en tous les dépens ; ordonne que les Mémoires énoncés audit Arrêt, seront & demeureront supprimés ; permet de faire imprimer & afficher ledit Arrêt jusqu'à concurrence de 50 Exemplaires aux dépens dudit sieur Guy.

Du trente-un Août mil sept cent soixante-onze.

図 10–2　高等法院の判決文

白』にも登場する。訴訟趣意書の中で書籍の「大商人」(négociant) を自称するなど、高級商人としての自負を有していた。(5)

対する被告人アンドレ＝ピエール・ボワイエ（一七二二?―七七）は小間物屋《メルシエ》の息子で、法学を修めて一七五四年にパリ大学法学部でアグレジェ（agrégé）の地位を得た。アグレジェとは、試験監督や論文審査を主たる任務とする下級教員である。本書では「助教」と訳す。ボワイエは「高等法院弁護士」(avocat en parlement) でもあったが、これは名目上の称号。生涯を通じて著作は無かった。晩年の一七七六年に小間物屋の娘マリー＝マルト・ド・オットクロックと結婚した。結婚時、妻は「成人女子」(fille majeure) と形容されていたことから中年女性だと考えられ、年齢差はそれほどなかったものと思われる。ボワイエの死去から数年後の一七八一年に妻も亡くなり、遺言で総額七〇〇〇リーヴルの財産贈与を行っている。(6)

ボワイエもギイも、貧者でも富豪でもない小市民階級の人間だった。では両者の間に何が起きたのか。不明点も多いが、史料からわかる範囲で整理する。一七六九年一〇月、新居探し中のギイがサン＝ジャック通りのサン＝ブノワ教会で、ボワイエが出していた貸し部屋の広告を目にする。近所に住む知人の弁護士ラロールにボワイエについて照会したうえで、良さそうな物件だと判断し、四階の部屋を借りることにした。ボワイエ自身が建物全体を借りていたので又貸しだが、又貸しそれ自体に問題は無かったようである。問題はむしろ、ボワイエがギイに対して賃貸契約書（bail）の発行を拒んだことにあった。「契約書を出す気にはなれませんな。しがらみは嫌いなのでね。でも安心なさいムッシュ［…］契約期間中はもちろん住んでもらって結構ですから」というのがボワイエの言い分だった。(7) ギイはボワイエを信用して、妻とともに入居した。一〇月一五日のことである。その後、ギイ夫妻は時折ボワイエを迎えて夕食をともにするなど、良好な関係を築いたらしい。

何も問題は無いように思われた。しかし翌年七月初頭、事態は一変する。同月五日または六日、ボワイエの飼い猫が失踪した。一三日、樽職人ランドリが徒弟二名と一緒にワインを配達しに来たので、ギイ夫人が地下倉庫まで案内すると、倉庫に動物の死体があった。ボワイエの猫だった。死体は家の前の通りに投げ捨てられた。間もなくボワイエが出勤するために家を出た。外に出てすぐ猫に気づき、既に死んでいることを悟った。ボワイエは動揺したが、博士論文の審査のため大学に向かった。

帰宅後、ボワイエは何が起こったのか使用人に問いただした。ギイの部屋まで行き、妻がいたので説明を求めたが、はぐらかされた。ボワイエはギイの妻が飼い猫を殺したに違いないと確信した。赦し難い所業に思われた。そこでボワイエはギイに退去を求める手紙を書き、三日後、シャトレ民事裁判所の認可を得て契約解除通告（congé）を出した。

ギイにとっては青天の霹靂である。なんとかしてボワイエの怒りを鎮めなければならない。友人や知人に仲介を求めて、二名の弁護士（証人となったラロールとブルノワ）が介入してくれたが、ボワイエは聞く耳を持たない。そこでギイは契約解除の不当性を主張してシャトレ民事裁判所に訴え出た。しかし訴えは七月二八日に退けられ、ギイは一〇月三一日まで退去の猶予を得るのみに終わったようである。この民事裁判については直接関係する史料が得られず、詳細は不明である。刑事裁判側の史料によれば、結局ギイ夫妻は一〇月中旬に退去したという。

ところがギイは、その主張によると、ボワイエが市街で中傷して回るものだから、新居を探すのに難儀して、割高な家賃を吹っかけられた。証人ブルノワいわく、ギイは周囲から「旦那、あなたが例の猫男ですか」（Monsieur n'êtes-vous point l'homme au chat）などと「ありうる限りの悪口を浴びせられ」た。したがって「評判を傷つけられたとしてボワイエ氏に対する刑事訴訟を起こす必要に迫られた」という[8]。八月三〇日、ギイは刑事代官テスタール・デュ・リス宛てに訴状を提出し、ボワイエを誹謗中傷の罪で刑事告発した。

　こうしてシャトレ裁判所で刑事訴訟が始まった[9]。九月五日から一〇日にかけて、警視シュニュが二〇名の証人を召喚して事情聴取をした後、裁判官が当事者に尋問を行った。年末、被告が上訴して審理は高等法院に移された。しかし一七七一年一月に受理された本件は、後述する理由から審理が遅れ、判決が下されたのは八月三一日のことであった。猫の死体が見つかってから一年以上が経過していた。

　当時の刑事裁判は、一六七〇年の「刑事王令」で定められた形式に則って行われた。証人が一人ずつ召喚されて事情聴取を受けた後、当事者も一人ずつ裁判官の前に出て尋問を受けるのが原則とされた。弁護士は法廷で弁論を振るうのではなく、「訴訟趣意書」（mémoire judiciaire）を著して被弁護人の立場を代弁するものとされた。訴訟趣意書とは、訴えの内容を記した文書で、事実関係（faits）を述べた前半部と、法的な根拠（moyens）に基づいて当事者の要求を述べる後半部に分かれる。弁護士または代訴士（procureur）が執筆し、署名するものとされた。審理では、証人の供述調書と訴訟趣意書が裁判官の主たる判断材料となった。一八世紀には、当時者が費用を負担できる場合、趣意書を印刷することが慣例となり、訴訟相手と裁判官に配布するという本来の用途を越えて、不特定多数の読者に販売されるようになった。審理を非公開とする秘密裁判の原則が貫かれたこの時代に、印刷・販売された趣意書は、法廷の出来事を外部に伝える貴重な媒体として機能した[10]。

　ギイとボワイエの裁判では合計で四冊の趣意書が出版された。まずシャトレで裁判が審理された一七七〇年一一月にギイが『概要』（précis）を出版し、高等法院に審理が移った翌年一月に正式な『趣意書』を出版した[11]（図10-3）。後に見るように、これらの二書はボワイエをこき下ろすものであったが、そのボワイエ側が八月に出版したと思われる『趣意書』で述べるところでは、「大変な勢いで」流通したという[12]。ギイ側は、数日後に二冊目の『概要』を発してボワイエ側に反論した。[13] これでギイ側から三冊、ボワイエ側から一冊の合計四冊となった。

判決で高等法院は、ギイの一冊目の『概要』と『趣意書』を誹謗文書（libelle）と認定し、両書の抹消（suppression）を命じ、ギイに慰謝料一〇リーヴルと裁判費用の支払い、ならびに判決を周知する張り紙五〇部の印刷費用の負担を命じた。[14] 対してボワイエは一切の罪状を解かれた。ギイは自ら始めた裁判で完全敗訴の憂き目を見たのである。

この裁判では、当事者の名誉が争点となった。貨幣不足も相まってツケ払いが頻繁に行われた一八世紀フランスにおいて、社会的信用は、他人と長期の契約を結ぶだけでなく、日々の買い物をするにも欠かせない重要な象徴資源であった。信用できない悪人と見なされれば、部屋を借りるのにも、日用品を買うのにも苦労することになる。だから悪人呼ばわりされたら、その発言を取り消させて、自分の名誉を回復せねばならなかったのである。したがって旧体制期には数多くの民事・刑事裁判が、誹謗中傷を理由として起こされた。[15] 誹謗中傷といっても、口頭で行われるものと文書を介して行われるものは区別されていた。口頭の悪口は発言者が自制を失って思わず発してしまうことが多く、また音声に過ぎないから広がる範囲も限られるとされたのに対し、文書による誹謗は極めて意図的であり、音声よりも広く拡散される恐れがあるため重大だと見なされた。[16] ボワイエによる口頭の誹謗を受けたと考えたギイは、訴訟趣意書でボワイエをこき下ろしたことで、文書による誹謗という重大な罪を犯

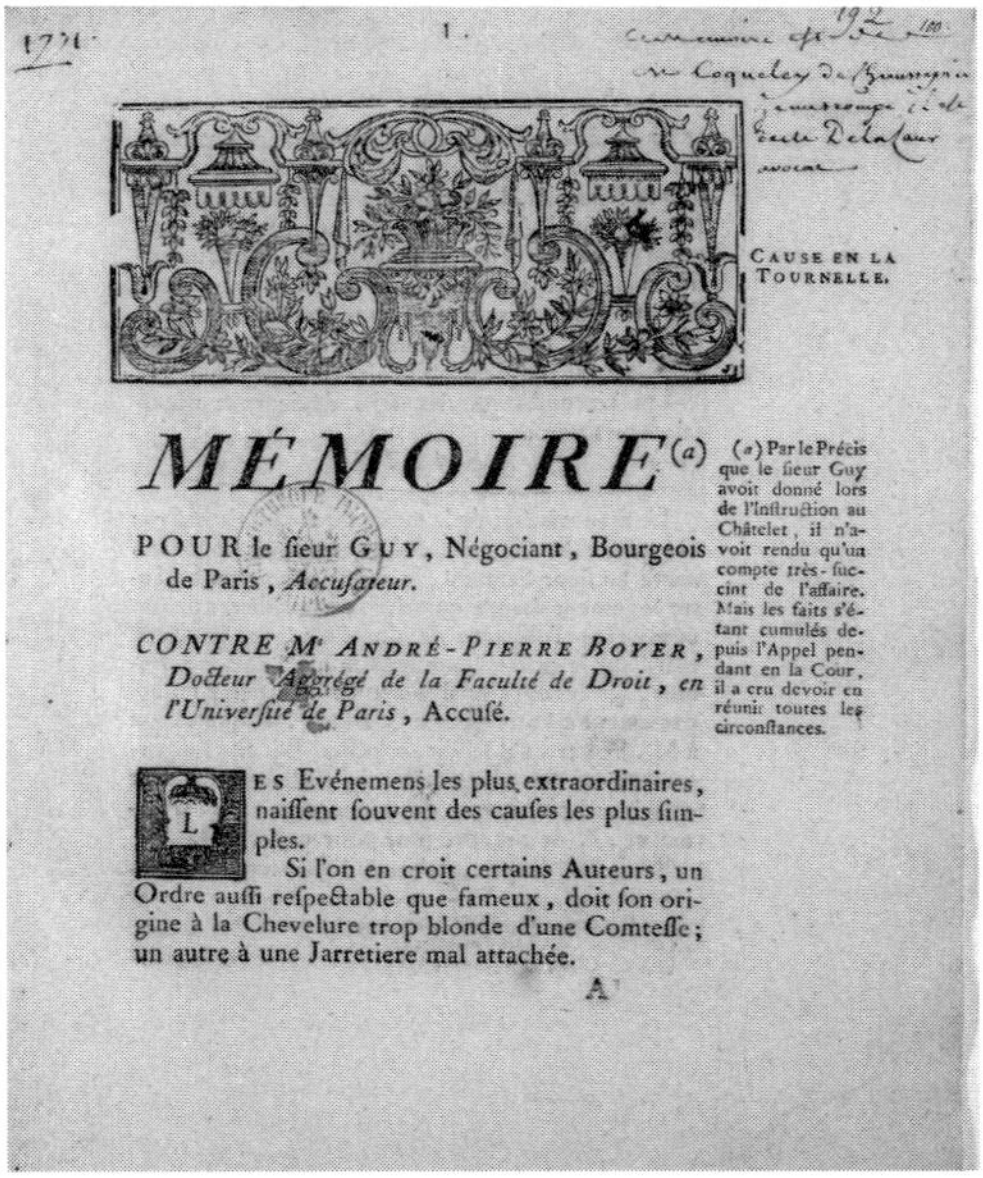

CAUSE EN LA TOURNELLE.

MÉMOIRE (a)

POUR le sieur GUY, Négociant, Bourgeois de Paris, *Accusateur.*

CONTRE Mᵉ ANDRÉ-PIERRE BOYER, Docteur Aggrégé de la Faculté de Droit, en l'Université de Paris, Accusé.

LES Evénemens les plus extraordinaires, naissent souvent des causes les plus simples.

Si l'on en croit certains Auteurs, un Ordre aussi respectable que fameux, doit son origine à la Chevelure trop blonde d'une Comtesse; un autre à une Jarretiere mal attachée.

A

(a) Par le Précis que le sieur Guy avoit donné lors de l'Instruction au Châtelet, il n'avoit rendu qu'un compte très-succint de l'affaire. Mais les faits s'étant cumulés depuis l'Appel pendant en la Cour, il a cru devoir en réunir toutes les circonstances.

図 10–3　『ギイ氏のための趣意書』冒頭

してしまった。だから裁判に負けたのである。

それにしてもなぜ高等法院は、一七七一年一月に受理した刑事訴訟の判決を、八月になるまで下さなかったのか。理由を推測するのは難しくない。というのもこの時期の高等法院は、王国政府と対立して未曾有の政治動乱に見舞われていたからである。一七六〇年代より、有力者デギュイヨン公爵とレンヌ高等法院の対立をめぐって、公爵に与して法院に圧力をかけた王権と、これに反発したパリ高等法院との対立が激化していた。王権と高等法院の対立自体は、何ら新しいものではない。ルイ一四世の治世末期より、高等法院は王令を法案として有効化する権限(王令登録権)を用いて、王令の登録を拒むことで、度々、政府に対決する姿勢を示していた。しかし一七七〇年前後の危機は、以前の対立よりも一層深刻なものだった。一七七一年一月中旬、デギュイヨンに与し、パリ高等法院の抵抗に業を煮やした大法官モープーが、全裁判官を罷免し、その後の数ヶ月で、官職売買制を廃止し、能力主義の名の下に、従順な法曹を登用して人員を大規模に入れ替えてしまったのである。罷免された旧高等法院の裁判官を支持するため、弁護士組合(Ordre des avocats)がストライキを起こし、その一部はモープーの「暴政」を批判する政治文書を出版した。改組の際に職を失った代訴士もおり、その一部もパンフレット攻撃に参加した。モープー側も支持派を動員して反論させた。こうして一七七一年の高等法院は、激しいパンフレット合戦に包まれた[17]。この対立は、ルイ一六世が一七七四年に即位してモープーを罷免し、旧高等法院を復活させるまで続くことになる。

このような政治動乱の渦中で法務が中断されたため、ギイとボワイエの裁判は解決に時間がかかったのである。八月に審理を再開したのはモープー派の新制高等法院であった。事件の解決を報じたゴシップ新聞によれば、既に大量の政治文書によって攻撃されていた「新法院」にとって、猫ごときのために裁判をするなどという笑い事は、組織としての面子をさらに傷つけかねない。そう判断した裁判官たちが、ギイの訴えを退けることで騒動に終止符を打ったのだという[18]。

2　証人のまなざし

訴訟の経緯を整理したところで、本題に入ろう。猫の飼い主ボワイエについて、史料には何が語られているのか。まずは警視シュニュが作成した供述調書の内容から探っていこう。以下本節では、別記しない限り、引用はシュニュの文書からのものである。

調書にはギイが提出した訴状が添付されているので、まずはその主張から見てみよう。「訴人」(suppliant) にとっては、「長年飼っていた猫の死を理由として」、ボワイエが「訴人の妻の名誉と評判を傷つける讒言を、怒りに任せてまき散らす所業に及ぶ」など、ボワイエの「地位の重みと学識を考慮するに」、「到底信じられない」ことである。あまつさえボワイエは、「恥ずべき無作法な行為と言説にすら及び、多くの人に対して、しかも幾人かの紳士に対しても」、以下のように「宣言した」。ギイ夫妻を「追い出した唯一の理由は、両者が飼い猫を殺したことであり、こんな輩と一緒にいては安心できない、命を狙われるかもしれない」と。さらにボワイエは、ギイの妻を「性悪女で信用ならない、なぜなら何でもやりかねないからだ」と中傷した。このような「中傷」は、ギイ夫妻に「顕著な不利益」をもたらし、ギイの「公的信用を損ねる」ものであるから、ギイとしては「司法当局による是正」が何としても必要だという。つまりギイは、ボワイエが誹謗中傷に及んだせいで自らが不利益を被ったことを問題の中心に据えて、名誉回復を要求した。そして被告ボワイエの動機が、猫を殺されたことへの「怒り」にあるとし、被告が大学教員の地位に相応しくないほど取り乱したことを強調したのである。したがって問題は、ボワイエが本当に怒りにのまれて我を忘れ、公の場で「中傷」(calomnie) を行ったのか、という点にあった。

当時の刑事裁判において、証人は検事または告発者（私訴原告人）が選ぶことになっていた[19]。したがって警視シュニュが召喚した二〇名の証人は、ギイが指名した者と、捜査の過程で関与が浮上した者だと考えられる。証人は大学街の近隣住民か、大学に勤務するボワイエの同僚である。内訳は、大学教員ではない高等法院弁護士が三名[20]、法学部教授が三名[21]、同学部助教が七名[22]、医学部教授が一名[23]、教区司祭が一名[24]、樽職人が三名[25]。これにギイとボワイエの民事訴訟に関与した競売吏（commissaire-priseur）、そして「パリ市民」とだけ名乗ったニコラ・ガイヨが加わる[26]。事件への関与の度合いから、証人は三つのグループに分けられる。①猫の死体を最初に発見した樽職人たち、②当事者から直接話を聞いた者、③事件について何も知らない者である。以下では①と②の証言を検討しよう。

まずは樽職人たち。時系列的には最初に事件に関係した者たちだが、証人喚問では最後に呼ばれている。徒弟ラスニエによると、ワイン樽を納入するために地下倉庫に下りたところ、猫の死体があり、「固くなっていたから死後数日は経っていたようだった」が、「腹部に怪我があり、内臓が飛び出ていた」。徒弟オーブリもこの証言の通りだったとする。両名を引き連れていた若親方ランドリの証言はより詳細で、死体を発見した際、立ち会っていたギイ夫人が「ああ神様、ご近所さんの猫だわ」と「叫んだ」という。ランドリは徒弟たちと一緒に、数日後この家を再訪し、若い女性使用人と会話した。その際にこの「お嬢さん」は「徒弟たちにどうやって猫を見つけたのかを尋ねてきたので、説明してやったところ、彼女は叫んで、信じられない、ああいう猫を殺してしまうなんて残念だよ、誰が殺したのかわからない」と言ったという[27]。女性労働者が猫について語った声を伝える稀有な証言である。オーブリによるとこの女性は「料理人」だった。おそらくボワイエの使用人で、猫に関する情報収集を手伝っていたものと思われる。

樽屋の証言からは二つのことがわかる。第一に、猫のことを気にかけていたのはボワイエだけではなかった。ギイの妻も死体を見て隣人の飼い猫だと識別しており、女性使用人が徒弟たちにわざわざ質問をしたということは、猫の死がこの家の住人にとって、見過ごせない関心事として共有されていたことがわかる。ボワイエがギイの妻を犯人と決めつけたのも、この使用人から、猫がギイの地下室で見つかったことを知らされたからだろう。「ああいう猫を殺してしまうなんて残念」という発言から、この「お嬢さん」も、この猫を他の猫から区別して、貴重な存在として認識していたことがわかる。第二に、樽職人たちは猫の死体の状態に注意を向けている。足が折れていたことに言及した証人は他にもいるが、内臓が露出していたことを明言したのは樽職人だけである。ということは、猫の死体の状態についてまでは、第三者の間で噂になっていなかったと推察される。

グループ②、つまり当事者から話を聞いていた者たちの証言の検討に移ろう。大多数の証言が数行程度に過ぎないのに対し、数頁に及ぶ詳しい発言を行った者が二名いる。そのうちのひとり、弁護士ラロールは、ギイにボワイエの部屋を借りることを勧めた人物である。同じ教区に住んでいたラロールは、猫の死体が発見された日、「ボワイエ先生の御宅で大騒ぎしているのを聞いた[28]」。そして午後四時頃、ギイが仲裁を頼んできたので、ラロールはボワイエの家に赴いた。続く証言内容を引用しよう（文中の「証人」はラロールを指す）。

すぐさま証人はギイ氏とともにボワイエ先生宅に移動した。ギイ夫妻を弁護し、両名ともそのような行為に及ぶ人ではないと証明しようと試み、もし両名が犯人ならば、地下倉庫に猫を置いたままにしなかったはずだと主張した。そしてボワイエ先生に事件のことを忘れるよう頼んだが、ボワイエ先生は拒否してこう言った。「いや、私の命が危ないのです、人殺しをうちに置いておきたくありません」。これに対しギイと証人は、随分と乱暴な言葉ですねと言い、ギイ氏はこう付け加えた。「いいですかムッシュ、発言には気をつけてくださいよ、我々は紳士（honnêtes gens）であり、私も紳士（honnête homme）ですからね」。ボワイエ先生答えていわく、「そうですねムッシュ、貴方が非の打ち所がない紳士だということは知っていますよ、その点はちゃんと認めます。だが奥さんは性悪女で、何だってやりかねない（une méchante femme et capable de tout）」。ギイ氏答えていわく、「ムッシュ、妻を侮辱するのは私を侮辱するのと同じですよ」。以後ボワイエ先生側から厳しい発言があった。証人が感心したことに、ギイ氏は自制してただこう言った。「だからムッシュ、貴方の猫を殺したのが私どもではないことを示す証拠ならいくらでも出しますよ」〔発言部分には原文で下線が引かれている〕。

やり取りはまだ続く。ギイいわく「名誉ある男（un galant homme）にとって猫一匹のために夜逃げのように引っ越すなど不愉快なことで、そんなことがあり得ると想像するだけで屈辱的です」。しかしボワイエは動じず、「このアパルトマンの主は私だ。私が必要だと言ったらそれで十分だ。他に説明すべき理由など無い」と宣言。ラロールはギイを退出させて、一対一でボワイエの説得に臨むが、暖簾に腕押しである。結局引き下がらざるを得ず、「さようなら我が隣人、こういう嫌なことがあった時に即断するのはよくありません。最初の衝動に流されてはいけませんよ（le quart d'heure n'est pas bon, il faut vous laisser passer vos premiers mouvements）」と助言して立ち去った。数日後、今度はボワイエがラロールの家を訪れて、徹底的に争う決意を語ったあげく「否、否、安心できやしないんだ、それにあの部屋が必要なんだ」（non non je ne serais pas tranquille et au reste j'ai besoin de mon appartement）と「繰り返し」言いながら帰ったという。

このようにラロールは、証人のうち最初にボワイエの様子を見た人物であった。彼はボワイエが「衝動」に突き動かされ、猫殺しを自分に対する殺害予告と見なして、ギイではなくその妻のことを「何でもやる」、つまり殺人すら犯しかねない危険人物だとする言葉を、ラロールの面前で発したのだという。ボワイエが事件当初、怒りに身を任せていた様子が窺える。しかし彼が公の場で誹謗中傷を行ったのかは、ラロールの証言からはわからない。

証人のうち最初に出頭した弁護士ブルノワの発言はさらに詳しい。この人物は、ボワイエらが住んでいた家の所有者である。(29) 猫の発見から数日後、医学部教授ル・ベーグ・ド・プレールに乞われて仲裁に挑むことにしたが、ボワイエが「かなり傲岸不遜な性格だと知っていたので、あまり上手くいくと思っていなかった」。ボワイエは彼を「丁重に迎えた」が、ギイ夫人を責めるには「証拠」が不十分ではないかと指摘されても、ギイ夫妻を追い出す決定を覆さなかった。それどころかボワイエは、ギイの妻が悪人であることを示すため、猫発見の数日前に彼女が独りで地下室に下りていたと主張した。ボワイエが語ったところでは、死体が発見された際にギイは驚いたのに、夫人は一切動じずに、「猫が死んでるだけじゃないか、隅にどかしておけばいいんだよ」と発言したのだという。その後、ボワイエが夫人に事情を聞こうとしたところ、「なんですかムッシュ、猫裁判なんか御免ですよ」(n'allez-vous pas Monsieur me faire un procès de chat) と冷ややかに言い放ち、説明を拒んだという。以上の経緯を説明されたブルノワは、「ご婦人はより人間的である〔つまり、概して男性よりも優しい〕から、なおさら信じがたい」と思ったという。樽職人たちによれば、実際には死体の発見現場にギイはいなかったから、ボワイエの説明は事実に反する。嘘をついたか、あるいは使用人の話に基づいてこのような場面を想像し、信じ込んだのだと思われる。ブルノワが見たボワイエは、衝動的に荒れ狂う状態にはなく、自分なりに出来事を整理して理解し、ギイ夫妻を追い出すと決心した段階にあった。ブルノワに対して最低限の礼儀を尽くすだけの冷静さを保ちながら、決心は揺らがなかった。

面白いことにブルノワは、ボワイエが猫の死体をどのように発見し、その後どのように行動したのかについて、ボワイエの発言を思い出しながら次のように叙述している。

〔猫発見の〕同日、ボワイエ氏が自宅から出て法学の博士論文の審査に向かおうとしたところ、飼い猫が道端に投げ捨てられて泥まみれになっているのに気づいた。かなり動揺したとのことで、証人の記憶が正しければ、ボワイエ氏は証人に、涙を流したことを告白すらしたという。この猫を数年来飼っており、とても柔和で、大変な愛着を抱いていたからだという。動物の死体に近づいて、指で触ると、すっかり固くなっていたから、死後数日は経過していたことがわかった。足が二本折れていることにも気づいた。この光景に動揺したが、どうにか自分を抑えて、大学に出勤した。到着すると、何名かの同僚が、彼を苛む問題があることを見て取り、その訳を訊ねた。彼は経緯を説明したが、同僚たちは皆かなり同情した様子で、そのうち一名は「そんなことが自分に起きたとしたら、どうしたものかわかりません」と言った。

ボワイエの愛着に言及した重要な証言である。ブルノワはボワイエが猫の死に深く悲しんで、涙すら流したことを明かしながら、それでも職務に支障が無いように自己を抑制 (prendre sur soi) したことも指摘している。職場では、自らすすんで猫が死んでしまったと語るのではなく、心配した同僚に質問されることでようやく口を開いたようだ。しかもその発言内容は、同僚の理解と共感を得ている。同僚の「かなり同情した様子」(paru prendre assez de part)など、ブルノワはこのやり取りの現場に立ち会ったかの言葉遣いをしているが、注意すべきことに、ブルノワ自身は法学部の教員ではなかった。つまりこのやり取りの現場にはおらず、ボワイエまたは別の教員から事情を聞いていただけの可能性も否定できない。

それでもこの証人は、ボワイエの心情に対して一定の理解を示していると言ってよい。というのも彼は、涙を流したことを含めてボワイエから詳しく事情を聞かされているだけでなく、猫発見時にボワイエがどのように行動したのかを、その感情の起伏まで含めてよく覚えているからである。ボワイエが猫に対して愛着を抱いていた理由を警視に説明するにあたって、わざわざ猫の性格と飼育年数にも言及している。ブルノワは、他人の助言に耳を貸さないボワイエを「傲岸不遜」に思いつつも、彼が猫を愛し、その死に深く悲しんだこと自体については、ある程度は同情していたのだろう。そうでなければ、これほど詳細にボワイエの心情と動機を説明できるとは思えない。

教区の老司祭モンテも、どうやらボワイエから猫に対する思いの丈を聞かされていたらしい。というのも彼は、ボワイエが「飼い猫を失ったことに対して大変な感受性を示していた」(a témoigné la plus grande sensibilité à la perte de son chat)と証言しているからである。モンテがこの「感受性」の発露をどう受け止めたのかはわからないが、ボワイエが愛着を言語化して、あるいは身体の様子で示して、司祭に悟らせていたことは確かである。

以上の証言を考慮すると、ボワイエはたしかに飼い猫の死を嘆いていたようである。そして、殺害の犯人と見なしたギイの妻を何としても家から追い出そうと決意していた。しかし彼は所構わず、自ら率先して怒りや悲しみを表明していたわけではないようだ。すると、彼がギイの妻に対して本当に「中傷」をしたと言えるのか、疑問が浮かんでくる。ギイが提出した訴状の文面をよく見ても、ボワイエは、ギイ夫妻を追い出すことを決めた理由を他人から聞かれた際に、受動的に、ギイの妻が猫を殺したことを理由として挙げていたように見える。つまり、自発的に悪口を広めていたわけではなさそうである。他の証言もこの点で一致している。例えば法学者ブショーは、ボワイエに係争の理由を聞いたとき、「飼い猫の死に関してギイ夫妻に強い疑いを持っており、加えて、飼っている動物（ses animaux）を少しでも危険に晒す者を家に置いておくわけにはいかない」と言われたが、「それ以外ボワイエ氏によるギイ夫妻に関する発言は聞いていない」という。

するとボワイエは一定の節度をもって行動していたらしい。しかし食い違う証言も三件ある。いずれもボワイエに私怨を抱いていたらしき証人の発言であるから、真偽は慎重に考慮する必要があるが、内容を見てみよう。まずは医学部教授デ・ゼッサール。ギイが入居する前に四階に住んでいたらしき人物で、トラブルがあったのか、ボワイエのことを「悪辣な手段を取る」（capable de mauvais procédés）人間と呼んでいる。[30] この証人は「ボワイエの猫が死んだこと、そしてそれをきっかけにボワイエが大変な騒ぎを起こして、ギイ夫妻を猫殺しとして非難したことを、公の場で（dans le public）知った」。そして「ボワイエ氏の口から、彼らのような怪しい者（incertains）が家にいては安全ではない、なぜなら飼い猫を殺されたのだから自らも殺されかねない、したがって契約解除通告を出したと聞いた」という。噂を聞いた状況も、ボワイエの発言を聞いた状況も特定しない、曖昧な証言である。

元弁護士のヴォーベルトランは事件そのものに関して詳しく語らず、むしろボワイエの人柄について証言した。「ボワイエ氏を完璧に知っているが、どんな種類の過激行為（excès）にも及びかねない男であり、手加減を知らず、誠実であろうとも公正であろうともしない」。ヴォーベルトランはボワイエが、「何人もの人々に対して唾棄すべき所業を働くのを目の当たりに」し、「自分自身、忘恩と不実の極みを思い知らされた」という。デ・ゼッサールと同じく、以前からボワイエとの間にトラブルを抱えていたようだが、それ以上詳しいことはわからない。

ニコラ・ガイヨの証言はさらに過激である。この人物は、証人の中でただ一人「パリ市民」と名乗って素性を明かしていないが、ボワイエ側の趣意書によると、ヴォーベルトランの書生（clerc）だという。[31] ガイヨによれば、ボワイエは「何年も前から常習的に借家人を侮辱し、馬鹿にしてきたが、それは家雇いの娘を堕落させるためであり、しかも酷い仕打ちをすることで、契約の履行や満了を待たずに借家人が逃げ出すように仕向けてきた」。ボワイエの「卑劣な振る舞い」の証拠としてガイヨは、ヴォーベルトランら被害者の名を列挙した。ボワイエはわずか「三人としか交際が無く」、そのうち「我が心」と呼んでいた「女中ファンション」とは日常的に「不埒な行為」に及んでいたという。残る二人は、ボワイエから「いくらか金を貰っていたノルマンディの娘」と、(ボワイエとギイの民事裁判に関与した)代訴士ポポだという。ボワイエが家政婦を篭絡し、借家人の使用人にも手を出そうとしていたというわけだが、この主張を裏付ける証言は他に無い。

以上三名の証言から、ボワイエがギイと一悶着起こす前から少なからぬ敵を作っていたことがわかる。しかし、いずれの発言も、ボワイエがギイ夫妻に対して公の場で誹謗中傷を行ったことの証拠になるとは思えない。

まとめると、供述調書の内容から推察されるボワイエの振る舞いは以下の通りである。彼は飼い猫の死体を発見して大いに悲しみ、動揺したが、自己を律して大学に赴き、職務を果たした。しかし動揺していたことは他人の目にも明らかで、心配した同僚から質問されて、大切に飼っていた猫が無残な死体として見つかったことを説明した。その際に同僚は、猫を失って悲しむボワイエを馬鹿にするどころか、理解と同情を示したらしい。帰宅後、使用人から事情を聞いて、怒り心頭に発し、ギイの妻が諸悪の根源であると決めつけた。近所の弁護士たちが仲裁を試みても無駄で、ボワイエはギイの妻を悪女として非難した。その後は、周囲から事情を聞かれた際に、ギイ夫妻を家から追い出す理由を説明するために、猫殺しの嫌疑に言及した。証言から見えてくるボワイエの行動はこのようなものである。

ボワイエの行動の結果、ギイは「猫男」として界隈に知れ渡った。死んだ猫と紐づけられて噂されることにどのような不利益があったのか定かではない。隣人トラブルを起こすような問題ある借家人は御免だ、と思われたために、ギイは新居探しに苦労したのだろう。しかし猫を殺したこと自体が問題視されたのか、つまり猫を殺す人間は残酷だから信用ならないとまで思われたのかどうかは不明である。後述するが、この点に関してはギイ側の弁護士間でも意見が割れた。

いずれにせよ、ギイが「猫男」として知れ渡ったのは、ボワイエが声高に悪口をまき散らしたからというよりは、ボワイエの発言を聞いた者や、家の様子を見た者が、世間話によって噂を広めたからだと考えられる。猫をきっかけにした隣人トラブルという珍事は、周囲の関心を惹かずにはいなかっただろう。両者のトラブルが噂になり、その真偽を確かめようと思った者たちがボワイエに質問をしたことで、ボワイエは猫を殺されたと語ったはずである。法学部の教員や高等法院の弁護士たち、そして家事使用人を含めた近隣住人が、こぞって事件について噂をするなかで、ギイの地下室でボワイエの猫が死んだ状態で見つかったこと、そしてそれが理由で隣人トラブルが発生したことが知れ渡ったのだと考えられる。ギイとしては「中傷」と呼ぶのに十分な事態であった。しかし事件は、ギイが立て続けに二冊の趣意書を出版したことで新たな局面に突入する。口頭の世間話の次元を越えて、印刷媒体の世界に入り込むのだ。

3 趣意書の応酬

隣人トラブルをめぐる些細なゴシップは、どれほど奇妙な事件であっても、噂話が口頭で伝わるだけなら、関係者が属する集団（教区や職場など）を越えて伝播することは難しいはずだ。[32] そのようなゴシップは、印刷物に記されて拡散されることで、さらなる波及力を獲得する。

文学と報道価値

大半の定期刊行物が広義の「文学」を扱う文芸誌の性格を有した一八世紀フランスにおいて、私生活上の出来事は何らかの「文学」の題材になることで初めて、ニュースとしての価値を獲得した。デズリエール夫人の猫グリゼットも、書簡詩の主人公になったからこそ『メルキュール・ギャラン』に登場したのだった（第4章参照）。

ボワイエ事件がゴシップ紙『文芸共和国史秘録』で報じられたのも同じ理由による。同紙は、大学街から西に少し離れたカルメル会修道院に住むドゥブレ夫人が開いたサロンで、常連の文士ピダンサ・ド・メロベールらが、一七六二年に始めた手書きの情報紙である。一七七七年にそれまでの発行分がまとめて出版され、以後は一七八九年まで年刊の書籍としても流通した。(33) 余所で文字化されない貴重な情報をふんだんに含むため、歴史家に重宝される文献である。この『秘録』でボワイエ事件は次のように報道された（以下が記事全文である）。

同日〔一七七一年八月三一日〕、パリ高等法院刑事部で旧法院の裁判に判決が下された。関連して既に二冊、実に愉快な趣意書が出版されているが、著者はコクレ・ド・ショスピエールとド・ロールの両氏。きっかけはデュシェーヌ未亡人の書店に社員として勤務するギイ氏の地下倉庫で猫が死んでいるのが見つかったことだ。この動物は法学助教ボワイエ氏のもので、同氏はギイの妻が猫を殺したとして糾弾し、誹謗中傷した。あまりに悪質なので夫が訴えを起こした、云々。こんな理由で争うなど、喜劇『訴訟狂』の場面になるのが似合いであって、裁判狂が極まると何が起こるか如実に示すものだが、前記の二名の弁護士にとってはふざける（s'égayer）口実になった。新法院としては、司法を笑いものにするなど言語道断ということで、これら二冊の旧趣意書の抹消を命じて、ギイ氏の行いを中傷とし、ボワイエ氏に一〇リーヴルの慰謝料を払うよう命じた。(34)

文章の構造をよく見てほしい。この記事はギイとボワイエの係争それ自体よりも、裁判の過程で出版された「実に愉快な趣意書」を主題にしていると言える。というのも、著者は真っ先に趣意書に言及し、その趣意書の中身として、ようやく事件の経緯を説明しているからである。この時点では既に四冊の趣意書が出揃っていたが、『秘録』の著者はコクレ・ド・ショスピエールとド・ロール（実はラロール）による趣意書だけ、つまり「新法院」に断罪された二冊だけに言及していることにも注意したい。ボワイエ事件はあくまでも趣意書という裁判文学によって、それもギイが敗訴する原因になった二冊によって、注目する価値のある醜聞に仕立てあげられたのだ。

さらに注意すべきことに、この記事では、事件が猫を発端としていたことが強調されている。実は趣意書を蒐集・保存したデムリも、関連書をまとめたファイルの表紙に「ギイ氏の地下倉庫にて死んだ状態で見つかったボワイエ氏の猫をきっかけ」とする「刑事訴訟」と記していた。[35] ギイとボワイエの裁判は、猫ごときのために司法を巻き込んでまで争う「裁判狂」のエピソードとして認識されたのである。古代ギリシアの喜劇作家アリストパネスの『蜂』以来、動物は訴訟社会を風刺する文学が好んで持ち出した要素だった。記事で引用されたラシーヌの喜劇『訴訟狂』(一六六八)も、四六時中裁判をしたがる狂った裁判官ダンダンが、息子にけしかけられて犬を被告に裁判を行う様子を馬鹿馬鹿しく描いた作品である。[36] ボワイエ事件が起きる数年前の一七六七年には、パリ郊外の民衆劇場で活躍した俳優兼劇作家タコネが、まさに『猫裁判』と題した喜劇を上演させていた。下級労働者の女性ふたりが猫を取り合って争い、近所の靴直し屋が弁護士を呼んで仲裁する内容で、脚本が大学街北端のラングロワ書店から出版されていたから、ギイとボワイエの周囲でもある程度知られていたことだろう。[37] ボワイエ事件は、下らない理由で裁判をする風潮をあげつらうために動物を登場させたこれらの作品を思い出させる狂気の沙汰として認識され、そのように語られたのである。

四冊の訴訟趣意書

ボワイエ事件における猫の存在を強調する以上の認識が成立したのは、事件の話題性を高めた二冊の訴訟趣意書が、まさにそのような認識を抱かせる内容だったからに他ならない。以下では「愉快な趣意書」と呼ばれたこの二冊を、『秘録』で無視された残りの二冊と比較しながら、事件がいかにして物語化されたのかを見ていこう。

まずは趣意書の著者を特定する必要がある。というのも、いずれも代訴士か弁護士の署名を含んでいるが、署名者が著者とは限らないからである。一七七〇年一一月から翌年にかけて出版されたギイの第一『概要』と『趣意書』には、それぞれ代訴士バルダンとカルトロンの署名があり、判決でも両名が署名者として名指しされている。しかしデムリが手持ちの刊本に手書きで加えた注記によれば、それぞれの本当の著者はクロード゠ジュヌヴィエーヴ・コクレ・ド・ショスピエール（一七一五―九一）と、クロード゠ニコラ・ラロール（一七二一―八一）であるという。デムリは「ド・ラ・ロール」、『秘録』は「ド・ロール」と書いており表記に揺れがあるが、この指摘は『秘録』の記事内容と一致する。両名はいずれも弁護士で、後で見るように過激な趣意書で有名になろうとしていた節がある。これに対してバルダンとカルトロンは文壇では全く無名の人物であり、文学的な野心があったとは思えない。以上のことから、二冊の「愉快な趣意書」は、それぞれコクレとラロールが執筆したが、両者ともに自著が問題視される可能性を認識しており、責任を取らずに済ませるために署名を避けたと考えられる。

判決で問題視されなかった残りの二冊、つまりモープー派高等法院で審理が再開された一七七一年八月に出版されたボワイエの『趣意書』とギイの第二『概要』はどうだろうか。後者については、デムリが何も注記を加えていないことから、署名者である弁護士ベルモーを著者と見なしてよいだろう。前者には弁護士ピエレ・ド・サンシエールと代訴士ド・ラ・クルティの署名があるが、手書きの文字でジレという別の弁護士の名に置き換わっている。ところが判決文によれば、審理の際にボワイエを弁護したのはペランという別の人物とされている。[38] 随分と込み入った事情である。[39] 以下では便宜的にピエレを著者として議論を進めるが、ボワイエの『趣意書』は分析で補助的な役割しか果たさないため、ジレが著者だったとしても議論に大きな影響は無い。

さて、訴訟趣意書はまず事実の確定を目指すものであり、ボワイエとギイの間でも事実をめぐる対立があった。例えば猫の死に方について。ギイ側は、一一歳の猫が老衰で自然死したと主張したが、ボワイエ側は殺害とし、その理由として、猫が実際には三歳と若かったこと、死体に損傷があったこと、そして発見場所の地下倉庫には通気口が無かったため、扉を開けて猫を中に入れた人間がいるはずだということを挙げた。これに対してギイ側は、地下室には猫扉（chatière）があったと反論し、自然死とする姿勢を崩さなかった。[40] 訴訟の核心となる名誉棄損の問題についても、ギイとしては、ボワイエが「公の場で」（dans le public）、「公然と」（publiquement）行った誹謗中傷を非難したが、ボワイエ側は、悪口はあくまでも、他人から聞かれた際に、ごく私的な場で発されたものであって、率先して公然と誹謗中傷したわけではないと反論した。[41]

両者の主張は相いれず、四冊の趣意書を通読しても、事実を確定するのは難しい。猫の死に関して言えば、本当に猫を殺したなら地下室に放置する真似はしないというギイ側の主張は説得的であり、もし本当に地下室に猫扉があったなら、猫が勝手に侵入して、鼠対策の罠などに引っかかって足を損傷し、そのまま息絶えて、小型動物に臓物を食らわれたと考えることはできる。ただしこれは推察に過ぎない。隣人トラブルに見舞われていたらしきボワイエは、どうやら一癖ある人物だったようだが、だからといって公の場で、ギイを「人殺し、殺人者、少なくとも猫抹殺者」と呼び、妻を「何だってやる悪女」と呼んだとする嫌疑については、証拠不十分の感がある。[42] 裁判官としても、本気でこの事件の審理に取り組もうとしたら苦労しただろう。しかし実際には、以上の細かい論点は考慮されなかったはずである。判決では、ギイ側が世に問うた最初の二冊の趣意書が、ボワイエの名誉を傷つけた点が決定打となり、ギイの敗訴が決まったからである。ボワイエが口頭で何と言おうと、ギイが印刷媒体で行った誹謗中傷ほどの重みは無いと判断されたわけである。

弁護士がふざける時代

高等法院によって誹謗文書として認定された二冊の趣意書と、残りの二冊の間には、明確な文体上の違いが見られる。事件が文学化された過程を考えるにあたっては、事実関係の確定よりも、この文体の違いに注目して、語りの形式を分析する方が重要である。訴訟趣意書は本来、弁護人が裁判官に提出する参考資料であり、法的根拠を示しながら当事者の主張を擁護する後半部では、法典や法諺を引用する専門的な議論を行うことが通例であった。ボワイエの『趣意書』とギイの第二『概要』は、この慣例を踏襲する真面目な文書である。

これに対してギイが最初に出版した『概要』と『趣意書』では、法学の専門的な議論がむしろ意図的に避けられている。コクレは『概要』後半部の冒頭で、「場違いにも学識をひけらかすことはしまい」と宣言までしているが、趣意書の本来の用途を考えると奇妙な発言である。[43] さらにコクレは、事実をありのままに述べるべき前半部では、小説じみた文体を使って、ボワイエを滑稽に描いている。この点については後で詳しく見ることにしよう。ラロールの趣意書も同じ形式で、事実を述べる前半部ではボワイエの所作を誇張する過激なまでの文飾が施され、後半部では、猫に関する逸話が列挙されるばかりで、法律の専門書はほとんど引用されない。

コクレとラロールの趣意書は、明らかに、本来の宛先である裁判官ではなく、法学の知識を有さない一般公衆に読まれるために書かれていた。だから「愉快な趣意書」として話題を呼び、『秘録』で取り上げられることになったのである。しかし両名の著作は、「愉快」だからこそ、ボワイエの名誉を傷つける誹謗文書として断罪され、ギイの敗訴をもたらした。コクレとラロールは裁判を有名にするのに一役買ったが、弁護すべきギイにとってむしろ不利になる行為を働いたのである。もし両者が法学の専門的な議論に終始する真面目な趣意書を書いていたら、事件はこれほど話題にならなかっただろうが、ギイは勝訴していたかもしれない。

顧客の利益を度外視してまで裁判を面白おかしく語ろうとする弁護士など、現代人の目には言語道断に思われるだろう。たしかに顧客の敗訴を導くほどに「ふざける」弁護士は少なかったはずだが、しかし担当する裁判案件を面白く語ろうとする弁護士は、一八世紀において珍しい存在ではなかった。というのもこの時代には、裁判文書を一種の「読み物」として売るビジネスが隆盛していたからである。奇妙な裁判沙汰が話題になること自体は、印刷物が普及しはじめた近世初期からあった。[44] しかし一八世紀に入ると、弁護士ガイヨ・ド・ピタヴァルが裁判文書を読み物として編集した『面白有名裁判集』（全二〇巻、一七三九―五〇）が記録的な成功を収めたことで、訴訟趣意書を「売れる」文学と見なす傾向が、弁護士と書籍商のもとに一気に広まった。以後「有名裁判」（cause célèbre）はひとつのジャンルとして定着し、趣意書のアンソロジーが何度も編まれ、ついに一七七三年には専門の定期刊行物『面白有名裁判集』が発刊され、一七八九年の廃刊までに合計一九五巻を数えるに至った。[45] このように一八世紀には、訴訟趣意書を娯楽に転用する傾向が強まっていたのである。[46]

こうしたなか、最初から文学作品として公衆に読まれることを想定して趣意書を書く弁護士が現れた。実は訴訟趣意書には文学として大きな潜在力があった。関係者に迅速に配布する必要があるとして、旧体制期の出版物としては珍しく、検閲を免除されたのである。サラ・マザとデイヴィッド・ベルの研究によれば、モープー改革期に多くの法曹が文筆に乗り出したことを契機に、趣意書が本来の用途を越えて使用される傾向が強まった。つまり、表向きは裁判の当事者の弁護を趣旨としながら、その中身で体制批判や、身分制社会の批判すら行う趣意書が増えたのである。弁護士たちは読者の関心を惹くために、感傷文学の構造や言葉遣いを借りて、担当する事件を、読者の心を揺さぶる感動物語に落とし込んでいった。趣意書の「名作」は多いに売れ、著者の名声を高めた。例えば革命期に政治家として台頭した弁護士ランゲは、趣意書を売りさばいて自己の名声を確立した人物の好例である。弁護士ではないが、劇作家ボーマルシェもまた、『フィガロの結婚』(一七八四)で話題をさらう前から、グズマン事件と呼ばれた一七七三年の有名裁判で自己弁護のために書いた趣意書で華々しい文壇デビューを飾っていた。彼の趣意書の発行部数は二〇〇〇部に達したというが、これは一八世紀の書籍が望みうる最大級の部数である。[47]

要するにギイとボワイエの裁判は、訴訟趣意書が文学的名声を勝ち取るための重要な手段になりつつあった時期に生じたのである。コクレもラロールも、ランゲやボーマルシェほどの有名人にはならなかったが、裁判文学の流行にいささかの貢献を果たし、これらの有名人が台頭するための土壌を作ったとは言える人物である。両者ともに、パリ高等法院に弁護士登録をした後、王政府検閲官に任命されたエリート法律家であった。[48] コクレは『ルイ一五世法典』として知られる膨大な法令集を編纂し、ラロールは地役権に関する専門書で定評を得ていた。[49] 二人とも社会的に安定した身分を勝ち取っており、生活のためにセンセーショナルな趣意書を売りさばく必要は無かった。

しかし彼らは面白裁判文学の著者としてささやかな名声を得て、作品が『有名愉快裁判集』（全二巻、一七六九―七〇）と題されたアンソロジーに収録されていた。[50]両者がボワイエ事件に関与した動機を考えるためのヒントとして、このアンソロジーの収録作を一瞥しておきたい。

同書にはラロールの趣意書が二点収録されている。そのうち一つは、一七五一年に生じた「ロバ裁判」に際して書かれたものである。パリ南郊の町ヴァンヴの洗濯屋が有する雄ロバが、パリ市内に出かけた際に、庭師の雌ロバに引き寄せられて、そのまま庭師の家までついていってしまった。そこでロバの即時返還を求めた洗濯屋と、ロバを預かっていた間の餌代、ならびにロバに噛まれた妻の治療費を要求した庭師が争って、裁判になったという珍事である。ラロールは洗濯屋の弁護士として趣意書を書いたのだが、その末尾に、ヴァンヴの司祭が住民を集めて作成した、雄ロバの穏やかなることを証明する宣誓文を添付した。この宣誓文が教会に敵対的な文士の目に留まって大いに揶揄され、事件は多大な関心を集めることになった。合計で趣意書が四点、さらにパロディ作品二点（片方は挿絵付き）が出版される事態になり、『有名愉快裁判集』でも、宣誓の場面を描いた新作版画が付されたほどだった。[51]デムリによれば、この時のパロディ作品『雌ロバの雄ロバへの手紙』を書いたのはコクレだという。[52]傍証は無いが、ありそうな話である。そのコクレも『有名愉快裁判集』に二回登場するが、それはこのパロディ作品のためではなく、一七六〇年代に書いた別の趣意書の言い回しが評価されて採録されたためである。[53]

ロバ裁判を笑いの種にした経験のある弁護士たちにとって、ギイとボワイエの「猫裁判」は、面白文学の格好の題材に思えたことだろう。とりわけコクレにとって、この事件は願ってもない好機に映ったはずである。というのもコクレは一七七〇年の段階で、まさに文学者として打って出ようとしていたところだったからである。そもそも彼はひとかどの文芸愛好家を自負しており、文学史に名を遺す作家レチフ・ド・ラ・ブルトンヌに助言を与え、文章を添削していたという。コメディ・フランセーズの顧問弁護士を務めつつ、自らもアマチュア喜劇俳優として社交界で一定の評判を得ていた。ボワイエ事件が起きる半年前に『秘録』に載った記事で、「雄弁家としてより道化として名高い」と評されたほどである。この記事は、コクレが初めて出版した文学作品『車で裂かれた有徳の士』を紹介するものだった。同書は、百科全書派の作家フヌイヨ・ド・ファルベールによる戯曲『篤実な罪人』（一七六九）のパロディである。ファルベールの作品は一七六〇年代の感傷文学ブームの一翼を担うもので、父親の代わりにガレー船徒刑囚となり、その親孝行の徳行が大臣の耳に触れて恩赦を勝ち取った実在の新教徒ジャン・ファーブルに取材し、プロテスタントに対する同情を喚起することで、異宗派に対する寛容を広めることを狙ったものだ。コクレのパロディは、この戯曲の台詞のほとんどを取り去って感嘆詞や感嘆符だけ残した、空白ばかりの奇妙な作品である。悪ふざけによって感傷主義を虚仮にしたのである。百科全書派には酷評され、その百科全書派の敵対者からは称賛を浴びた。コクレは二作目『ムッシュ・カッサンドル』（一七七五）でも、人気作家バキュラール・ダルノーの感傷悲劇『メランヴァル』をパロディの対象にして、感傷主義を愚弄して笑い飛ばす姿勢を貫いた。(54)

図 10–4　レチフ『南半球の発見』第 4 巻（1781 年）扉絵（部分）

要するにコクレは、ルソーやディドロらの影響下に感傷主義がますます広がりつつあった一七六〇―七〇年代に、この風潮を腐して滑稽趣味を支持した人物だった。時の人気作を揶揄するパロディに過ぎないとはいえ、文学作品を世に問うて『文芸年鑑』や『文芸通信』などの文芸誌に名前が載って有名になったのは、ボワイエ事件の関係者のうちコクレだけである。事件に関与した法曹のうち肖像画が知られているのもコクレだけである。例えばレチフの『南半球の発見』の挿絵には、半分が法曹、半分が道化師の姿をしたコクレが登場する（図10－4）。弁護士と滑稽文学者の二つの顔を持つコクレは、ちょっとした有名人だった。ラロールも面白裁判文学の作者としては一定の知名度を得ていたが、彼の名声は法曹界とその周辺に限られていたと思われる。だから『秘録』の著者に「ド・ロール」と名前を間違えられてしまったのだろう。

パロディ作品を世に放って有名街道を歩み始めたコクレは、一七七〇年当時、大学街のドゥ＝ポルト＝サン＝セヴラン通りに住んでいた(55)。近所で生じた猫裁判のニュースを聞いて、文筆の才能を発揮するまたとない機会が到来したと思ったことだろう。コクレが『ギイ氏のための概要』を執筆するに至った経緯は不明だが、知人経由で頼まれたか、自分から執筆を名乗り出たのかもしれない。経緯は何であれ、この弁護士にとっては、ギイを擁護することよりも、目の前の珍事をできる限りセンセーショナルに語って、話題性を高めることが最優先の課題だった。

道化弁護士、腕を振るう

趣意書の中身の分析に移ろう。コクレは『概要』の冒頭で、以下のように語り始める。

高等法院弁護士・法学博士・パリ大学法学部助教アンドレ＝ピエール・ボワイエ先生の黒い老猫が、死んだ。こんな下らない出来事が理由で、深刻極まりない苦情を述べて、訴願を行うほかない状況に追い込まれることがあるなどと、誰が信じられるだろうか。ギイ氏は気の毒にも、そのような状況を実際に経験することになった。この死は、原因が何であれ、法律が維持せんとする均衡を、法学博士が忘れてしまう事態を生んだ。博士の悲しみは怒りに変わり、もはやギイ氏とその妻に対して何をしても過剰ではない〔と思われて〕、博士の〔行為が〕過剰なあまり、ついにギイ夫妻が司法に判断を委ねて、補償を求めることが必要不可欠になった。老猫の死も、猫を失った博士の激しい絶望も、それ自体では全くどうでもいい出来事であり、はっきり言って、実に馬鹿げた出来事である。しかし、その結果として生じた物事は何ら愉快なものではない。〔…〕ギイ氏が被った迫害はあまりにも深刻であるから、冗談を言う場合ではない。それにギイ氏は賢明な方だから、何かを誇張することもあり得ない。したがって、この愚劣で馬鹿げた裁判について、真実をありのままに、説明申し上げる次第である。(56)

コクレは最初から、大学教員という名誉ある地位と、猫という社会通念上は無価値な動物の落差を強調している。ボワイエは猫の死という「どうでもいい出来事」のために自制を失って激情に身を委ね、法学者らしい「均衡」つまりバランス感覚を捨て、「過剰」(excès) に走った。これに対して被害者ギイは「賢明」(sage) であり、ボワイエに「迫害」されても良識を忘れなかったというわけである。

冷静なギイと激情家ボワイエを対比するこの構図は、事件の経緯説明の枠組みとなる。コクレは「真実をありのままに」、「何かを誇張することも」しないという約束とは裏腹に、事実確認のための前半部で、明らかに脚色を施しながらボワイエの暴走を描いていく。大学から帰り、猫の死体を見つけた「法学部助教」は、「筆舌に尽くし難い」ほどの「絶望」に「魂」を貫かれ、「地位を示す服装」そのままに、「つんざく叫び声をあげ、脈絡のない言葉をつぶやき、言葉にならない音を発し、怒りに満ちた仕草」をして、「息も詰まる悲しみ」を露わにした。(57) トリスタンの『失寵の小姓』などに見たように、激しい感情が身体に表れる反面で、明瞭な言語にならないというのは、猫愛好家を愚弄する風刺作品にお決まりの演出であった。猫の発見を外出時ではなく帰宅時に位置づけるのも、ボワイエの反応を劇的に描くためのトリックと言える。以上の描写に続いて、ボワイエが騒ぎを起こし、使用人の通報を受けたギイが帰宅する場面は、コクレの叙述戦略を如実に表す箇所であるから、長めに引用してみよう。

二階の使用人に呼び戻されたギイ氏は、博士が恐るべき痙攣状態にあるのを見て驚き、恐怖を抱きつつ、何が起こったのか問い質した。しかし相手は、ギイ氏にとっては謎でしかない言葉で返事するだけだった。「否、否、出ていけ……。人殺しども、出ていけ」。ギイ氏はさらに驚き、慄いた。ボワイエ氏が殺されかけたのだと思ったからである。お怪我はありませんか、と再び聞くが、同じような答えしか返ってこない。「否、否」と博士は息を詰まらせながら叫んでいた。「わしの命が危ないのだ。我が猫に手を出す父殺しの所業に及ぶ者は誰だろうと……早晩わしに向かってくるに違いないのだ……出ていけ……終わりにしよう……出ていけ……決断するのだ……出ていけ……怪物ども……」。

この情念ずくの大演説（discours emporté）が、怒りのあまり途切れながら発されるのを見て、ギイ氏は、自分ではすっかり忘れていた老猫のことを言っているのだと理解した。彼は発作（accès）が収まる小休止の瞬間を待った。憤怒が最終段階に至り、そろそろ終わりが近いと思われたからである。ギイ氏が実に理性と優しさに満ちた発言をするものだから、博士も少しずつ落ち着いていった様子で、ほとんど根拠がないのに人を疑ったことを、自分自身で恥じたようだった[58]。

「憤怒」の「発作」を起こして「痙攣状態」に陥ったボワイエは、同じ言葉を繰り返す機械のようになり、ギイに話しかけられていると認識することもできない。これに対してギイは、相手の様子に驚きながらも、冷静に状況を見極めて、「理性と優しさ」をもってボワイエに対処してみせる。このようにコクレの趣意書は、ボワイエを感情の制御ができない道化じみた狂人として描きながら、ギイを良識に満ちた紳士として擁護したのである。

ところが、コクレはどんでん返しを用意していた。というのも彼の筋書きによれば、ボワイエが猫の死に悲しんだのは猿芝居に過ぎない。二階に住むボワイエは、五階の「お嬢さん」とお近づきになりたいと考えていた。そこで四階のギイを追い払って、代わりにこの女性を住まわせて距離を縮めようとしていたのである。ギイは入居後に自費で内装工事を行っていたから、改装された快適な部屋にお気に入りの女性を住まわせようとしたというのだ。だから猫という、本来ならば「失ってもどうということはない」動物を、「馬鹿げた口実」として利用し、ギイを責め立てたのであり、猫を失ったボワイエの「悲しみは数日のうちに落ち着いた様子だった」という[59]。つまりコクレによれば、ボワイエは、猫の死の責任をギイ夫妻に被せて退去させることで、秘めたる目的を達成しようとした冷血漢なのだ。

したがって厳密に言うと、コクレの『概要』は、猫を可愛がること自体よりも、飼い主であるボワイエが、猫を口実に隣人を苦しめたことを非難した文書であった。実際コクレは、ギイとボワイエのやり取りを示した先の引用部に続く箇所で、事実の説明を締めくくるにあたって、次のように述べている。

この恥ずべき愚劣な一幕は、以上のごとく終わりを告げた。信じがたい話だが、誇張などしておらず、むしろ半分以上差し引いてある。それでもなお、理性にとってなんと恥ずべきことか！　いったい何と言えばよいのだろう。法学博士、法学助教、五〇歳の男性、由緒ある学部の関係者ともあろう者が、正義を愛し、不正を恐れることを教え、未来の偉大な法務官に最初の手ほどきをする任務に背いて、憤怒と絶望に身を任せ、理性も声も使えなくなって、人類を貶める行為に及ぶなど。しかも老いた黒猫一匹が死んだくらいのことで。

もしもまだ、ボワイエ氏がそこに踏みとどまっていたならば、こうした逸脱も、本来なら理性ある男性には相応しくないとはいえ、一種の薄弱（faiblesse）と見なすことができただろう。それならば、ひとは沈黙のうちに、見当違いな感受性（une sensibilité mal placée）を咎め、彼の憤怒を、意図せざる発作（un accès involontaire）として受け止めただろう。そして彼自身、錯乱の発作を恥じて、以後の行動を改めることで、過ちを忘れてもらえるように努めることができたはずなのだ。[60]

壮年の大学教員が飼い猫の死によって感情の制御を失うなど、「人類を貶める」ほどの醜聞だが、まだ改悛すれば赦されただろう。猫に愛着を抱くのは「見当違い」で「薄弱」なことだが、人間らしい「感受性」であることには違いないからだ。ボワイエの真の罪は、「おぞましい陰謀」を冷血に企てて、猫を愛するふりをして、無実のギイを「人殺し」呼ばわりして社会的信用に傷をつけ、その住まいを奪ったことにある。[61]

こうしてコクレは、ボワイエに対して二種類の攻撃を加えた。ひとつは、猫を愛するあまり感情の制御を失うことを「恥」とする攻撃。もうひとつは、自分の望みを叶えるためには手段を選ばず、猫の死を悼む道化芝居を演じてまで、隣人を追い出さんとする冷酷な陰謀精神を指弾する攻撃である。ここで注意したいのは、どちらの主張の背後にも、猫を「どうでもいい」動物と見なす価値観が潜んでいることである。猫が無価値であり、猫の死を悼むことなど言語道断だと考えるからこそ、猫に対する愛着を批判することも、猫を口実に他人を迫害する行為を批判することも可能になる。実際コクレは一貫して、猫が「老いて」いたことを強調し、ボワイエ自身にとってすら無価値であったと書いている。この黒猫は「体が衰えて不自由」になっており、「もう先は長くない」し、「貪食気味で極めて放埒」でもあったから「失ってもどうということはない」(la perte n'est pas considérable) というのだ。[62]

ラロールの参戦

コクレの『概要』から二ヶ月が経ち、今度はラロールによる『ギイ氏のための趣意書』が出版された。ギイとボワイエの共通の知人として事件に関与し、証人としても出頭していたラロールが、この段階であえてギイの弁護を買って出た理由は定かではない。ギイに頼まれたのかもしれないし、コクレが自由な筆致でボワイエをこき下ろすのを見て対抗心を燃やし、ロバ裁判以来の「再戦」を挑もうとしたのかもしれない。しかし動機の詮索は不毛である。この『趣意書』についても、語りの戦略を分析することにして、コクレの『概要』との異同を見ていこう。

全体的な傾向を先に述べると、ラロールもコクレと同じく、法学の専門的な議論を廃して、一般読者に訴求するセンセーショナルな文体を選んだ。ボワイエを戯画化し、ギイを理知的な紳士として描くことで、両者の対比を鮮明にする戦略を取ったのである。コクレに対抗するつもりなのか、状況描写の脚色は一段と強まっている。まず、ボワイエが猫の死体を発見する場面を見てみよう。ギイの倉庫で猫の死体が見つかり、路上に出された後の場面である。

もし屑拾いが通りかかっていれば、猫はすぐさま持ち去られ、〔民事・刑事の〕両訴訟を生み出した恐るべき原因も取り除かれていただろう。しかし不幸にもボワイエ先生は、猫が路上に放られてからすぐ、大学から帰宅してしまった。この光景を見て冷静ではいられなかった。男は放心状態に見えた。玄関の扉を通るや否や、叫び、嘆き、その声は居室にたどり着くまでいや増すばかりだった。あたかもブバスティスまで飼い猫の葬送に同伴したエジプト人のように、強烈な悲しみの暴走に身を委ね、上着を脱いだのに首飾りを外すのを忘れる始末。そんな状態で踊り場をうろつきながら、ある時は猫殺しの犯人とやらに対して怒りを炸裂させ、ある時はため息をつきながら嘆き、叫んだ。「おお神様！　こんなことがあっていいのか？」そして復讐の計画をもごもごと呟いた。その騒がしさたるや、借家人が揃って裏庭に顔を出したほどだった。(63)

中途半端に着替えた状態で大騒ぎするこの場面は、コクレの『概要』には無かったディテールであり、ラロールによる創作の疑いが濃い。猫の死を悼むボワイエの感情を、わざわざ古代エジプトの猫崇拝者になぞらえて誇張した一節である。ラロールはこの調子でボワイエの感情が暴走する様子を活写していく。愉快な箇所が多いが、コクレとの比較のため、ボワイエとギイが対面する場面だけ取り上げよう。やはり使用人の通報を受けたギイが帰宅した場面である。

ギイ氏が見たボワイエ先生は、発言するごとに顔が青ざめたり赤くなったりして、驚くべき姿をしていた。なるべく優しい調子で、こう話しかけた。「親愛なるムッシュ、いったい誰がいけないというのですか？　何をされたのです？　何が起きているんですか？　落ち着いてください」。するとボワイエ先生が続ける。「否、否、出ていけ人殺しども！」この言葉を聞いてギイ氏は、ボワイエ先生が殺されそうになったのだと思った。しかし顔から〔血ではなく〕汗だけが流れているのを見て安心し、どこを負傷なさったのですかと聞いた。それからボワイエ先生が言える言葉はこれだけだった。「ああ！　人殺しども！　出ていけ！」怒りに飲まれたボワイエ先生は、力を込めて叫んだ。「終わりにしよう」(tranchons)。これを聞いたギイ氏は後ずさりして言った。「一体何ですか！　ムッシュ？」ボワイエ先生が答える。「否、否、わしの命が危ないのだ。我が猫に手を出す父殺しの行為に及ぶ者は誰だろうと……早晩わしに向かってくるに違いないのだ……出ていけ、終わりにしよう！　決断するのだ！……出ていけ人殺しども！……そなたを失うことになるとは、わしの猫ちゃん！(je vous ai perdu, mon petit chat !)[64]」

ギイが相手を心配して優しく話しかけているのに対し、ボワイエは猫殺しの犯人に対する復讐心に囚われて、目の前のギイに対してまともな応答もできていない。この基本構図はコクレの『概要』と変わらない。しかしラロールはギイの発言内容を増やして、ボワイエの「驚くべき姿」とギイの「優しい調子」の対比を強めている。そして何より、猫を悼む言葉が最後に付け加わることで、ボワイエの滑稽さがさらに強まっている。

こうしてラロールは、ボワイエの感情を誇張して戯画化するコクレの路線を踏襲したのだが、実はボワイエの動機に関しては全く違う説明を行っている。ラロールによれば、猫は単なる口実ではなかった。ボワイエは本当に猫を可愛がっており、その死を悼んでいたのだ。「ボワイエ先生が飼い猫に対して真の友愛を抱いていたことは間違いない。この猫は先生のペット(favori)であり、気晴らしの相手だったのだ」。「ボワイエ先生は昔からいつも猫が好きだった。この動物は有益であり、新築ではない家屋ではとりわけそうであるから、ギイ氏もこの趣味を責めるつもりはない[65]」。このようにラロールは、何度も、ボワイエが心から猫を愛していたことを強調した。先の場面に「わしの猫ちゃん」を悼む言葉が加わったのも、ボワイエを真の猫愛好家とするための演出と言える。

既に述べた通り、訴訟趣意書の後半部では法学的な根拠を積み重ねて、弁護相手の利益を擁護するのが慣例だった。ところがラロールは『趣意書』の後半部で、思いがけない議論を展開する。裁判相手であるはずのボワイエが猫を愛したことを、数頁にわたって長々と擁護したのである。ラロールはこの議論を次のように始めている。

ボワイエ先生は飼い猫を愛していた。この点に関して一切問題は無い。先生が猫を失ったのは、不幸な出来事である。先生はこの点に関していささか強すぎる感受性を示したものの、それは犯罪ではない。どんな偉人であろうと弱点があり、友情か反感のいずれかに由来する動物の好き嫌いがあるものだ。(66)

「友情」と「反感」はアリストテレス自然学の用語で、要するに各人に動物の好き嫌いがあることを生理現象として説明するための方便である。この後、猫が「反感」の対象となったことについては、マルブランシュの『真理の探究』の一節と、メッスの聖ヨハネ祭の伝統に言及されるだけである。ラロールはむしろ猫を愛した「偉人」を長々と列挙していく。エジプト人、ムハンマド、そのひそみに倣うアラブ人、クロムウェル、ある「偉大な大臣」、デュ・ベレー、モンテーニュ、ハープ奏者デュピュイ嬢、ロンドン市長ウィッティントン、レディギエール夫人、デズリエール夫人である。脚注にはいくつかの古典籍や、プリドー『ムハンマド伝』や、デュ・ベレーの詩が示されているが、いずれも法学とは無縁である。(67)

以上の事例を挙げ尽くしたうえで、ラロールはこう結論する。「これらの有名な先例を踏まえれば、ボワイエ先生が飼い猫に対していささかの薄弱さを有したとしても奇異ではない。これら高名な人々の階級（classe）を思えば、先生の名誉ある地位を貶めることには一切ならない」(68)。つまりラロールは、猫愛好を「恥」としたコクレに真っ向から反論して、これほどの「偉人」が猫を好んできたのだから、ボワイエのような大学教員が猫を「愛した」ところで、恥ずべきことなど無い、と喝破したのである。

後にボワイエ側の弁護士は、「猫に関する逸話の羅列」を、司法の場には相応しくない場違いな駄弁だと批判し、「二、三の辞書から安易に引かれた」ものだろうと揶揄した。(69) しかしラロールが情報源としていたのは、明示的には引用されていないものの、モンクリフの『猫』に違いない。引用された事例はクロムウェルを除いて全てモンクリフが挙げたものであり、脚注で示された古典籍などの典拠もすべて、モンクリフからの孫引きである（クロムウェル猫好き説の典拠は不明）。マルブランシュの引用箇所や、ある「偉大な大臣」を匿名で引用する仕草なども全てモンクリフそのままだ。つまりラロールは、モンクリフが作った「感情共同体」を引き合いに出して、その末席にボワイエを加える形で、この壮年の大学教員が猫を愛したことを擁護してみせたのである。

ギイの弁護をすべきラロールが、ボワイエの擁護をするなど、随分と奇妙な展開だ。しかし人間が猫を可愛がることを原理的に擁護したラロールだが、ギイを裏切ってボワイエの味方をしたわけではない。というのもこの弁護士は、節度をもって猫を愛でることを原則として肯定しながら、ボワイエのことを、節度を欠いた逸脱者として例外視する戦法を取ったのである。つまり「飼い猫の死に悲しむ」こと自体は正当だとしても、それを理由に「法律が敷くところの中庸（modération）の限界を越えることがあってはならない」が、猫の死を理由に隣人を「人殺し」呼ばわりして、住まいから追い出すのは、まさにこの「中庸」の精神に背く振る舞いである。フランスは「エジプト王国ではないのだから、紳士の生活と名誉が猫の死によって左右される」ことなどあってはならず、実際にこのような事由で裁判が起きた事例は知られていない。猫に対する愛情におぼれるあまり節度を失って、隣人の名誉を傷つける所業に及んだことこそ、ボワイエの罪だというわけだ[70]。

しかしボワイエの罪は感情の制御を失ったことだけにあるのではない。ラロールは最後にコクレの説に合流して、ボワイエには「五階のお嬢さん」にギイの部屋をあてがうという秘めたる狙いもあったと主張した。つまりボワイエは、飼い猫に対する愛情から転じた復讐心と、利己的な打算の双方から、ギイ夫妻に対する嫌がらせに及んだというわけである。したがって彼の罪は、猫に対する愛情という、「公衆も同僚諸氏も満場一致で称賛する」、「無私」で「高貴」な愛情に、薄汚い利己心を混ぜ合わせたことにもあった[71]。

先ほどコクレが、猫に対する侮蔑に基づいて議論を築いていたことを指摘したが、ラロールが示した以上の議論はむしろ、猫が大切な動物であることを前提として成り立っている。猫などの動物を可愛がることが人間にとって正当な感情であるという主張を支えるため、ラロールは猫の死を美化すらしている。「ボワイエ先生の不幸なペット」がギイの地下室で死んだのは、「死ぬところを見せて飼い主を悲しませないため」だというのだ。モンクリフが『猫』でメーヌ公妃の猫マルラマンの死について語った内容を参考にしたかの筋書きである。ラロールはコクレと違って猫の死を些事化するのではなく、むしろ飼い主を悲しませる重大事として捉えて、悲劇的な調子で語った。こうした世界観の元では、「猫の殺し屋」呼ばわりされれば、冗談では済まない。この汚名を着せられたギイが新居探しに苦労したのは、「多くの人が猫や犬を好んでおり、それぞれに飼い猫や飼い犬のことを心配した」からだというのだ。(72) 猫を殺すという行為が、それ自体で人格上の問題として捉えられている。猫が自分で死に場所を決めたとか、隣人も犬猫を殺されたくないからギイを遠ざけたというのは、ラロールによる脚色だと判断できる。その脚色の部分に、コクレとの価値観の違いが如実に表れている。

ギイが最初に世に放った二冊の趣意書をめぐるここまでの分析をまとめよう。コクレもラロールも、冷静な常識人ギイと、愚劣な激情家ボワイエとを対比して、ギイがいかに酷い仕打ちを被ったのか強調した。ボワイエが五階の女性に恋慕しており、その女性を厚遇するためにギイを追い出そうとしたという動機の説明でも、両者は一致した。しかしコクレとラロールは、猫に関しては大きく異なる議論を提示した。コクレは、ボワイエの「場違いな感受性」はそれ自体で罪とはならないとしながらも、結局のところボワイエの猫愛好を矮小化し、別の動機を覆い隠すための口実に過ぎないとした。つまり猫という動物には価値が無く、死んでも簡単に代えが効くのだから、飼い猫を失ったことだけで十分な動機になるはずがないと論じたのである。これに対してラロールは、猫を大切に思う気持ちがボワイエだけでなく数多くの「偉人」にも、そしてボワイエの隣人にも共有された正当な感情であるとし、飼い猫を失えば大きな悲しみが生じることを全面的に認めたのだった。

ラロールが猫の重要性についてコクレに異論を提示した理由は、二つ考えられる。ひとつは、公衆に語りかけるにあたって、猫を下らない動物として退けるのではなく、むしろその価値を認める方が説得的だと判断したから、というもの。本書を通じて見てきたように、一七七〇年には既に、猫を愛すべき動物として表象する傾向がさまざまな場面で顕在化していたから、弁論術として、公衆の猫愛好におもねることが有効だと判断してもおかしくない。もうひとつは、確かめようのない推察ながら、モンクリフの『猫』を所有していたらしきラロール自身、猫が好きだった、という個人的な動機である。猫を可愛がる自分の性向が他人にも共有されているという認識があったのかもしれない。確実に言えるのは、猫を大切に思う気持ちを貶めるコクレの発言に対して、ラロールが反論を加えたこと。そしてその反論にあたっては、モンクリフの著作が格好の論拠となったことである。

火消しの趣意書

最後に、新制高等法院が審理を再開した際に出版された二冊の趣意書の内容も見ておこう。これら二冊の著者、つまりボワイエ側のピエレとギイ側のベルモーは、以上の対立軸においてコクレの側に立ち、猫に重要性を認めなかった。たしかにピエレは、ボワイエが「三年ほど前から猫を飼育していた」ことを事実として認め、ベルモーの方は、ボワイエが「老いた黒猫を飼っており、随分と愛でていたようである」と記している。しかし両者はコクレと同じく、猫はそれ自体では無価値な動物であって、ボワイエの動機を構成する重要な要素ではないとした。ベルモーいわく、「ボワイエ先生はギイ夫妻に飼い猫の死の責任を負わせようとしただけだと主張しているが、このような非難は犯罪行為の動機としてあまりにも軽微である」。ベルモーの『概要』には、ボワイエ側の趣意書に対する反論を逐一述べたギイ自身による追伸が添えられているが、そこではギイ自ら、「地下倉庫で死体として見つかった猫の様子など、興味に値する対象ではないから〔…〕身体の外に内臓が飛び出ていたか否かの確認などしなかった」と書いている。[73] ボワイエ側のピエレも、問題は猫の死それ自体ではないとして、こう記した。

猫を殺すことはわが国の習俗によれば犯罪（crime）ではない。厳密には加害（délit）とすら言えまい。取り返しがつかないのは、不誠実な所業〔誹謗中傷〕だけである。〔猫は〕卑しい動物であるから所有物としての重要性は無く、損失の補塡も容易である。このような殺害を理由に人を有罪として出廷させれば、法廷の尊厳を損なうことになるだろう。(74)

司法で問われるべきは、猫という「卑しい」動物を殺した責任ではなく、「憎悪と復讐心の発露たる、おぞましい誹謗文書」を世に問うたギイの「不誠実」にある。ピエレは、ギイが「司法に提出すべき書物」において、「大学帰りの博士」が「芸人」のごとく暴れ回る様子を滑稽に描くことで、ボワイエを「中傷」し、「おぞましい快楽を得る」というその態度、つまりコクレとラロールのふざけた文体を問題視した。(75) ボワイエは実際に飼い猫の死を深く悲しんでいたはずだが、法廷闘争においては、ギイ側が作った戯画的な人物像を壊すためにも、猫などはどうでもよいのであって、人間関係における態度こそが問題なのだ、と主張したのである。

ギイとボワイエの係争は、些細な隣人トラブルに過ぎない。しかし以前にコクレとラロールの趣意書を再録したアンソロジーの編者が書いたように、「下らない裁判」こそ、弁護士が「おふざけと冗談」に耽る格好の場となる。「つまらなそうな題材に面白みを与えて際立たせる」ことで「機知と才能」を発揮することこそ、「有名裁判」文学の真骨頂だった。(76) だからこそコクレとラロールは、おそらくロバ裁判のことを思い出しながら、「猫裁判」に率先して参加し、文筆の腕を振るったのだろう。しかし、モープーの改革で司法界が動乱に見舞われていた一七七一年の状況にあって、ロバ裁判の時のように模倣者が続々と現れることは無かった。法曹にとって、もっと重大な関心事があったからである。ピエレはボワイエの名誉を守るため、ベルモーは発足当初から正統性を疑われていた新制高等法院の名誉を守るために、司法文書らしい謹厳な文体に立ち返った。そして裁判官たちも、コクレとラロールの趣意書を断罪して、悪ふざけの態度を戒めたのである。もっとも、公開された判決文で署名者として名指しされたのは代訴士たちであったのだが。

4　リベンジ文学

コクレとラロールの趣意書は、高等法院の判決で「抹消」を命じられたため、面白裁判集の類に採録されることなく、忘却の闇に沈んでいった。デムリが保存していなければ、現存していなかったかもしれない。しかし彼らの文章が後世に一切の痕跡を残さなかったのかというと、そうでもない。両名の趣意書を下敷きにした短篇小説が出回ったからである。

ギイはコクレとラロールに趣意書の作成を委ねてしまったばかりに、勝てたかもしれない裁判に負け、賠償金を支払う憂き目を見た。しかし彼はやられっぱなしではなかった。折しもデュシェーヌ書店では、雑文家ヌガレが『千夜一夜物語』をパロディ化した短篇集『千愚一愚物語』全四巻を準備中であった。何度か再版されたそれなりの人気作である。ギイが依頼したのか、ヌガレが率先して執筆したのか不明だが、その末尾に、今回の裁判を題材にした短篇『猫狂い』(*La Chatomanie*) が追加されたのである。法学教員バルトランが飼い猫に入れ込み、その猫の死の責任を罪なき借家人になすりつけて嫌がらせをするという筋書きで、裁判を知る事情通には真意が伝わるリベンジ文学であった。[77] ボワイエをこき下ろす『猫狂い』を世に放ってギイは留飲を下げたことだろう。しかし実は、この作品にもまた、猫愛好を擁護する側面があった。以下、そのことを論証しよう。

『猫狂い』は入れ子構造になっている。全体の筋書きは実在事件をフィクション化したもので、バルトランが道端で、貧者からグリップミネ (Grippe-Minet) という名前のアンゴラ猫を託され、その猫を飼って、猫の死後に隣人トラブルを起こすという流れである。ところがこの話の冒頭には、バルトランが貧者を自宅に招いて事情を聞く場面があり、そこで貧者がグリップミネの経歴として語る内容が、長い挿話として加わるのである。全体の約半分を占めるこの挿話は、猫を主人公としたアプレイウス式の動物放浪譚である。この挿話に見るべきところもあるが、ここでは裁判事件が文学化された過程を探るのが目的であるから、むしろ枠物語に目を向けて、主人公バルトランがどのように描かれているかを分析したい。

全体的にバルトランは「奇妙」で、「身分に相応しい分別を欠いた」男として描かれている。語り手は、このような人物を話の中心に据えた理由として、「できれば我が読者を楽しませながら、主人公として選んだ者にお仕置きしたい（corriger）」と述べている。モデルが実在することを匂わせる表現である。さてこのバルトラン、女性に興味を示さず、関わる相手は生徒だけ。あとは本を読んでばかりの男だ。「感情の細やかな動き（la délicatesse des sentiments）など、彼の目には一切の魅力を示さなかった」。法学の探究に全人生を捧げる真面目一徹ぶりである。[78]

ところが、学問一辺倒で情愛を知らなかったバルトランは、貧者から託されたグリップミネを「狂わんほどに愛する」（aimer jusqu'à la folie）に至る。猫が「我らが謹厳なる衒学者に持続的感情（sentiments durables）を吹き込んだ」のである。とはいえバルトランの気難しい性格が変わったわけではなく、「些事」（bagatelle）を理由に借家人たる若き弁護士フルリクールを追い出してしまう（猫事件に先立つボワイエの隣人トラブルへの言及だろう）。その次は、猫が地下倉庫で死んでいるのが見つかり、バルトランは怒り狂って「篤実な大商人」ダミス（ギイに相当）を追い出そうとする。法廷闘争になって、裁判は「猫狂いの勝利」に終わる。「こうして二人も彼の家から退去せねばならなかった。その理由は何だったろう？　猫が死んだからだ！［…］裁判官たちはもしかしたら、真っ当な人はバルトランの家に住まぬ方がよい、この家は猫どもに貸してやる方がよい、そう判断したのかもしれない」。物語はバルトランが庭に建てた猫の墓に彫られた碑文の引用で締めくくられる。「ここに眠るはグリップミネ、世界一愛でられた猫。うちの鼠を全部、隣に埋めてやりたい！」[79]

このように、バルトランは気難しい変人として描かれている。しかし作品を注意深く読むと、彼が猫を愛したこと自体には、かなり好意的なまなざしが注がれていることがわかる。まずバルトランには、階上の女性を手繰り寄せるためにギイを追い出そうと企む陰謀家という、コクレとラロールの趣意書に見られた要素は一切無い。バルトランを異性愛規範に順応しない男とする設定は最後まで貫かれている。『猫狂い』はあくまでも、猫を、いや猫だけを「狂わんほどに愛した」男の物語であり、その愛情の真正性を疑問に付す不純物は排除されている。

次に、彼がグリップミネを育てることにしたのは、人間らしい優しさの表れとされている。貧者が近づいてきて、慈悲を求めて「力なく今にも死にそうな、不憫な者」を差し出してきたとき、バルトランは「罪なき命を奪うなどという非人間的なこと」は耐えられないと思い、引き取って育てる宣言をする。ところが人の子と思っていた布の包みを開くと、中には「巨大な猫」がいた。それでも生き物には違いないとして、彼は猫を引き受ける[80]。

さらにこの作品では、猫を飼育する過程で飼い主に生じる心理的な変化が丁寧に描写されている。バルトランは猫を育て始めると間もなく「いとも甘美な友愛」を抱く。いつも猫のことばかり考えるようになり、「子供を甘やかすように扱って」、食事中も「テーブルに乗せて、目の前に座らせる」ほど。猫を飼い始めたことで、バルトランの性格は多少なりとも和らいだ。猫が見せる「曲芸や度重なる悪戯を、我らが謹厳な教育者は大いに楽しんで、いつもこわばっていた額からついに皺が無くなった。四〇年もの間、彼のしかめ面しか見たことが無かった人たちは、大いに驚いた[81]」。『猫狂い』は、猫を飼育することで心に安らぎが得られるというセラピー効果に言及した稀有な作品なのである。単にバルトランを狂人として風刺したいのであれば、彼の気難しい性格が和らいでいく過程を描写するよりも、コクレとラロールに倣って、猫が死んだときの飼い主の身体的状態を誇張して、戯画化すれば済んだはずだ。バルトランが猫を愛する気持ちは、突発的な情念の暴走ではなく、一緒に過ごす過程で時間をかけて育まれた「友愛」として描かれている。モンクリフによる飼い主と猫の関係の描写や、グラフィニ夫人が飼い猫との関係を言語化した際の語りに通ずる表現である。

最後に、「猫狂い」と呼ばれる感情は、一握りの人間の奇妙な感情というより、人間らしい弱さの一種として提示されている。たしかに猫を溺愛するバルトランを嘲弄するのが作品の主眼ではあるが、それでもグリップミネを大切にするのはバルトランひとりだけではなく、彼に世話を託した貧者にも共有された態度である。この短篇はそもそも『千愚一愚物語』の末尾に付されており、人間の様々な「愚行」の一事例として提示されている。実際、冒頭に付された導入文には、次のように書かれている。「これから真面目な男の奇妙な執着（manie）をご覧いただく。真面目といっても、今しがたお読みいただいた本の登場人物たちより賢いわけではない。それに、自分のことを本当に賢者だと誇れる者など、この世界にいるだろうか？　大いなる真理を述べよう。人間は誰しもおかしい（fous）のであって、程度の差があるに過ぎないのだ[82]」。作中でも、バルトラン自身がこのような論理で猫愛好を正当化している。「彼のような身分と年齢の男が、このように猫などに入れ込むのは相応しくない、とお節介にも主張する者があれば、彼はすぐさま、半ば優し気に、半ば怒って、こう答えるのだった。この世の誰もが思い思いに楽しみを見つけるものですよ。［…］私としてはね、飼い猫を愛でて、崇拝しているんです[83]」。つまり作者ヌガレは、愛猫家を奇妙な人物として提示しておきながら、誰しも奇妙な趣味を持っているのだから批判などできまい、というかたちで猫愛玩を正当化する論理を、作品に組み込んでいたのである。

以上のような両義性を孕んだ『猫狂い』は、『千愚一愚物語』が一七七六年と八四年に再版されるにあたっても再録されている。ヌガレはこの短篇に自信があったのか、後年の作品『革命前後のパリ冒険』（一八〇八）にもこれを再録している。一八一二年には『有名動物』という逸話集にこの話のダイジェスト版が「バルトランの猫」として載った[84]。こちらの著作は一八一三年と三五年に再版されている。ボワイエの影たるバルトランは裁判以後、約半世紀にわたって文学に生き延びた。

おわりに

ある個人が自宅で猫を可愛がったという事実は、多くの場合、親密な世界に留まる。他人にも後世にも伝わらないまま、人知れず失われることになるのだ。ところがパリ大学法学部助教ボワイエが、飼い猫を愛し、その死を嘆き悲しんだ事実は、借家人ギイとの裁判の過程で文字に記録され、訴訟趣意書という印刷物によって喧伝されて、多くの人々が知るところとなった。ギイとボワイエが騒動を起こした当時のパリでは、裁判文学の商品価値が出版業者に認識され、弁護士の側にも不特定多数の読者に読まれるよう訴訟趣意書を書く傾向が広まっていた。このような状況があったからこそ、コクレとラロールという二名の弁護士が、猫をきっかけに起きたこの裁判に「ふざける」ための格好の題材を見出し、「愉快な趣意書」を書いて話題作りに勤しんだのである。「有名裁判」が文学ジャンルとして定着し、野心ある弁護士たちが、取り上げる甲斐のある珍事件を探していたからこそ、ギイとボワイエの裁判は醜聞として大々的に喧伝され、ボワイエが猫を愛した事実に注目が集まるようになった。そしてひとたび文字化されたボワイエの物語は、短篇文学に翻案されて出版市場に流通し続けることになった。ある個人が猫を可愛がったという極めて私的な事実が、文学化されることで、公的な場で流通する社会的な事実に変換された。猫の飼い主自身があえて公言しない感情が、他者によって暴露され、脚色を施されながら物語化され、メディア化されたのである。

この私的感情のメディア化の過程においては、猫を可愛がる気持ちが単にネガティブに表象され、風刺されただけではなかった。尊敬すべき地位にある成人男性が猫に入れ込むことを「恥」とする言説が繰り出されたのは事実だが、同時に、そのような感情を、すぐれて人間的な「薄弱」や「愚行」や「感受性」と呼び、許容し、擁護する言辞も発されていたからである。醜聞文学を通じて、猫を大切に思う感情の是非が印刷メディア上で議論の対象となり、中庸を心得た適切な愛情と、節度を欠いた不適切な愛情とが区別されていった。猫を愛情の対象とする表象が発達しつつあった一七七〇年頃に、猫を前にした人間の感情のあり方が議論の主題となるきっかけを作ったのが、ボワイエ事件であった。

最後にこの事件を、啓蒙期に生じた感情規範の変化という大きな流れに位置づけて結びとしよう。一七六〇年代から七〇年代にかけて、ディドロやルソーの例に倣った感傷文学が続々と登場し、世を席巻していった。しかし万人が感傷主義になびいたわけではない。感傷文学をパロディで愚弄したコクレのように、シニカルな笑いを重視する態度も根強く残った。ボワイエ事件は、まさにこの二つの感情文化の狭間で展開したと言える。訴訟趣意書でも『猫狂い』でも、猫愛好家を風刺して揶揄する滑稽趣味が大枠とされながら、その枠内で、「感受性」を肯定する感傷主義の言語が使われていたからである。同じ一七七〇年代に著されたガリアーニの書簡にも見たように、一八世紀の人々は、猫に対する愛情を高貴な感情として称揚する感傷主義を、何事も笑い飛ばしてみせる皮肉主義と混ぜ合わせて、いわば涙を笑いによって希釈するようにして、徐々に受け入れていったのだ。

終　章　猫の歴史を考える

モンクリフが前代未聞の「猫の歴史」を世に問うた一八世紀は、西洋社会で猫が果たす役割が変わりはじめた時代だった。鼠を駆除させるために飼われていたこの動物が、飼い主に愛されるペットの地位を得たのである。しかしこの変化が実際に、社会と文化のどの領域で、どこまで、どのように生じたのかは、まだ解明されていなかった。本書ではこの謎を解くために、モンクリフが生きたフランスを舞台に、一八世紀に起きた猫の地位の変化を跡づけてきた。この終章ではこれまでの議論を整理して、得られた知見の性質と新規性について考えてみたい。

人と猫の社会史

第Ⅰ部では、人と猫が切り結ぶ関係の諸相を論じた。先史時代に家畜化されて以来、猫は鼠などの害獣の駆除を役割としたが、その「利用法」は鼠対策のみに留まらなかった。猫がメッスの聖ヨハネ祭といった一部の祝祭で生贄にされたことは有名だが、それだけではない。日常的な次元でも、衣服や薬の素材として、あるいは野生動物をおびき寄せるための餌として用いられたからである。このように猫が「資源」として扱われていたことは、既に中世史家によって指摘されてきた(1)。しかしその状況が一八世紀にも続いていたこと、そしてとりわけ、先行研究では一九世紀の民俗誌に基づいて農村の俗信として語られてきた猫の薬用が、近世末期まで大学医学部の教授にも支持されていたことを示したのは、本書の成果のひとつである。

しかし一八世紀末には、知識人が猫を殺す文化から距離を取りはじめる。商人による毛皮の取引は以後も続いたが、猫焼きの儀式は「残酷」な「迷信」として批判され、猫の薬用は、少なくとも医学や薬学を教える教育機関では、フランス革命期に放棄された。こうした変化は一見、啓蒙思想家が迷信を批判した結果、猫が大切にされるようになったとする通説に適合すると思われるかもしれない。しかし啓蒙思想のおかげで猫が救われたというのは、事の一面に過ぎない。見方を変えれば、啓蒙期の知識人は、それまで殊更に注目を集めていなかった慣習を問題視して取り上げ、「迷信」や「野蛮」のレッテルを貼り、「民衆」という他者に押しつけたとも言えるからだ。猫殺しの儀式も、猫を用いる治療法も、猫を食べることも、多くの現代人には言語道断に思われるだろうが、そうした慣習を「残酷」や「野蛮」と形容して拒絶するその態度自体が、一八世紀の産物なのである。この変化を、人間精神の進歩による迷信の打破と呼んでしまうと、当時の著述家の主張を鵜呑みにすることになる。一八世紀はむしろ、猫殺しを忌む感性を拠り所にするエリートが、猫に対する態度を理由に「民衆」から自分たちを区別するようになった時代として語るべきだ。

人と猫の関係の変化を説明するには、しばしば、社会的感性の変容が引き合いに出される。猫殺しの儀式を「残酷」と形容する言説などを見るに、人々の意識や感受性の変化があったことは事実なのだろう。しかし第3章で見たように、猫の扱いが変わった背景には、社会制度の変化もあった。猫の薬用が終わるきっかけを作ったのは、一八世紀末に生じた医学と薬学の学説的・制度的な変化だった。薬種商が徒弟修業で職人的伝統を受け継ぐ制度から、大学で薬剤師が養成される制度に移行し、ガレノス医学に替わる理論としてラヴォワジエ化学が台頭したことを機に、伝統的な知識が「旧医学」の「迷信」として放棄されたのである。同時期に猫の病気に関する研究が始まった背景にも、獣疫の蔓延という社会情勢に加えて、旧体制末期に設立された獣医学校での人材育成や、王立医学協会の設立に象徴される疫病対策の組織化があった。進展の著しい科学史の成果に学ぶことで、感性の変化という漠然としたプロセスを、具体的な制度史にひきつけて捉えることができたと思う。

また一八世紀に猫がペットに役割を変えた要因としては、猫の手に負えない大型のドブネズミが到来したことも挙げられてきたが、この解釈は受け入れがたい。ドブネズミの生息域の拡大とペット猫の普及を実証的に関連づける困難を措くとしても、鼠対策の用途を果たさなくなった猫が捨てられず、むしろ愛玩用に留め置かれるには、猫をペットと見なす認識がそもそも広まっていなければならない。猫が愛玩されるようになったのは、実用性を喪失したからではない。そもそも鼠狩りを期待しない飼い主が現れたからである。そして逆説的にも、こうした飼い主の存在が意識された一八世紀後半の文献には、むしろ猫の有用性を強調する言説があふれていた。一部の農学者は都市の愛玩文化が農村に到達することを危惧して、猫を倉庫に放置して鼠を狩らせる必要を説き、反対論者はむしろ猫の世話を尽くすことで鼠狩りの動機づけができると説いていた。また猫の病気の研究は、実際には愛猫家に支持されていたようだが、表面的には「有用な家畜」を救うことで公共善に奉仕する行為として正当化されていた。

したがって「猫を愛でる近代」の到来は、猫が「実用的な家畜」から「非生産的なペット」に地位を変えた過程として単線的に整理できるものではない。むしろ、サロン文化の発展を背景に、猫を有用性から切り離す表象が登場したことで、猫に鼠を狩らせる飼育形態が自明性を喪失し、その結果、猫の役割が改めて問い直され、再定義されていった過程だったと考えるべきである。

鼠を知らぬ貴族猫

猫の役割が問い直されたのは、鼠狩りを期待されず、ただ飼い主の寵愛を浴びる猫が目立つようになったからである。第II部ではこうした猫が注目を集めた経緯を論じた。中世における猫と鼠の結びつきは極めて強固なもので、初期のペット猫とされるパンガー・バンもまた、飼い主が詠んだ詩では鼠狩りの名手として称賛されていた。一六世紀の愛猫家デュ・ベレーも、飼い猫ブローと一緒に過ごした思い出を語りながら、やはり鼠を殺す点に言及していた。「鼠」と言わずに猫について語ることは難しかった。ところが一七世紀にはこの約束事に縛られない新たな表象が、貴族の社交界に現れる。

ルイ一四世の治世には、王権が中央集権化を進める傍らで、パリとヴェルサイユに集った貴族の社交空間サロンが花開き、「ギャラントリ」と呼ばれる色恋と礼節の文化が発展した。男女混淆のサロンでは、社交や恋愛の過程で生じる感情の機微が積極的に言語化された。そこで生まれた語彙、とりわけ「真価《メリット》」という言葉が、鼠に言及せずに猫の価値を語ることを可能にした。他者の好意を引き寄せる美質を指すこの言葉によって、鼠狩りの役割から切り離された猫は、書斎の学者の友ならぬ、貴婦人のペット（favori）に変貌した。

この新しい表象は、手書きの詩を見せ合う社交人士の輪を越えて、印刷物を介して公衆に発信された。社交界で詠まれた作品を編んだ詩集に加え、詩集から派生して生まれた月刊情報誌『メルキュール・ギャラン』や、社交人士を描く版画の数々が、「真価」ある猫と、その猫を愛する女性たちの存在を知らしめた。とりわけ遺産から猫の餌代を拠出しようとしたデュピュイ夫人、雌猫グリゼットに関する詩を何篇も詠んだデズリエール夫人、そして邸宅の庭に猫の墓を建てたレディギエール夫人は、雑誌や詩集や版画を通して、愛猫家として実名で知れ渡った。このように同時代人によって愛猫家として認知され、語られる人物が続々と登場したことで、猫の近代が始まったのである。こうした時代状況は、ルイ一四世の後押しを受けて発展したサロン文化のもと、感情の機微を語る新たな語彙に加えて、社交界のゴシップを広める印刷媒体が発達を遂げたことで生み出されたのだった。

モンクリフの『猫』は、まさにこの時代の産物だった。これまでの研究で同書は、当時のフランス貴族に一種の猫ブームが起きていたことの証拠として引用されるばかりで、内容を詳しく検討されてこなかった。しかし第5章で示したように、同書は単なる愛猫家ゴシップ集ではない。「真価」や「趣味」といったサロンの言葉を用いて、猫を貴婦人の「友」とする表象を強化した著作だったからである。それだけではない。社交界の遊戯文学の主題だった猫について、歴史研究の体裁を借りて論じることで、猫を忌み嫌う心を批判し、さらには古代エジプトやイスラームの習俗に照らしてヨーロッパ人の視野狭窄を指弾する文化相対主義を示してもいたのである。『猫』は軽妙なお喋りの体裁を取りつつも、認識論哲学や異文化研究に立脚して「偏見」を攻撃し、「理性の進歩」がもたらす黄金の未来を見据えた書であり、その意味で、啓蒙思想を体現する著作だったと言える。

猫表象革命

第Ⅲ部では猫の社会的表象の通時的な変化を論じた。文化変容が語られる際には、文学や絵画などの芸術作品が、社会的感性の表出として一緒に参照されることが多い。しかしそのようなアプローチを取ると、文化活動の各分野に固有の文脈が見落とされる恐れがある。そこで本書では科学・文学・美術ごとに章を分け、それぞれの分野の事情を考慮しながら、変化の過程を追跡した。各分野で体系的な調査を行い、ビュフォンやラ・フォンテーヌといった有名な作家だけに留まらず、今や忘れられた作家や、有名作家の知られざる作品を掘り起こして、表象の変化を具体的に跡づけたことは、本書の学術的貢献と言えよう。その成果は以下のように整理できる。

一七世紀半ばの時点で、猫は自然の本能に縛られた野生的な動物として描かれていた。鼠を騙して殺し、人間の女性に変身しても鼠を追いかけ、仲良しの雀まで食べてしまう狡猾で自分本位の猫が登場するラ・フォンテーヌの『寓話集』は、そうした表象の集大成と言える。本能を捨てない猫は、しつけによって人間社会に包摂される犬と対比された。女性画では犬が貴婦人のペットとされるのに対して、猫は労働者の周辺にうろつく動物として描かれた。児童画では犬が小童の遊びに付き合う従順さを示すのに対し、猫は捕まえられても反抗し、だからこそ押さえつけられて虐められていた。一部には猫の自立や狡知を好意的に捉える目もあった。ペローの『長靴をはいた猫』には、猫を幸運の動物とする民話の伝統が垣間見える。しかしこれもまた、猫を貧者の伴侶とし、実用的な理由のゆえに重宝する表象であったことには変わりない。

しかしサロンが栄えると、新しい表象が生まれてくる。第4章で取り上げた愛猫家たちが有名になる前から、既に一六六九年には弁護士アリュイスの『スペイン猫』において、貴婦人の恩顧を勝ち取る猫が登場していた。以後、寓話とおとぎ話がジャンルとして成長すると、ラ・フォンテーヌやペローの作品には見られない斬新な猫イメージが練り上げられていく。男性詩人の独壇場となった寓話詩では、新たな主題を開拓することを説いた「近代派」の作品に、鼠を狩らない（つまり本能を捨てた）猫や、犬や猿や鳥など他の愛玩動物と競合する猫が登場する。女性作家が盛り上げたおとぎ話では、貴婦人に愛されるペットとしての猫が繰り返し登場した。魔女裁判が下火になり、哲学者が「迷信」の批判を進めた時代にあって、妖精物語は魔術を架空世界に閉じ込めて無害化する役割を担ったと言われるが、実際に一部の作品には、猫に魔力を認める思考を揶揄する要素が見られた。逆説的ながら、魔法使いの妖精が登場する文学を通じてこそ、猫を恐れる魔術的心性の批判が進んだのである。

サロンを道徳退廃の温床として批判し、自然本来の素朴な生活様式を称賛するルソーが現れる一七五〇年代以後、自然状態と社会状態を比較しながら文明の功罪を論じる啓蒙思想が爛熟を迎える。この時代に、猫の性質について本格的に議論されるきっかけを作ったのが、ビュフォンの『博物誌』であった。第6章で見たように、ビュフォンはデカルトの理論を発展させて、理性を有する人間に自己と周囲の環境を「完成」させる能力を認め、理性なき動物の一部が、人間に「養育」されて「完成」され、「家畜」に変化して「野生動物」から分離したとの考えを示した。ビュフォンは猫を、人家にいながら「養育」をはねのける「半家畜」として位置づけたが、やがて一九世紀転換期には、次世代の博物学者ソンニーニとフレデリック・キュヴィエが、猫に完全な「家畜性」を認める見解を示す。エジプトで得た雌猫を「伴侶」として育てたソンニーニは、猫もまた「養育」を通じて穏和化すると力説し、そのことが認識されてこなかったのは、ひとえに人間が猫を「野蛮」に扱ってきたからに他ならないと指摘した。対してキュヴィエは、リンネ分類法に依拠してネコ科や哺乳類の一般的性質を考察し、イエネコもライオンも等しく、飼育環境下では野生的な攻撃性を捨てて飼い主に懐くほどの「社交性」を有すると論じた。博物学上の学説がこのように変化したことで、一八二八年には、しつけを施して猫を家庭に馴致する方法を説くレダレスの教本も現れた。自然と人為の関係が知識人の関心を集めた啓蒙時代に至ってついに、猫を人間に懐かない野生的な種と見なす中世以来の表象が突き崩されたのである。

こうした表象の変化は、第7章で検討した文学作品にも認めることができる。一八世紀後半には寓話詩が外国作品の影響を受けてさらに多様化し、児童向けに調整された教育的作品のほか、実体験に取材する即興詩的な作品も現れ、猫が既存の表象から大きく乖離した姿を見せるようになる。建築技師ブラールが晩年の一八二七年に出版した、高齢の独身女性と飼い猫を親子に見立て、両者の感情的な絆を賛美した寓話詩は、猫表象の新境地を示す作品である。同作は家庭世界と野生世界を対置し、鼠を捕食する猫の本能を悪徳として描き、その本能を制御することを家庭的幸福と結びつけた点で、レダレスの猫飼育論と世界観を共有していた。

第8章で見たように、絵画においては、ロココの巨匠ブーシェとその弟子筋によって猫の馴致が進められた。貴族猫の台頭を見た一八世紀の風俗画では、民衆層の女性ではなく裕福な女性が猫と戯れる姿が描かれる。一七世紀には視覚と虚栄心の象徴として貴婦人の側に座っていた猫は、柔らかな体毛を撫でられる触覚の象徴として、性生活を暗示する役割を担うようになる。ブーシェの薫陶を受けたフラゴナールやドルーエが活動する一八世紀後半に入ると、女性と猫の親密な関係がさらに官能的に描かれる反面で、児童画が新たな展開を見せる。一七世紀には小童に虐められていた猫が、腹部を晒したまま抱かれるなど、子供に優しく扱われ、抵抗することなく自発的に子供に寄り添う姿を示したのである。革命前夜から王政復古期にかけて活躍した女性画家ジェラールは、以上の二つの流れを合わせるようにして、女性と猫の関係を、性生活の隠喩とするよりも、むしろ親子関係に比し、家族生活の一部として位置づけた。一八一四年の《猫の食事》(口絵3)に見られる、犬を警戒せず、座椅子に行儀よく座り、少女にかしずかれて皿から餌を貰う猫は、新時代の猫の代表と言えるだろう。

なお第Ⅲ部では議論を明確にするために変化の相を強調したが、実際には旧来の表象も以後の時代に受け継がれた点に留意しておきたい。猫の本能性を強調したラ・フォンテーヌの『寓話集』もビュフォンの『博物誌』も一九世紀を通じて広く読み継がれており、前者は現代でも親しまれている。一八世紀後半以後の寓話詩では猫が犬のライバルとしての地位を獲得したが、鼠の天敵としての役割を捨てたわけではなかった。猫と鼠の対立は現代でも『トムとジェリー』などの作品に残っている。猫は全く違う動物に変身したわけではなく、鼠を殺す野生のハンターの顔を保ちながら、飼い主に愛でられるペットという新たな顔を獲得したのだと言える。

感受性の時代を生きる

第Ⅲ部で猫表象の新境地を切り開いた人物として登場したソンニーニ、ブラール、ジェラールは、一七五〇年以後に生まれて、ルソーの小説やグルーズの絵画などを通して、感傷主義の洗練を受けて育った世代に属する。ではそれ以前に生まれた人々は、飼い主と動物の感情的な絆を素朴な「感受性」に結びつけて語る文化の出現を、いかに経験したのだろうか。猫の社会的なイメージが大きく変化しつつあった時代に、飼い主たちはどのように自己の感情を言語化したのか。そして周囲の人々は、猫を愛する飼い主についてどのように語っていたのか。こうした問題について、第Ⅳ部では事例研究を通じて考察を行った。

第9章の書簡分析を振り返って気づくのは、サロン文学の言語が、飼い主自身による猫の記述には用いられていなかったことである。サロン文学は社交界の余興として発展しており、猫の「真価」を称揚する言説も、一種の冗談としてもてはやされていた。猫を愛でる「趣味」を賛美するギャラントリの言説は、第三者が愛猫家を礼賛するために使われても、愛猫家が自己の感情の記述に使うものではなかった。だからモンクリフは、愛猫家を礼賛しながら、自分の飼育体験については沈黙を貫いたのである。

飼い主の猫に対する愛情表現は、むしろアイロニーを基調としていた。デズリエール夫人は、夫を嫉妬させるコケットな妻を演じる詩で飼い猫に対する「愛」を告白するにあたり、猫を礼賛するよりも、「ただの猫」に感情を揺さぶられる自分の滑稽さを強調していた。第9章で取り上げたグラフィニ夫人とガリアーニの書簡に見られたのも、このように動物の卑しさを笑いに変換する話法であった。飼育当初、グラフィニは猫の魅力を道化師の魅力に近しいものとして語っており、ガリアーニが猫に言及するときには、自国ナポリを貶めて文通相手が住むパリを持ち上げる冗談が意図されていた。

こうしてみると、リチャードソンの『パミラ』の仏訳（一七四二）をひとつの契機として流行した感傷主義は、飼い主が猫に対する思い入れを深刻で悲壮な調子で語ることを可能にした点で新しかったと言える。ソンニーニが「愛おしい伴侶」の最期に涙したと宣言する約半世紀前、グラフィニは腹心の友ドゥヴォーに宛てた私信で、愛猫アカジュが死んでしまった「つらい悲しみ」について、自嘲を挟みながらも、悲哀を湛える文章で語っていた。ガリアーニも、デピネ夫人とベルザンス夫人の母子と文通を重ねる過程で、皮肉屋としての自己像を保ちながら、愛猫を失った「つらさ」を手紙に記していた。「優しくて人の痛みがわかる魂」を有する者は、周囲の者を犬や猫に至るまでいつくしみ、その死を嘆き悲しむのだとする感傷主義が、こうしたやり取りを可能にしていた。

滑稽性と感傷性の相克は、第10章で検討した裁判事件にも見られた。パリ大学法学部の教員ボワイエが、飼い猫の死をきっかけに借家人ギイを追い出し、ギイから誹謗中傷を理由に告発されたこの事件は、猫を愛する感情の是非が公的に問われた稀有な事件であった。ボワイエの猫に対する愛着は、かたや滑稽な調子で揶揄され、かたや「感受性」の名のもとに正当化されながら、訴訟趣意書というメディアを通して喧伝された。感傷主義が文学や絵画を席巻していた一七七〇年のパリでは、猫に強い愛着を抱く男性の存在が耳目を集めると、彼を揶揄する言説だけでなく、むしろ積極的に擁護する言説も飛び出すほどには、猫を愛する感情が正当性を獲得していたのである。

メディアが生み出す共同体

以上の議論から汲み取れる内容は多岐にわたるだろうが、全体を通じて浮かび上がるテーゼとしては、次の点を強調したい。それは猫がペットの地位を得るにあたって、メディアが大きな役割を果たしたことだ。文化変容の要因としてメディアを重視する発想は、一八世紀研究では珍しくないが、猫やペットに関する研究ではあまり活用されてこなかった。したがってここで改めて、メディアが猫の位置づけをどう変えたのかを整理しておきたい。

中世にも猫を手懐けて可愛がった人がいたと示唆する史料はある。序章で紹介したパンガー・バンについての詩がその最たる例である。しかしキリスト教文化では猫を愛することに特別な意味は見出されておらず、したがって誰かが猫を愛した事実が聖人伝などの書物を通じて拡散されることはなかった。つまり、たとえ猫を手懐けて可愛がっていた人がそこかしこにいたとしても、その事実があえて意識されて注目を集め、写本に記録されて読み継がれることはなかった。この意味で、中世において、猫を愛でることは例外的な実践に過ぎなかった。

本書が明るみに出したのは、この例外的な実践が、絵画や書簡を含む広義のメディアを通じて社会的に増幅された過程である。一七世紀後半以後、猫を愛することを洗練された趣味とするサロン文化や、素朴な美徳の発露とする感受性文化に支えられて、愛猫家たちが書物や、絵画展の出展作や、版画の数々に姿を見せるようになった。高名な詩人や貴族が猫を愛する姿を他人に見せるようになると、猫に対する思い入れを表明しても良いという社会的了解が形成される。ボワイエの事件で弁護士ラロールが述べたように、尊敬すべき「階級」にある「高名な人々」が猫を愛しているなら、誰が猫を愛しても「奇異ではない」ことになるからだ。

以上のプロセスは、社会的感性の変化というよりも、「感情共同体」の出現として表現するほうが適切だろう。前者の表現だと、個々人が猫に対して抱く印象が変わった、ということ以上の具体的な問題を汲み取りにくい。これに対して「感情共同体」は、一定の感情文化がある範囲で共有される事態を指す言葉である。この概念を用いることで、ひとつの社会に複数の感情文化が混在すること、そして感情が個人の感受性だけでなく、属する共同体の文化に左右されることを意識できる。さらにこの概念ならば、書物や図像といったメディアを通じて、感情に関する理解や規範が共有されることも指すことができる。すなわち問題が、人々の内面にあると想定されがちな「心性」の次元から、個人間で感情体験がどのように共有されるのか、という相互行為の次元に移されるのだ。

この観点からすれば、一八世紀は、「愛猫共同体」が生まれた時代だったと言えよう。具体的な組織ができたわけではない[3]。しかしサロンや感受性の言語に支えられてメディアに登場した愛猫家たちの逸話が、猫愛好を正当な感情として語るための拠り所となったのである。世の中には猫好きが他にもいるとの意識が芽生えたことで、思わず猫を愛してしまった個人が、その感情を無視し、隠すのではなく、むしろ積極的に意識して、言語化し、他人に伝えるようになる。あるいは猫を愛する人間が目の前に現れたときに、デズリエール夫人のような先例が思い起こされて、眼前の愛猫家を容認する気になる。史料から見えてきたのは、このような感情実践だった。こうした実践が積み重なったことで、かつては例外的で無意味だったこの感情に意味と形式が与えられ、社会的に認知されるに至った。このプロセスの先に、愛猫家が自慢の猫の写真や動画を見せ合う現代があると言えるだろう。

「共同体」概念のもうひとつの強みは、外部を意識できることにある。「共同体」が「共同体」であるのは当然、それに属さない部外者がいるからだ[4]。愛猫共同体が一八世紀に生まれたと言えるのは、愛猫家の存在が当事者以外にも意識されるようになったからである。モンクリフの時代はビュフォンの時代でもあった。つまり猫愛玩者が意識され、批判され、風刺された時代でもあった。だからこそ一八世紀には、猫愛玩の風潮が農村に及ぶことを危惧して警鐘を鳴らす農学者が現れ、女性愛猫家が「当世の狂気」の体現者として風刺画に登場した。猫の役割の変化を「心性」や「感性」が変わった結果として説明すると、批判者の存在はうまく取り込めない。猫好きが「感情共同体」として立ち現れたのだと考えれば、当事者が猫への愛情を表明するようになったことも、部外者が批判を寄せたことも、同時に理解することができる。

本書の世界の外側へ

フランスを舞台に猫の歴史を探究してきた本書だが、「啓蒙時代のペットとメディア」を副題に掲げたからには、考えるべきことがまだある。まずは他の動物に比した猫の位置づけの問題だ。本書の内容は、猫だけに当てはまるのか、それとも他の愛玩動物にも当てはまるのか。十分な答えを述べるには筆者の知識も本書の紙幅も足りないが、現時点での考えを述べてみたい。

文書館史料を駆使して近世フランス宮廷の動物について研究したジョアン・ピエラニョリによれば、手稿文書や絵画に頻出する当時の主要な愛玩動物はまず犬（純血種の猟犬）であり、次いで（小型の）猿とオウム類（カナリア）が挙げられ、猫は以上の三種の後塵を拝する周縁的な位置を占めた(5)。純血種の猟犬は貴族たちが繁殖してやり取りする動物であり、猿とカナリアは貿易商人から得るべき外来動物にして、実用的な役割を担わない純然たる愛玩動物である。したがって近世貴族にとってのペットとはまず、顕示的消費の対象となるステータス・シンボルだったと言える。ところが猫は貧者でも入手できる凡庸な動物であり、富裕者が見せびらかすほどの価値を欠いた。

しかし近世に到来したシリア猫などの外来種は話が別である。本書で取り上げた文学や絵画に登場したペット猫の多くもシャルトルーまたはアンゴラの希少種だった。ボビスが指摘したように、近世は希少種に先導されて猫が地位向上を果たした時代だった(6)。本書はその過程の近世末期における展開を論じたものだと言える。

だが本書に登場したペット猫の全てが希少種だったわけではない。例えばグラフィニ夫人の愛猫アカジュは普通種の猫だった。アカジュのような普通の猫が文書に痕跡を残したのは、希少性よりも飼い主との感情的な絆を重んじる考え方が出現したからである。モンクリフは『猫』でそのような思想を示していた。屋根の上にいる普通の猫もまた下界に降りてきて人間と「交際」すると述べた彼は、外来種であるか否かを問わず、猫の「友愛」を楽しむ感性を良き「趣味」として語っていた。ビュフォン以後に生じた博物学者の論争でも、猫の性格が、産地や品種ではなく、人間にどう扱われるかで決まると言われていた。すなわち本書は、猫を評価するにあたって、希少性ではなく飼い主に懐く心理的な能力を重んじる価値観の誕生を跡づけたものでもあった。その意味で本書は、愛玩動物一般に対する価値観の変化の一端を示したものと言えそうだ(7)。

次に考えたいのは、フランスの位置づけである。やはり各国の猫事情を詳しく研究しなければ十分な解答は示せないが、さしあたり次のように答えたい。本書では猫のペット化の背景としてサロン文化と感受性文化を挙げたが、このうち前者はかなりの程度までフランス固有の文化だったと思われる。[8] 男性が女性に礼節を尽くし、機知に富んだ軽妙な会話で女性を楽しませることを評価する文化があったからこそ、『メルキュール・ギャラン』やモンクリフの『猫』といった書物が生まれたが、こうした文化は他国にあまり共有されていなかったように思われる。というのも、アリュイスの『スペイン猫』からレダレスの猫飼育論に至るまで、「長い一八世紀」のフランスの猫文学は貴婦人に献呈されるのが常であったが、顕著な作品を見る限り、同様の傾向は近隣諸国の猫文学には見られないからである。[9] モンクリフの『猫』が、何度も海賊版が刷られるほどの人気を得ながら、二〇世紀に入るまで外国語に翻訳されなかったことも示唆的である。[10] 猫が貴婦人のペットとして表象され、猫文学が（表向きは）女性向けに書かれることは、フランスの特徴だったのかもしれない。

図終–1　P・J・ビリングハースト《ソンニーニとその猫》1901 年

　対して一八世紀後半の感受性文化は、各国で展開に差はあれど、フランスだけでなく西欧諸国に現れた国際的な文化だった。[11] そもそもフランスで感傷小説のブームを起こしたのは英国の『パミラ』だった。その英国では、ソンニーニがエジプト旅行記で行った愛猫宣言が好意的に受容されている。愛猫家ソンニーニは以後、逸話集の常連になり、一九〇一年には英米で販売された作品に挿絵つきで登場したほどである[12]（図終–1）。また、一八世紀後半に寓話詩が英独の作品の影響を受けて多様化し、実体験に基づく感傷的な猫寓話が出現したことは第7章で指摘した。そして

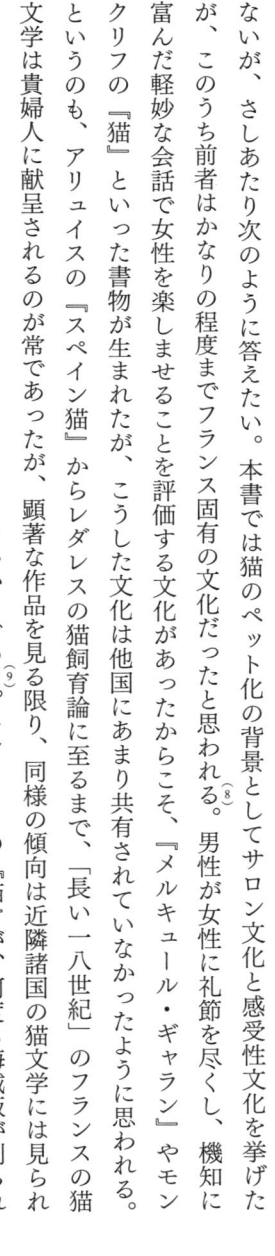

同章の末尾で触れたように、猫小説の金字塔『雄猫ムルの人生観』は、英仏の影響を色濃く受けたドイツの作家ホフマンの作品だった。猫と飼い主の感情的な絆を善良な「感受性」と結びつけて評価する文化は、フランスだけに限られたものではなかったと思われる。

地理的な広がりについて考えたところで、時間的な問題にも触れておきたい。本書で論じたのは、あくまでも「猫を愛でる近代」の始まりに過ぎない。本書が終点とした一八三〇年のフランスにはまだ、ペット関連産業も、猫を診る動物病院も、ペットの墓地も、品種を認定する団体も存在しなかった。本書は、猫がそもそも飼い主の愛情を受けるに値すると認められる過程を論じたに過ぎない。そうした認識を前提に、猫関連産業が勃興し、愛好家の組織化が進んだのは、一九世紀のことである(13)。

また読者は、本書で扱ったフランスの現象が、日本とどのように関係するのか疑問に思われたかもしれない。この点についてもさらなる研究が必要だが、現時点では以下のように指摘しておきたい。真辺将之が示したように、現代日本の愛猫文化は、実のところ西洋文化の影響を大きく受けている。猫が登場する平安文学などを引用して、日本人は古来、猫を愛してきたとする論者もいるが、真辺によれば、一九世紀までの文献や絵画ではむしろ猫を不気味に描く表象が支配的であり、愛らしさを強調する表象は二〇世紀に、欧米文化の影響を受けて現れたという(14)。思えば日本が世界に誇る猫小説『吾輩は猫である』(一九〇五)も、英国留学を終えた夏目漱石の手によって、英文学の影響下に成立した作品だった。この議論に従えば、西洋の愛猫文化の出現を跡づけた本書は、現代日本の愛猫文化の淵源を示したことになる。

猫のいる歴史学

最後に、そもそも猫を歴史学の対象とすることについての考えを述べて終わりたい。第1章では、近年進んでいる「自然」と「文化」の二項対立の問い直しを紹介し、「マルチスピーシーズな歴史」のためには、猫を記号に還元せずに、実在の生き物として捉えなおす必要があると述べた。結局、本書はその課題を達成できたのだろうか。

昨今の動物史研究では、歴史から排除されてきた動物たちの存在を知らしめ、あわよくば動物たちが主体性を発揮して歴史を動かしてきたと示す論調がある。そうした試みの成功例としては、ルイ一四世の宮殿を建てるためにヴェルサイユの森林伐採を進めた官僚が記した文書に、現地の野生動物の抵抗の痕跡を読み取る研究などが挙げられる(15)。しかし本書では猫の主体性を強調することは避けた。実体験の写実的な記録として扱える史料があまりにも少ないからである。むしろ本書では史料批判を徹底する意味で、猫の視点から歴史を書くよりも、史料を生み出した人間側の事情を考慮して、表象の様態、つまり猫が文字や図像において見せる姿の研究に注力した。

それでも本書では、想像界《イマジネール》の歴史を越えて、人と猫の関係の歴史の一端を描くことができたように思う。猫が記号として持つ意味だけでなく、家畜や資源として果たした役割について考えることは、その第一歩だった。しかしそれ以上に、飼い主が猫に対して抱く感情のあり方を議論の対象にしたことで、間接的ながら、猫たちの存在を考慮に入れることになった。グリゼットやアカジュといった名前のわかる猫たちも、ソンニーニの「伴侶」やボワイエの黒猫のように名前を明かされなかった猫たちも、実際に生きて飼い主に愛されたからこそ、史料に痕跡を残した。本書では、そうした猫たちの存在を示す史料を、人間が猫について抱いた想念の表現として（だけ）でなく、人間が猫と一緒に生きた経験の痕跡として読み解いた。猫は深く眠らないとしたビュフォンの学説の背景に、彼を警戒した猫の存在を推定したのも、黄色くなって死んだ猫ロロを小説に登場させたプーラン・ド・ノジャン嬢が、実際に飼い猫の黄疸を観察していた可能性を考慮したのも、その例である。もちろん本書は、猫が人間社会で占める位置が変化したことを、人間の視点から跡づけたものである。しかし人間の視点に立ちながらも、史料を生み出した者の身辺にいたはずの猫を意識することで、多少なりとも「人間以上」に世界を開けたのではないか。

あとがき

白状すると、わたしは犬が好きである。猫に対する思い入れはあまり無い。別に嫌いなわけではない。しかし、どちらか飼うなら、やっぱり犬が欲しい。そういう性分だ。なのに、気づいたら猫についての本を書いていた。しかもこんなに分厚く。なぜこんなことになったのだろう。

わたしは大学に入った頃から近世フランスの歴史に関心を持っていた。当初はフランス革命に興味があり、西洋史研究者にはお馴染みの遅塚忠躬や柴田三千雄の著作を入口として、ロバート・ダーントンの『猫の大虐殺』など関連文献を読み漁った。馬が移動手段とされた当時の世界を少しでも理解したい思いで、大学の馬術部に入部したほどである（一年ほどで退部してしまったが）。そういえば厩舎に泊まり込みで馬の世話をしていたとき、住み着いていたドラ猫が寝袋に入ってきて、起きたら既に姿を消していたこともあった。このように動物と関わりのある生活を送ったが、当時はまだ動物史という研究分野があるとは知らなかった。フランス革命に関する知識をためこんで、ロベスピエール研究の野望を膨らませるばかりだった。

交換留学が最初の転機になった。ただし留学先はフランスではなくアイルランド。トリニティ・カレッジ・ダブリンで一年間、フランス語とフランス史を学んだ。邪道だったかもしれないが、英語も訓練するには良い経験となった。わたしは当初から英語圏（とりわけ米国）の文化史研究に惹かれていたので、英語での議論にもっと触れたい気持ちもあったのだろう。しかし結局、ダブリンで最も刺激的に感じたのは、文学の授業だった。ルネサンス文学の専門家サラ・アラン・ステイシー（Sarah Alyn Stacey）先生が開かれていたフランス古典演劇を読む授業に出て、戯曲に初めて触れ、興味を抱いた。舞台芸術それ自体に対する興味ではない。近世の視聴覚メディアとしての演劇に関心を抱いたのである。元々、漫画や映画、つまり歴史書の外部における歴史表象に関心があったところ、近世には演劇が歴史を娯楽として提示するメディアだったことに気づき、興味を惹かれたのだ。帰国後は、学際系の所属を活かして英文学や人類学や映画論など幅広いテーマの授業を受けながら、歴史と文学の狭間で興味関心を育んでいった。その結果、卒業論文では、フランス革命初期の一七八九年にサン゠バルテルミの虐殺を主題として話題を呼んだ、マリー゠ジョゼフ・シェニエの悲劇『シャルル九世』を取り上げることになった。

こうして、大した観劇経験も無いまま演劇を研究対象に選んでしまった。というより、演劇というメディアを通して歴史を研究する道に進んだのである。大学院に進学してからは演劇史の文献を読み漁ったが、フランス革命期に流行した感傷演劇に関する研究書の注釈でウィリアム・レディの『感情の航海術』と出会ってからは、感情史にのめり込んだ。そうして、一八世紀の演劇がそもそも感傷主義に染まったきっかけを知りたくなり、本書でも寓話詩人として登場したラ・モットの悲劇『イネス・ド・カストロ』（一七二三）についての修士論文を執筆した。(1) 古典主義の創作規範に違反しながら観客を号泣させて激しい論争を巻き起こした同作を研究し、手ごたえを感じたわたしは、演劇を題材に感傷主義の展開を跡づける博士論文を書こうと考えた。

ところが再びの転機が訪れる。モンクリフに出会ったのである。きっかけはよく覚えている。感傷演劇研究の構想をお話しした際、修士課程の指導教員・長谷川まゆ帆先生が発された、「じゃあモンクリフについてはどう思うの？」というご質問だ。たしか、増田都希さんの論文を念頭に置かれてのご発言だった。わたしは、その場では知ったかぶりをしてはぐらかした。恥ずかしくなって、モンクリフが誰なのか調べたら、ラ・モットに近しい人物とわかり、そして何より『猫』の著者だとわかった。何だこれは？　気になって読んでみる。よくわからない。英語版を取り寄せて読む。やはりよくわからない。猫の歴史に関する書籍を集めて読む。モンクリフの名前は出てくるが、詳しいことはわからないままだ。そんなとき友人と行っていた勉強会で、高澤紀恵さんの『近世パリに生きる』を読んだところ、聖ヨハネ祭の猫殺しの話が出てきた。そして注には、一度は読んで感動しながら、それから忘れていた、ダーントンの『猫の大虐殺』が。急いで同書を読みなおしたところで、確信を抱いた。ここに何かある。――猫だ。猫を博士論文の主題にしよう。

こうして演劇を離れ、好きでもない猫についての研究に取り組む日々が始まった。労働者が猫を殺して楽しんでいたという一八世紀のパリで、猫の愛らしさを語るモンクリフが現れていたことに気づき、猫に対する態度の歴史的変化を跡づける野心を抱いたのである。猫殺しはいつから笑い事ではなくなったのか。女性のペットと言われていた猫を、男性のモンクリフが擁護することは、いかにして可能だったのか。こうした問いが出発点となった。

道のりは平坦ではなかった。博士号取得のためにフランスに留学した当初は、聖ヨハネ祭を手がかりに、猫に関する手稿史料を公文書館で探したが、ほとんど何も得られぬまま数ヶ月が過ぎた。焦燥感が募り、一度はテーマを変えることまで考えた。しかしその後、印刷文献に対象を移すこと、さらには絵画も取り入れることに思い至る。方針転換してからは毎日が発見の連続だった。猫の薬用を説く文献を見つけて驚き、ソンニーニの饒舌に驚き、寓話詩人の多さに驚き、絵画の猫の目覚ましい変貌に驚き、グラフィニやガリアーニの書簡がこれほど豊富に残っていることにも驚いた。そして史料蒐集期間の終わりに、『秘録』の記事から「猫裁判」の存在を知り、訴訟趣意書を見つけ出し、その内容を手がかりに文書館で手稿の調書を求め、ついに発見した日には、本当に感動したものだった。結局、膨大な史料を整理するのに頭を使うことになったが、章ごとに新たな分野の研究書を読んで勉強しながら論文を書き進める日々は楽しかった。

その末に書き上げ、フランス社会科学高等研究院で二〇二三年三月一七日に審査された博士論文の内容を基に、日本語で改めて書き下ろしたのが本書である(2)。単なる翻訳では済まなかった。内容を改めて検討し、日本語の読者のために調整を加えた結果、大幅に改稿することになった。紙幅の制限にも悩み、数章分相当の文章と、数十点の挿絵を割愛した。口惜しさもあるが、おかげで枝葉末節を切り落として議論を整理できたように思う。少しでも読者にとって読みやすい本にできたなら幸いである。

本書は猫に関する書籍としては異色の部類に属するかもしれない。というのも、猫の歴史はこれまで、猫好きによって書かれてきたからだ。学術的な著作でもそうである。ところが本書は、猫に対するわたし自身の思い入れの産物ではなく、むしろ猫が偏愛されている現状を、言わば外部から眺めた経験に根差している。本書では、猫好きなる者の存在が当事者以外にも意識されていく過程に注目することで、猫の歴史を捉えなおす新視点としたが、こうした発想は猫好きの当事者ではないからこそ得られたのかもしれない。ただし、わたしもペットを飼った経験はある。だからこそ猫に愛着を抱いた者の経験に関心を抱くことになった。猫の歴史としては第三者的な視点に立ちながら、ペットの歴史としては当事者の視点に立つという距離感が、本書の特色と言えるかもしれない。

最後はお世話になった方々への感謝の言葉で締めくくりたい。まず東京大学在籍時の指導教員・長谷川まゆ帆先生に。ご連絡を差し上げる度にいつでも、すばやくお返事をくださり、東京でもパリでも相談に耳を傾け、将来を見据えた助言をくださった先生の御恩は、まさに山よりも高く海よりも深い。歴史人類学の視点から「お産」に注目して一八世紀フランスの歴史を切り拓かれたご研究からは、表象論やミクロストリアの意義といった個別の事柄だけでなく、歴史学の自由と醍醐味そのものを教わった(3)。本書を通じて少しでも御恩にお応えできたなら嬉しい。

留学先の社会科学高等研究院では、指導教員のアントワーヌ・リルティ (Antoine Lilti) 先生のご厚誼を賜った。『セレブの誕生』をはじめとする先生のご高著、そして啓蒙論やメディア論の授業があったからこそ、モンクリフから出発したわたしの研究が、このように枝を広げて実を結ぶことができた。文書館調査で行き詰まったわたしを救ってくださったのは、リルティ先生のお言葉だった。先生に何度も面談に応じていただき、ご指導をいただいたあの時間は、一生の宝物である。また同研究院では、啓蒙期の類人猿に関する研究に取り組まれている思想史家シルヴィア・セバスティアーニ (Silvia Sebastiani) 先生のご厚意にもあずかり、授業で報告し、雑誌の特集に寄稿する機会を作っていただいた。近世フランス女性史・ジェンダー史の研究を牽引される社会史家シルヴィ・スタインベルグ (Sylvie Steinberg) 先生には、手稿の解読にあたって多大なご助力をいただいた。そしてこの類まれな環境に身を置くことができたのは、来日時に貴重な時間を割いて留学先に関する助言をくださったプリンストン大学のディヴィッド・ベル（David A. Bell）先生のおかげである。

他にも数えきれないほどの方々にお世話になったが、ここでは本書の成立に直接的なお力添えをいただいた方々のお名前を記させていただきたい。まずは日本語の草稿をお読みいただいた李東宣さん、齋藤由佳さん、照井敬生さん、長谷部圭人さん、土方咲さん、松井健人さん、そしてパリ留学中に研究の話を何度も聴いてくださった長島澪さんと西田尚輝さんに感謝を伝えたい。伊東剛史さん、芹生尚子さん、森田直子さんからは発表した論考へのコメントや激励の言葉をいただいた。博士課程在籍時から研究報告や講演の機会をくださった方々にも御礼を申し上げたい。イギリス女性史研究会の金澤周作さんと八谷舞さん、痛みの研究会の南谷奉良さんと田中浩喜さん、日仏会館の委員として「若手研究者セミナー」を組織されている伊達聖伸さん、大牟田市動物園の冨澤奏子さん、フランス史研究会の前田更子さん、国際基督教大学でゲスト講義の機会をくださった山本妙子さん、ゲンロン編集部の植田将暉さんである。自由論題報告の場を提供していただいた、日本一八世紀学会第四五回大会と、第七四回日本西洋史学会大会の開催委員の方々にも謝意を表したい。立正大学の授業「歴史の世界A」でわたしの猫話を聞いてくださった受講者の皆さんにも感謝する。研究内容を人前で話す機会をいただいたおかげで、本書の執筆は大いに助けられた。

そしてもちろん、名古屋大学出版会の編集者・三原大地さんにも感謝を。無名のわたしを見出して出版の提案をくださり、心配りに満ちた丁寧なやり取りと入念な校正によって、本書の準備を支えていただいた。初めての本を三原さんに担当していただけたのは、まことに幸運なことだった。ありがとうございました。

このように多くの方々にお力添えをいただいたが、言うまでもなく、本書の文責は著者のみが負うものである。これだけ多くの分野に手を出して議論を展開したから、間違いや、迂闊な臆断を除けなかった箇所もあるだろう。諸賢のご堪忍とご叱正を乞う次第である。

なお本書は日本学術振興会科研費（18J21424, 23KJ0841, 23KK0010）の助成を受けた研究成果の一部であり、出版にあたっては同会科研費・研究成果公開促進費（「学術図書」24HP5073）の支援を受けた。記して感謝する。

初めての単著となるこの本は、これまでの活動を支えてくれた家族に捧げたい。気難しい子供だったわたしを忍耐強く育ててくれた母・篤子。いつも援助を惜しまず、ユーモアの大切さを教えてくれた父・健男。兄弟の良寛と亨寛。皆がいなければ今のわたしはなく、この本も存在しなかった。心からありがとう。そして忘れてはいけないのが、今は亡き二匹の小さな仲間たち。一八世紀の男性学者が猫の名前を明かさないのにもどかしさを感じたので明記するが、名前は「ノア」と「まろ」。動物に寄り添われる喜びを教えてくれたこの二匹が、本書の種を蒔いてくれたのだと思う。ちなみに二匹とも雌で、犬種はチワワ。猫のように気ままな犬だった。

なお今後は演劇を用いた感情史研究に（いよいよ！）取り組む予定だが、並行してフランスでも博士論文に基づく書籍、つまり本書のフランス語版を出版し、日本ではモンクリフ『猫』の邦訳に挑戦するつもりである。猫とのつきあいはまだしばらく続きそうだ。

二〇二四年九月　パリにて

貝原 伴寛

《著者略歴》

貝原伴寛《かいばらともひろ》

1992 年　千葉県に生まれる
2018 年　東京大学大学院総合文化研究科修士課程修了
2023 年　フランス社会科学高等研究院（EHESS）歴史研究センター博士課程修了
現　在　日本学術振興会特別研究員（PD），博士（歴史と文明）

猫を愛でる近代
—啓蒙時代のペットとメディア—

2024 年 11 月 1 日　初版第 1 刷発行

定価はカバーに
表示しています

著　者　貝　原　伴　寛
発行者　西　澤　泰　彦

発行所　一般財団法人　名古屋大学出版会
〒 464-0814　名古屋市千種区不老町 1 名古屋大学構内
電話(052)781-5027 / FAX(052)781-0697

印刷・製本　亜細亜印刷㈱　ISBN978-4-8158-1172-3

人名・猫名索引

1）原綴を併記した。古代・中世の人名の表記はフランス語に準ずる。
2）猫名には*を付した。猫に関する事項や他の動物の固有名については事項索引を参照。

ア　行

カ　行

サ　行

タ　行

ナ 行

ハ 行

マ　行

ヤ・ラ行

事項索引

1）原語は主にフランス語で併記したが，英語圏の研究に由来する分析概念については，英語を併記した。

ア　行

カ　行

サ　行

タ　行

ナ　行

ハ　行

マ　行

ヤ　行

ラ・ワ行

図版一覧

作品名は目録や先行研究に準ずる。無題の作品には筆者が［　］を用いて便宜的に題名を付した。所蔵先は以下の略号を用いて表記し，整理番号または画像データの出所を付記した。BnF（フランス国立図書館），BM（大英博物館），MET（メトロポリタン美術館），NGA（米国ナショナル・ギャラリー・オブ・アート），RM（アムステルダム国立美術館）。

表紙図版

参考文献

紙幅の制約から，引用した一次・二次資料のうち主要な印刷文献に限って列挙する。フランス語一次資料の書名は現代的な綴りに改めた。なお注では以下の事典を略号で参照した。

DEL : Michel Delon (éd.), *Dictionnaire européen des Lumières*, Paris, PUF, 2007 [1e éd. 1997].

DHCA : Pierre Serna, Dominique Le Ru, Malik Mellah et Benedetta Piazzesi (éds.), *Dictionnaire historique et critique des animaux*, Ceyzérieu, Champ Vallon, 2024.

『啓蒙事典』：日本 18 世紀学会 啓蒙思想の百科事典編集委員会編『啓蒙思想の百科事典』丸善出版，2023 年。

I　一次資料

定期刊行物

Almanach des Muses (1765–1833) / *Almanach royal* (1683–1792) / *Annuaire-Almanach du commerce, de l'industrie, de la magistrature et de l'administration* (1857–1908) / *La Clef du cabinet des souverains* (1797–1805) / *Extraordinaire du mercure galant* (1678–85) / *Journal encyclopédique ou universel* (1756–93) / *Journal de la Société des pharmaciens de Paris* (1797–99) / *Journal de santé et d'histoire naturelle de Bordeaux* (1797–98) / *Journal des débats* (1789–1944) / *Journal des savants* (1665–1792) / *Journal des sciences et des beaux-arts* (1776–78) / *Journal helvétique* (1738–69) / *Journal historique sur les matières du temps* (1707–16) / *Magasin encyclopédique, ou journal des sciences, des lettres et des arts* (1792–1816) / *Mémoires secrets pour servir à l'histoire de la République des lettres en France* (1777–89) / *Mercure galant* (1672–1710) / *Mercure de France* (1724–91) / *Recueil de médecine vétérinaire pratique* (1832–52) / *Recueil périodique de la Société de médecine de Paris* (1796–1802).

その他印刷物

Causes amusantes et connues, 2 vol., Berlin [Paris], [s.n.], 1769–70.

Correspondance littéraire, philosophique et critique de Grimm et de Diderot, 16 vol., éd. Taschereau et Chaudé, Paris, Furne, 1829–31.

The Life and Adventures of a Cat, London, Willoughby Mynors, 1760.

Très humbles et très respectueuses remontrances des chats de la ville de Metz à Messieurs les conseillers échevins et Magistrats de la même ville au sujet du feu de la St. Jean, dans « Les Feux de la Saint-Jean », *Le Pays lorrain et le pays messins*, 6e année, 1909, p. 373–374.

Albertus magnus, *On Animals : A Medieval Summa Zoologica*, 2 vol., trans. Kenneth F. Kitchell Jr. and Irven Michael Resnick, Baltimore, Johns Hopkins University Press, 1999.

Aldrovandi, Ulisse, *De quadrupedibus viviparis digitatis libri tres et de quadrupedibus digitatis oviparis libri duo*, Bonnoniæ, sumptibus Marci Antonii Berniæ, 1637.

[Alluis, Jacques], *Le Chat d'Espagne, nouvelle*, Cologne, Pierre du Marteau, 1669.

[Antoine de Saint-Gervais, Antoine], *Les Animaux célèbres*, 2 vol., Paris, F. Louis, 1812.

[Arconville, Marie-Geneviève-Charlotte Thiroux d'], *Essai pour servir à l'histoire de la putréfaction*, Paris, Didot le jeune, 1766.

Argenson, René-Louis de Voyer de Paulmy, marquis d', *Journal et mémoires du marquis d'Argenson*, 9 vol., éd. E. J. B. Rathery, Paris, Ve Jules Renouard, 1859–67.

Arnault de Nobleville, Louis-Daniel, *Suite à la matière médicale de M. Geoffroy*, 6 vol., Paris, Desaint et Saillant, 1756–57.

AUBERT, Jean-Louis, *Fables nouvelles*, Amsterdam et Paris, Duchesne, 1756 (nouvelle éd., Paris, Desaint et Saillant, 1761 ; 4e éd., Paris, Moutard, 1773).

AUDE, Joseph, *Vie privée du comte de Buffon*, Lausanne, [s.n.], 1788.

[AULNOY, Anne-Catherine Le Jumel de Barneville, baronne d'], *Contes de fées*, 2 vol., Amsterdam, aux dépens d'Estienne Roger, 1708.

——, *Contes nouveaux ou les Fées à la mode*, 2 vol., Paris, la Veuve de Théodore Girard, 1698.

BACULARD D'ARNAUD, François-Thomas-Marie, *Les Épreuves du sentiment*, 4 vol., Paris, Le Jay, 1770–72.

BALESTRIERI, Domenico, *Lagrime in morte di un gatto*, introduzione e note di Anna Bellio, Milano, Otto-Novecento, 2018.

BARBIER, Edmond-Jean-François, *Journal historique et anecdotique du règne de Louis XV par E. J. F. Barbier*, éd. Arthur de La Villegille, 4 vol., Paris, Jules Renouard, 1847–56.

BARON, Hyacinthe-Théodore, *Codex medicamentarius, seu Pharmacopoea Parisiensis*, Paris, Guillaume Cavelier, 1733.

BAUMÉ, Antoine, *Éléments de pharmacie théorique et pratique*, Paris, la Veuve Damonneville et Musier fils, Didot jeune et De Hansy, 1762 (8e éd., 2 vol., Paris, les libraires associés, 1797 ; 9e éd. revue par Bouillon-Lagrange, 2 vol., Paris, Crochard et Gabon, 1818).

[BEAURIEU, Gaspard Guillard de, et HENNEBERT, Jean-Baptiste-François], *Cours d'histoire naturelle*, 7 vol., Paris, Desaint, 1770.

[BEAURIEU, Gaspard Guillard de], *L'Élève de la nature*, nouvelle éd., 3 vol., Amsterdam et Lille, J. B. Henry, 1771.

BÉRENGER, Laurent-Pierre, *Poésies de M. Bérenger*, 2 vol., Londres, [s.n.], 1785.

[BIGNON, Jean-Paul Bignon], *Les Aventures d'Abdalla fils d'Hanif*, 2 vol., Paris, Pierre Witte, 1712–14.

BOISSIER DE SAUVAGES, François, *Dissertation où l'on recherche comment l'air, suivant ses différentes qualités, agit sur le corps humain*, Bordeaux, la Veuve de Pierre Brun, 1754.

BONNEMAISON, Féréol, *Galerie de son Altesse Royale Madame la duchesse de Berry*, 2 vol., Paris, J. Didot, 1822 [–26?].

[BORDELON, Laurent], *Les Solitaires en belle humeur*, 2 vol., Paris, dans la Grand-Sale du Palais, 1722–23.

BOSWELL, James, *The Journal of His German and Swiss Travels, 1764*, ed. Marlies K. Danziger, Edinburgh, Edinburgh University Press, 2008.

[BOUGEANT, Guillaume-Hyacinthe], *Amusement philosophique sur le langage des bêtes*, Paris, Gissey, Bordelet et Ganeau, 1739.

BOUHOURS, Dominique (éd.), *Recueil de vers choisis*, Paris, George et Louis Josse, 1693.

BOUILLON-LAGRANGE, Edme-Jean-Baptiste, *Cours d'étude pharmaceutique*, 4 vol., Paris, Jansen, an III.

——, *Manuel du pharmacien*, Paris, Bernard, 1803.

[BOURDON DE SIGRAIS, Claude-Guillaume], *Histoire des rats, pour servir à l'histoire universelle*, Ratapolis, [s.n.], 1737.

BOURGELAT, Claude, *Matière médicale raisonnée*, Lyon, Jean-Marie Bruyset, 1771 [3e éd., 2 vol., Paris, J. B. Huzard, an IV (1795)].

[BRALLE, François-Jean], *Fables et contes en vers*, Paris, Gandon, 1827.

BREDIN, Claude-Julien, *Notice biographique sur le professeur Buniva, de Turin, lue à la séance publique tenue à l'École Royale Vétérinaire de Lyon, le lundi 7 septembre 1835*, Paris, Mme Huzard, 1835.

BRERA, Valeriano Luigi, *Memoria sull'attuale epidemia de' gatti*, Pavia, Pietro Galeazzi, 1798.

BRUYÉRIN-CHAMPIER, Jean, *L'Alimentation de tous les peuples et de tous les temps jusqu'au XVIe siècle*, trad. Sigurd Amundsen, Paris, Intermédiaire des chercheurs et des curieux, 1998.

[BUC'HOZ, Pierre-Joseph], *Dictionnaire vétérinaire, et des animaux domestiques*, 4 vol., Paris, J. P. Costard, 1770–74.

——, *Traité de l'éducation des animaux qui servent d'amusement à l'homme*, Paris, Lamy, 1780.

BUFFON, Georges-Louis Leclerc de *et al.*, *Histoire naturelle, générale et particulière, avec la description du*

cabinet du Roi, 36 vol., Paris, Imprimerie royale, 1749–89.

BUFFON, Georges-Louis Leclerc de et MONCRIF, François-Augustin Paradis de, *Discours prononcés dans l'Académie française, le samedi 25 août M. DCC. LIII. à la réception de M. de Buffon*, Paris, Bernard Brunet, 1753.

BUNIVA, Michele Francesco, *Observations et expériences sur la maladie épizootique des chats, qui règne depuis quelques années en France, en Allemagne, en Italie et en Angleterre*, [Paris], Imprimerie de la Société de médecine, [an VIII].

BUSSY, Antoine, « Obsèques de M. Bouillon-Lagrange, directeur de l'École de Pharmacie de Paris », *Journal de pharmacie et de chimie*, 3e partie, tome 3, Paris, Fortin, Masson et Cie, 1844, p. 230–235.

CARDANO, Gerolamo, *De Rerum varietate libri XVII*, Basiliæ, per Henrichum Petri, 1557.

CARRIERA, Rosalba, *Journal de Rosalba Carriera pendant son séjour à Paris en 1720 et 1721*, éd. A. Sensier, Paris, J. Techner, 1865.

[CASSANDRE, François], *Parallèles historiques*, Paris, Denis Thierry, 1680.

[CAYLUS, Anne-Claude-Philippe de (éd.)], *Cinq contes de fées*, [Paris], [s.n.], 1745.

——, *Mémoires et réflexions du comte de Caylus*, Paris, P. Roquette, 1874.

[CAZOTTE, Jacques], *La Patte du chat, conte zinzimois*, Tilloobalaa [Paris], [s.n.], 1741.

CHAMPFLEURY, Jules Husson, dit, *Les Chats. Histoire, mœurs, observations, anecdotes*, Paris, J. Rothshild, 1869.

CHOMEL, Noël, *Dictionnaire œconomique*, 2 vol., Lyon, Pierre Théned 1709 (3e éd. Paris, la Veuve de Jacques Estienne, 1732).

CLOQUET, Hippolyte, *Faune des médecins, ou Histoire des animaux et de leurs produits*, 6 vol., Paris, Crochard, 1822–28.

CONTAT, Nicolas, dit Le Brun, *Anecdotes typographiques, où l'on voit la description des coutumes, mœurs et usages singuliers des compagnons imprimeurs*, with DUFRESNE, *La Misère des apprentis imprimeurs*, ed. Giles Barber, Oxford, Oxford Bibliographical Society, 1980.

CORBINELLI, Jean, *Histoire généalogique de la maison de Gondi*, 2 vol., Paris, Jean-Baptiste Coignard, 1705.

CULLEN, William, *Cours de matière médicale*, trad. Louis Caullet de Veaumorel, Paris, chez l'auteur, Didot le jeune et Mequignon l'aîné, 1787 [éd. originale 1775].

CUREAU DE LA CHAMBRE, Marin, *Discours de l'amitié et de la haine qui se trouvent entre les animaux*, Paris, Claude Barbin, 1667.

CUVIER, Frédéric (éd.), *Dictionnaire des sciences naturelles*, 73 vol., Strasbourg et Paris, F. G. Levrault et Le Normant, 1816–45.

——, « De la sociabilité des animaux », *Mémoires du Muséum d'histoire naturelle*, tome 13, Paris, A. Belin, 1825, p. 1–27.

——, « Essai sur la domesticité des mammifères, précédé de considérations sur les divers états des animaux, dans lesquels il nous est possible d'étudier leurs actions », *Mémoires du Muséum d'histoire naturelle*, tome 13, Paris, A. Belin, 1825, p. 406–455.

DANGEAU, Philippe de Courcillon de, *Journal du marquis de Dangeau*, éd. E. Soulié et L. Dussieux, 19 vol., Paris, Firmin Didot, 1854–60.

[DANIEL, Gabriel], *Nouvelles difficultés proposées par un péripatéticien à l'auteur du Voyage du monde de Descartes*, Paris, la Veuve de Simon Benard, 1693.

DAUBENTON, Louis-Jean-Marie, *Encyclopédie méthodique. Histoire naturelle des animaux*, 3 vol., Paris, Panckoucke, 1782–87.

DELAMARE, Nicolas *Traité de la police*, 4 vol., Paris, Jean et Pierre Cot, F. Hérissant, 1705–38.

DEMACHY, Jacques-François, *Manuel du pharmacien*, 2 vol., Paris, Buisson, 1788.

DESHOULIÈRES, Antoinette [et DESHOULIÈRES, Antoinette-Thérèse], *Poésies de Madame Deshoulières*, 2 vol., Paris, Jean Villette, 1695 (rééd. 2 vol., Paris, Jean Villette, 1705).

DESHOULIÈRES, Antoinette, *L'Enchantement des chagrins. Poésies complètes*, éd. Catherine Hémon-Fabre et Pierre-Eugène Leroy, Paris, Bartillat, 2005.

——, *Poésies*, éd. Sophie Tonolo, Paris, Classiques Garnier, 2010.

DESMAREST, Anselme-Gaëtan, *Mammalogie, ou description des espèces de mammifères*, 1e partie, Paris, Mme Veuve Agasse, 1820.

[DIDEROT, Denis], *Les Bijoux indiscrets*, 2 vol., au Monomotapa [Paris], [s.n.], [1748].

——, *Correspondance*, éd. Georges Roth, 16 vol., Paris, Minuit, 1955–70.

DIDEROT, Denis et ALEMBERT, Jean Le Rond d' (éds.), *Encyclopédie ou Dictionnaire raisonné des sciences, des arts et des métiers*, 28 vol., Paris, Briasson, David l'aîné, Le Breton et Durand, 1751–72.

DORAT, Claude-Joseph, *Fables nouvelles*, La Haye et Paris, Delalain, 1772 (rééd. La Haye et Paris, Monory, 1773).

DU BELLAY, Joachim, *Divers jeux rustiques, et autres œuvres poétiques*, Paris, F. Morel, 1558.

[DUCLOS, Charles Pinot], *Acajou et Zirphile, conte*, à Minutie [Paris], [s.n.], 1744.

DUHAMEL DU MONCEAU, Henri-Louis, *Traité de la conservation des grains et en particulier du froment*, Paris, H.-L. Guérin et L.-F. Delatour, 1753.

[DUPUY, NÉE FELIX, Jeanne], *Extrait de quelques endroits les plus honnêtes et les moins extravagants de deux volumes de mémoires écrits de la main de la demoiselle Du Puis*, Paris, Jacques Crou, [s.d.], [BnF Fol-Fm-5473, 5374].

DU RUISSEAU, *Fables nouvelles*, La Haye, Troyel, 1707.

DUTRAMBLAY, Antoine-Pierre, *Aplogues*, Paris, Perronneau, 1806.

FERRIÈRE, Claude-Joseph de, *Dictionnaire de droit et de pratique*, 3e éd., 2 vol., Paris, Brunet, 1749.

FLORIAN, Jean-Pierre Claris de, *Fables*, Paris, Didot l'aîné, 1792.

[FONTENELLE, Bernard Le Bovier de], *Entretiens sur la pluralité des mondes*, Paris, la Veuve C. Blageart, 1686.

FOSSET, Adolphe, *Encyclopédie domestique*, 4 vol., Paris, Salmon, 1829–30.

FRANÇOIS, Jean, *Dissertation sur l'ancien usage des feux de la Saint-Jean, et d'y brûler les chats à Metz*, éd. Marie-Claire Mangin, dans *Cahiers Elie Fleur*, 1995, nº 11, p. 49–104.

——, *Journal de dom Jean François, 1760–1772*, Metz, Imprimerie lorraine, 1913.

FRANÇOIS, Jean, TABOUILLOT, Nicolas, et MAUGERARD, Jean-Baptiste *Histoire de Metz*, 6 vol., Metz et Nancy, J.-B. Collignon *et al.*, 1769–90.

FURETIÈRE, Antoine, *Fables morales et nouvelles*, Paris, Louis Billaine, 1671.

——, *Dictionnaire universel*, La Haye et Rotterdam, Arnault et Rinier Leers, 1690.

GACON-DUFOUR Marie-Armande-Jeanne, *Manuel de la ménagère, à la ville et à la campagne et de la femme de basse-cour*, 2 vol., Paris, Buisson, 1805.

GALIANI, Ferdinando, *Lettres de l'abbé Galiani*, éd. Eugène Asse, 2 vol., Paris, G. Charpentier, 1881.

GALIANI, Ferdinando et ÉPINAY, Louise d', *Correspondance*, éd. Daniel Maggetti et Georges Dulac, 5 vol., Paris, Desjonquères, 1992–97.

[GÉNARD, François], *L'École de l'homme, ou parallèle des portraits du siècle, et des Tableaux de l'Écriture Sainte*, Paris, [s.n.], 1752.

GESSNER, Conrad, *Historiæ animalium de quadrupedibus viviparis*, Tiguri, apud Christ. Froschoverum, 1551.

GILIBERT, Jean-Emmanuel, *Abrégé du système de la nature de Linné*, Lyon, Fr. Matheron, 1802.

GISQUET, Henri, *Mémoires de M. Gisquet, ancien préfet de police*, 4 vol., Paris, Marchant, 1840.

GONTIER, Pierre, *Exercitationes hygiasticae, sive de sanitate tuenda et vita procuenda libri XVIII*, Lugduni, A. Jullieron, 1668.

GRAFFIGNY, Françoise de, *Correspondance*, éd. J. A. Dianad *et al.*, 15 vol., Oxford, Voltaire Foundation, 1985–2016.

——, *Lettres d'une Péruvienne*, éd. Rotraud von Kulessa, Paris, Classiques Garnier, 2016.

GUERSANT, Louis-Benoît, *Essai sur les épizooties*, Paris, Panckoucke, 1815.

GUIZOT, François, *Cours d'histoire moderne. Histoire générale de la civilisation en Europe*, Paris, Pichon et Didier, 1828.

HELVÉTIUS, Claude-Adrien, *Correspondance générale*, éd. David Smith *et al.*, 5 vol., Toronto, University of

Toronto Press, 1998–2004.
HELVÉTIUS, Jean-Adrien, *Traité des maladies les plus fréquentes*, Paris, Laurent d'Houry et Pierre-Augustin Le Mercier, 1703.
HERVIEUX DE CHANTELOUP, Jean-Claude, *Nouveau traité des Canaries*, Paris, Claude Prud'homme, 1709.
HEUSINGER, Charles Frédéric, *Recherches de pathologie comparée*, 2 vol., Cassel, Henri Hotop, 1844–53.
HOFFMANN, Ernst Theodore Amadeus, *Les Contemplations du chat Murr*, dans *Contes fantastiques*, tome 3, trad. Loève-Veimars, éd. José Lambert, Paris, GF Flammarion, 1982.
——, E. T. A. Hoffmann, *Lebens-Ansichten des Katers Murr. Werke 1820–1821*, Hartmut Steinecke (Hrsg.), Frankfurt am Mein, Deutscher Klassiker Verlag, 1992.
HURTREL D'ARBOVAL, Louis-Henri-Joseph, *Dictionnaire de médecine et de chirurgie vétérinaires*, 4 vol., Paris, J.-B. Baillière, 1826–28.
LA BARRE, César-Alexis Chichereau de, *Fables nouvelles, mises en vers*, Cologne, [s.n.], 1687.
[LA CLÈDE, Nicolas de], *Lettre d'un rat calotin, à Citron, barbet, au sujet de l'histoire des chats. Par M. de Montgrif*, Ratopolis, Maturin Lunard, 1727.
LADOUCETTE, Charles-François de, *Fables*, Paris, Saintin, 1827.
LA FONTAINE, Jean de, *Œuvres complètes*, tome 1, *Fables, contes et nouvelles*, éd. Jean-Pierre Collinet, Paris, Gallimard, « Bibliothèque de la Pléiade », 1991.
LA MOTTE, Antoine Houdar de, *Fables nouvelles*, Paris, Grégoire Dupuis, 1719.
LAVALLÉE, Joseph, *Semaines critiques, ou gestes de l'an cinq*, 4 vol., Paris, chez les marchands de nouveauté, 1797.
LEBEUF, Jean, « Lettre sur les Feux de la Saint Jean », *Suite de la clef, ou Journal historique sur les matières du temps*, août 1751, p. 126–134.
LEJEUNE, *Fables nouvelles, morales et philosophiques*, Paris, Duchesne, 1765.
LÉMERY, Nicolas, *Traité universel des drogues simples*, Paris, Laurent d'Houry, 1698 (rééd. Paris, Laurent d'Houry, 1714).
——, *Pharmacopée universelle*, Paris, Laurent d'Houry, 1697 (rééd. Paris, Laurent d'Houry, 1716 ; Paris, la Veuve d'Houry, 1738 ; Paris, d'Houry, 1761 ; 2 vol., Paris, Desaint et Saillant, Hérissant, Nyon, Savoye, d'Houry et Didot, 1764).
LE NOBLE, Eustache, *Contes et fables, ou l'esprit du sage*, 2 vol., Paris, Brunet, 1697.
[LEVESQUE, LOUISE], *Minet, poème*, Paris, Claude Simon, 1736.
L'HERMITE, Tristan, *Le Page disgracié*, 2 vol., Paris, André Boutonné, 1667.
LIGER, Louis, *Œconomie générale de la campagne, ou nouvelle maison rustique*, 2 vol., Paris, de Sercy, 1700.
——, *Amusements de la campagne, ou Nouvelles ruses innocentes qui enseignent la manière de prendre aux pièges toutes sortes d'oiseaux et de bêtes à quatre pieds*, 2 vol., Paris, Claude Prudhomme, 1709.
——, *Dictionnaire pratique du bon ménager de campagne et de ville*, 2 vol., Paris, Pierre Ribou, 1715.
LIEUTAUD, Joseph, *Précis de la matière médicale*, 2 vol., Paris, P. Fr. Didot, 1770.
LISTER, Martin, *A Journey to Paris in the Year 1698*, London, Jacob Tonson, 1699.
LUBERT, Marie-Madeleine, « Étoilette, conte », dans *Les Lutins du château de Kernosy*, 1e partie, Leyde, 1753, p. 78–83.
MAILLET, Benoît de et LE MASCRIER, Jean-Baptiste, *Description de l'Égypte*, Paris, Louis Genneau et Jacques Rollin, 1735.
MARAIS, Mathieu, *Journal et mémoire*, éd. Adolphe de Lescure, 4 vol., Paris, Firmin-Didot, 1863–68.
[MARTIN, Alexandre], *Traité complet sur l'éducation physique et morale des chats*, Paris, chez l'auteur, 1828.
MATTIOLI, Pierandrea, *Commentaires de M. Pierre André Matthiole médecin sénois, sur les six livres de Ped. Discoride Anazarbéen de la Matière médicinale*, trad. Jean des Moulins, Lyon, Guillaume Roville, 1572 [1554].
MERCIER, Louis-Sébastien, *Tableau de Paris*, éd. Jean-Claude Bonnet *et al.*, 2 vol., Paris, Mercure de France, 1994 [1e éd. 1782–88].

Mistral, Frédéric, *Lou trésor dóu Félibrige ou Dictionnaire provençal-français embrassant les dialectes de la langue d'oc moderne*, 2 vol., Aix-en-Provence, Veuve Remondet-Aubin, 1878.
[Moncrif, François-Augustin Paradis de], *Les Chats*, Paris, Gabriel-François Quillau, 1727.
——, *Les Chats*, Rotterdam, Jean Daniel Beman, 1728.
——, *Dissertation sur la prééminence des chats, dans la société, sur les autres Animaux d'Égypte, sur le traitement honorable qu'on leur faisait pendant leur vie & des monuments et autels qu'on leur dressait après leur mort avec plusieurs pièces curieuses qui y ont rapport*, Rotterdam, Jean Daniel Beman, 1741.
——, *Œuvres mêlées, tant en prose qu'en vers*, Paris, Bernard Brunet, 1743.
——, *Lettres philosophiques sur les chats*, [s.l.], [s.n.], 1748.
——, *Œuvres de Monsieur de Moncrif*, 3 vol., Paris, Brunet, 1751.
——, *Œuvres de Monsieur de Moncrif*, nouvelle éd., 4 vol., Paris, la V. Regnard, 1768.
——, *Moncrif's Cats*, trans. Reginald Bretnor, London, Golden Cockerel Press, 1961.
——, *Histoire des chats*, éd. Robert de Laroche, Puiseaux, Pardès, 1988.
——, *Les Aventures de Zéloïde et d'Amanzarifdine*, Paris-Seattle-Tübingen, Biblio 17, 1994.
——, *Essais sur la nécessité et sur les moyens de plaire*, éd. Geneviève Haroche-Bouzinac, Saint-Étienne, Publications de l'Université de Saint-Étienne, 1998.
——, *Histoire des chats*, éd. Gabriel Arkazh, Rennes, la Part commune, 1999.
——, *Histoire des chats*, suivi de Bourdon de Sigrais, *Histoire des rats*, éd. François Raviez, Paris, le Livre de poche, 2021.
[Moore, Edward], *Fables pour les dames et les jeunes gens*, Amsterdam, Jean Boitte, 1764.
[Musset, Victor-Donatien de], *Histoire de la vie et des ouvrages de J.-J. Rousseau*, 2 vol., Paris, Pélicier, 1821.
[Neuré, Laurent Mesme, dit Mathurin], *Querela ad Gassendum, de parum christianis provincialium suorum ritibus, minimumque sanis eorundem moribus, ex occasione ludicrorum quae Acquis Sextiis in solemnitate Corporis Christi ridicule celebrantur*, [s.l.], [s.n.], 1645.
[Nougaret, Pierre-Jean-Baptiste], *Les Mille et une folies, contes français*, 4 vol., Amsterdam et Paris, la Veuve Duchesne, 1771.
——, *Aventures parisiennes avant et depuis la Révolution*, 3 vol., Paris, Maugeret, Duesne, Capelle et Renard, Hénée, 1808.
Paré, Ambroise, *Les Œuvres*, 5e éd. Paris, Gabriel Buon, 1598.
Parmentier, Antoine-Augustin, *Méthode facile de conserver à peu de frais les grains et les farines*, Londres et Paris, Barrois, 1784.
——, *Bibliothèque universelle des dames. Économie rurale et domestique*, 8 vol., Paris, Rue et hôtel Serpente, 1788–[97].
[Perne, Victoire Thomassin de La Garde, marquise de], *Lettres galantes et poésies diverses de Me la Marquise de P****, 2 vol., Paris, Denis Mouchet, 1724.
[Poulain de Nogent], *Lettres de Madame la Comtesse de la Rivière à Madame la baronne de Neufpont, son amie*, 3 vol., Paris, Froullé, 1776.
——, *Poésies diverses*, Paris, Varin, 1787.
Poullain de Saint-Foix, Germain-François, *Essais historiques sur Paris*, 4e éd., 5 vol., Paris, la Veuve Duchesne, 1766.
[Quesnot de La Chenée, Jean-Jacques], *L'Opéra de La Haye. Histoire instructive et galante*, 2 vol., Cologne, chez les Héritiers de Pierre le Sincère, 1706.
Quillau, Gabriel-François, *Catalogue des livres* [...], Paris, Gabriel-François Quillau, 1740 [Bibliothèque Mazarine 4° A 15456–100].
[Rédarès, Jean-M.-M.], *Traité raisonné sur l'éducation du chat domestique*, Paris, Raynal 1828.
Reyre, Joseph, *L'Ami des enfants*, Paris. Desaint et Saillant, 1765.
——, *Le Fabuliste des enfants*, Paris, Onfroy, 1803.
——, *Le Fabuliste des enfants et des adolescents*, 4e éd., Paris, Onfroy, 1812.

RICHARD, Jérôme, *Voyages chez les peuples sauvages, ou l'homme de la nature*, 3 vol., Paris, Laurens aîné, 1801.

RICHELET, Pierre, *Dictionnaire français*, Genève, Jean Herman Widerhold, 1680.

RICHER, Henri, *Fables nouvelles mises en vers*, Paris, Ganeau, 1729.

——, *Fables choisies et nouvelles*, Paris, la Veuve Pissot et Bullot, 1744.

——, *Fables nouvelles mises en vers*, Paris, Barrois, 1748.

RIVIÈRE, Lazare, *Les Observations de médecine*, trad. François Deboze, Lyon, Jean Certes, 1680.

ROBERT, Raymonde *et al.* (éds.), *Bibliothèque des génies et des fées*, 19 vol., Paris, Honoré Champion, 2004–18.

ROLAND DE LA PLATIÈRE, Jean-Marie, *Encyclopédie méthodique. Manufactures, arts et métiers*, 2e partie, 3 vol., Paris, Panckoucke, 1784–90.

ROUSSEAU, Jean-Jacques, *Œuvres complètes*, tome 1, *Les Confessions*, éd. Bernard Gagnebin, Marcel Raymond et Robert Osmont, Paris, Gallimard, « Bibliothèque de la Pléiade », 2013.

ROUSSEL, Pierre, *Bibliothèque des dames. Médecine domestique*, 3 vol., Paris, rue et hôtel Serpente, 1790–92.

ROZIER, François (éd.), *Cours complet d'agriculture théorique, pratique, économique, et de médecine rurale et vétérinaire*, 12 vol., Paris, Rue et hôtel Serpente, 1781–1805.

[SAINT-HYACINTHE, Thémiseul de], *Histoire du Prince Titi*, 3 vol., Paris, la Veuve Pissot, 1736.

SAINT-SIMON, Louis de Rouvroy de, *Mémoires du duc de Saint-Simon*, éd. A. Chéruel et A. Régnier, 22 vol., Paris, Hachette, 1873–86.

SAUVAL, Henri, *Histoire et recherches des Antiquités de la ville de Paris*, 3 vol., Paris, Charles Moette et Jacques Chardon, 1724.

SAVARY DES BRUSLONS, Jacques, et SAVARY, Louis-Philémon, *Dictionnaire universel de commerce*, 2 vol., Paris, Jacques Estienne, 1723.

SCARRON, Paul, *Recueil des épîtres en vers burlesques de Mr de Scarron, et d'autres auteurs, sur ce qui s'est passé de remarquable en l'année 1655*, Paris, Alexandre Lesselin, 1656.

SONNINI DE MANONCOURT, Charles-Nicolas-Sigisbert, *Voyage dans la haute et basse Égypte, fait par ordre de l'ancien gouvernement, et contenant des observations de tous genres*, 3 vol., Paris, F. Buisson, an VII [1799].

—— *et al.*, *Histoire naturelle, générale et particulière, par Leclerc de Buffon*, 127 vol., Paris, Dufart, an VII-1808.

TACONET, Toussaint-Gaspard, *Le Procès du chat, ou le Savetier arbitre*, Paris, Philippe-Denis Langlois, 1767.

TERRIN, Claude, « Dissertation sur le Dieu Pet, divinisé par les Égyptiens », dans [Pierre Nicolas Desmolets (éd.)], *Continuation des Mémoires de littérature et d'histoire de Sallengre*, tome 1, 1e partie, Paris, Simart, 1726, p. 48–60.

TESSIER, Alexandre-Henri et THOUIN, André, *Encyclopédie méthodique. Agriculture*, 7 vol., Paris, Panckoucke, 1787–1821.

THIÉBAUT DE BERNEAUD, Arsenne, *Éloge historique de Ch. Sig. Sonnini de Manoncourt, célèbre naturaliste et voyageur*, Paris, D. Colas, 1812.

—— « Sonnini de Manoncourt », dans Louis-Gabriel Michaud (éd.), *Biographie universelle ancienne et moderne*, Paris, Michaud frères, tome 43, 1825, p. 92–97.

TISSOT, Samuel-Auguste, *Avis au peuple sur sa santé*, Lausanne, J. Zimmerli, 1761.

[TORCHE, Antoine], *La Toilette galante de l'amour*, Paris, Estienne Loyson, 1670.

TOSCAN, Georges, *Histoire du lion de la ménagerie du Muséum national d'histoire naturelle, et de son chien*, Paris, Cuchet, an III.

TOURNEFORT, Joseph Pitton de, *Relation d'un voyage du Levant fait par ordre du Roi*, 2 vol., Paris, Imprimerie royale, 1717.

VALMONT DE BOMARE, Jacques-Christophe, *Dictionnaire raisonné universel d'histoire naturelle*, 5 vol., Paris, Didot, Musier, De Hansy, Panckoucke, 1764.

Venel, Gabriel-François, *Précis de matière médicale*, éd. Jean-Barthélemy-François Carrière, 2 vol., Paris, Cailleau, 1787.

Vicq d'Azyr, Félix (éd.), *Encyclopédie méthodique. Médecine*, tome 4, Paris, Panckoucke, 1792.

Vigneul-Marville, Bonaventure d'Argonne dit, *Mélanges d'histoire et de littérature*, 3e éd., 3 vol., Paris, Claude Prud'homme, 1713 [1e éd. 1699–1700].

Villedieu, Marie-Catherine-Hortense de, *Fables ou Histoire allégoriques*, Paris, Barbin, 1670.

Voiture, Vincent, *Les Œuvres de Monsieur de Voiture*, Paris, Augustin Courbé, 1650.

邦語文献

『ムハンマドのことば　ハディース』小杉泰編訳，岩波書店（岩波文庫），2019 年。

イソップ『イソップ寓話集』中務哲郎訳，岩波書店（岩波文庫），1999 年。

ガラン，アントワーヌ『ガラン版　千一夜物語』全 6 巻，西尾哲夫訳，岩波書店，2019–20 年。

ガリアーニ『貨幣論』黒須純一郎訳，京都大学学術出版会，2017 年。

コンタ，ニコラ『18 世紀印刷職人物語』宮下志朗訳，水声社，2013 年。

コンディヤック『動物論』古茂田宏訳，法政大学出版局，2011 年。

ストラパローラ『愉しき夜――ヨーロッパ最古の昔話集』長野徹訳，平凡社，2016［1550］年。

ビュフォン，ジョルジュ＝ルイ・ルクレール・ド『ビュフォンの博物誌――全自然図譜と進化論の萌芽『一般と個別の博物誌』ソンニーニ版より』ベカエール直美訳，工作舎，1991 年。

――『自然の諸時期』菅谷暁訳，法政大学出版局，1994 年。

フォントネル，ベルナール・ド『世界の複数性についての対話』赤木昭三訳，工作舎，1992 年。

ペロー，シャルル『完訳 ペロー童話集』新倉朗子訳，岩波書店（岩波文庫），1982 年。

モンテーニュ，ミシェル・ド『エセー1』宮下志朗訳，白水社，2005 年。

ラシーヌ『裁判きちがい』川俣晃自訳，伊吹武彦・佐藤朔編『ラシーヌ戯曲全集』第 1 巻，人文書院，1964 年所収。

ラ・フォンテーヌ『寓話』上下巻，今野一雄訳，岩波書店（岩波文庫），1972 年。

ル・サージュ『ジル・ブラース物語（四）』杉捷夫訳，岩波書店（岩波文庫），1954 年。

ルソー，ジャン＝ジャック『人間不平等起源論　付「戦争法原理」』坂倉裕治訳，講談社（講談社学術文庫），2016 年。

――『エミール』上中下巻，今野一雄訳，岩波書店（岩波文庫），2007 年。

ロック『教育に関する考察』服部知文訳，岩波書店（岩波文庫），1967 年。

II　二次資料

欧語文献

Abad, Reynald, « Les tueries à Paris sous l'Ancien Régime ou pourquoi la capitale n'a pas été dotée d'abattoirs aux XVIIe et XVIIIe siècles », *Histoire, économie et société*, vol. 17, no 4, 1998, p. 649–676.

Aberconway, Christabel, *A Dictionary of Cat Lovers, XV Century B.C.–XX Century A.D.*, London, M. Joseph, 1949.

Aguhlon, Maurice, « Le sang des bêtes : le problème de la protection des animaux en France au XIXe siècle », *Romantisme*, vol. 11, no 3, 1981, p. 81–110.

Allaire, Bernard, *Pelleteries, manchons et chapeaux de castor. Les fourrures nord-américaines à Paris, 1500–1632*, Sillery, Septentrion, 1999.

Antonetti, Guy, *Les Professeurs de la faculté des droits de Paris, 1679–1793*, Paris, Éditions Panthéon-Assas, 2013.

Aravamudan, Srinivas, *Enlightenment Orientalism : Resisting the Rise of the Novel*, Chicago, University of Chicago Press, 2011.

Arbel, Benjamin, "The Attitude of Muslims to Animals : Renaissance Perceptions and Beyond", in Suraiya Faroqhi (ed.), *Animals and People in the Ottoman Empire*, Istanbul, Eren, 2010, p. 57–74.

Arnoult, Dominique d', *Jean-Baptiste Perronneau ca. 1715–1783. Un portraitiste dans l'Europe des Lumières*,

Paris, Arthena, 2014.
BARATAY, Éric, *L'Église et l'animal (France, XVIIe–XXe siècle)*, Paris, Cerf, 1996.
——, *Et l'homme créa l'animal. Histoire d'une condition*, Paris, Odile Jacob, 2003.
——, *Le Point de vue animal. Une autre version de l'histoire*, Paris, Seuil, 2012.
——, « La promotion de l'animal sensible. Une révolution dans la Révolution », *Revue historique*, vol. 661, 2012, p. 131–153.
——, *Cultures félines (XVIIe–XXIe siècle). Les chats créent leur histoire*, Paris, Seuil, 2021.
BARATAY, Éric et MAYAUD, Jean-Luc, « Un champ pour l'histoire : l'animal », *Cahiers d'histoire*, vol. 42, n° 3/4, p. 1997, p. 409–442.
BARKER, Emma, *Greuze and the Painting of Sentiment*, Cambridge, Cambridge University Press, 2005.
BARKER-BENFIELD, G. J., *The Culture of Sensibility : Sex and Society in Eighteenth-Century Britain*, Chicago, University of Chicago Press, 1992.
BARROUX, Gilles, « La santé des animaux et l'émergence d'une médecine vétérinaire au XVIIIe siècle », *Revue d'histoire des sciences*, vol. 64, n° 2, 2011, p. 349–376.
BECQ, Annie, *Genèse de l'esthétique française moderne, 1680–1814*, Paris, Albin Michel, 1994 [1e éd. 1979].
BEDEAUX, Jan Baptist, *The Reality of Symbols : Studies in the Iconology of Netherlandish Art 1400–1800*, 's-Gravenhage, Gary Schwartz, 1990.
BEDEAUX, Jan Baptist and EKKART, Rudi (eds.), *Pride and Joy : Children's Portraits in the Netherlands, 1500–1700*, Ghent / Amsterdam, Ludion, 2000.
BEDEL, Charles et HUARD, Pierre, *Médecine et pharmacie au XVIIIe siècle*, Paris, Hermann, 1986.
BEHRINGER, Wolfgang, "Communications Revolutions: a Historiographical Concept", *German History*, Vol. 24, No. 3, 2006, p. 333–374.
BELL, David A., *Lawyers and Citizens : The Making of a Political Elite in Old Regime France*, Oxford, Oxford University Press, 1994.
BÉLY, Lucien (éd.), *Dictionnaire de l'Ancien Régime*, Paris, PUF, 2015 [1e éd. 1996].
BERCHTOLD, Jacques, « Les chats de Jean-Jacques Rousseau », dans Jacques Réda, Jacques Berchtold et Jean-Carlo Flückiger, *Chiens et chats littéraires chez Cingria, Rousseau et Cendrars*, Genève, La Dogana, 2002, p. 37–100.
——, « Le miaulement du chat égyptien. Moncrif, Rousseau et la leçon du relativisme culturel », *Orages*, n° 6, 2007, p. 81–92.
BINOCHE, Bertrand (éd.), *Les Équivoques de la civilisation*, Seyssel, Champ Vallon, 2005.
BLUMENFELD, Carole, *Marguerite Gérard 1761–1837*, Paris, Éditions Gourcuff-Gradenigo, 2019.
BOAS, George, *The Happy Beast in French Thought of the Seventeenth Century*, Baltimore, Johns Hopkins Press, 1933.
BOBIS, Laurence, *Les Neuf vies du chat*, Paris, Gallimard, 1991.
——, « Le Rapport entre l'homme et l'animal dans l'Occident médiéval. Un animal exemplaire, le chat », thèse de l'Université Paris-VIII, 1997.
——, *Le Chat. Histoire et légende*, Paris, Fayard, 2000 (rééd. *Une histoire du chat. De l'Antiquité à nos jours*, Paris, Seuil, 2006).
——, « Métamorphoses du chat », dans *Beauté animale*, Paris, RMN-Grand Palais, 2012, p. 118–131.
BODSON, Liliane (éd.), *L'Animal de compagnie. Ses rôles et leurs motivations au regard de l'histoire*, Liège, Université de Liège, 1997.
BONDUELLE, Patrick et JOUBLIN, Hugues, *L'Animal de compagnie*, Paris, PUF, « Que sais-je ? », 1995.
BORY, Jean-Yves, *La Douleur des bêtes. La polémique sur la vivisection au XIXe siècle en France*, Rennes, Presses universitaires de Rennes, 2013.
BROCKLISS, L. W. B., *French Higher Education in the Seventeenth and Eighteenth Centuries. A Cultural History*, Oxford, Clarendon Press, 1987.
BROCKLISS, Laurence and JONES, Colin, *The Medical World of Early Modern France*, Oxford, Clarendon Press,

1997.
Burkhardt Jr., Richard W., « Le comportement animal et l'idéologie de domestication chez Buffon et chez les éthologues modernes », dans Jean Gayon (éd.), *Buffon 88*, Paris, Vrin, 1992, p. 569–582.
Chappey, Jean-Luc, « Enjeux sociaux et politiques de la "vulgarisation scientifique" en révolution (1780–1810) », *Annales historiques de la Révolution française*, n° 338, 2004, p. 11–51.
——, « Héritages républicains et résistances à "l'organisation impériale des savoirs" », *Annales historiques de la Révolution française*, n° 346, 2006, p. 97–120.
——, *La Révolution des sciences. 1789 ou le sacre des savants*, Paris, Vuibert, 2020.
Chapron, Emmanuelle, *Livres d'école et littérature de jeunesse en France au XVIII*e *siècle*, Liverpool, Liverpool University Press, 2021.
Chartier, Roger, "Text, Symbols, and Frenchness", *The Journal of Modern History*, Vol. 57, No. 4, 1985, p. 682–695.
——, *Au Bord de la falaise. L'histoire entre certitudes et inquiétudes*, Paris, Albin Michel, 2009 [1e éd. 1998].
Classen, Albrecht (ed.), *Childhood in the Middle Ages and the Renaissance : The Result of a Paradigm Shift in the History of Mentality*, Berlin, De Gruyter, 2005.
Cockram, Sarah and Wells, Andrew (eds.), *Interspecies Interactions : Animals and Humans between the Middle Ages and Modernity*, London and New York, Routledge, 2018.
Cohen, Sarah and Thomas, Downing A., "Art and the Senses : Experiencing the Arts in the Age of Sensibility", in Anne C. Vila (ed.), *A Cultural History of the Senses in the Age of Enlightenment*, London, Bloomsbury, 2014, p. 179–201.
Combeau, Yves, *Le Comte d'Argenson (1696–1764). Ministre de Louis XV*, Paris, École des chartes, 1999.
Copenhaver, Brian P., *Magic in Western Culture : From Antiquity to the Enlightenment*, Cambridge, Cambridge University Press, 2015.
Corsi, Pietro, *The Age of Lamarck : Evolutionary Theories in France, 1790–1830*, trans. Jonathan Mandelbaum, Berkeley, University of California Press, 1988.
——, « Buffon sous la Révolution et l'Empire », dans Jean Gayon (éd.), *Buffon 88*, Paris, Vrin, 1992, p. 639–648.
Couilleaux, Benjamin, *Jean-Baptiste Huet, le plaisir de la nature*, Paris, Paris-musées, 2016.
Courtine, Jean-Jacques et Haroche, Claudine, *Histoire du visage. Exprimer et taire ses émotions, XVI*e*–début XIX*e *siècle*, Marseille, Rivages, 1988.
Crow, Thomas E., *Painters and Public Life in Eighteenth-Century Paris*, New Haven, Yale University Press, 1987.
Crowston, Clare Haru, *Credit, Fashion, Sex : Economies of Regard in Old Regime France*, Durham, Duke University Press, 2013.
Cugy, Pascale, *La Dynastie Bonnart. Peintres, graveurs et marchands de* modes *à Paris sous l'Ancien Régime*, Rennes, Presses universitaires de Rennes, 2017.
Dandrey, Patrick, *La Fabrique des Fables. Essai sur la poétique de La Fontaine*, 2e éd., Paris, Klincksieck, 1992.
——, *L'Éloge paradoxal de Gorgias à Molière*, Paris, PUF, 1997.
——, « *Le Page disgracié* de Tristan l'Hermite ou le "roman de sa vie" », *Revue d'histoire littéraire de la France*, vol. 114, n° 1, 2014, p. 169–181.
Darnton, Robert, *Poetry and the Police : Communication Networks in Eighteenth-Century Paris*, Cambridge (Mass.), Belknap Press, 2010.
——, *A Literary Tour de France : The World of Books on the Eve of the French Revolution*, Oxford, Oxford University Press, 2018.
——, *Pirating and Publishing : The Book Trade in the Age of Enlightenment*, Oxford, Oxford University Press, 2021.
Daumas, Maurice, *Des Trésors d'amitié. De la Renaissance aux Lumières*, Paris, Armand Colin, 2021.

DEBUS, Allen G., *The French Paracelsians : The Chemical Challenge to Medical and Scientific Tradition in Early Modern France*, Cambridge, Cambridge University Press, 1991.

DEJEAN, Joan, *Ancients Against Moderns : Culture Wars and the Making of a Fin de Siecle*, Chicago, University of Chicago Press, 1997.

DENBY, David J., *Sentimental Narrative and the Social Order in France, 1760–1820*, Cambridge, Cambridge University Press, 1994.

DENS, Jean-Pierre, *L'Honnête homme et la critique du goût. Esthétique et société au XVIIe siècle*, Lexington, French Forum, 1981.

DEW, Nicolas, *Orientalism in Louis XIV's France*, Oxford, Oxford University Press, 2009.

DIGARD, Jean-Pierre, « Chah des chats, chats de chah ? Sur les traces du chat persan », dans Daniel Balland (éd.), *Hommes et terres d'Islam. Mélanges offerts à Xavier de Planhol*, Téhéran, Institut français de recherche en Iran, 2001, p. 321–338.

——, *L'Homme et les animaux domestiques. Anthropologie d'une passion*, Paris, Fayard, 2009 [1e éd. 1989].

DITTMAR, Pierre-Olivier, « Le seigneur des animaux entre "pecus" et "bestia". Les animalités paradisiaques des années 1300 », dans Agostino Paravicini Bagliani (éd.), *Adam, le premier homme*, Firenze, SISMEL Edizioni del Galluzzo, 2012, p. 219–254.

DOVER, Paul M., *The Information Revolution in Early Modern Europe*, Cambridge, Cambridge University Press, 2021.

DUFOUR-MAÎTRE, Myriam, *Les Précieuses. Naissance des femmes de lettres en France au XVIIe siècle*, Paris, Honoré Champion, 2008 [1e éd. 1999].

DURANTINI, Mary Frances, *The Child in Seventeenth-Century Dutch Painting*, Ann Arbor, UMI Research Press, 1983.

EDELSTEIN, Dan, *The Enlightenment : A Genealogy*, Chicago, University of Chicago Press, 2010.

EDMONDSON, Chloe, "Feigning Authenticity : Letter-Writing in 17th and 18th-Century France", PhD Dissertation, Stanford University, 2022.

EHRARD, Jean, « Écriture de chats », *Dix-Huitième Siècle*, n° 36, 2004, p. 435–448.

ESCOLA, Marc, *Contes de Charles Perrault*, Paris, Gallimard, 2005.

FAIRCHILDS, Cissie, "The Production and Marketing of Populuxe Goods in Eighteenth-Century Paris", in John Brewer et Roy Porter (eds.), *Consumption and the World of Goods*, London, Routledge, 1993, p. 228–248.

FERRIÈRES, Madeleine, *Histoire des peurs alimentaires du Moyen Âge à l'aube du XXe siècle*, Paris, Seuil, 2006.

FOUCART-WALTER, Elisabeth et ROSENBERG, Pierre, *Le Chat et la palette. Le Chat dans la peinture occidentale du XVe au XXe siècle*, Paris, Adam Biro, 1987.

FRENCH, Roger, *Medicine before Science : The Rational and Learned Doctor from the Middle Ages to the Enlightenment*, Cambridge, Cambridge University Press, 2003.

FUDGE, Erica, "A Left-Handed Blow : Writing the History of Animals", in Nigel Rothfels (ed.), *Representing Animals : Theories of Contemporary Culture*, Bloomington, Indiana University Press, 2002, p. 3–18.

——, *Animal*, London, Reaktion Books, 2002.

——, *Pets*, Stocksfield, Acumen, 2008.

GARRIOCH, David, *Neighbourhood and Community in Paris, 1740 –1790*, Cambridge, Cambridge University Press, 1986.

GENET-VARCIN, Émilienne, et ROGER, Jacques, *Bibliographie de Buffon*, Paris, PUF, 1954.

GILLISPIE, Charles Coulston, *Science and Polity in France at the End of the Old Regime*, Princeton, Princeton University Press, 1980.

——, *Science and Polity in France : The Revolutionary and Napoleonic Years*, Princeton, Princeton University Press, 2004.

GOLDSMITH, Elizabeth C., *"Exclusive Conversations" : The Art of Interaction in Seventeenth-Century France*, Philadelphia, University of Philadelphia Press, 1988.

GOLINSKI, Jan, "Chemistry", in Roy Porter (ed.), *The Cambridge History of Science*, Vol. 4, *The Eighteenth*

Century, Cambridge, Cambridge University Press, 2003, p. 375–396.

Goodman, Elise, *The Cultivated Woman : Portraiture in Seventeenth-Century France*, Tübingen, Gunter Narr Verlag, 2008.

Grassi, Marie-Claire, « Naissance de l'intimité épistolaire (1780–1830) », *Littérales*, n° 17, « L'invention de l'intimité au Siècle des Lumières », 1995, p. 67–76.

Grier, Katherine C., *Pets in America : A History*, Chapel Hill, University of North Carolina Press, 2006.

Grivel, Marianne, *Le Commerce de l'estampe à Paris au XVIIe siècle*, Genève, Droz, 1986.

Guerrini, Anita, *Experimenting with Humans and Animals : From Galen to Animal Rights*, Baltimore, Johns Hopkins University Press, 2003.

——, *The Courtiers' Anatomists : Animals and Humans in Louis XIV's Paris*, Chicago, University of Chicago Press, 2015.

Guichard, Charlotte *et al.*, *Quand la gravure fait illusion. Autour de Watteau et Boucher, le dessin gravé au XVIIIe siècle*, Montreuil, Gourcuff Gradenigo, 2006.

Guichet, Jean-Luc, *Rousseau, l'animal et l'homme. L'animalité dans l'horizon anthropologique des Lumières*, Paris, Cerf, 2006.

Guillerme, André, *La Naissance de l'industrie à Paris. Entre sueurs et vapeurs, 1780–1830*, Seyssel, Champ Vallon, 2007.

Hamlett, Jane and Strange, Julie-Marie, *Pet Revolution : Animals and the Making of Modern British Life*, London, Reaktion Books, 2023.

Hanley, William Hanley, *A Biographical Dictionary of French Censors, 1741–1789*, vol. II, Ferney-Voltaire, Centre international d'étude du XVIIIe siècle, 2016.

Hoquet, Thierry, *Buffon. Histoire naturelle et philosophie*, Paris, Honoré Champion, 2005.

Hubscher, Ronald, *Les Maîtres des bêtes. Les vétérinaires dans la société française, XVIIIe–XXe siècles*, Paris, Odile Jacob, 1999.

Hunt, Lynn, Jacob, Margaret C., and Mijnhardt, Wijnand, *The Book That Changed Europe : Picart & Bernard's* Religious Ceremonies of the World, Cambridge (Mass.), Harvard University Press, 2010.

Jones, Colin, "The Médecins du Roi at the End of the *Ancien Régime* and in the French Revolution", in Vivian Nutton (ed.), *Medicine at the Courts of Europe, 1500–1837*, London, Routledge, 1990, p. 209–261.

——, *The Smile Revolution in Eighteenth-Century Paris*, Oxford, Oxford University Press, 2014.

Jorland, Gérard, *Une société à soigner. Hygiène et salubrité publiques en France au XIXe siècle*, Paris, Gallimard, 2010.

Jouy, Claire, « Portraits sensibles de carnassiers au service de la science et de sa diffusion (années 1790–1800). Les vélins du peintre Nicolas Maréchal », *Le Temps des Médias*, n° 40, 2023, p. 15–33.

Kaen, Hilda and Howell, Philip (eds.), *The Routledge Companion to Animal-Human History*, London, Routledge, 2019.

Kaibara Tomohiro, « Moncrif, historien des chats. Masculinité et émotion dans la France des Lumières », *Clio. Femmes, genre, histoire*, n° 55, 2022, p. 69–90.

——, « Le grand sacre des chats. L'invention d'un animal de compagnie en France (1670–1830) », thèse de l'EHESS, 2023 [https://theses.fr/2023EHES0017].

Kayser, Christine (éd.), *L'Enfant chéri au siècle des Lumières*, Marly-le-Roi, Musée-promenade, 2003.

Kete, Kathleen, *The Beast in the Boudoir : Petkeeping in Nineteenth-Century Paris*, Berkeley, University of California Press, 1994.

Kwass, Michael, *The Consumer Revolution, 1650–1800*, Cambridge, Cambridge University Press, 2022.

Lafont, Olivier, *Apothicaires et pharmaciens. L'histoire d'une conquête scientifique*, Arcueil, John Libbey, 2021.

Laroche, Sophie et Brouard, Christophe (éds.), *La Grand bouffe. Peintures comiques dans l'Italie de la Renaissance*, Paris LienArt, 2017.

Lebrun, François, *Se soigner autrefois. Médecins, saints et sorciers aux XVIIe et XVIIIe siècles*, Paris, Seuil,

1995 [1e éd. 1983].

Le Cossec, Anne-Louise, « Garde, gardien, animaux et visiteurs : les enjeux de l'ordre public à la ménagerie du Muséum d'histoire naturelle de Paris sous l'administration de Frédéric Cuvier (1803–1838) », *Cahiers d'histoire. Revue d'histoire critique*, nº 153, 2022, p. 75–92.

Levacher, Maëlle, *Buffon et ses lecteurs. Les complicités de l'*Histoire naturelle, Paris, Classiques Garnier, 2011.

Levallois-Clavel, Gilberte, « Pierre Drevet (1663–1738), graveur du roi et ses élèves Pierre-Imbert Drevet (1697–1739), Claude Drevet (1697–1781) », thèse de l'Université Lumières Lyon 2, 2005.

Lignereux Cécile, *À l'origine du savoir-faire épistolaire de Mme de Sévigné. Les lettres de l'année 1671*, Paris, PUF, 2012.

Lilti, Antoine, *Le Monde des salons. Sociabilité et mondanité à Paris au XVIIIe siècle*, Paris, Fayard, 2005.

——, *L'Héritage des Lumières. Ambivalences de la modernité*, Paris, EHESS-Gallimard-Seuil, 2019.

Loriga, Sabina et Revel, Jacques, *Une histoire inquiète. Les historiens et le tournant linguistique*, Paris, EHESS-Gallimard-Seuil, 2022.

Loveland, Jeff, *Rhetoric and Natural History : Buffon in Polemical and Literary Context*, Oxford, Voltaire Foundation, 2001.

Lüsebrink, Hans-Jürgen, « Les Représentations sociales de la criminalité en France au XVIIIe siècle », thèse de l'EHESS, 1983.

Mah, Harold, "Suppressing the Text : The Metaphysics of Ethnographic History in Darnton's Great Cat Massacre", *History Workshop Journal*, Vol. 31, No. 1, 1991, p. 1–20.

Málek, Jaromír, *The Cat in Ancient Egypt*, London, British Museum Press, 2006 [1st ed. 1997].

Maral, Alexandre et Milovanovic, Nicolas (éds.), *Les Animaux du roi*, Paris, Lineart, 2021.

Marchand, Patrick, *Le Maître de poste et le messager. Une histoire du transport public en France au temps du cheval, 1700–1850*, Paris, Belin, 2006.

Marchand, Sophie, *Théâtre et pathétique au XVIIIe siècle. Pour une esthétique de l'effet dramatique*, Paris, Honoré Champion, 2009.

Mauro, Azzurra, *Un philosophe des Lumières entre Naples et Paris. Ferdinando Galiani (1728–1787)*, Oxford, Voltaire Foundation, 2021.

Maza, Sarah, *Private Lives and Public Affairs : The Causes Célèbres of Prerevolutionary France*, Berkeley, The University of California Press, 1993.

Mazouer, Charles (éd.), *L'Animal au XVIIe siècle*, Tübingen, Gunter Narr Verlag, 2003.

Melançon Benoît, "Letters, Diary and Autobiography in Eighteenth-Century France", in Patrick Coleman, Jayne Lewis, Jill Kowalik (eds.), *Representations of the Self from the Renaissance to Romanticism*, Cambridge, Cambridge University Press, 2000, p. 151–170.

Mellah, Malik, « Baquets, salons et écuries. Du compagnon animal en révolution », *Annales historiques de la Révolution française*, vol. 3, nº 377, 2014, p. 81–197.

——, « L'École d'économie rurale vétérinaire d'Alfort, 1766–1813 : une histoire politique et républicaine avec l'animal domestique », thèse de l'Université Paris I, 2018.

Menely, Tobias, *The Animal Claim : Sensibility and the Creaturely Voice*, Chicago, University of Chicago Press, 2015.

Milliot, Vincent, *Les Cris de Paris ou le peuple travesti. Les représentations des petits métiers parisiens, XVIe–XVIIIe siècles*, Paris, Publications de la Sorbonne, 1995.

Montebello, Philippe de *et al.*, *François Boucher 1703–1770*, New York, Metropolitan Museum of Art, 1986.

Morgan, Jeanne, *Perrault's Morals for Moderns*, New York, Peter Lang, 1985.

Mornet, Daniel, « Les enseignements des Bibliothèques privées (1750–1780) », *Revue d'Histoire littéraire de la France*, vol. 17, nº 3, 1910, p. 449–496.

Muchembled, Robert, *Une histoire de la violence. De la fin du Moyen Âge à nos jours*, Paris, Seuil, 2008.

Nadler, Steven, *Descartes : The Renewal of Philosophy*, London, Reaktion Books, 2023.

Newman, William R., "From Alchemy to "Chymistry"", in Katherine Park et Lorraine Daston (eds.), *The Cambridge History of Science*, Vol. 3, *Early Modern Science*, Cambridge, Cambridge University Press, 2006, p. 497–517.

Niderst, Alain, *Madeleine de Scudéry, Paul Pellisson et leur monde*, Paris, PUF, 1976.

Noël, Erick, *Être Noir en France au XVIII*ᵉ *siècle*, Paris, Tallandier, 2006.

Norman, Larry, *The Shock of the Ancient : Literature and History in Early Modern France*, Chicago, University of Chicago Press, 2011.

Opperman, Hal N., "Jean-Baptiste Oudry (1686–1755), with a Sketch for a Catalogue Raisonné of His Paintings, Drawings, and Prints", PhD dissertation, University of Chicago, 1972.

Opperman, Hal et Rosenberg, *J.-B. Oudry 1686–1755*, Paris, Éditons de la Réunion des musées nationaux, 1982.

Papy, Jan, "Lipsius and His Dogs : Humanist Tradition, Iconography and Rubens's Four Philosophers", *Journal of the Warburg and Courtauld Institutes*, Vol. 62, 1999, p. 167–198.

Pascal, Jean-Noël (éd.), *La Fable au siècle des Lumières, 1715–1815. Anthologie des successeurs de La Fontaine, de La Motte à Jauffret*, Saint-Étienne, Publications de l'Université de Saint-Étienne, 1991.

—— (éd.), *Anthologie des fabulistes français de La Fontaine au romantisme*, Étoile-sur-Rhône, Gauvin, 1993.

——, *Les Successeurs de La Fontaine au siècle des lumières (1715–1815)*, Paris, Peter Lang, 1995.

Pelletier, Loreline, « La peinture animalière en France au XVIIIe siècle (1699–1793) : quand l'animal devint sujet », 3 vol., thèse de l'Université de Lille, 2020.

Perreau, Stéphan, *Hyacinthe Rigaud, 1659–1743. Le peintre des rois*, Presses du Languedoc, 2004.

Pieragnoli, Joan, *Le prince et les animaux. Une histoire zoologique de la cour de Versailles au siècle des Lumières, 1715–1792*, Bruxelles, Éditions de l'université de Bruxelles, 2021.

Popkin, Jeremy D. and Fort, Bernadette (eds.), *The* Mémoires secrets *and the Culture of Publicity in Eighteenth-Century France*, Oxford, Voltaire Foundation, 1998.

Poplin, François, « Buffon, Pasumot et le sommeil paradoxal du chat », *Mémoires de l'Académie des sciences, arts et belles-lettres de Dijon*, vol. 130, 1989–90, p. 297–307.

Prouté, Michèle, « Le chat de Mademoiselle Dupuy », *Gazette des beaux-arts*, septembre 1979, p. 95–96.

Prugnier, Margaux, « François-Antoine Devaux (1712–1796) : littérateur célibataire », dans Juliette Eyméoud et Claire-Lise Gaillard (éds.), *Histoire de célibats du Moyen Âge au XX*ᵉ *siècle*, Paris, PUF, 2023, ch. 4.

Rabinovitch, Oded, *The Perraults : A Family of Letters in Early Modern France*, Ithaca, Cornell University Press, 2018.

Reddy, William M., *The Navigation of Feeling : A Framework for the History of Emotions*, Cambridge, Cambridge University Press, 2001.

Rétat, Pierre, « L'âge des dictionnaires », dans Henri-Jean Martin et Roger Chartier (éds.), *Histoire de l'édition française*, tome 2, *Le Livre triomphant, 1660–1830*, Paris, Promodis, 1984, p. 186–194.

Revel, Jacques, *Un parcours critique. Douze exercices d'histoire sociale*, Paris, Galaade Éditions, 2006.

Richard-Pauchet, Odile, « Diderot, Galiani, d'Épinay : une nouvelle poétique épistolaire », dans Jacques Domenech (éd.), *L'Œuvre de Madame d'Épinay, écrivain-philosophe des Lumières*, Paris, L'Harmattan, 2010, p. 31–46.

Riskin, Jessica, *Science in the Age of Sensibility : The Sentimental Empiricists of the French Enlightenment*, Chicago, University of Chicago Press, 2002.

Robbins, Louise E., *Elephant Slaves and Pampered Parrots : Exotic Animals in Eighteenth-Century Paris*, Baltimore, Johns Hopkins University Press, 2002.

Roche, Daniel, *Le Siècle des Lumières en province. Académies et académiciens provinciaux, 1680–1789*, 2 vol., Paris, Éditions de l'EHESS, 1978.

Rosenberg, Pierre, *Tout l'œuvre peint de Chardin*, Paris, Flammarion, 1983.

——, *Tout l'œuvre peint des Le Nain*, Paris, Flammarion, 1993.

Rosenfield, Leonora Cohen, *From Beast-Machine to Man-Machine : The Theme of Animal Soul in French Let-*

ters from Descartes to La Mettrie, Oxford, Oxford University Press, 1941.

Rosenwein, Barbara H., "Worrying about Emotions in History", *The American Historical Review*, Vol. 107, No. 3, 2002, p. 821–845.

——, *Emotional Communities in the Early Middle Ages*, Ithaca, Cornell University Press, 2006.

Rougemont, Martine de, « L'"avocat-arlequin" : un allié incongru de Restif, le censeur et parodiste Coqueley de Chaussepierre », *Études rétiviennes*, n° 34, 2002, p. 161–171.

Roux, Sophie, « Pour une conception polémique du cartésianisme. Ignace-Gaston Pardies et Antoine Dilly dans la querelle de l'âme des bêtes », dans Delphine Kolesnik-Antoine (éd.), *Qu'est-ce qu'être cartésien ?*, Lyon, ENS Éditions, 2013, p. 315–337.

Sahlins, Peter, *1668 : The Year of the Animal in France*, New York, Zone Books, 2017.

Salisbury, Joyce E., *The Beast Within : Animals in the Middle Ages*, 3rd ed., London, Routledge, 2022.

Salvadori, Philippe, *La Chasse sous l'Ancien Régime*, Paris, Fayard, 1996.

Schaub, Jean-Frédéric et Sebastiani, Silvia, *Races et histoire dans les sociétés occidentales (XV*e*–XVIII*e *siècle)*, Paris, Albin Michel, 2021.

Schroder, Anne L., "Genre Prints in Eighteenth-Century France : Production, Market, and Audience", in Richard Rand (ed.), *Intimate Encounters : Love and Domesticity in Eighteenth-Century France*, Princeton, Princeton University Press, 1997, p. 69–86.

Schuwey, Christophe, *Un entrepreneur des lettres au XVII*e *siècle. Donneau de Visé, de Molière au* Mercure galant, Paris, Classiques Garnier, 2020.

Seguin, Maria Susana, « Les *Confessions* et la naissance de l'autobiographie », dans Isabelle Chanteloube et Maria Susana Seguin (éds.), *Un discours sur les origines de J.-J. Rousseau.* Les Confessions, *Livres I à VI*, Paris, PUF, 2012, p. 15–41.

Sermain, Jean-Paul, *Le Conte de fées, du classicisme aux Lumières*, Paris, Desjonquères, 2005.

Serna, Pierre, *L'Animal en République. 1789–1802, genèse du droit des bêtes*, Toulouse, Anacharsis, 2016.

——, *Comme des bêtes. Histoire politique de l'animal en Révolution (1750–1840)*, Paris, Fayard, 2017.

Serpell, James, *In the Company of Animals : A Study of Human-Animal Relationship*, Cambridge, Cambridge University Press, 1996 [1st ed. 1986].

Sgard, Jean, « L'Échelle des revenus », *Dix-Huitième Siècle*, n° 14, 1982, p. 425–433.

Shaw, Edward P., *François-Augustin Paradis de Moncrif (1687–1770)*, New York, Bookman Associates, 1958.

Shevelow, Kathryn, *For the Love of Animals: The Rise of the Animal Protection Movement*, New York, Henry Holt and Company, 2008.

Showalter, English, "Authorial Self-Consciousness in the Familiar Letter: The Case of Madame de Graffigny", *Yale French Studies*, vol. 71, 1986, p. 113–130.

——, *Françoise de Graffigny : Her Life and Works*, Oxford, Voltaire Foundation, 2004.

Simon, Jonathan, *Chemistry, Pharmacy and Revolution in France, 1777–1809*, Aldershot, Ashgate, 2005.

Simonet-Tenant, Françoise « À la recherche des prémices d'une culture de l'intime », *Itinéraires. Littérature, textes, cultures*, 2009–4, p. 39–62.

Simonnet, Jean, *Le Chat des Chartreux*, Paris, Jean Simonnet, 1989 [1e éd. 1980].

Smith, Jay M., *The Culture of Merit : Nobility, Royal Service, and the Making of Absolute Monarchy in France, 1600–1789*, Ann Arbor, University of Michigan Press, 1996.

Spary, E. C., *The Utopia's Garden : French Natural History from Old Regime to Revolution*, Chicago, University of Chicago Press, 2000.

Stewart, Philip, *Engraven Desire : Eros, Image & Text in the French Eighteenth Century*, Durham, Duke University Press, 1992.

——, *L'Invention du sentiment. Roman et économie affective au XVIII*e *siècle*, Oxford, Voltaire Foundation, 2010.

Tague, Ingrid H., *Animal Companions : Pets and Social Change in Eighteenth-Century Britain*, University Park, Penn State University Press, 2015.

THOMPSON, John B., *The Media and Modernity : A Social Theory of the Media*, Cambridge, Polity Press, 1995.

TREMBLAY, Isabelle, *Les Fantômes du roman épistolaire d'Ancien Régime. L'interlocuteur absent dans la fiction monophonique*, Leiden, Brill, 2018.

VALLAT, François, *Les Bœufs malades et la peste. La peste bovine en France et en Europe, XVIIIe–XIXe siècle*, Rennes, Presses universitaires de Rennes, 2009.

VAN DAMME, Stéphane, *Descartes. Essai d'histoire culturelle d'une grandeur philosophique*, Paris, Presses de Sciences Po, 2002.

——, « "Farewell Habermas"? Deux décennies d'études sur l'espace public », dans Patrick Boucheron et Nicolas Offenstadt (éds.), *L'Espace public au Moyen Âge. Débats autour de Jürgen Habermas*, Paris, PUF, 2011, p. 43–61.

VIALA, Alain, *La France galante. Essai historique sur une catégorie culturelle, de ses origines jusqu'à la Révolution*, Paris, PUF, 2008.

VILA, Anne C., *Enlightenment and Pathology : Sensibility in the Literature and Medicine of Eighteenth-Century France*, Baltimore, Johns Hopkins University Press, 1998.

VILLEMUS, Philippe, *Fous de chats ! Enquête sur une passion française*, Caen, Éditions EMS, 2021.

WAIBOER, Adriaan E (ed.), *Gabriel Metsu*, New Haven, Yale University Press, 2010.

——, *Gabriel Metsu, Life and Work : A Catalogue Raisonné*, New Haven, Yale University Press, 2012.

WALKER, Claire Walker, BARCLAY, Katie and LEMMINGS, David (eds.), *A Cultural History of Emotions in the Baroque and Enlightenment Age*, London, Bloomsbury, 2019.

WALKER-MEIKLE, Kathleen, *Medieval Pets*, Woodbridge, Boydell Press, 2012.

WALTON, Charles, *Policing Public Opinion in the French Revolution : The Culture of Calumny and the Problem of Free Speech*, Oxford, Oxford University Press, 2009.

WESTERMANN, Mariët, *The Amusements of Jan Steen : Comic Painting in the Seventeenth Century*, Zwolle, Waanders, 1997.

WOLFF, Larry, "When I Imagine a Child : The Idea of Childhood and the Philosophy of Memory in the Enlightenment", *Eighteenth-Century Studies*, Vol. 31, No. 4, 1998, p. 377–401.

ZELINGER, Amir, "History of Pets", in Mieke Roscher, André Krebber and Brett Mizelle (eds.), *Handbook of Historical Animal Studies*, Berlin, De Gruyter, 2021, p. 425–438.

ZUFFI, Stefano, *Les Chats dans l'art*, trad. Denis-Armand Canal, Paris, La Martinière, 2007.

邦語文献

天野知恵子『子どもと学校の世紀——18 世紀フランスの社会文化史』岩波書店，2007 年。

アリエス，フィリップ『〈子供〉の誕生——アンシァン・レジーム期の子供と家族生活』杉山光信・杉山恵美子訳，みすず書房，1980［1960］年。

アルベール，ピエール『新聞・雑誌の歴史』斎藤かぐみ訳，白水社（文庫クセジュ），2020［1970］年。

池上俊一『ヨーロッパ中世の想像界』名古屋大学出版会，2020 年。

——『歴史学の作法』東京大学出版会，2022 年。

石井三記『18 世紀フランスの法と正義』名古屋大学出版会，1999 年。

イスラエル，ジョナサン『精神の革命——急進的啓蒙と近代民主主義の知的起源』森村敏己訳，みすず書房，2017［2009］年。

伊東剛史・後藤はる美編『痛みと感情のイギリス史』東京外国語大学出版会，2017 年。

伊東剛史・森田直子編『共感の共同体——感情史の世界をひらく』平凡社，2023 年。

ヴァンサン゠ビュフォー，アンヌ『涙の歴史』持田明子訳，藤原書店，1994［1986］年。

ヴィアラ，アラン『作家の誕生』塩川徹也監訳，藤原書店，2005［1985］年。

ウートラム，ドリンダ『啓蒙』田中秀夫監訳，法政大学出版局，2017［2013］年。

ヴェブレン，ソースタイン『有閑階級の理論』村井章子訳，筑摩書房（ちくま学芸文庫），2016［1899］年。

ウォーカー＝ミークル，キャスリーン『中世ネコのくらし——装飾写本でたどる』堀口容子訳，美術出版社，2024［2011］年。

鵜飼哲編『動物のまなざしのもとで——種と文化の境界を問い直す』勁草書房，2022 年。

エリアス，ノルベルト『文明化の過程』上下巻，赤井慧爾ほか訳，法政大学出版局，1977–78［1939］年。

王子賢太『消え去る立法者——フランス啓蒙における政治と歴史』名古屋大学出版会，2023 年。

小川公代・吉田由利編『感受性とジェンダー——〈共感〉の文化と近現代ヨーロッパ』水声社，2023 年。

隠岐さや香『科学アカデミーと「有用な科学」——フォントネルの夢からコンドルセのユートピアへ』名古屋大学出版会，2011 年。

奥野克巳／近藤祉秋／ナターシャ・ファイン編『モア・ザン・ヒューマン——マルチスピーシーズ人類学と環境人文学』以文社，2021 年。

貝原伴寛「『猫の大虐殺』を読みなおす——18 世紀フランスにおける人と猫の関係史」，『思想』2020 年 9 月号，92–115 頁。

——「猫の啓蒙——モンクリフ『猫』における猫愛好の擁護と顕揚」，『年報 地域文化研究』第 24 号，2021 年，1–18 頁。

——「グラフィニ夫人とペットロス——18 世紀フランスにおける感情規範の変化に関する一考察」，『日仏歴史学会会報』第 37 号，2022 年，3–16 頁。

——「経済学者の猫語り——革命前夜のフランスで「感情体制」はどう変わったか」，『現代思想』2023 年 12 月号，86–96 頁。

カニンガム，ヒュー『概説 子ども観の社会史——ヨーロッパとアメリカにみる教育・福祉・国家』北本正章訳，新曜社，2013［2005］年。

川出良枝『貴族の徳，商業の精神——モンテスキューと専制批判の系譜』東京大学出版会，1996 年。

カンブシュネル，ドゥニ『デカルトはそんなこと言ってない』津崎良典訳，晶文社，2021［2015］年。

蔵持不三也『奇蹟と痙攣——近代フランスの宗教対立と民衆文化』言叢社，2019 年。

国立新美術館，朝日新聞社事業本部文化事業部編『ルーヴル美術館展　美の宮殿の子どもたち』朝日新聞社，2009 年。

コザンデ，ファニー／デシモン，ロベール『フランス絶対主義——歴史と史学史』フランス絶対主義研究会訳，岩波書店，2021［2002］年。

コルバン，アラン『においの歴史——嗅覚と歴史的想像力』山田登世子・鹿島茂訳，藤原書店，1990［1982］年。

コルバン，アラン／クルティーヌ，ジャン＝ジャック／ヴィガレロ，ジョルジュ監修『身体の歴史』全 3 巻，藤原書店，2010［2005］年。

近藤祉秋『犬に話しかけてはいけない——内陸アラスカのマルチスピーシーズ民族誌』慶應義塾大学出版会，2022 年。

シービンガー，ロンダ『科学史から消された女性たち——アカデミー下の知と創造性』改訂新版，小川眞理子・藤岡伸子・家田貴子訳，工作舎，2022［1989］年。

シェイピン，スティーヴン『「科学革命」とは何だったのか——新しい歴史観の試み』川田勝訳，白水社，1998［1996］年。

志村真幸編『動物たちの日本近代——ひとびとはその死と痛みにいかに向きあってきたのか』ナカニシヤ出版，2023 年。

シャルチエ，ロジェ「表象としての世界」，ジャック・ルゴフほか『歴史・文化・表象——アナール派と歴史人類学』二宮宏之編訳，岩波書店，1992 年，171–207 頁。

——『書物の秩序』長谷川輝夫訳，文化科学高等研究院，1993［1992］年。

スタロバンスキー，ジャン『ルソー——透明と障害』山路昭訳，みすず書房，1993［1957］年。

——『病のうちなる治療薬——啓蒙の時代における人為に対する批判と正当化』小池健男。川那部保明訳，法政大学出版局，1993［1989］年。

ダーントン，ロバート『革命前夜の地下出版』関根素子・二宮宏之訳，岩波書店，2000［1982］年

――『猫の大虐殺』海保眞夫・鷲見洋一訳，岩波書店，1986［1984］年。

――『検閲官のお仕事』上村敏郎・八谷舞・伊豆田俊輔訳，みすず書房，2023［2014］年。

高澤紀恵『近世パリに生きる――ソシアビリテと秩序』岩波書店，2008 年。

多田寿康「孤独な自己探求の道――グラフィニー夫人『ペルー娘の手紙』，植田祐次編『フランス女性の世紀――啓蒙と革命を通して見た第二の性』世界思想社，2008 年，第Ⅲ部第 2 章。

タッカー，アビゲイル『猫はこうして地球を征服した――人の脳からインターネット，生態系まで』西田美緒子，2017［2016］年。

ディア，ピーター『知識と経験の革命――科学革命の現場で何が起こったか』高橋憲一訳，みすず書房，2012［2009］年。

ディーバス，アレン・G『ルネサンスの自然観――理性主義と神秘主義の相克』伊東俊太郎・村上陽一郎・橋本眞理子訳，サイエンス社，1986［1978］年。

デーヴィス，ナタリー・ゼーモン『愚者の王国，異端の都市――近代初期フランスの民衆文化』成瀬駒男ほか訳，平凡社，1987［1975］年。

――『帰ってきたマルタン・ゲール――16 世紀フランスのにせ亭主騒動』成瀬駒男訳，平凡社（平凡社ライブラリー），1993［1983］年。

デスコラ，フィリップ『自然と文化を越えて』小林徹訳，水声社，2020［2005］年。

トゥアン，イーフー『愛と支配の博物誌――ペットの王宮・奇型の庭園』片岡しのぶ・金利光訳，工作舎，1988［1984］年。

ドゥロン，ミシェル『享楽と放蕩の時代――18 世紀フランスを風靡した背徳者たちの夢想世界』稲松三千野訳，原書房，2002［2000］年。

トマス，キース『人間と自然界――近代イギリスにおける自然観の変遷』山内昶監訳，法政大学出版局，1989［1983］年。

ドロール，ロベール『動物の歴史』桃木暁子訳，みすず書房，1998［1984］年。

二宮宏之『全体を見る眼と歴史家たち』木鐸社，1986 年。

ニュートン，ウィリアム・リッチー『ヴェルサイユ宮殿に暮らす――優雅で悲惨な宮廷生活』北浦春香訳，白水社，2010［2008］年。

野池恵子「トリスタン・レルミット――夢と孤独の作家」，中央大学人文科学研究所編『フランス十七世紀の劇作家たち』中央大学出版部，2011 年，281–318 頁。

バーク，ピーター『ヨーロッパの民衆文化』中村賢二郎・谷泰訳，人文書院，1988［1978］年。

――『ルイ 14 世――作られる太陽王』石井三記訳，名古屋大学出版会，2004［1992］年。

――『時代の目撃者――資料としての視覚イメージを利用した歴史研究』諸川春樹訳，中央公論美術出版，2007［2001］年。

パストゥロー，ミシェル『王を殺した豚　王が愛した象――歴史に名高い動物たち』松村恵理・松村剛訳，筑摩書房，2003［2001］年。

長谷川貴彦『現代歴史学への展望――言語論的転回を越えて』岩波書店，2016 年。

長谷川まゆ帆『お産椅子への旅――ものと身体の歴史人類学』岩波書店，2004 年。

――『さしのべる手――近代産科医の誕生とその時代』岩波書店，2011 年。

――『近世フランスの法と身体――教区の女たちが産婆を選ぶ』東京大学出版会，2018 年。

――「オーラルとエクリの間からの創造――啓蒙期ロレーヌの作家グラフィニ夫人の場合」，長谷川貴彦編『エゴ・ドキュメントの歴史学』岩波書店，2020 年，第 4 章。

長谷部圭人「18 世紀中葉フランスにおける医学専門誌と種痘論争――『ジュルナル・ド・メドゥシーヌ』と『ガゼット・サリュテール』を中心に」，『史観』第 188 冊，2022 年。

ファーブル，ルネ／ディルマン，ジョルジュ『薬学の歴史』三訂版，奥田潤・奥田睦子訳，白水社（文庫クセジュ），1994［1971］年。

プランパー，ヤン『感情史の始まり』森田直子監訳，みすず書房，2020［2012］年。

ブロアール，イヴァン監修『薬学の歴史――くすり・軟膏・毒物』日本薬学会・日本薬史学会訳，薬事日報社，2017［2012］年。

ベニシュー，ポール『作家の聖別 1750–1830 年――近代フランスにおける世俗の精神的権力到来を

めぐる試論』片岡大右ほか訳，水声社，2015［1973］年。

ベルセ，Y・M『祭りと叛乱――16～18世紀の民衆意識』井上幸治監訳，新評論，1980［1976］年。

ポーコック，ジョン・G・A『徳・商業・歴史』田中秀夫訳，みすず書房，1993［1985］年。

ボーツ，ハンス／ヴァケ，フランソワーズ『学問の共和国』池端次郎・田村滋男訳，池泉書院，2015［1997］年。

増田都希「十八世紀フランスにおける「交際社会」の確立――十八世紀フランスの処世術論」一橋大学大学院言語社会研究科博士論文，2008年。

――「十八世紀フランスにおけるホモ・エコノミクスの礼節論――モンクリフ『気に入られることの必要性とその方法』に見る作法と徳，そして欲望」，『史潮』第72号，2012年，87–106頁。

真辺将之『猫が歩いた近現代――化け猫が家族になるまで』吉川弘文館，2021年。

マラン，ルイ『語りは罠』鎌田博夫訳，法政大学出版局，1996［1978］年。

見瀬悠「ルイ15世期フランスにおける高等法院とモプー改革――ボルドーとグルノーブルの事例から」，『クリオ』第23号，2009年，16–31頁。

ミュシャンブレッド，ロベール『近代人の誕生――フランス民衆社会と習俗の文明化』石井洋二郎訳，筑摩書房，1992［1988］年。

ラトゥール，ブルーノ『虚構の「近代」――科学人類学は警告する』川村久美子訳，新評論，2008［1991］年。

リトヴォ，ハリエット『階級としての動物――ヴィクトリア時代の英国人と動物たち』三好みゆき訳，国文社，2001［1987］年。

リルティ，アントワーヌ『セレブの誕生――「著名人」の出現と近代社会』松村博史・井上櫻子・齋藤山人訳，名古屋大学出版会，2019［2014］年。

ルジュンヌ，フィリップ『自伝契約』花輪光監訳，水声社，1993［1975］年。

レーベンシュテイン，ジャン＝クロード『猫の音楽――半音階的幻想曲』森元庸介訳，勁草書房，2014［2002］年。

ローゼンワイン，バーバラ・H／クリスティアーニ，リッカルド『感情史とは何か』伊藤剛史・森田直子・小田原琳・館葉月訳，岩波書店，2021［2017］年。

ロジェ，ジャック『大博物学者ビュフォン』ベカエール直美訳，工作舎，1992［1989］年。

ロジャーズ，キャサリン・M『猫の世界史』渡辺智訳，エクスナレッジ，2018［2006］年。

ロバートソン，ジョン『啓蒙とはなにか――忘却された〈光〉の哲学』野原慎司・林直樹訳，白水社，2019［2015］年。

注

序 章 愛の歴史をどう書くか

（1）［François-Augustin Paradis de Moncrif］, *Les Chats*, Paris, Gabriel-François Quillau, 1727, p. 154–155.

（2）現代日本の猫人気に関しては，真辺将之『猫が歩いた近現代——化け猫が家族になるまで』吉川弘文館，2021 年を参照。

（3）ジェームズ・ボーエン『ボブという名のストリート・キャット』服部京子訳，辰巳出版，2013 年。同『ボブがくれた世界——ぼくらの小さな冒険』服部京子訳，辰巳出版，2014 年。同『ボブが教えてくれたこと』服部京子訳，辰巳出版，2019 年。同『ボブが遺してくれた最高のギフト』稲垣みどり訳，辰巳出版，2020 年。映画は，ロジャー・スポティスウッド監督『ボブという名の猫——幸せのハイタッチ』2016（日本公開 2017）年。チャールズ・マーティン・スミス監督『ボブという名の猫 2——幸せのギフト』2020（日本公開 2022）年。

（4）アビゲイル・タッカー『猫はこうして地球を征服した——人の脳からインターネット，生態系まで』西田美緒子，インターシフト，2017［2016］年。日本では 2007 年以後 10 年間の猫関連本の出版点数が 5400 を越え，野球関連書の数を越えたという。ジュディス・ロビンソン／スコット・パック『名作には猫がいる』駒木令訳，原書房，2022［2022］年，186 頁。2020 年には独仏共同チャンネル・アルテ（Arte）が『猫はいかに世界を征服したか』（*Comment le chat a conquis le monde*）と題したドキュメンタリーを制作している（監督は Éric Gonzalez と Pierre-Aurélien Combre）。フランスの猫人気に関しては，Philippe Villemus, *Fous de chats ! Enquête sur une passion française*, Caen, Éditions EMS, 2021 も参照。

（5）ロバート・ダーントン『猫の大虐殺』海保眞夫・鷲見洋一訳，岩波書店，1986［1984］年。

（6）［Moncrif］, *Les Chats*, p. 155.

（7）［Moncrif］, *Les Chats*, p. 154; Jules Husson, dit Champfleury, *Les Chats. Histoire, mœurs, observations, anecdotes*, Paris, J. Rothschild, 1869, p. 57, 60.

（8）ロベール・ドロール『動物の歴史』桃木暁子訳，みすず書房，1998［1984］年，406 頁。なおドロールは猫がペットに役割を変えた背景として，猫の手に負えないドブネズミ（rattus norvegicus）が 18 世紀に西欧まで到来したことも挙げたが，この仮説については本書の第 I 部で検討する。

（9）Éric Baratay, *Et l'homme créa l'animal. Histoire d'une condition*, Paris, Odile Jacob, 2003, p. 343–351.

（10）現在のフランス語では「伴侶動物」（animal de compagnie）が対応表現とされるが，これは 20 世紀末に導入された学者語である。Patrick Bonduelle et Hugues Joublin, *L'Animal de compagnie*, Paris, PUF, « Que sais-je ? », 1995; Jean-Louis Labarrière, « Animal de compagnie, animal domestique et animal sauvage: une tentative de définition », dans Liliane Bodson

(éd.), *L'Animal de compagnie. Ses rôles et leurs motivations au regard de l'histoire*, Liège, Université de Liège, 1997, p. 15–41 ; Giulia Guazzaloca, « Animal de compagnie », dans Pierre Serna, Dominique Le Ru, Malik Mellah et Benedetta Piazzesi (éds.), *Dictionnaire historique et critique des animaux*, Ceyzérieu, Champ Vallon, 2024（以下 DHCA と略記）, p. 48–52.

(11) キース・トマス『人間と自然界——近代イギリスにおける自然観の変遷』山内昶監訳，法政大学出版局，1989［1983］年，第 3 章第 2 節「特権的な動物」（引用は 160–161 頁）。なお同書のフランス語版で「ペット」が animal familier と訳されたり，原語のまま残されたりしているのは，この概念が英語に特有であることの証左と言える（Keith Thomas, *Dans le jardin de la nature. La mutation des sensibilités en Angleterre à l'époque moderne (1500–1800)*, trad. Catherine Malamoud, Paris, Gallimard, 1985, p. 144–157）。

(12) ハリエット・リトヴォ『階級としての動物——ヴィクトリア時代の英国人と動物たち』三好みゆき訳，国文社，2001［1987］年，第 2 章。Kathleen Kete, *The Beast in the Boudoir : Petkeeping in Nineteenth-Century Paris*, Berkeley, University of California Press, 1994 ; Katherine C. Grier, *Pets in America : A History*, Chapel Hill, University of North Carolina Press, 2006 ; Jane Hamlett and Julie-Marie Strange, *Pet Revolution : Animals and the Making of Modern British Life*, London, Reaktion Books, 2023.

(13) Amir Zelinger, "History of Pets", in Mieke Roscher, André Krebber and Brett Mizelle (eds.), *Handbook of Historical Animal Studies*, Berlin, De Gruyter, 2021, p. 425–438. ダナ・ハラウェイ『伴侶種宣言——犬と人の「重要な他者性」』永野文香訳，以文社，2013［2003］年。同『犬と人が出会うとき——異種協働のポリティクス』高橋さきの訳，青土社，2013［2008］年。動物史研究の争点については第 1 章でも改めて論じる。

(14) Laurence Bobis, *Les Neuf vies du chat*, Paris, Gallimard, 1991 ; *id.*, « Le rapport entre l'homme et l'animal dans l'Occident médiéval : un animal exemplaire, le chat », thèse de l'Université Paris-VIII, 1997 ; *id.*, *Le Chat. Histoire et légendes*, Paris, Fayard, 2000（réédition : *Une histoire du chat, de l'Antiquité à nos jours*, Paris, Seuil, 2006）. 以下ボビスの著作は出版年のみ示す形式で引用する。

(15) Bobis 2000, p. 70–71.

(16) Kathleen Walker-Meikle, *Medieval Pets*, Woodbridge, Boydell Press, 2012, p. 21（"Cats were popular medieval pets"）. ただしウォーカー＝ミークルの主張には矛盾がある。彼女はトマスに倣い，ペットを実用的な役割を果たさない動物として定義し，猫をその一員としながら，しかし猫は鼠対策という実用的な役割も担ったと認めているからである（*Ibid.*, p. ix, 1, 4）。この点，フランス語で著述し，「ペット」概念にとらわれなかったボビスの論述の方が慎重と言える。ボビスは中世にも人と猫が親密な関係を有した可能性を指摘しながら，猫が「伴侶」として大々的に認められたのは 17 世紀以後としている。ボビスはその理由として，外来種の到来と「感性の変化」を挙げた（Bobis 2000, p. 239, 253, 259–265）。外来種の到来は本書でも重視するファクターだが（第 2 章参照），「感性の変化」は説明として不十分だろう。猫がなぜ，どのように地位を変えたのかという謎は，未解決のまま残された。

(17) 中世暗黒時代説に対する批判としては以下も参照。ウィンストン・ブラック『中世ヨーロッパ——ファクトとフィクション』大貫俊夫監訳，平凡社，2021［2019］年。ジョン・H・アーノルド『中世史とは何か』図師宣忠・赤江雄一訳，岩波書店，2022［2020］年。

(18) キャサリン・M・ロジャーズ『猫の世界史』(渡辺智訳，エクスナレッジ，2018［2006］年）に出版社が付した帯には「古代エジプト人も，シェイクスピアも，ルノアールもみんな猫が好きだった!?」との言葉が見受けられ，最近ではこの表現を副題に用いる著作もある。渋谷申博『猫の日本史――みんな猫が好きだった』出版芸術社，2022 年。

(19) マルク・ブロック『封建社会』堀米庸三監訳，岩波書店，1995［1939–40］年，第 2 篇，第 2 章「感じ，考える，そのしかた」。心性史・感性史・感情史をめぐる学説史としては以下を参照。ヤン・プランパー『感情史の始まり』森田直子監訳，みすず書房，2020［2012］年，第 1 章。池上俊一『歴史学の作法』東京大学出版会，2022 年，第 5 章。

(20) プランパー『感情史の始まり』。バーバラ・H・ローゼンワイン／リッカルド・クリスティアーニ『感情史とは何か』伊藤剛史・森田直子・小田原琳・館葉月訳，岩波書店，2021［2017］年。Rob Boddice, *The History of Emotions*, Manchester, Manchester University Press, 2018.

(21) タッカー『猫はこうして地球を征服した』83–84 頁。Cf. 入戸野宏「かわいさと幼さ――ベビースキーマをめぐる批判的考察」，『VISION』Vol. 25，No. 2，2013 年，100–104 頁。

(22) Noriko Murai, “The Genealogy of Kawaii”, in Noriko Murai, Jeff Kingston and Tina Burrett (eds.), *Japan in the Heisei Era (1989–2019) : Multidisciplinary Perspectives*, London, Routledge, 2022, p. 245–258.

(23) キャスリーン・ウォーカー＝ミークル『中世ネコのくらし――装飾写本でたどる』堀口容子訳，美術出版社，2024［2011］年，35 頁（詩の引用も同所）。全体の翻訳としては，ロビンソン／パック『名作には猫がいる』64–67 頁を参照。Cf. Bobis 2000, p. 60–61 ; Walker-Meikle, *Medieval Pets*, p. 61–62.

(24) ユニバーシティ・カレッジ・コークのアイルランド語文献データベース CELT の関連記事を参照（https://celt.ucc.ie/published/G400001.html）。

(25) Christabel Aberconway, *A Dictionary of Cat Lovers : XV Century B.C.–XX Century A.D.*, London, Michael Joseph, 1949, p. 332–333. 同書に登場する最古の「猫好き」は古代エジプトの職人イプイ（同書では Api と表記）だが，議論を複雑にしないためここでは取り上げない。イプイについては，Jaromír Málek, *The Cat in Ancient Egypt*, London, British Museum, 2006 [1st ed. 1993], p. 57–58 を参照。

(26) Jean-Jacques Rousseau, *Œuvres complètes*, tome 1, *Les Confessions*, éd. Bernard Gagnebin, Marcel Raymond et Robert Osmont, Paris, Gallimard, « Bibliothèque de la Pléiade », 2013, p. 521. ルソー『告白（下)』桑原武夫訳，岩波書店（岩波文庫），1966 年，56 頁（訳文は一部改変）。

(27) 猫に対するルソーの態度については次を参照。Jacques Berchtold, « Les chats de Jean-Jacques Rousseau », dans Jacques Réda, Jacques Berchtold et Jean-Carlo Flückiger, *Chiens et chats littéraires chez Cingria, Rousseau et Cendrars*, Genève, La Dogana, 2002, p. 37–100.

(28) Victor-Donatien de Musset, *Histoire de la vie et des ouvrages de J.-J. Rousseau*, 2 vol., Paris, Pélicier, 1821, tome 2, p. 502–503. 著者はロマン派アルフレッド・ド・ミュッセの父。この著作は 1822, 1825, 1827 年に再版されており，かなりの量が流通したと思われる。

(29) 1764 年にルソーを訪ねた英国の作家ボズウェルは，ルソーが，猫は自由な動物であり，自由を愛する者は猫も愛すると述べたと証言しているが，犬を貶める言葉は記されていない。James Boswell, *The Journal of His German and Swiss Travels, 1764*, ed. Marlies K.

Danziger, Edinburgh, Edinburgh University Press, 2008, p. 290–291.

(30) John B. Thompson, *The Media and Modernity: A Social History of the Media*, Oxford, Polity Press, 1995, ch. 1.

(31) このように中世と近代を区別することには，中世史家の同意も得られるはずである。Bobis 1991, p. 97–109; Bobis 2000, p. 239; Emmanuelle Rassart-Eeckhout, « Le chat, animal de compagnie à la fin du Moyen Âge ? L'éclairage de la langue imagée », dans Bodson (éd.), *L'Animal de compagnie*, p. 95–118.

(32) 日本語の「啓蒙」概論としては以下がある。ドリンダ・ウートラム『啓蒙』田中秀夫監訳，法政大学出版局，2017［2013］年。ジョン・ロバートソン『啓蒙とはなにか——忘却された〈光〉の哲学』野原慎司・林直樹訳，白水社，2019［2015］年。トピック別に知識を更新するには，日本 18 世紀学会 啓蒙思想の百科事典編集委員会編『啓蒙思想の百科事典』丸善出版，2023 年が便利（以下『啓蒙事典』と略記)。

(33) アントワーヌ・リルティ『セレブの誕生——「著名人」の出現と近代社会』松村博史・井上櫻子・齋藤山人訳，名古屋大学出版会，2019［2014］年。

(34) Antoine Lilti, *L'Héritage des Lumières. Ambivalences de la modernité*, Paris, EHESS-Gallimard-Seuil, 2019.

(35) ジャン・スタロバンスキー『病のうちなる治療薬——啓蒙の時代の人為に対する批判と正当化』小池健男・川那部保明訳，法政大学出版局，1993［1989］年，第 1 章。Bertrand Binoche (éd.), *Les Équivoques de la civilisation*, Seyssel, Champ Vallon, 2005.

(36) 時間概念の変容については以下も参照。Reinhart Koselleck, *Futures Past: On the Semantics of Historical Time*, trans. Keith Tribe, New York, Columbia University Press, 2004［1974］. ジョン・G・A・ポーコック『徳・商業・歴史』田中秀夫訳，みすず書房，1993［1985］年。フランソワ・アルトーグ『「歴史」の体制——現在主義と時間経験』伊藤綾訳，藤原書店，2018［2003］年。

(37) Lilti, *L'Héritage des Lumières*, ch. 2. ロバートソン『啓蒙とはなにか』第 3 章。「商業」と「歴史」をめぐるフランス啓蒙思想の展開については以下も参照。川出良枝『貴族の徳，商業の精神——モンテスキューと専制批判の系譜』東京大学出版会，1996 年。王子賢太『消え去る立法者——フランス啓蒙における政治と歴史』名古屋大学出版会，2023 年。

(38) 平野千果子『フランス植民地主義の歴史——奴隷制廃止から植民地帝国の崩壊まで』人文書院，2002 年，第 1 章。N・バンセル／P・ブランシャール／F・ヴェルジェス『植民地共和国フランス』平野千果子・菊池恵介訳，岩波書店，2011［2003］年，第 3 章。

(39) Lilti, *L'Héritage des Lumières*, p. 26–27, 33–113.

(40) タッカー『猫はこうして地球を征服した』第 2 章。リチャード・C・フランシス『家畜化という進化——人間はいかに動物を変えたか』西尾香苗訳，白揚社，2019［2016］年，第 3 章。

(41)「感じ方のシステム」という表現は，ローゼンワイン／クリスティアーニ『感情史とは何か』62 頁から。「感情文化」はスティーヴン・ゴードンが提唱した社会学用語だが，歴史家にも（分析概念として定義されぬままカジュアルに）使われてきた。感情史の有名概念と関連づけるなら，「感情体制」は権力に結びついた支配的な感情文化として，「感情共同体」は一定の感情文化を共有する集団として理解できる。ジョナサン・H・ターナー／ジャン・E・ステッツ『感情の社会学理論』正岡寛司訳，明石書店，2013

［2005］年，77–85 頁。Peter N. Stearns, *American Cool : Constructing a Twentieth-Century Emotional Style*, New York, New York University Press, 1994, p. 1–15 and *passim* ; Barbara H. Rosenwein, *Emotional Communities in the Early Middle Ages*, Ithaca, Cornell University Press, 2006, p. 142, 197 ; Katie Barclay, “Introduction”, in Claire Walker, Katie Barclay and David Lemmings (eds.), *A Cultural History of Emotions in the Baroque and Enlightenment Age*, London, Bloomsbury, 2019, p. 1–14.

(42) 目的論的自然観が支配的だった中世に対して「実用」の概念を適用することには問題もあるだろうが，議論を整理するための方便として許されたい。啓蒙期の「有用性」概念については以下を参照。隠岐さや香『科学アカデミーと「有用な科学」――フォントネルの夢からコンドルセのユートピアへ』名古屋大学出版会，2011 年，130–131 頁。Francine Markovits, « Utile », dans Michel Delon (éd.), *Dictionnaire européen des Lumières*, Paris, PUF, 2007［1e éd. 1997］（以下 DEL と略記), p. 1232–1237.

(43) なお「洗練主義」は筆者の造語である。サロン文化に関しては第 II 部を参照。

(44)「感傷主義」は侮蔑的な意味合いを込めて使われがちだが，本書ではそのような含意は意図されていないことに注意されたい。Barclay, “Introduction”, p. 6 ; William M. Reddy, *The Navigation of Feeling : A Framework for the History of Emotions*, Cambridge, Cambridge University Press, 2001 ; G. J. Barker-Benfield, *The Culture of Sensibility : Sex and Society in Eighteenth-Century Britain*, Chicago, University of Chicago Press, 1992. 小川公代・吉田由利編『感受性とジェンダー――〈共感〉の文化と近現代ヨーロッパ』水声社，2023 年。

(45) Cecilia Feilla, *The Sentimental Theater of the French Revolution*, Farnham, Ashgate, 2013 ; Emma Barker, *Greuze and the Painting of Sentiment*, Cambridge, Cambridge University Press, 2005.

(46) アンヌ・ヴァンサン＝ビュフォー『涙の歴史』持田明子訳，藤原書店，1994［1986］年。ジャン・スタロバンスキー『ルソー――透明と障害』山路昭訳，みすず書房，1993［1957］年。

(47) Kathryn Shevelow, *For the Love of Animals : The Rise of the Animal Protection Movement*, New York, Henry Holt and Company, 2008 ; Tobias Menely, *The Animal Claim : Sensibility and the Creaturely Voice*, Chicago, University of Chicago Press, 2015 ; Ingrid H. Tague, *Animal Companions : Pets and Social Change in Eighteenth-Century Britain*, University Park, Penn State University Press, 2015 ; *id.*, “The History of Emotional Attachment to Animals”, in Hilda Kean and Philip Howell (eds.), *The Routledge Companion to Animal-Human History*, London, Routledge, 2019, p. 345–366 ; Éric Baratay, « La promotion de l’animal sensible. Une révolution dans la Révolution », *Revue historique*, vol. 661, 2012, p. 131–153 ; Pierre Serna, *L’Animal en République. 1789–1802, genèse du droit des bêtes*, Toulouse, Anacharsis, 2016.

(48) ノルベルト・エリアス『文明化の過程』上下巻，赤井慧爾ほか訳，法政大学出版局，1977–78［1939］年。感情抑圧テーゼに与した論考の例としては，Jean-Jacques Courtine et Claudine Haroche, *Histoire du visage. Exprimer et taire ses émotions, XVIe–début XIXe siècle*, Marseille, Rivages, 1988. ただし絶対王政期を通じて暴力の発動が抑制されたこと自体は，実証的な研究によって示されている（ロベール・ミュシャンブレッド『近代人の誕生――フランス民衆社会と習俗の文明化』石井洋二郎訳，筑摩書房，1992［1988］年。Robert Muchembled, *Une histoire de la violence. De la fin du Moyen Âge à nos jours*, Paris, Seuil, 2008)。ここで言いたいのは，暴力の抑制がそのまま感情の抑圧を意味するわけでも，猫

を愛する文化の出現を説明するわけでもないということだ。

(49) Barbara H. Rosenwein, “Worrying about Emotions in History”, *The American Historical Review*, Vol. 107, No. 3, 2002, p. 821–845.

(50) 啓蒙時代の始点を17世紀後半に置くのには，スピノザ，ロック，ベール，フォントネルら「初期啓蒙思想家」の活動や，いわゆる「新旧論争」を通じた「近代人」意識の形成を思えば，大方の同意は得られよう（Cf. Dan Edelstein, *The Enlightenment: A Genealogy*, Chicago, University of Chicago Press, 2010)。終点を1830年頃に置くのには異論もあろうが，かつて「前ロマン主義」と呼ばれたものが啓蒙期の「感受性文化」として捉えなおされたことを思えば，一定の理解は得られるのではないか。18•19世紀の連続性については，ポール・ベニシュー『作家の聖別 1750–1830年——近代フランスにおける世俗の精神的権力到来をめぐる試論』片岡大右ほか訳，水声社，2015［1973］年も参照。

(51)「近世」（または「初期近代」）という時代区分をめぐる議論としては以下を参照。坂下史「近世／初期近代のヨーロッパ——ルネサンスからフランス革命まで」，『岩波講座 世界歴史15　主権国家と革命　15〜18世紀』岩波書店，2023年，3–72頁。

(52) オウムやカナリアの販売業については既に文書館史料に基づく研究があるが，これは「鳥商人」がギルドとして存在し，関連文書が残ったためである（第2章参照)。

(53) 史料蒐集にあたっては，とりわけフランス国立図書館のGallicaと，各地の大学図書館が所蔵する稀覯本を公開しているGoogle Books，そして各地の美術館のオンライン・コレクションの恩恵を受けた。もちろん，検索して出てきた史料を時系列順に並べれば済むほど事は容易くない。しかしこれらのサービスを活用することで，目に入る史料の幅が一気に広がったことは明記しておきたい。

(54) 二宮宏之『全体を見る眼と歴史家たち』木鐸社，1986年，31頁。Cf. リュシアン・フェーヴル『歴史のための闘い』長谷川輝夫訳，平凡社（平凡社ライブラリー)，1995［1953］年，42–43頁。

第I部 「野蛮」の発明

(1) ピーター・P・マラ／クリス・サンテラ『ネコ・かわいい殺し屋——生態系への影響を科学する』岡奈理子ほか訳，築地書館，2019年。鹿児島大学鹿児島環境学研究会編『奄美のノネコ——猫の問いかけ』南方新社，2019年。筆者は兵庫県の家島における猫の増殖に関する報道を目にしてノネコ問題への関心を抱かされた。関西テレビ『Newsランナー』，「瀬戸内の“猫の島”　小さな島で猫が激増」2023年10月11日放送（https://www.ktv.jp/news/feature/1011-ieshima_neko/)。

(2) 獣医に関しては第3章を参照。住居の構造と猫の飼育形態の関係については，真辺将之『猫が歩いた近現代——化け猫が家族になるまで』吉川弘文館，2021年，145–152頁。

(3) 坂東眞砂子ほか『「子猫殺し」を語る——生き物の生と死を幻想から現実へ』双風舎，2009年。生殖こそ動物本来の幸せだとした坂東の主張の是非を論じることは本書の範囲を越えてしまうが，動物の生と死を歴史学的に考えるためには，例えば，志村真幸編『動物たちの日本近代——ひとびとはその死と痛みにいかに向きあってきたのか』ナカニシヤ出版，2023年を参照。編者の志村は，1980年代の日本でも子猫の間引きが一般的に行われていたと証言している（同書309頁)。

第1章　「猫の大虐殺」を読みなおす

（1）ロバート・ダーントン『猫の大虐殺』海保眞夫・鷲見洋一訳，岩波書店，1986［1984］年。この邦訳は同時代ライブラリー版（1990年）と岩波現代文庫版（2007年）として再版されているが，これらは抄訳であることに注意が必要である。本書では初版を用いる。

（2）本章の注48を参照。

（3）Anne-Marie Mitchell, *Les Chats de la rue Saint-Séverin*, La Geneytouse, Lucien Souny, 2016.

（4）C・ギアーツ『文化の解釈学』全2巻，吉田禎吾ほか訳，岩波書店，1987［1973］年。

（5）Nicolas Contat dit Le Brun, *Anecdotes typographiques, Où l'on voit la description des coutumes, mœurs et usages singuliers des Compagnons imprimeurs*, with Dufresne, *La Misère des apprentis imprimeurs*, ed. Giles Barber, Oxford, Oxford Bibliographical Society, 1980. ニコラ・コンタ『18世紀印刷職人物語』宮下志朗訳，水声社，2013年。以下，原著（Contatと略記）に加えて邦訳の対応箇所を示すが，訳文は適宜改変した。

（6）Contat, p. 50–51. 邦訳65–68頁。ダーントン『猫の大虐殺』94–95頁。

（7）Contat, p. 52. 邦訳69頁。ダーントン『猫の大虐殺』95頁。

（8）Contat, p. 52–53. 邦訳70–72頁。ダーントン『猫の大虐殺』96頁。

（9）ダーントン『猫の大虐殺』97頁。

（10）同上99–103頁。

（11）Contat, p. 30–31. 邦訳7–8頁。

（12）ダーントン『猫の大虐殺』103–111頁。

（13）同上111–120頁。

（14）同上120–125頁。

（15）ナタリー・ゼーモン・デーヴィス『愚者の王国，異端の都市――近代初期フランスの民衆文化』成瀬駒男ほか訳，平凡社，1987［1975］年。Y・M・ベルセ『祭りと叛乱――16～18世紀の民衆意識』井上幸治監訳，新評論，1980［1976］年。ピーター・バーク『ヨーロッパの民衆文化』中村賢二郎・谷泰訳，人文書院，1988［1978］年。

（16）Harold Mah, "Suppressing the Text: The Metaphysics of Ethnographic History in Darnton's Great Cat Massacre", *History Workshop Journal*, Vol. 31, No. 1, 1991, p. 1–20.

（17）Contat, p. 53–56. 邦訳73–78頁。Roger Chartier, "Text, Symbols, and Frenchness", *The Journal of Modern History*, Vol. 57, No. 4, 1985, p. 682–695, esp. p. 690–694.

（18）Contat, p. 51. 邦訳65頁。Mah, "Suppressing the Text".

（19）ダーントン『猫の大虐殺』97, 126頁。

（20）ダーントン『猫の大虐殺』97頁。当時の社会史研究に関しては，注15の文献に加えて，池上俊一『歴史学の作法』東京大学出版会，2022年，第6章を参照。

（21）歴史学の言語論的転回に関する文献は数多いが，例えば以下を参照。長谷川貴彦『現代歴史学への展望――言語論的転回を超えて』岩波書店，2016年。Sabina Loriga et Jacques Revel, *Une histoire inquiète. Les historiens et le tournant linguistique*, Paris, EHESS-Gallimard-Seuil, 2022.

（22）Roger Chartier, *Au Bord de la falaise. L'histoire entre certitudes et inquiétudes*, Paris, Albin Michel, 2009 [1e éd. 1998]. とりわけ同書の収録論考のうち邦訳があるものとして，ロジェ・シャルチエ「表象としての世界」，ジャック・ルゴフほか『歴史・文化・表象――アナール派と歴史人類学』二宮宏之編訳，岩波書店，1992年，171–207頁を参照。

（23）ノルベルト・エリアス『文明化の過程』上下巻，赤井慧爾ほか訳，法政大学出版局，

1977–78［1939］年。ロベール・ミュシャンブレッド『近代人の誕生——フランス民衆社会と習俗の文明化』石井洋二郎訳，筑摩書房，1992［1988］年。Chartier, *Au Bord de la falaise*, p. 94–98, 114–116, 290–292 ; Jacques Revel, « Les usages de la civilité », dans Philippe Ariès et Georges Duby (éds.), *Histoire de la vie privée*, tome 3, *De la Renaissance aux Lumières*, Paris, Seuil, 1985, p. 169–209 ; Emmanuel Bury, *Littérature et politesse. L'invention de l'honnête homme (1580–1750)*, Paris, PUF, 1996.

(24) Jacques Revel, « Formes de l'expertise : les intellectuels et la culture populaire en France (1650–1800) » (1992), dans *Un parcours critique. Douze exercices d'histoire sociale*, Paris, Galaade Éditions, 2006, p. 314–355.

(25) ダーントン『猫の大虐殺』113 頁。Kathryn Shevelow, *For the Love of Animals : The Rise of the Animal Protection Movement*, New York, Henry Holt and Company, 2008, p. 127–146 ; G. J. Barker-Benfield, *The Culture of Sensibility : Sex and Society in Eighteenth-Century Britain*, Chicago, University of Chicago Press, 1992, p. 232.

(26) ダーントン『猫の大虐殺』114 頁。Frédéric Mistral, *Lou trésor dóu Félibrige ou Dictionnaire provençal-français embrassant les dialectes de la langue d'oc moderne*, tome 1, Aix-en-Provence, veuve Remondet-Aubin, 1878, p. 494.

(27) [Laurent Mesme, dit Mathurin Neuré], *Querela ad Gassendum, de parum christianis provincialium suorum ritibus, minimumque sanis eorundem moribus, ex occasione ludicrorum quae Acquis Sextiis in solemnitate Corporis Christi ridicule celebrantur*, [s.l.], [s.n.], 1645, p. 39. 同論には 18 世紀の定期刊行物に掲載されたフランス語の抄訳がある（*Le Conservateur*, juillet 1757, p. 159–182）。ヌレについては René Pintard, *Le Libertinage érudit dans la première moitié du XVIIe siècle*, Genève, Slatkine, 1983 [1e éd. 1943], p. 331–332 を参照。「猫遊び」の意味については次も参照。Marie-Luce Demonet, « Scénographies de l'Enfer dans l'œuvre de Rabelais », dans Liana Nissim et Alessandra Preda (éds.), *Les Lieux de l'Enfer dans les lettres françaises*, Milano, Edizioni Universitarie di Lettere Economia Diritto, 2014, p. 59–74, en particulier p. 72.

(28) ダーントン『猫の大虐殺』104–106 頁。Henri Sauval, *Histoire et recherches des Antiquités de la ville de Paris*, tome 3, Paris, Charles Moette et Jacques Chardon, 1724, p. 432. パリの聖ヨハネ祭に関しては，高澤紀恵『近世パリに生きる——ソシアビリテと秩序』岩波書店，2008 年，38–43 頁も参照。

(29) Germain-François Poullain de Saint-Foix, *Essais historiques sur Paris*, 4e éd., tome 5, Paris, la Veuve Duchesne, 1766, p. 31–32. キャサリン・M・ロジャーズ『猫の世界史』渡辺智訳，エクスナレッジ，2018［2006］年（45 頁）は廃止の時期を 1648 年としているが，根拠は不明。

(30) [François-Augustin Paradis de Moncrif], *Les Chats*, Paris, Gabriel-François Quillau, 1727, p. 120.

(31) Jean Lebeuf, « Lettre sur les Feux de la Saint-Jean », *Suite de la clef ou Journal historique sur les matières du temps*, août 1751, p. 126–134.

(32) Daniel Roche, *Le Siècle des Lumières en province. Académies et académiciens provinciaux, 1680–1789*, 2 vol., Paris, Éditions de l'EHESS, 1978, tome 1, p. 15–54. なおロレーヌ地方の大部分を占める公爵領は当時まだ独立国だった（1736 年にフランスの属国と化し，66 年に併合）が，メッスを含む「三司教区」は 16 世紀中葉にフランス王国の勢力下に置かれ，

17世紀中葉に正式に併合されていた。Rainer Babel, « Lorraine et Barrois » ; Gérard Michaux, « Trois-Évêchés », dans Lucien Bély (éd.), *Dictionnaire de l'Ancien Régime*, Paris, PUF, 2015 [1e éd. 1996], p. 759–761, 1232–1233.

(33) Jean François, *Dissertation sur l'ancien usage des feux de la Saint-Jean, et d'y brûler les chats à Metz*, éd. Marie-Claire Mangin, dans *Cahiers Elie Fleur*, nº 11, 1995, p. 49–104. この論文はメッス・アカデミー文書所収の手稿（la Médiathèque Verlaine, Fonds de l'académie de Metz, MS 1337）であり，原本はオンライン公開されている（https://galeries.limedia.fr/fiches/archives-de-lacademie-nationale-de-metz-volume-1/）。なおフランソワは文中で『猫』を引用しており，同書に触発されてこの論文を書いたのだと思われる。ただし彼は皮肉にも『猫』の著者をモンクリフではなく，その批判者デフォンテーヌだと誤認している。

(34) *Très-humbles et très-respectueuses remontrances des chats de la ville de Metz à Messieurs les conseillers échevins et Magistrats de la même ville au sujet du feu de la St. Jean*, dans « Les Feux de la Saint-Jean », *Le Pays lorrain et le pays messins*, 6e année, 1909, p. 373–374. この詩はフランソワの論文の原本と清書の後に収録されている。次の文書が 1758 年 8 月 31 日付であることから，この詩はフランソワの論文と同時に，あるいはその論文の発表後まもなく提出されたものだと思われる。

(35) *Ibid.*

(36) [Jean François, Nicolas Tabouillot et Jean-Baptiste Maugerard], *Histoire générale de Metz, par des religieux bénédictins de la congrégation de S. Vanne*, tome 3, Metz, J.-B. Collignon, 1775, p. 187–188.

(37) Lettre de Jacques Renéaume de La Tache à Jean François, dans Jean François, *Journal de dom Jean François, 1760–1772*, Metz, Imprimerie lorraine, 1913, p. 252–253. 刊本では差出人の綴りが Resseaume とされているが翻刻の誤りだと判断した。なお当時のアルマンチエール元帥夫人は Marie-Charlotte de Senneterre（1750–94）という若年の女性だと思われる。感傷小説を読むなどして啓蒙期の新しい感性を身につけていたのかもしれない。

(38) ダーントン『猫の大虐殺』124 頁。

(39) Charles Phineas, "Household Pets and Urban Alienation", *Journal of Social History*, Vol. 7, No. 3, 1974, p. 338–343.

(40) Kathleen Kete, *The Beast in the Boudoir: Petkeeping in Nineteenth-Century Paris*, Berkeley, University of California Press, 1994. キート氏には筆者の博士論文の審査員を務めていただき，ご自身の研究にまつわる状況に関しては，公開審査会の場（2023 年 3 月 17 日）でご説明をいただいた。米国の初期ペット研究としては以下も参照。イーフー・トゥアン『愛と支配の博物誌——ペットの王宮・奇型の庭園』片岡しのぶ・金利光訳，工作舎，1988［1984］年。James Serpell, *In the Company of Animals: A Study of Human-Animal Relationsihp*, Cambridge, Cambridge University Press, 2008 [1st ed. 1986].

(41) キース・トマス『人間と自然界——近代イギリスにおける自然観の変遷』山内昶監訳，法政大学出版局，1989［1983］年。ロベール・ドロール『動物の歴史』桃木暁子訳，みすず書房，1998［1984］年。Maurice Agulhon, « Le sang des bêtes: le problème de la protection des animaux en France au XIXe siècle », *Romantisme*, vol. 11, nº 31, 1981, p. 81–110. 動物史の研究史については以下を参照。Éric Baratay et Jean-Luc Mayaud, « Un champ pour l'histoire: l'animal », *Cahiers d'histoire*, vol. 42, nº 3/4, 1997, p. 409–442; Erica Fudge, "A Left-Handed Blow: Writing the History of Animals", in Nigel Rothfels (ed.), *Representing Animals:*

Theories of Contemporary Culture, Bloomington, Indiana University Press, 2002, p. 3–18.

(42) アニマル・スタディーズの背景にはカルチュラル・スタディーズやジェンダー論などの豊富な蓄積があるが，詳細は以下の文献を参照されたい。Margo Demello, *Animals and Society : An Introduction to Human-Animal Studies*, New York, Columbia University Press, 2012 ; Paul Waldau, *Animal Studies : An Introduction*, Oxford, Oxford University Press, 2013 ; Émilie Dardenne, *Introduction aux études animales*, Paris, PUF, 2020.

(43) フランスで頻繁に参照される理論として，ブルーノ・ラトゥール『虚構の「近代」——科学人類学は警告する』川村久美子訳，新評論，2008［1991］年。フィリップ・デスコラ『自然と文化を越えて』小林徹訳，水声社，2020［2005］年がある。関連文献は数多いが，日本語で読めるものとして以下を参照。奥野克巳／近藤祉秋／ナターシャ・ファイン編『モア・ザン・ヒューマン——マルチスピーシーズ人類学と環境人文学』以文社，2021 年。近藤祉秋『犬に話しかけてはいけない——内陸アラスカのマルチスピーシーズ民族誌』慶應義塾大学出版会，2022 年。ペット論としては，Erica Fudge, *Pets*, Stocksfield, Acumen, 2008 も参照。

(44) J・ドナルド・ヒューズ『環境史入門』村山聡・中村博子訳，岩波書店，2018［2006］年。アラン・コルバン／ジャン＝ジャック・クルティーヌ／ジョルジュ・ヴィガレロ監修『身体の歴史』全 3 巻，藤原書店，2010［2005］年。ヤン・プランパー『感情史の始まり』森田直子監訳，みすず書房，2020［2012］年。伊東剛史・後藤はる美編『痛みと感情のイギリス史』東京外国語大学出版会，2017 年。『現代思想』特集「感情史」（2023 年 12 月号）所収の諸論考も参照のこと。

(45) Hilda Kean and Philip Howell (eds.), *The Routledge Companion to Animal-Human History*, London, Routledge, 2019 ; Mieke Roscher, André Krebber and Brett Mizelle (eds.), *Handbook of Historical Animal Studies*, Berlin, De Gruyter, 2021. ペット研究に関しては序章で示した研究史の整理を参照。

(46) Éric Baratay, *Cultures félines (XVIIe–XXIe siècle). Les chats créent leur histoire*, Paris, Seuil, 2021, ch. 1. Cf. *id.*, *Le Point de vue animal. Une autre version de l'histoire*, Paris, Seuil, 2012 ; *id.*, *Biographies animales*, Paris, Seuil, 2017.

(47) ダーントン『猫の大虐殺』94, 97–98, 125 頁。

(48) この「事件」に言及した文献としては，例えば以下を参照。Bobis 2000, p. 249–250 ; Linda Kalof, *Looking at Animals in Human History*, London, Reaktion Books, 2007, p. 113–114 ; Damien Baldin, *Histoire des animaux domestiques, XIXe–XXe siècle*, Paris, Seuil, 2014, p. 176 ; Nathaniel Wolloch, *The Enlightenment's Animals : Changing Conceptions of Animals in the Long Eighteenth Century*, Amsterdam, Amsterdam University Press, 2019, p. 179. 動物表象の研究で著名な中世史家ミシェル・パストゥローは「虐殺」の発生を 1730 年 11 月 16 日の夜と特定しているが，根拠は不明。ミシェル・パストゥロー『王を殺した豚　王が愛した象——歴史に名高い動物たち』松村恵理・松村剛訳，筑摩書房，2003［2001］年，191–195 頁。

(49) Chartier, "Text, Symbols, and Frenchness", p. 690–694.

(50) Pierre Testud, *Rétif de La Bretonne et la création littéraire*, Genève, Droz, 1977, p. 194. Cf. フィリップ・ルジュンヌ『自伝契約』花輪光監訳，水声社，1993［1975］年。Maria Susana Seguin, « Les *Confessions* et la naissance de l'autobiographie », dans Isabelle Chanteloube et Maria Susana Seguin (éds.), *Un discours sur les origines de J.-J. Rousseau.* Les Confessions,

Livres I à VI, Paris, PUF, 2012, p. 15–41.

(51) 語りの快楽は印刷工の「自伝」に頻出するテーマだった。James S. Amelang, *The Flight of Icarus: Artisan Autobiography in Early Modern Europe*, Stanford, Stanford Unviersity Press, 1998, p. 185–186.

(52) 例えば以下を参照。村上克尚『動物の声，他者の声——日本戦後文学の倫理』新曜社，2017 年。鵜飼哲編『動物のまなざしのもとで——種と文化の境界を問い直す』勁草書房，2022 年。

(53) 猫を殺された女性が裁判官の前で雄弁術を通じて賠償を勝ち取る内容の詩で，キケロ流の弁論術を下賤な物語に適用することで滑稽味を醸しだす作品である。学者が弁論術の訓練として著した戯れ文らしい。この詩は単一の写本で確認されただけで，広く流通していたものとは思われない。Bobis 1997, p. 335; André Boutemy, « Deux pièces inédites du manuscrit 749 de Douai », *Latomus*, tome 2, fasc. 2, 1938, p. 123–130.

(54) Gallica で閲覧可能な版を用いる。Tristan L'Hermite, *Le Page disgracié, où l'on voit de vifs caractères des hommes de tous tempéraments et de toutes professions*, 2 vol., Paris, André Boutonné, 1667. 著者の本名は François L'Hermite du Solier で「トリスタン」は筆名。その生涯と作品については，野池恵子「トリスタン・レルミット——夢と孤独の作家」，中央大学人文科学研究所編『フランス十七世紀の劇作家たち』中央大学出版部，2011 年，281–318 頁を参照。

(55) Patrick Dandrey, « *Le Page disgracié* de Tristan l'Hermite ou le "roman de sa vie" », *Revue d'histoire littéraire de la France*, vol. 114, n° 1, 2014, p. 169–181.

(56) Tristan L'Hermite, *Le Page disgracié*, 2ᵉ partie, p. 197–198.

(57) *Ibid*., p. 198–199.

(58) *Ibid*., p. 200–207. なお 17 世紀には実際に猫いじめが滑稽画の題材となっていた（第 8 章参照）。

(59) *Ibid*., p. 156–157. Cf. Nadia Maillard, « Fonction et représentation des animaux dans *Le Page disgracié* de Tristan L'Hermite, ou le conteur bavard et la lionette muette », dans Charles Mazouer (éd.), *L'Animal au XVIIᵉ siècle*, Tübingen, Gunter Narr Verlag, 2003, p. 73–88, en particulier p. 76–77.

(60) 愛猫の死を嘆き，復讐を求める貴婦人は 18 世紀初頭の風刺文学にも登場していた。第 7 章の『ティティ王子』論を参照。

(61) Contat, p. 53–54, 60. 邦訳 72, 75, 89 頁。

(62) Contat, p. 52. 邦訳 70 頁。

(63) ダーントンはこの箇所に，猫の記号的な意味を読み取る奥方の知性と，そうした読解力を持たない親方の愚かさの対比を読み取ったが，むしろこの場面は，男性である親方が猫に愛着を抱いていなかったか，あるいは職人たちの前ではそのような感情を表明せずに利益の損失を嘆く姿を見せているのだと解釈すべきところだと思われる。というのも，次章以後で何度も確認するように，猫を愛でる感情は 18 世紀において，女性の感情として語られることが普通だったからである。

第 2 章　資源としての猫

(1) Pierre Rétat, « L'âge des dictionnaires », dans Henri-Jean Martin et Roger Chartier (éds.), *Histoire de l'édition française*, tome 2, *Le Livre triomphant, 1660–1830*, Paris, Promodis, 1984,

p. 186–194.

(2) なお，18世紀は家政論としてのウコノミー（œconomie）から近代的な政治経済学（économie politique）が分化した時期とされる。この概念の歴史に関しては，隠岐さや香『科学アカデミーと「有用な科学」——フォントネルの夢からコンドルセのユートピアへ』名古屋大学出版会，2011年，213–215頁。Arnaud Orain, *Les Savoirs perdus de l'économie. Contribution à l'équilibre du vivant*, Paris, Gallimard, 2023を参照。

(3) *Dictionnaire de l'Académie française*, 1e éd., tome 1, Paris, Coignard, 1694, p. 175, art. « Chat ».

(4) Noël Chomel, *Dictionnaire œconomique, contenant divers moyens d'augmenter et conserver son bien et même sa santé*, 2 vol., Lyon, Pierre Théned, 1709, tome 1, p. 48, art. « Animal ».

(5) Correspondance relative à l'inventeur d'une drogue pour la destruction des rats, Archives nationales de France（以下ANと略記），O/1/1797, 404–409 ; Correspondance relative aux dévastations commises par les rats dans le Château, AN, O/1/1799, 445 ; Correspondance relative aux rats qui infestent le château de Versailles, AN, O/1/1802, 355. ヴェルサイユ宮殿の運営については，ウィリアム・リッチー・ニュートン『ヴェルサイユ宮殿に暮らす——優雅で悲惨な宮廷生活』北浦春香訳，白水社，2010［2008］年を参照。

(6) Jacques Savary des Bruslons et Louis-Philémon Savary, *Dictionnaire universel de commerce*, 2 vol., Paris, Jacques Estienne, 1723, tome 1, p. 164, art. « Arsenic ».

(7) 環境省自然環境局総務課動物愛護管理室『もっと飼いたい？』平成23年3月。

(8) *Correspondance générale d'Helvétius*, éd. David Smith *et al.*, Toronto, University of Toronto Press, Vol. 4, 1998, p. 131–141, 151–154, 159–161.

(9) [François Génard], *L'École de l'homme, ou parallèle des portraits du siècle, et des Tableaux de l'Écriture Sainte*, 1e partie, Paris, [s.n.], 1752, p. 7–9.

(10) [Jean-M.-M. Rédarès], *Traité raisonné sur l'éducation du chat domestique*, Paris, Raynal, 1828, p. 34, 65.

(11) Michel Hochmann, « Quelques réflexions sur la peinture comique en Italie au XVIe siècle », dans Sophie Laroche et Christophe Brouard (éds.), *La Grande bouffe. Peintures comiques dans l'Italie de la Renaissance*, Paris, LienArt, 2017, p. 13–27. Cf. Bobis 2000, p. 69. 文学に登場する去勢猫としては，後述するペルヌ侯爵夫人の飼い猫ミルレと，第4章で論じるグリゼットの手紙に登場するタタを挙げておこう。

(12) [Rédarès], *Traité raisonné*, p. 84–85. 別の著者が労働者女性を装って執筆した労働者向けの教本では，去勢を自ら行う方法が説かれ，遅くとも生後1ヶ月の段階で「残酷な鉄」を子猫の陰部に当てるべきだとされている。Catherine Bernard [pseudonyme d'Alexandre Martin], *Traité complet sur l'éducation physique et morale des chats*, Paris, chez l'auteur, 1828, p. 44.

(13) [François-Augustin Paradis de Moncrif], *Les Chats*, Paris, Gabriel-François Quillau, 1727, p. 73.

(14) Louis Liger, *Œconomie générale de la campagne, ou Nouvelle maison rustique*, 2 vol., Paris, de Sercy, 1700, tome 1, p. 5, 240, 391 ; *id.*, *Dictionnaire pratique du bon ménager*, 2 vol., Paris, Pierre Ribou, 1715, tome 1, p. 79, art. « Beurre » ; tome 2, p. 44, art. « Laitière ».

(15) *Dictionnaire de l'Académie française*, 1e éd. (1694), p. 175.

(16) François Rozier (éd.), *Cours complet d'agriculture théorique, pratique, économique, et de médecine rurale et vétérinaire*, 12 vol., Paris, Rue et hôtel Serpente, 1781–1805, tome 3, 1785,

p. 154, art. « Chat » par Jean-André Mongez ; Adolphe Fosset, *Encyclopédie domestique, recueil de procédés et de recettes concernant les arts et métiers, l'économie rurale et domestique*, tome 1, Paris, Salmon, 1829, p. 452 ; Charles-Yves Cousin d'Avallon, *Le Parfait agriculteur, ou Dictionnaire portatif et raisonné d'agriculture*, tome 1, Paris, Delacour, 1810, p. 110 ; R***, *La Petite maison rustique, ou Manuel du propriétaire agricole et du fermier*, Paris, Darne, 1826, p. 339.

(17) 例えば以下を参照。Louis Liger, *Amusements de la campagne, ou Nouvelles ruses innocentes qui enseignent la manière de prendre aux pièges toutes sortes d'oiseaux et de bêtes à quatre pieds*, 2 vol., Paris, Claude Prudhomme, 1709, tome 1, p. 168, 413 ; tome 2, p. 112, 122, 373–374 ; Jacques-Joseph Baudrillart, *Traité général des eaux et forêts, chasses et pêches* [...], 4e partie, *Dictionnaire des pêches*, Paris, A. Bertrand et Mme Huzard, 1827, p. 95.

(18) Savary des Bruslons et Savary, *Dictionnaire unviersel de commerce*, tome 1, p. 703. サヴァリの記述によると，現代では野生化したイエネコ（ノネコ）を指す chat-haret という言葉は，当時，ヤマネコを指す狩人の専門用語だったという。

(19) André-Jean Bourde, *Agronomie et agronomes en France au XVIIIe siècle*, 3 vol., Paris, SEVPEN, 1967 ; Steven L. Kaplan, *Bread, Politics and Political Economy in the Reign of Louis XV*, The Hague, Martinus Nijhoff, 1976.

(20) Henri-Louis Duhamel du Monceau, *Traité de la conservation des grains et en particulier du froment*, Paris, H.-L. Guérin et L.-F. Delatour, 1753, p. 23–24.

(21) Antoine-Augustin Parmentier, *Méthode facile de conserver à peu de frais les grains et les farines*, Londres et Paris, Barrois, 1784, p. 47.

(22) Antoine-Augustin Parmentier, *Bibliothèque universelle des dames. Économie rurale et domestique*, tome 2, Paris, Rue et hôtel Serpente, 1790, p. 105, 107.

(23) Rozier (éd.), *Cours complet d'agriculture*, tome 3, 1785, p. 154, art. « Chat » par Mongez.

(24) Alexandre-Henri Tessier et André Thouin, *Encyclopédie méthodique. Agriculture*, tome 3, Paris, Panckoucke, 1793, p. 78, art. « Chat » par Alexandre-Henri Tessier.

(25) Anne C. Vila, *Enlightenment and Pathology : Sensibility in the Literature and Medicine of Eighteenth-Century France*, Baltimore, Johns Hopkins University Press, 1998 ; *id.*, *Suffering Scholars : Pathologies of the Intellectual in Enlightenment France*, Philadelphia, University of Pennsylvania Press, 2018 ; Jessica Riskin, *Science in the Age of Sensibility : The Sentimental Empiricists of the French Enlightenment*, Chicago, University of Chicago Press, 2002.

(26) ジャン＝ジャック・ルソー『人間不平等起源論　付「戦争法原理」』坂倉裕治訳，講談社（講談社学術文庫），2016 年，55 頁。

(27) Pierre Roussel, *Bibliothèque des dames. Médecine domestique*, tome 1, Paris, rue et hôtel Serpente, 1790, p. 72–73. ルーセルについては Vila, *Enlightenment and Pathology*, ch. 7 も参照。

(28) Marie-Armande-Jeanne Gacon-Dufour, *Manuel de la ménagère, à la ville et à la campagne et de la femme de basse-cour*, tome 1, Paris, Buisson, 1805, p. 269. ガコン＝デュフールについては次を参照。Erica Mannucci, "Marie-Armande Gacon-Dufour : A Radical Intellectual at the Turn of the Nineteenth Century", in Lisa Curtis-Wendelandt, Paul Gibbard and Karen Green (eds.), *Political Ideas of Enlightenment Women : Virtue and Citizenship*, London, Routledge, 2013, p. 79–90.

(29) Rozier (éd.), *Cours complet d'agriculture*, tome 11 (1805), p. 355, art. « Chat » par Charles-

Nicolas-Sigisbert Sonnini de Manoncourt.

(30) Fosset, *Encyclopédie domestique*, tome 1, p. 452–453, article « Chat ». 同書の初版（1822年）に「猫」の項目は無いので，この項目の執筆者はフォッセではなく，改訂版の編者を務めた「パリの薬剤師M氏」だと考えられる。

(31) Savary des Bruslons et Savary, *Dictionnaire universel de commerce*, tome 1, p. 704, art. « Chat »; tome 2, p. 1058, art. « Pelleterie ». サヴァリ兄弟に始まる18世紀の商業事典類については，Jean-Claude Perrot, « Les dictionnaires de commerce au XVIIIe siècle », *Revue d'histoire moderne et contemporaine*, vol. 28, n° 1, 1981, p. 36–67を参照。

(32) Antoine Furetière, *Dictionnaire universel*, 2 vol., La Haye et Rotterdam, Arnault et Rinier Leers, 1690, tome 2, art. « Manchon ». Cf. Bernard Allaire, *Pelleteries, manchons et chapeaux de castor. Les fourrures nord-américaines à Paris, 1500–1632*, Sillery, Septentrion, 1999, p. 240–241.

(33) Jean-Marie Roland de la Platière, *Encyclopédie méthodique. Manufactures, arts et métiers*, 2e partie, tome 3, Paris, Panckoucke, 1790, p. 739.

(34) P. Maigne, *Nouveau manuel complet du pelletier-fourreur et du plumassier*, Paris, Roret, 1881, p. 25–27.

(35) Louis-Sébastien Mercier, *Tableau de Paris*, éd. Jean-Claude Bonnet, 2 vols., Paris, Mercure de France, 1994, tome 1, p. 1316–1317, « Peaux de lapins »［texte de 1783］.

(36)［Victoire Thomassin de La Garde, marquise de Perne］, *Lettres galantes et poésies diverses de M^e^ la Marquise de P****, 2 vol., Paris, Denis Mouchet, 1724, tome 2, p. 339–340. ミルレは「宦官」(eunuque) と呼ばれ，脚注で「去勢済みの雄猫」(chat coupé) だと説明されている。

(37)［Louise Levesque］, *Minet, poème*, Paris, Claude Simon, 1736, p. 12–13.

(38) Nicolas Delamare, *Traité de la police*, tome 1, Paris, Jean et Pierre Cot, 1705, p. 543; *Sentence de police, Qui condamne les nommés Girard et Meusnier, Fraiziers, la femme le Comte, Équarrisseuse de Chiens et de Chats, les nommées Magdaleine, Marie Barat et Vaucelle, Chiffonnières, en l'amende, pour avoir fait leur Commerce rue Neuve Saint Martin, et leur enjoint de l'aller faire hors de la ville*, BnF F-21037 (173). なお18世紀の「ポリス」は，治安維持だけでなく街路の環境整備などを含む都市の統治を言い含む概念であった。松本礼子「18世紀後半パリのポリスの特質——「悪しき言説」をめぐる取り組みを手掛かりに」，『西洋史学』第253巻，2014年，1–19頁。

(39) アラン・コルバン『においの歴史——嗅覚と歴史的想像力』山田登世子・鹿島茂訳，藤原書店，1990［1982］年。Reynald Abad, « Les tueries à Paris sous l'Ancien Régime ou pourquoi la capitale n'a pas été dotée d'abattoirs aux XVIIe et XVIIIe siècles », *Histoire, économie et société*, vol. 17, n° 4, 1998, p. 649–676; Lucie Schneller Lorenzoni, « Abattoirs (Ancien Régime) », dans DHCA, p. 19–23.

(40) « Détails relatifs à l'équarrissage des chiens et des chats », dans Jean-Gabriel-Victor de Moléon, *Recueil industriel, manufacturier, agricole et commercial, de la salubrité publique et des beaux-arts*, tome 3, Paris, Bachelier, 1827, p. 265–267. モンフォーコンの糞尿処理場と化学工業については以下を参照。コルバン『においの歴史』39–40，125頁。André Guillerme, *La Naissance de l'industrie à Paris. Entre sueurs et vapeurs, 1780–1830*, Seyssel, Champ Vallon, 2007, p. 116–117.

(41) Bobis 2000, p. 56. 近代日本でも成猫を重宝する同様の価格体系があったと確認されている。真辺将之『猫が歩いた近現代——化け猫が家族になるまで』吉川弘文館，2021

年，57–59 頁。

(42) Louise E. Robbins, *Elephant Slaves and Pampered Parrots: Exotic Animals in Eighteenth-Century Paris*, Baltimore, Johns Hopkins University Press, 2002, p. 100–121. ロビンズは失物広告を用いて愛玩鳥飼育者の社会層を調べ，弁護士や徴税人に加え，パン屋，指物師，紙屋，郵便配達員，警視，公証人など様々な職業を挙げた。

(43) Florent Prévost, *Des animaux d'appartement et de jardin. Oiseaux, poissons, chiens, chats*, Paris, F. Savy, 1861, p. 178. Cf. *Annuaire-Almanach du commerce, de l'industrie, de la magistrature et de l'administration*, 62e année, 1859, Paris, Firman Didot, p. 114, 778, 1057.

(44) [Jean-Jacques Quesnot de La Chenée], *L'Opéra de La Haye. Histoire instructive et galante*, Cologne, chez les Héritiers de Pierre le Sincère, 2 parties, 1706, 1e partie, p. 8 ; 2e partie, p. 238.

(45) Vincent Milliot, *Les Cris de Paris ou le peuple travesti. Les représentations des petits métiers parisiens, XVIe–XVIIIe siècles*, Paris, Publications de la Sorbonne, 1995, p. 165–166.

(46) Cissie Fairchilds, "The Production and Marketing of Populuxe Goods in Eighteenth-Century Paris", in John Brewer and Roy Porter (eds.), *Consumption and the World of Goods*, London, Routledge, 1993, p. 228–248. Cf. Michael Kwass, *The Consumer Revolution, 1650–1800*, Cambridge, Cambridge University Press, 2022.

(47) Jean de La Fontaine, *Fables choisies, mises en vers*, 4 vol., Paris, Desaint & Saillant, 1755–59, tome 4, p. 76. Cf. Alexandre Maral et Nicolas Milovanovic (dir.), *Les Animaux du roi*, Paris, Lineart, 2021, p. 208.

(48) Bobis 2000, p. 259–265.

(49) Pierre Richelet, *Dictionnaire français*, Genève, Jean Herman Widerhold, 1680, p. 129, art. « Chat ».

(50) Denis Diderot et Jean Le Rond d'Alembert (éds.), *Encyclopédie ou Dictionnaire raisonné des sciences, des arts et des métiers*, 28 vol., Paris, Briasson, David l'aîné, Le Breton et Durand, 1751–72, tome 3, p. 235, art. « Chat (*Hist. nat.*) » par Louis de Jaucourt et Louis-Jean-Marie Daubenton ; Bobis 1997, p. 165.

(51) Gerolamo Cardano, *De Rerum varietate libri XVII*, Basiliæ, per Henrichum Petri, 1557, p. 187–188, cité dans Bobis 1997, p. 285.

(52) 毛色に基づく性格診断を民衆知としてあえて取り上げた著作として，[Martin], *Traité complet*, p. 38.

(53) [Denis Diderot], *Les Bijoux indiscrets*, tome 1, au Monomotapa [Paris], [s.n.], [1748], p. 194. シャルトルー猫に関しては，Jean Simonnet, *Le Chat des Chartreux*, Paris, Jean Simonnet, 1989 [1e éd. 1980] を参照。

(54) Cf. *Greuze et Diderot. Vie familiale et éducation dans la seconde moitié du XVIIIe siècle*, Clermont-Ferrand, Musée Bargoin, 1984, p. 48.

(55) *Le Mercure galant*, décembre 1709, p. 76–77, cité dans Joan Pieragnoli, *Le Prince et les animaux. Une histoire zoologique de la cour de Versailles au siècle des Lumières, 1715–1792*, Bruxelles, Éditions de l'université de Bruxelles, 2021, p. 32 ; [Moncrif], *Les Chats*, p. 133.

(56) Anselme-Gaëtan Desmarest, *Mammalogie, ou Description des espèces de mammifères*, 1e partie, Paris, Mme Veuve Agasse, 1820, p. 233.

(57) ソースタイン・ヴェブレン『有閑階級の理論』村井章子訳，筑摩書房（ちくま学芸文庫），2016 [1899] 年，172–173 頁。

(58) 以上アンゴラ猫については，Bobis 2000, p. 259–265 ; Jean-Pierre Digard, « Chah des chats, chats de chah ? Sur les traces du chat persan », dans Daniel Balland (éd.), *Hommes et terres d'Islam. Mélanges offerts à Xavier de Planhol*, Téhéran, Institut français de recherche en Iran, 2001, p. 321–338 を参照。ちなみにロランによると，革命前夜の時点ではアンゴラ猫の毛皮もマフの素材にされていたらしい。Roland de la Platière, *Encyclopédie méthodique. Manufactures, arts et métiers*, 2e partie, tome 3, p. 739.

(59) Marvin Harris, *Good to Eat : Riddles of Food and Culture*, New York, Simon and Schuster, 1985 ; Erica Fudge, *Animal*, London, Reaktion Books, 2002, p. 34–46.

(60) Conrad Gessner, *Historiæ animalium de quadrupedibus viviparis*, Tiguri, apud Christ. Froschoverum, 1551, p. 348–349. なお中世の猫食に関しては，Bobis 2000, p. 80–84 を参照。

(61) 一例として，Guillaume Marcel, *Histoire de l'origine et des progrès de la monarchie française suivant l'ordre des temps*, tome 4, Paris, Denis Thierry, 1686, p. 647.

(62) *Sentence du Prévôt de Paris contre les bouchers qui tuent et vendent des chats en guise d'agneaux*, BnF F-23714 (60) ; *Sentence de M. le lieutenant civil de la ville, prévôté de Paris rendue à l'encontre de certains bouchers, pour avoir vendu* [...] *des chats écorchés, habillés en guise d'agneaux*, BnF, F-23714 (61).

(63) ミシェル・ド・モンテーニュ『エセー 1』宮下志朗訳，白水社，2005 年，164–165 頁。

(64) ル・サージュ『ジル・ブラース物語（四）』杉捷夫訳，岩波書店（岩波文庫），1954 年，144 頁。猫肉にまつわる忌避感については，Madeleine Ferrières, *Histoire des peurs alimentaires du Moyen Âge à l'aube du XXe siècle*, Paris, Seuil, 2006, p. 215–225 も参照。

(65) Louis-Daniel Arnault de Nobleville, *Suite à la matière médicale de M. Geoffroy*, tome 5, Paris, Desaint et Saillant, 1757, p. 28.

(66) Joseph Lieutaud, *Précis de la matière médicale*, tome 2, Paris, P. Fr. Didot, 1770, p. 454.

(67) Pierre-Joseph Buc'hoz, *Dictionnaire vétérinaire, et des animaux domestiques*, tome 2, Paris, J. P. Costard, 1771, p. 118–119. 著者名は「ビュショ」と表記されることもあるが（例えばコルバン『においの歴史』85 頁），筆者がフランスで耳にした発音に基づいて表記した。

(68) William Cullen, *Cours de matière médicale*, trad. Louis Caullet de Veaumorel, Paris, chez l'auteur, Didot le jeune et Mequignon l'aîné, 1787 [1775], p. 279.

(69) Henri Gisquet, *Mémoires de M. Gisquet, ancien préfet de police*, tome 4, Paris, Marchant, 1840, p. 308–309.

(70) Jean Bruyérin-Champier, *L'Alimentation de tous les peuples et de tous les temps jusqu'au XVIe siècle*, trad. Sigurd Amundsen, Paris, Intermédiaire des chercheurs et des curieux, 1998, p. 424.

(71) Pierandrea Mattioli, *Commentaires de M. Pierre André Matthiole médecin sénois, sur les six livres de Ped. Discoride Anazarbéen de la Matière médicinale*, trad. Jean des Moulins, Lyon, Guillaume Roville, 1572 [1554], p. 786 ; Gessner, *Historiæ animalium*, p. 349–350, Ulisse Aldrovandi, *De quadrupedibus viviparis digitatis libri tres et de quadrupedibus digitatis oviparis libri duo*, Bonnoniæ, sumptibus Marci Antonii Berniæ, 1637, p. 580–581 ; Ambroise Paré, *Les Œuvres*, 5e éd., Paris, Gabriel Buon, 1598, p. 782.

(72) Jérôme Richard, *Voyages chez les peuples sauvages, ou l'homme de la nature*, tome 3, Paris, Laurens aîné, 1801, p. 170. リシャールについてはフランス国立図書館オンライン目録の項目を参照した（https://data.bnf.fr/fr/11921856/jerome_richard/）。

(73) Hippolyte Cloquet, *Faune des médecins, ou Histoire des animaux et de leurs produits*, tome 4,

Paris, Crochard, 1823, p. 30–31.

(74) Pierre Gontier, *Exercitationes hygiasticae, sive de sanitate tuenda et vita procuenda libri XVIII*, Lugduni, A. Jullieron, 1668, p. 295.

(75) コルバン『においの歴史』187–213頁。クロケの犬論も参照。Cloquet, *Faune des médecins*, tome 4, 1823, p. 105–112.

(76) なお猫が狂犬病を媒介する存在だったことも，人間が猫を遠ざける理由になった。猫に噛まれた人間が狂犬病に感染した症例については以下を参照。Barthélemy Saviard, *Nouveau recueil d'observations chirurgicales*, Paris, Jacques Collombat, 1702, p. 412–422; Antoine Portal, *Observations sur la nature et sur le traitement de la rage*, Yverdon, [s.n.], 1779.

(77) 猫という動物のあり方自体が歴史を通じて変化してきた点については，Éric Baratay, *Cultures félines (XVII*e*–XXI*e *siècle). Les chats créent leur histoire*, Paris, Seuil, 2021も参照。

(78) ただし猫を殺すことがおしなべて批判を浴びるようになったわけではないことに注意しておきたい。例えば猫は，実験科学が隆盛した17世紀から解剖の練習に用いられたし，ロバート・ボイルの有名な空気ポンプ実験でも子猫が窒息死させられている。科学研究のために犬や猫を犠牲にすることが大々的に批判されるようになったのは，動物生体解剖に反対する運動が組織された19世紀末以後のことだと考えられる。Anita Guerrini, *Experimenting with Humans and Animals: From Galen to Animal Rights*, Baltimore, Johns Hopkins University Press, 2003, p. 38; *id.*, *The Courtiers' Anatomists: Animals and Humans in Louis XIV's Paris*, Chicago, University of Chicago Press, 2015, p. 19–20; Jean-Yves Bory, *La Douleur des bêtes. La polémique sur la vivisection au XIX*e *siècle en France*, Rennes, Presses universitaires de Rennes, 2013.

第3章　猫と医療のフランス革命

(1) Hippolyte Cloquet, *Faune des médecins, ou Histoire des animaux et de leurs produits*, tome 4, Paris, Crochard, 1823, p. 28–34.

(2) ロバートン・ダーントン『猫の大虐殺』鷲見洋一・海保眞夫訳，岩波書店，1986［1984］年，118頁。

(3) Nicolas Lémery, *Pharmacopée universelle*, Paris, Laurent d'Houry, 1697, p. 946 (2e éd., 1716, p. 1009–1010); *id.*, *Traité universel des drogues simples*, Paris, Laurent d'Houry, 1698, p. 297 (2e éd., 1714, p. 341). 中世における猫の薬用については，Bobis 2000, ch. 10を参照。

(4) 以下の版を参照した。Paris, la veuve d'Houry, 1738, p. 1009–1010; Paris, d'Houry, 1761, p. 776; Paris, Desaint et Saillant, Hérissant, Nyon, Savoye, d'Houry et Didort, 1764, tome 2, p. 1122.

(5) Lémery, *Traité universel des drogues simples*, 1698, p. 142, art. « Canis »; p. 212, art. « Columba ».

(6) *Recueil des miracles opérés au tombeau de M. de Pâris diacre*, tome 2, Utrecht, Aux dépens de la Compagnie, 1734, p. 179. 助祭パリスの奇蹟騒動については，蔵持不三也『奇蹟と痙攣——近代フランスの宗教対立と民衆文化』言叢社，2019年を参照。

(7) Jean-Adrien Helvétius, *Traité des maladies les plus fréquentes*, Paris, Laurent d'Houry et Pierre-Augustin Le Mercier, 1703, p. 218. エルヴェシウスは新大陸由来の薬草トコンの利用法を開発して有名になり，王太子の病気を治して国王の寵愛を受け，政府が地方に配給した薬品の製造を独占受注した。『精神論』を書いた哲学者エルヴェシウスの祖父であ

る。Louis Lafond, *La Dynastie des Helvétius. Les Remèdes du Roi*, Paris, E.-H. Guitard, 1926, p. 27–51.

（8）Joseph Lieutaud, *Précis de la matière médicale*, 2 vol., Paris, Didot, 1770, tome 2, p. 205–206. 当初ラテン語で出版された著作だが，引用文はフランス語版の注釈に加えられたもの。リュトーについては，Colin Jones, “The Médecins du Roi at the End of the *Ancien Régime* and in the French Revolution”, in Vivian Nutton (ed.), *Medicine at the Courts of Europe, 1500–1837*, London, Routledge, 1990, p. 209–261 を参照。この療法は以下の医学事典にも掲載されている。[Labeyrie et Jean Goulin], *Dictionnaire raisonné-universel de matière médicale*, tome 2, Paris, Didot le jeune, 1773, p. 24–25 ; Félix Vicq d’Azyr (éd.), *Encyclopédie méthodique. Médecine*, tome 4, Paris, Panckoucke, 1792, p. 661, art. « chat » par Louis-Charles-Henri Macquart.

（9）Lazare Rivière, *Les Observations de médecine*, trad. François Deboze, Lyon, Jean Certes, 1680, p. 476, 516. リヴィエールは臨床に関心を寄せた当時としては珍しい医学者であり，著作は半世紀にわたって再版されて読み継がれた。L. W. B. Brockliss, *French Higher Education in the Seventeenth and Eighteenth Centuries : A Cultural History*, Oxford, Clarendon Press, 1987, p. 392 ; Laurence Brockliss and Colin Jones, *The Medical World of Early Modern France*, Oxford, Clarendon Press, 1997, p. 150–169（以下 Brockliss and Jones と略記).

（10）レムリは『生薬総論』初版でこの療法に言及しておらず，他の著者たちは伝聞に過ぎないことを示す表現（on prétend など）を付け加えている。Noël Chomel, *Dictionnaire œconomique*, 3ᵉ éd. par M. P. Danjou, tome 2, Paris, la Veuve de Jacques Estienne, 1732, p. 342 ; Nicolas Alexandre, *La Médecine et la chirurgie des pauvres*, Paris, Laurent Le Conte, 1733 [1ᵉ éd. 1714], p. 359–360 ; [Labeyrie et Goulin], *Dictionnaire raisonné-universel de matière médicale*, tome 2, p. 25 ; Vicq d’Azyr (éd.), *Encyclopédie méthodique. Médecine*, tome 4, p. 661.

（11）Cloquet, *Faune des médecins*, tome 4, p. 28–34.

（12）ルネ・ファーブル／ジョルジュ・ディルマン『薬学の歴史』三訂版，奥田潤・奥田陸子訳，白水社（文庫クセジュ），1994［1971］年では，アポティケールが「調剤師」と訳されているが，同書で説明されている語源を踏まえて，本書では「薬種商」と訳すことにした。なお次の著作では，アポティケールが「薬剤師」，ファルマシアンが「薬局管理者」と訳されている。イヴァン・ブロアール監修『薬学の歴史――くすり・軟膏・毒物』日本薬学会・日本薬史学会訳，薬事日報社，2017［2012］年，118 頁。

（13）Jonathan Simon, *Chemistry, Pharmacy and Revolution in France, 1777–1809*, Aldershot, Ashgate, 2005（以下 Simon と略記).

（14）当時のフランスには 15 の大学があり，そのうち 5 大学で医学部が機能していたが，なかでもパリとモンペリエの医学部が突出した名声を誇った。両者を比較すると，パリはアリストテレス主義に忠実な保守派で，モンペリエは早期に臨床や化学を医学に取り込むなど革新的だったと言われている。Brockliss and Jones, p. 86–107 ; Brockliss, *French Higer Education*, p. 391–443.

（15）以上のような医療の階層秩序に関しては，以下を参照。Brockliss and Jones, ch. 3, 4, 5, 8 ; François Lebrun, *Se soigner autrefois. Médecins, saints et sorciers aux XVIIᵉ et XVIIIᵉ siècles*, Paris, Seuil, 1995 [1ᵉ éd. 1983], p. 27–127.

（16）Brockliss and Jones, ch. 8, 9, 12 ; Simon, p. 21–47 ; Charles Coulston Gillispie, *Science and Polity in France at the End of the Old Regime*, Princeton, Princeton University Press, 1980,

p. 203–212. 絵師が国家に庇護されて「芸術家」へと地位を高めた事例については，ナタリー・エニック『芸術家の誕生――フランス古典主義時代の画家と社会』佐野泰雄訳，岩波書店，2010［1993］年も参照。

(17) Simon, ch. 2.

(18) Brockliss and Jones, p. 379–398 ; Isabelle Coquillard, « Les médecins parisiens et la diffusion du savoir médical au XVIIIe siècle : des savants pédagogues », dans Dominique Barjot (éd.), *Transmission et circulation des savoirs scientifiques et techniques*, Paris, Éditions du Comité des travaux historiques et scientifiques, 2020［https://books.openedition.org/cths/13598］. 長谷部圭人「十八世紀中葉フランスにおける医学専門誌と種痘論争――『ジュルナル・ド・メドゥシーヌ』と『ガゼット・サリュテール』を中心に」，『史観』第 188 冊，2022 年，54–78 頁。

(19) Brockliss and Jones, p. 418–473, 760–782. 隠岐さや香『科学アカデミーと「有用な科学」――フォントネルの夢からコンドルセのユートピアへ』名古屋大学出版会，2011 年，169–174 頁。

(20) Charles C. Gillispie, *Science and Polity in France : The Revolutionary and Napoleonic Years*, Princeton, Princeton University Press, 2004 ; Jean-Luc Chappey, *La Révolution des sciences. 1789 ou le sacre des savants*, Paris, Vuibert, 2020. 隠岐『科学アカデミーと「有用な科学」』第 8 章。

(21) Simon, ch. 4 ; Olivier Lafont, *Apothicaires et pharmaciens. L'histoire d'une conquête scientifique*, Arcueil, John Libbey, 2021, p. 160–161.

(22) William R. Newman, "From Alchemy to "Chymistry"", in Katherine Park and Lorraine Daston (eds.), *The Cambridge History of Science*, Vol. 3, *Early Modern Science*, Cambridge, Cambridge University Press, 2006, p. 497–517 ; Jan Golinski, "Chemistry", in Roy Porter (ed.), *The Cambridge History of Science*, Vol. 4, *The Eighteenth Century*, Cambridge, Cambridge University Press, 2003, p. 375–396 ; Charles Bedel et Pierre Huard, *Médecine et pharmacie au XVIIIe siècle*, Paris, Hermann, 1986, p. 237–255.

(23) Simon, p. 59 ; Allen G. Debus, *The French Paracelsians : The Chemical Challenge to Medical and Scientific Tradition in Early Modern France*, Cambridge, Cambridge University Press, 1991.

(24) Simon, p. 66–77. ダルコンヴィル夫人については以下を参照。ロンダ・シービンガー『科学史から消された女性たち――アカデミー下の知と創造性』改訂新版，小川眞理子・藤岡伸子・家田貴子訳，工作舎，2022［1989］年，293–297 頁。Marc André Bernier et Marie-Laure Girou-Świderski (éds.), *Madame d'Arconville, moraliste et chimiste au Siècle des Lumières*, Oxford, Voltaire Foundation, 2016.

(25) Simon, ch. 3 ; Arthur Donovan, *Antoine Lavoisier : Science, Administration and Revolution*, Oxford, Blackwell, 1993 ; Bernadette Bensaude-Vincent, « Chimie », dans DEL, p. 237–243.

(26) ミシェル・フーコー『異常者たち』慎改康之訳，筑摩書房，2002［1999］年，257, 265 頁。ティソの生涯と人気については以下を参照。Antoinette Emch-Dériaz, *Tissot : Physician of the Enlightenment*, New York, Peter Lang, 1992 ; Robert Darnton, *A Literary Tour de France : The World of Books on the Eve of the French Revolution*, Oxford, Oxford University Press, 2018, p. 283, 295.

(27) Samuel-Auguste Tissot, *Avis au peuple sur sa santé*, Lausanne, J. Zimmerli, 1761, p. 275–276.

(28) Brockliss and Jones, p. 411–479 ; Roselyne Rey, *Naissance et développement du vitalisme en*

France de la deuxième moitié du XVIIIe siècle à la fin du Premier Empire, Oxford, Voltaire Foundation, 2000, p. 270–319, 407–408 ; Roger French, *Medicine before Science : The Rational and Learned Doctor from the Middle Ages to the Enlightenment*, Cambridge, Cambridge University Press, 2003, p. 158–164, 229–232.

(29) François Boissier de Sauvages, *Dissertation où l'on recherche comment l'air, suivant ses différentes qualités, agit sur le corps humain*, Bordeaux, la veuve de Pierre Brun, 1754.

(30) [Marie-Geneviève-Charlotte Thiroux d'Arconville], *Essai pour servir à l'histoire de la putréfaction*, Paris, Didot le jeune, 1766.

(31) Sydney Watts, « Boucherie et hygiène à Paris au XVIIIe siècle », *Revue d'histoire moderne et contemporaine*, vol. 41, n° 3, 2004, p. 79–103.

(32) Gérard Jorland, *Une Société à soigner. Hygiène et salubrité publiques en France au XIXe siècle*, Paris, Gallimard, 2010, p. 19–39. Cf. Jean-Paul Desaive *et al.*, *Médecins, climat et épidémies à la fin du 18e siècle*, Paris, Mouton, 1972.

(33) アラン・コルバン『においの歴史――嗅覚と歴史的想像力』山田登世子・鹿島茂訳，藤原書店，1990［1982］年。

(34) 16世紀の医師ボードロンによると，「子犬油」は，実際には「犬，猫，トカゲ，その他の動物の油」を指す総称だったという。Brice Bauderon, *Pharmacopée de Bauderon*, Paris, Jean Jost, 1650 [1e éd. 1583], p. 393. なお「子犬油」に関しては次の紹介記事を除いて，詳しい研究を見つけることはできなかった。W. A. Jackson, "Oleum Catellorum", *Pharmaceutical Historian*, Vol. 37, No. 3, 2007, p. 33, 40–41.

(35) Lémery, *Pharmacopée universelle*, p. 947–948.

(36) Hyacinthe-Théodore Baron, *Codex medicamentarius, seu Pharmacopoea Parisiensis*, Paris, Guillaume Cavelier, 1732, p. 124.

(37) Antoine Baumé, *Éléments de pharmacie théorique et pratique*, Paris, la Veuve Damonneville et Musier fils, Didot jeune et De Hansy, 1762, p. xi, 615, 637 ; Claude Bourgelat, *Matière médicale raisonnée*, Lyon, Jean-Marie Bruyset, 1771, p. 160, 213.

(38) Denis Diderot et Jean Le Rond d'Alembert (éds.), *Encyclopédie ou Dictionnaire raisonné des sciences, des arts et des métiers*, 28 vol., Paris, Briasson, David l'aîné, Le Breton et Durand, 1751–72, tome 3, p. 256, art. « Chat (*Matière médicale*)» et p. 331, art. « Chien (Matière médicale et pharmacie » par Gabriel-François Venel.

(39) Gabriel-François Venel, *Précis de matière médical*, éd. Joseph-Barthélemy-François Carrière, 2 vol., Paris, Cailleau, 1787, tome 2, p. 444.

(40) Antoine Baumé, *Éléments de pharmacie théorique et pratique*, 2 vol., 8e éd. Paris, les libraires associés, 1797, tome 1, p. ix ; tome 2, p. 101.

(41) Jacques-François Demachy, *Manuel du pharmacien*, Paris, Buisson, 1788, tome 2, p. 445. パリ薬学院内部の路線対立については，Simon, ch. 2 を参照。

(42) Antoine Bussy, « Obsèques de M. Bouillon-Lagrange, directeur de l'École de Pharmacie de Paris », dans *Journal de pharmacie et de chimie*, 3e partie, tome 3, Paris, Fortin, Masson et Cie, 1844, p. 230–235.

(43) Edme-Jean-Baptiste Bouillon-Lagrange, *Cours d'étude pharmaceutique*, 4 vol., Paris, Jansen, an III, tome 2, p. 287, tome 4, p. 201, 204.

(44) Edme-Jean-Baptiste Bouillon-Lagrange, *Manuel du pharmacien*, Paris, Bernard, 1803, p. 208,

234.

(45) Antoine Baumé, *Éléments de pharmacie théorique et pratique*, 9e éd. revue par Bouillon-Lagrange, 2 vol., Paris, Crochard et Gabon, 1818.

(46) Simon, p. 123–126.

(47) Jacques-François Demachy, « Sur quelques préparations pharmaceutiques colorées par la fécule verte des plantes », dans *Journal de la Société des pharmaciens de Paris*, nº X, 15 brumaire an VI (5 novembre 1797), p. 101–105, ici p. 105.

(48) Cloquet, *Faune des médecins*, tome 4, 1823, p. 108–110.

(49) Simon, ch. 2, 4, 5. 本節の議論はサイモンに倣って社会史的な側面を重視する「外在的」なアプローチを取ったものである。さらなる理解のためには，薬学と化学の学説それ自体の「内在的」な変化に合わせて，犬や猫など動物由来の生薬の位置づけがどう変化したのかを探る必要があるだろう。

(50) Ronald Hubscher, *Les Maîtres des bêtes. Les vétérinaires dans la société française, XVIIIe–XXe siècles*, Paris, Odile Jacob, 1999, ch. 11 ; Daniel Roche, *La Culture équestre de l'Occident XVIe–XIXe siècle. L'ombre du cheval*, tome 1, *Le cheval moteur*, Paris, Fayard, 2008, ch. 8, 9.

(51) Philippe Salvadori, *La Chasse sous l'Ancien Régime*, Paris, Fayard, 1996, ch. 4.

(52) *Instruction pour élever, nourrir, dresser, instruire et panser toutes sortes de petits oiseaux de volière que l'on tient en cage pour entendre chanter. Avec un petit Traité pour les maladies des chiens*, Paris, Charles de Sercy, 1675 ; Jean-Claude Hervieux de Chanteloup, *Nouveau traité des serins de Canaries*, Paris, Claude Prud'homme, 1709.

(53) Philippe Cottereau et Janine Weber-Godde, *Claude Bourgelat. Un Lyonnais fondateur des deux premières écoles vétérinaires du monde (1712–1779)*, Lyon, ENS, 2011.

(54) 獣医学校の位置づけや学生の出自などに関しては，Malik Mellah, « L'école d'économie rurale vétérinaire d'Alfort, 1766–1813 : une histoire politique et républicaine avec l'animal domestique », thèse de l'Université Paris I, 2018 を参照。

(55) Claude Bourgelat, *Éléments de l'art vétérinaire. Matière médicale raisonnée, ou précis des médicaments considérés dans leurs effets*, 3e éd., 2 vol., Paris, J. B. Huzard, an IV (1795), tome 1, p. 268.

(56) Malik Mellah, « Baquets, salons et écuries. Du compagnon animal en révolution », *Annales historiques de la Révolution française*, vol. 3, nº 377, 2014, p. 81–107. 猫の治療を依頼する手紙の不在については，メラ氏から口頭でご説明をいただいた（2020 年 1 月 14 日）。

(57) [Pierre-Joseph Buc'hoz], *Traité de l'éducation des animaux qui servent d'amusement à l'homme*, Paris, Lamy, 1780. Cf. Mellah, « Baquets, salons et écuries », p. 103.

(58) François Vallat, « Les épizooties en France de 1700 à 1850 : inventaire clinique chez les bovins et les ovins », *Histoire & Sociétés rurales*, vol. 15, 2001, p. 67–104 ; *id.*, *Les Bœufs malades et la peste. La peste bovine en France et en Europe, XVIIIe–XIXe siècle*, Rennes, Presses universitaires de Rennes, 2009. Cf. *id.*, « Épizooties : France de l'Ancien Régime », dans DHCA, p. 267–272.

(59) Karl Friedrich Heusinger, *Recherches de pathologie comparée*, vol. 2, 1e partie, Cassel, Henri Hotop, 1853, p. CCLXXII–CCLXXVII.

(60) *Journal de santé et d'histoire naturelle de Bordeaux*, brumaire an VI [octobre–novembre 1797], p. 247.

(61) *La Clef du cabinet des souverains*, 11 novembre 1797, p. 2762.

(62) *La Clef du cabinet des souverains*, 5 janvier 1798, p. 3202. 手紙自体は 1797 年 12 月 11 日付。

(63) Joseph Lavallée, *Semaines critiques, ou gestes de l'an cinq*, tome 3, Paris, chez les marchands de nouveauté, 1797, p. 368–369.

(64) Valeriano Luigi Brera, *Memoria sull'attuale epidemia de' gatti*, Pavia, Pietro Galeazzi, 1798, p. 17, 24.

(65) *Ibid.*, p. 7.

(66) *Magasin encyclopédique, ou Journal des sciences, des lettres et des arts*, 4e année, tome 6, Paris, Fuchs, 1799, p. 126–127. 同号は 1799 年刊行の二冊目であり，3 月頃に発刊されたものと思われる。『百科雑誌』の同時代的位置づけについては Jean-Luc Chappey, « Batailles encyclopédiques entre Révolution et Empire », dans Vincent Bourdeau, Jean-Luc Chappey et Julien Vincent (éds.), *Les Encyclopédismes en France à l'ère des révolutions* (*1789–1850*), Besançon, Presses universitaires de Franche-Comté, 2020, p. 21–42 を参照。

(67) « Poème du Chat. Chant III. Lu à la Société libre des Sciences, Lettres et Arts, séant au Louvre, le 9 Nivose, an VI, par le C. Guyot Desherbiers », *Magasin encyclopédique*, 3e année, tome 5, 1797, p. 90–96.

(68) « Histoire de l'Astronomie pour l'an VII (1799), par Jérôme LALANDE ; lue au Lycée républicain, le 5 nivose an VIII », *Magasin encyclopédique*, 5e année, tome 5, 1799, p. 160.

(69) *Magasin encyclopédique*, 5e année, tome 4, 1799, p. 535–536.

(70) Pierre Leblanc, *Catalogue des livres, dessins et estampes de la bibliothèque de feu M. J.-B. Huzard*, 1e partie, *Histoire naturelle et sciences accessoires*, Paris, Ve Bouchard-Huzard, 1842, p. 432–433.

(71) « PROGRAMME des prix de l'Institut national des sciences et arts, proposés dans la séance publique du 15 Nivose, l'an VI de la république » [4 janvier 1798], *Magasin encyclopédique*, 3e année, tome 5, 1797, p. 121.

(72) *Recueil périodique de la Société de médecine de Paris*, tome 7, Paris, Croullebois et Barrois, an VIII, p. 269–292 ; Michele Francesco Buniva, *Observations et expériences sur la maladie épizootique des chats, qui règne depuis quelques années en France, en Allemagne, en Italie et en Angleterre*, [Paris], Imprimerie de la Société de médecine, [an VIII]. 以下，小冊子版を参照する。ブニーヴァの生涯については，Claude-Julien Bredin, *Notice biographique sur le professeur Buniva, de Turin, lue à la séance publique tenue à l'École Royale Vétérinaire de Lyon, le lundi 7 septembre 1835*, Paris, Mme Huzard, 1835 を参照。

(73) Buniva, *Observations et expériences*, p. 2, 3, 8, 10–12, 17–20.

(74) *Ibid.*, p. 5.

(75) Jean-Emmanuel Gilibert, *Abrégé du système de la nature de Linné*, Lyon, Fr. Matheron, 1802, p. 232 ; Pierre-François Percy, « Épizootie des chats », dans Henri-Alexandre Tessier et Louis-Augustin Bosc (éds.), *Annales de l'agriculture française*, 2e série, tome 1, Paris, Huzard, 1818, p. 85–89.

(76) Louis-Benoît Guersant, *Essai sur les épizooties*, Paris, Panckoucke, 1815, p. 65.

(77) [Jean-M.-M. Rédarès], *Traité sur l'éducation du chat domestique*, Paris, Raynal, 1828, p. 100–101, 107–108. 同書については第 6 章の「おわりに」も参照。

(78) Louis-Henri-Joseph Hurtrel d'Arboval, *Dictionnaire de médecine et de chirurgie vétérinaires*, tome 3, Paris, J.-B. Baillière, 1827, p. 52–57. ダルボヴァルの生涯に関しては，*Recueil de*

médecine vétérinaire pratique, Paris, Béchet jeune, 1839, p. 443–447.『獣医学事典』の人気に関しては，Frédéric Barbier, « Jean-Baptiste Baillière et l'édition médicale », dans Danielle Gourevitch et Jean-François Vincent (éds.), *J.-B. Baillière et fils, éditeurs de médecine*, Paris, De Boccard, 2006, p. 13–33 を参照。

(79) Jean-Pierre Digard, *L'Homme et les animaux domestiques. Anthropologie d'une passion*, Paris, Fayard, 2009 [1e éd. 1989], p. 235.

第Ⅱ部　愛好家の目覚め

(1) Benoît de Maillet et Jean-Baptiste Le Mascrier, *Description de l'Égypte*, Paris, Louis Genneau et Jacques Rollin, 1735, p. 30*. アステリスクは原文ママで，後半部で仕切りなおされた頁数に付されたもの。引用部の著者はマイエの草稿に基づいて全体を執筆したル・マスクリエである可能性もあるが，どちらが書いたかはここではあまり重要ではない。

第4章　貴族社会のセレブ猫

(1) *Mercure galant*, décembre 1677, p. 56–57 ; juillet 1678, p. 253.

(2) Bobis 2000, p. 239.

(3) ピーター・バーク『ルイ 14 世——作られる太陽王』石井三記訳，名古屋大学出版会，2004［1992］年。ファニー・コザンデ／ロベール・デシモン『フランス絶対主義——歴史と史学史』フランス絶対主義研究会訳，岩波書店，2021［2002］年。Oded Ravinovitch, *The Perraults : A Family of Letters in Early Modern France*, Ithaca, Cornell University Press, 2018 ; Guy Rowlands, *Dangerous and Dishonest Men : The International Bankers of Louis XIV's France*, Basingstoke, Palgrave Macmillan, 2015.

(4) Alain Viala, *La France galante. Essai historique sur une catégorie culturelle, de ses origines jusqu'à la Révolution*, Paris, PUF, 2008, p. 19–39.『日本国語大辞典』第 2 版，小学館，2000–02 年，第 12 巻，834 頁，「みやび」。

(5) 貴族の定期会合は当時「セルクル」(cercle) や「ソシエテ」(société) などと呼ばれていた。「サロン」(salon) は 19 世紀に広まった歴史用語である。齋藤山人「サロン」，『啓蒙事典』508–509 頁。Antoine Lilti, *Le Monde des salons. Sociabilité et mondanité à Paris au XVIIIe siècle*, Paris, Fayard, 2005, ch. 1.

(6) Myriam Dufour-Maître, *Les Précieuses. Naissance des femmes de lettres en France au XVIIe siècle*, Paris, Honoré Champion, 2008 [1e éd. 1999].

(7) Alain Niderst, *Madeleine de Scudéry, Paul Pellisson et leur monde*, Paris, PUF, 1976.

(8) Elizabeth C. Goldsmith, *"Exclusive Conversations" : The Art of Interaction in Seventeenth-Century France*, Philadelphia, University of Philadelphia Press, 1988 ; Emmanuel Bury, *Littérature et politesse. L'invention de l'honnête homme (1580–1750)*, Paris, PUF, 1996.

(9) Joan DeJean, *Ancients Against Moderns : Culture Wars and the Making of a Fin de Siècle*, Chicago, University of Chicago Press, 1997, p. 78–123 ; Philip Stewart, *L'Invention du sentiment. Roman et économie affective au XVIIIe siècle*, Oxford, Voltaire Foundation, 2010.

(10) Jean-Pierre Dens, *L'Honnête homme et le critique du goût. Esthétique et société au XVIIe siècle*, Lexington, French Forum, 1981 ; Annie Becq, *Genèse de l'esthétique française moderne, 1680–1814*, Paris, Albin Michel, 1994 [1e éd. 1979], p. 231–352.

(11) ピエール・アルベール『新聞・雑誌の歴史』斎藤かぐみ訳，白水社（文庫クセジュ），

2020［1970］年，第 1-2 章。

(12) Christophe Schuwey, *Un entrepreneur des lettres au XVIIe siècle. Donneau de Visé, de Molière au* Mercure galant, Paris, Classiques Garnier, 2020, p. 374, 377–447. なおドノーが得た 6000 フランの年金はラシーヌら修史官の給金の 4 倍に相当する金額であり，政府が彼の雑誌を重視していたことがわかる。アラン・ヴィアラ『作家の誕生』塩川徹也監訳，藤原書店，2005［1985］年，163–172 頁。

(13) Marianne Grivel, *Le Commerce de l'estampe à Paris au XVIIe siècle*, Genève, Droz, 1986 ; Pascale Cugy, *La Dynastie Bonnart. Peintres, graveurs et marchands de* modes *à Paris sous l'Ancien Régime*, Rennes, Presses universitaires de Rennes, 2017.

(14) Wolfgang Reitherman (dir.), *The Aristocats*, Walt Disney Production, 1970. フランスでは 1971 年に *Les Aristochats* の題名で，日本では 1972 年に『おしゃれキャット』の題名で公開された。

(15) *Poésies choisies*, 5e partie, Rouen et Paris, Charles de Sercy, 1660, p. 132.

(16) Miriam Speyer, « La poule de Sylvie et le pigeon de Sapho : le bestiaire galant des recueils collectifs de la seconde moitié du XVIIe siècle », *Papers on French Seventeenth Century Literature*, XLVI, No. 90, 2019, p. 37–52.

(17) ［Antoine Torche］, *La Toilette galante de l'amour*, Paris, Estienne Loyson, 1670, p. 155–157.

(18) Joachim Du Bellay, *Divers jeux rustiques, et autres œuvres poétiques*, Paris, F. Morel, 1558, f. 41–44.

(19) Viala, *La France galante*, p. 184–191. Cf. Jay M. Smith, *The Culture of Merit : Nobility, Royal Service, and the Making of Absolute Monarchy in France, 1600–1789*, Ann Arbor, University of Michigan Press, 1996.

(20) Kathleen Walker-Meikle, *Medieval Pets*, Woodbridge, Boydell Press, 2012, p. 33, 96–103 ; Jan Papy, "Lipsius and His Dogs : Humanist Tradition, Iconography and Rubens's Four Philosophers", *Journal of the Warburg and Courtauld Institutes*, Vol. 62, 1999, p. 167–198.

(21) Georges Mongrédien, *Étude sur la vie et l'œuvre de Nicolas Vauquelin, seigneur Des Yveteaux, précepteur de Louis XIII (1567–1649)*, Paris, Auguste Picard, 1921, p. 126–140, 173–197.

(22) フランス国立図書館所蔵の訴訟趣意書を参照。BnF Z Thoisy-195 (Fol. 428, 438).

(23) Bonaventure d'Argonne, dit Vigneul-Marville, *Mélanges d'histoire et de littérature*, 3 vol., Paris, Claude Prudhomme, 1713［1e éd. 1699–1700］, tome 1, p. 174–175.

(24) ［Jeanne Dupuy, née Felix］, *Extrait de quelques endroits les plus honnêtes et les moins extravagants de deux volumes de mémoires écrits de la main de la demoiselle Du Puis*, Paris, Jacques Crou,［s.d.］,［BnF Fol-Fm-5473, 5374］, p. 1–3.

(25) *Ibid*., p. 23.

(26) Cf. Jean Sgard, « L'Échelle des revenus », *Dix-Huitième Siècle*, n° 14, 1982, p. 425–433.

(27) ［Jeanne Dupuy］, *Extrait*, p. 2.

(28) *Mercure galant*, décembre 1677, p. 57–60.

(29) おそらく次の弁護士一覧に掲載された Denis Maurice, Simon Vautier, Claude de Ferrière を指すものと思われるが，訴訟趣意書が出版された形跡はない。［Antoine Bruneau］, *Supplément*［*au Nouveau Traité des criées*］, Paris, Jacques Moret, 1686, p. 246, 257–258. なおフェリエールは高名な法学者だが，彼の著作からも『法廷新聞』(*Journal du Palais*) からも，デュピュイ事件関連の情報は得られなかった。デュピュイ夫人が遺言書で指名し

た弁護士ラ・フェリエールと法学者ド・フェリエールの関係は不明。

(30) オスマン帝国領に猫の世話をする施設が存在することは，フランス語の旅行記や民俗誌で既に紹介されていた。例えば，Michel Baudier, *Histoire générale de la religion des Turcs*, Paris, Claude Cramoisy, 1625, p. 123.

(31) *Mercure galant*, juillet 1678, p. 252–260.

(32) *Ibid.*, p. 260.

(33) *Extraordinaire du Mercure galant*, quartier de juillet 1678, p. 300.

(34) Cf. Madeleine Pinault-Sorensen, « Le thème des brigands à travers la peinture, le dessin et la gravure », dans Lise Andries (éd.), *Cartouche, Mandrin et autres brigands du XVIIIe siècle*, Paris, Desjonquères, 2010, p. 84–111.

(35) Sachiko Kusukawa, *Picturing the Book of Nature : Image, Text and Argument in Sixteenth-Century Human Anatomy and Medical Botany*, Chicago, University of Chicago Press, 2012, p. 67 ; Michèle Prouté, « Le chat de Mademoiselle Dupuy », *Gazette des beaux-arts*, septembre 1979, p. 95–96. プルーテは陶器をゲラール作品の複製として紹介したが，おそらくゲスナーの版画が原型だと考えられる。

(36) [François Cassandre], *Parallèles historiques*, Paris, Denis Thierry, 1680, p. 71–80.

(37) ガレーの模倣版は Prouté, « Le chat de Mademoiselle Dupuy » に掲載されている。フランス国立図書館蔵とされているが，筆者は確認できなかった。犬絵の模倣版は Gallica で閲覧可能（BnF Réserve Qb-201 (57)-fol, coll. Hennin 5060）。

(38) デズリエール夫人の生涯ならびに作品と受容に関しては，以下の校訂版の序文を参照。Antoinette des Houlières, *L'Enchantement des chagrins. Poésies complètes*, éd. Catherine Hémon-Fabre et Pierre-Eugène Leroy, Paris, Bartillat, 2005, p. I–XLVI ; Antoinette Deshoulières, *Poésies*, éd. Sophie Tonolo, Paris, Classiques Garnier, 2010, p. 7–77. 後者は以下 Tonolo と略記。

(39) Dufour-Maître, *Les Précieuses*, p. 275–415, 481–491 ; Schuwey, *Un entrepreneur de lettres*, p. 24–25, 429–432.

(40) Tonolo, p. 12–17.

(41) 修道院名はイニシャルだけ示されているのだが，18 世紀の刊本ではブロンダンがサン＝トノレ通りのジャコバン修道院の猫だと明言された。レニョーは A 修道会所属とされているが，詳細は不明。ベテューヌ（Béthune）公爵夫人はルイ 14 世に失脚させられた財務長官フーケの娘で，ベテューヌ公爵に嫁いだマリー・フーケのことだと目されている。ボケ（Bocquet）嬢はスキュデリ嬢のサロンの常連だったボケ姉妹のいずれか。Tonolo, p. 381, 382, 384.

(42) Tonolo, p. 379–382.

(43) この点についてはイエズス会士コミールが雄猫グリゼ（Griset）について詠んだ詩も参照。グリゼが鼠や雀を捕食していた点に言及されている。Jean Commire, « Rondeau sur la mort d'un chat » et « Autre rondeau sur le même sujet », dans Dominique Bouhours (éd.), *Recueil de vers choisis par le R. P. Bouhours*, Paris, George & Louis Josse, 1693, p. 64–65.

(44) *Extraordinaire du Mercure galant*, quartier d'octobre 1678, p. 292–293.

(45) Viala, *La France galante*, p. 188.

(46) *Mercure galant*, avril 1678, p. 215–220. ダブロヴィル（d'Abloville）の名は次の部分に登場する。*Mercure galant*, juin 1678, p. 322, 325 ; *Extraordinaire du Mercure galant*, quartier de janvier 1679, p. 389. 彼の手紙が掲載されたこともある。*Extraordinaire du Mercure galant*,

quartier de juillet 1679, p. 332–338.『メルキュール・ギャラン』と読者の関係については Schuwey, *Un entrepreneur de lettres*, p. 419–447 も参照。

(47) Antoinette Deshoulières [et Antoinette-Thérèse Deshoulières], *Poésies de Madame Deshoulières*, 2 vol., Paris, Jean Villette, 1695, 2e partie, p. 188–197. Cf. Tonolo, p. 393–410.

(48) Deshoulières [et Deshoulières], *Poésies*, 2e partie, p. 227–243.

(49) Antoinette Deshoulières [et Antoinette-Thérèse Deshoulières], *Poésies de Madame Deshoulières*, 2 vol., Paris, Jean Villette, 1705, tome 1, p. 235–236. Cf. Tonolo, p. 437. この詩は既存の歌のメロディに合わせて詠まれたもので，引用部の原典では 7 行目と 11 行目でメロディの変更が指示されている。

(50) *Recueil de pièces curieuses et nouvelles, tant en prose qu'en vers*, tome 4, 1e partie, La Haye, Adrien Moetjens, 1695, p. 287–314.

(51) Gilberte Levallois-Clavel, « Pierre Drevet (1663–1738), graveur du roi et ses élèves Pierre-Imbert Drevet (1697–1739), Claude Drevet (1697–1781) », thèse de l'Université Lumières Lyon 2, 2005, p. 364.

(52) Louis de Rouvroy, duc de Saint-Simon, *Mémoires du duc de Saint-Simon*, éd. A. Chéruel et A. Régnier, 22 vol., Paris, Hachette, 1873–89, tome 4, p. 57.

(53) 諸事情により図版は割愛するが，油彩画自体はウェブ上で閲覧可能である。Musée de la Révolution française, no d'inventaire 1988.108 (https://collections.isere.fr/fr/museum/document/paule-francoise-marguerite-de-gondi-1655-1716-duchesse-de-lesdiguieres-puis-douairiere-1677-1716/63966c7c4f801a21bf87d4ea).

(54) Cf. Alain Tapié, *Le Sens caché des fleurs. Symbolique et botanique dans la peinture du XVIIe siècle*, Paris, Adam Brio, 2000 [1e éd. 1997], p. 64.

(55) Jean Corbinelli, *Histoire généalogique de la maison de Gondi*, 2 vol., Paris, Jean-Baptiste Coignard, 1705, tome 2, p. 58.

(56) ダンジョー侯爵の日記にサン＝シモンが付記した言葉である。Philippe de Courcillon de Dangeau, *Journal du marquis de Dangeau*, éd. E. Soulié et L. Dussieux, 19 vol., Paris, Firmin Didot, 1854–60, tome 16, p. 305.

(57) Auguste Prudhomme, *Inventaire sommaire des archives communales antérieures à 1790. Ville de Grenoble*, 3e partie, séries DD, EE et FF, Grenoble, Gabriel Dupont, 1906, p. 67.

(58) Erick Noël, *Être Noir en France au XVIIIe siècle*, Paris, Tallandier, 2006, p. 146.

(59) 左にブロワ嬢（ラ・ヴァリエール嬢の子），右にナント嬢（モンテスパン夫人の子）を描いた肖像画と言われるが，確固たる証拠は無い。Alexandre Maral et Nicolas Milovanovic (éds.), *Les Animaux du roi*, Paris, Lineart, 2021, p. 374.

(60) ベルリン州立美術館にも，バッキアッカによる，耳の尖ったヤマネコのような猫を膝に乗せた女性の肖像画が所蔵されているが，その絵でもやはり，猫は主人とは違う方向に興味を示している。Sarah Cockram, "Sleeve cat and lap dog: affection, aesthetics and proximity to companion animals in Renaissance Mantua", in Sarah Cockram and Andrew Wells (eds.), *Interspecies Interactions: Animals and Humans between the Middle Ages and Modernity*, London, Routledge, 2018, p. 34–65.

(61) Stéphan Perreau, *Hyacinthe Rigaud, 1659–1743. Le peintre des rois*, Montpellier, Presses du Languedoc, 2004, p. 117–118. 著者のウェブサイトも参照 (https://hyacinthe-rigaud.com/catalogue-raisonne-hyacinthe-rigaud/portraits/1345-mantoue-suzanne-henriette-d-elbeuf-duchesse-

de)。

(62) Elise Goodman, *The Cultivated Woman: Portraiture in Seventeenth-Century France*, Tübingen, Gunter Narr Verlag, 2008, p. 127.

(63) François-Séraphin Régnier-Desmarais, « Sonnet sur la mort d'une chatte », dans Bouhours (éd.), *Recueil de vers choisis par le R. P. Bouhours*, p. 66.

(64) Martin Lister, *A Journey to Paris In the Year 1698*, London, Jacob Tonson, 1699, p. 188–189.

(65) Levallois-Clavel, « Pierre Drevet », p. 364.

(66) キャプションだけ変えて同じ図像を使いまわすこともあったボナールが，毎回モデルの許可を得ていたとは思えないが（Cf. Cugy, *La Dynastie Bonnart*, p. 230, 261），ドルヴェはプゼーの原画を見て作品を制作しているから，原画の持ち主レディギエール夫人の許可を得ていなかったとは考えにくい。

(67) Lister, *A Journey to Paris*, p. 190.

(68) [Laurent Bordelon], *Les Solitaires en belle humeur*, 2e partie, Paris, dans la Grand-Sale du Palais, 1723, p. 63–66. 同書は極めて興味深い史料だが，紙幅の都合から詳しい紹介は別の機会に行いたい。

第 5 章　猫の歴史家モンクリフ

(1) François-Augustin Paradis de Moncrif, *Histoire des chats*, éd. Robert de Laroche, Puiseaux, Pardès, 1988 ; *id.*, *Histoire des chats*, éd. Gabriel Arkazh, Rennes, la Part commune, 1999. 前者は以下 Laroche と略記。『猫』を引用した研究書としては，Bobis 1991, p. 103–105 ; Bobis 2000, p. 267. キャサリン・M・ロジャーズ『猫の世界史』渡辺智訳，エクスナレッジ，2018［2006］年，195 頁。なお『猫』は未邦訳だが，筆者による邦訳企画が進行中である。

(2) Alexandre Maral et Nicolas Milovanovic (éds.), *Les Animaux du roi*, Paris, Lineart, 2021, p. 397 ; Paradis de Moncrif, *Histoire des chats*, suivi de Bourdon de Sigrais, *Histoire des rats*, éd. François Raviez, Paris, le Livre de poche, 2021. 後者は以下 Raviez と略記。

(3) それぞれの解釈を述べた論考として，Laroche, p. 9–28 ; Raviez, p. 7–38 を参照。

(4) 序章の第 2 節を参照。

(5) モンクリフの生涯に関する基本文献は Edward P. Shaw, *François-Augustin Paradis de Moncrif (1687–1770)*, New York, Bookman Associates, 1958 である（以下 Shaw と略記）。一次史料としてはダルジャンソン侯爵の手記が詳しい。René-Louis de Voyer de Paulmy, marquis d'Argenson, *Journal et mémoires*, éd. E. J. B. Rathery, tome 2, Paris, Ve Jules Renouard, 1859, p. 58–64. このラトリ版はショーが用いた刊本と内容が少し違う。本節ではラトリ版に依拠してショーの記述を改めた。

(6) Yves Combeau, *Le Comte d'Argenson (1696–1764). Ministre de Louis XV*, Paris, École des chartes, 1999.

(7) 検閲官としてのモンクリフに関しては，Shaw, ch. 19 に加えて，ロバート・ダーントン『検閲官のお仕事』上村敏郎・八谷舞・伊豆田俊輔訳，みすず書房，2023［2014］年，27–40 頁を参照。

(8) Combeau, *Le Comte d'Argenson*, p. 202–203, 354–355.

(9) Shaw, p. 138–139. ロバート・ダーントン『革命前夜の地下出版』関根素子・二宮宏之訳，岩波書店，2000［1982］年，第 1 章（High Enlightenment には「盛期」の含意もあ

り，この訳書では「後期啓蒙」と訳されている）。

（10）文学を社交手段として位置づけたモンクリフ自身の論考として，François-Augustin Paradis de Moncrif, « Préface. De l'objet qu'on doit se proposer en écrivant », dans *Œuvres mêlées, tant en prose qu'en vers*, Paris, Bernard Brunet, 1743, p. v–xvi. 他の例としては，ペロー兄弟の著述活動をパトロネージ構築の手段として分析した次の研究も参照。Oded Rabinovitch, *The Perraults : A Family of Letters in Early Modern France*, Ithaca, Cornell University Press, 2018.

（11）Paradis de Moncrif, *Essais sur la nécessité et sur les moyens de plaire*, éd. Geneviève Haroche-Bouzinac, Saint-Étienne, Publications de l'Université de Saint-Étienne, 1998. 同書については，増田都希「十八世紀フランスにおけるホモ・エコノミクスの礼節論――モンクリフ『気に入られることの必要性とその方法』に見る作法と徳，そして欲望」，『史潮』第 72 号，2012 年，87–106 頁も参照。

（12）François-Augustin Paradis de Moncrif, *Œuvres de Monsieur de Moncrif*, 3 vol., Paris, Brunet, 1751 ; *id.*, *Œuvres de Monsieur de Moncrif*, nouvelle éd., 4 vol., Paris, la V. Regnard, 1768.

（13）ロジェ・シャルチエ『書物の秩序』長谷川輝夫訳，文化科学高等研究院，1993［1992］年，44–45 頁。

（14）［François-Augustin Paradis de Moncrif］, *Les Chats*, Paris, Gabriel-François Quillau, 1727. 以下本章では，同書から引用する際は本文中に頁数を括弧で示す。

（15）ラ・フォンテーヌ作品ではない方の寓話詩はサン＝ジル騎士（Charles de Saint-Gilles Lenfant）の作品。他の詩人に比べて明らかに格下だが，モンクリフの知人だったのだろうか。なおグリゼットの手紙に続いてデズリエール嬢のパロディ悲劇『コションの死』が掲載されているが，単に「悲劇」とだけ記され，著者名と題名は省略されている。

（16）*Mercure de France*, juin 1727, second volume, p. 1398. 価格も同記事に記載。

（17）［François-Augustin Paradis de Moncrif］, *Les Chats*, Rotterdam, Jean Daniel Beman, 1728, p. iii–vii.

（18）Raviez, p. 13–16. Cf. Patrick Dandrey, *L'Éloge paradoxal de Gorgias à Molière*, Paris, PUF, 1997.

（19）モンクリフの引用と原典の相違については Raviez の脚注が詳しい。「碩学」（érudit）は歴史に関する博識を有する者，つまり古典に造詣の深い学者を指す，思想史の用語である。近現代の「文献学者」に相当するが，その関心の対象は考古学的遺物を含み，文献に限られない。ケリュスとフレレについてはそれぞれ以下を参照。Joachim Rees, *Die Kultur des Amateurs : Studien zu Leben und Werk von Anne Claude Philippe de Thubières, Comte de Caylus, 1692–1765*, Weimar, Verlag und Datenbank für Geisteswissenschaft, 2006 ; Chantal Grell et Catherine Volpilhac-Auger（éds.）, *Nicolas Fréret, légende et vérité*, Oxford, Voltaire Foundation, 1994.

（20）裁可や特認などの出版制度に関しては，ダーントン『検閲官のお仕事』15–45 頁を参照。カルチエ・ラタンに店を構えたガブリエル＝フランソワ・キヨーは大学書店であり，神学・医学・法学・歴史に関する書籍を取り扱っていた。販売目録には韻文詩や（回想録の建前で売られた）歴史小説も挙げられているが，あからさまな娯楽作品は載っていない。Gabriel-François Quillau, *Catalogue des livres* [...], Paris, Gabriel-François Quillau, 1740［Bibliothèque Mazarine 4º A 15456–100］.

（21）*Journal des savants*, août 1727, p. 492–497.

(22) [François-Augustin Paradis de Moncrif], *Dissertation sur la prééminence des chats, dans la société, sur les autres Animaux d'Égypte, sur le traitement honorable qu'on leur faisait pendant leur vie & des monuments et autels qu'on leur dressait après leur mort avec plusieurs pièces curieuses qui y ont rapport*, Rotterdam, Jean Daniel Beman, 1741 ; [*id.*], *Lettres philosophiques sur les chats*, [s. l.], [s. n.], 1748.

(23) [Nicolas de La Clède], *Lettre d'un rat calotin, à Citron, barbet, au sujet de l'histoire des chats. Par M. de Montgrif*, Ratopolis, Maturin Lunard, 1727, p. 26–27. なおこの文書は『猫』出版直後に現れた論争書だが，紙幅の都合から『猫』出版後の論争の分析は断念した。また機会を改めて論じたい。

(24) Claude Terrin, « Dissertation sur le Dieu Pet, divinisé par les Égyptiens », dans [Pierre Nicolas Desmolets (éd.)], *Continuation des Mémoires de littérature et d'histoire de Sallengre*, tome 1, 1e partie, Paris, Simart, 1726, p. 48–60. このテラン論文も真剣な研究を軽妙に語る風変わりな作品だった。

(25) *Journal des savants*, août 1727, p. 492.

(26) [Paradis de Moncrif], *Les Chats*, Beman, 1728, p. viii.

(27) Lettre de Claude Gros de Boze à Jean-Paul Bignon sur le livre intitulé *Les Chats* (l'Île-Belle, 3 juin 1727), BnF, département des monnaies, médailles et antiques, 2011/091/ACM02–06.

(28) Alain Viala (éd.), *L'Esthétique galante. « Discours sur les Œuvres de Monsieur Sarasin » et autres textes*, Toulouse, Société de littératures classiques, 1989, p. 33.

(29) [Bernard Le Bovier de Fontenelle], *Entretiens sur la pluralité des mondes*, Paris, la Veuve C. Blageart, 1686. 邦訳は，ベルナール・ド・フォントネル『世界の複数性についての対話』赤木昭三訳，工作舎，1992 年。なお脚注使用の歴史に関しては，Anthony Grafton, *The Footnote : A Curious History*, London, Faber and Faber, 1997 を参照。

(30) [Guillaume-Hyacinthe Bougeant], *Amusement philosophique sur le langage des bêtes*, Paris, Gissey, Bordelet et Ganeau, 1739.

(31) 筆者がリヨンの古書店から購入した『猫』初版本も『鼠の歴史』と合本されていた。二書が合本されていたことを示す蔵書目録として，以下も参照。*Catalogue des livres précieux, singuliers et rares, tant imprimés que manuscrits, qui composaient la Bibliothèque de M. ** [D. M. Méon]*, Paris, Bleuet, 1803, p. 333 ; *Catalogue des livres de la bibliothèque de feu M. J. B. G. Haillet de Couronne*, Paris, Tilliard, 1811, p. 177.

(32) [Claude-Guillaume Bourdon de Sigrais], *Histoire des rats, pour servir à l'histoire universelle*, à Ratapolis, [s.n.], 1737. Cf. Étienne Famerie, « La réception de l'*Abrégé d'art militaire* de Végèce en France au XVIIIe siècle », dans Marco Cavalieri et Olivier Latteur (éds.), *Antiquitates et Lumières. Étude et réception de l'Antiquité romaine au Siècle des Lumières*, Louvain-la-Neuve, Presses universitaires de Louvain, 2019, p. 39–56.

(33) 19 世紀の批評家シャンフルリは，モンクリフが本当に猫を愛していたのかは疑問だが，女性を愛していたことは確実であると述べているが，これもモンクリフの自己呈示戦略の成果だと言えるだろう。Jules Husson, dit Champfleury, *Les Chats. Histoire, mœurs, observations, anecdotes*, Paris, J. Rothschild, 1869, p. 108.

(34) 第 4 章の注 68 ならびに第 7 章の『ティティ王子』に関する議論を参照されたい。

(35) *Journal historique sur les matières du temps*, avril 1716, p. 231. 現代にも彼の心理描写を高く評価した批評家がいる。François-Augustin Paradis de Moncrif, *Les Aventures de Zéloïde et*

d'Amanzarifdine, éd. Francis Assaf, Paris-Seattle-Tübingen, Biblio 17, 1994, p. 9.

(36) 現代フランス語では猫愛好家を指すのに amateur de chats とする（猫を無冠詞にする）が，モンクリフは定冠詞を付けているので，ここではあえて「猫の愛好家」と訳した。この変化はおそらく amateur という語が普及して用法が変化したことによる。

(37) ヤン・プランパー『感情史の始まり』森田直子監訳，みすず書房，2020 年，第 4 章。

(38) Pierre Richelet, *Dictionnaire français*, Genève, Jean Herman Widerhold, 1680, p. 129, art. « Chat » ; Louis de Rouvroy, duc de Saint-Simon, *Mémoires du duc de Saint-Simon*, éd. A. Chéruel et A. Régnier, 22 vol., Paris, Hachette, 1873–89, tome 17, p. 19 ; Rosalba Carriera, *Journal de Rosalba Carriera pendant son séjour à Paris en 1720 et 1721*, éd. A. Sensier, Paris, J. Techner, 1865, p. 297–298 ; Mathieu Marais, *Journal et mémoire*, éd. Adolphe de Lescure, 4 vol., Paris, Firmin-Didot, 1863–68, tome 3, p. 45.

(39)「隠れた性質」を重んじる神秘主義のルネサンス期における興隆と 17 世紀における退潮については，A・G・ディーバス『ルネサンスの自然観――理性主義と神秘主義の相克』伊東俊太郎・村上陽一郎・橋本眞理子訳，サイエンス社，1986［1978］年。Brian P. Copenhaver, *Magic in Western Culture : From Antiquity to the Enlightenment*, Cambridge, Cambridge University Press, 2015, ch. 14.

(40) Jaromír Málek, *The Cat in Ancient Egypt*, London, British Museum Press, 2006［1st ed. 1997］, p. 92.

(41) この点については以下の論考を参照。ジャン＝クロード・レーベンシュテイン『猫の音楽――半音階的幻想曲』森元庸介訳，勁草書房，2014［2002］年，22–23 頁。Jacques Berchtold, « Le miaulement du chat égyptien. Moncrif, Rousseau et la leçon du relativisme culturel », *Orages*, n° 6, 2007, p. 81–92. 引用したモンクリフの一節の翻訳にあたっても，レーベンシュテインの邦訳書所収の森元庸介氏の翻訳を参考にした。

(42) 教友アブー・フライラはムハンマドに関する伝承を数多く伝えたことで有名だが，命名者はムハンマドではなかったらしい。小杉泰編訳『ムハンマドのことば　ハディース』岩波書店（岩波文庫），2019 年，247 頁。Orel Beilinson, "Abu Hurayra", in Cenap Çakmak (ed.), *Islam : A Worldwide Encyclopedia*, Santa Barbara, ABC-Clio, 2017, vol. 1, p. 34–36.

(43) Cf. Humphrey Prideaux, *The True Nature of Imposture Fully Display'd in the Life of Mahomet*, London, William Rogers, 1697 ; Joseph Pitton de Tournefort, *Relation d'un voyage du Levant fait par ordre du Roi*, tome 2, Paris, Imprimerie royale, 1717, p. 80–82. 猫養育施設は 15 世紀からヨーロッパ出身の旅行家の注目を集めていた。Benjamin Arbel, "The Attitude of Muslims to Animals : Renaissance Perceptions and Beyond", in Suraiya Faroqhi (ed.), *Animals and People in the Ottoman Empire*, Istanbul, Eren, 2010, p. 57–74, esp. p. 64.

(44) Nicolas Dew, *Orientalism in Louis XIV's France*, Oxford, Oxford University Press, 2009.

(45) Srinivas Aravamudan, *Enlightenment Orientalism : Resisting the Rise of the Novel*, Chicago, University of Chicago Press, 2011 ; Lynn Hunt, Margaret C. Jacob and Wijnand Mijnhardt, *The Book That Changed Europe : Picart & Bernard's* Religious Ceremonies of the World, Cambridge (Mass.), Harvard University Press, 2010. 杉田英明「イスラームと啓蒙」,『啓蒙事典』150–153 頁。若澤佑典「オリエンタリズム」,『啓蒙事典』228–229 頁。

(46) こうした古典的な啓蒙観を示す近年の著作としては，ジョナサン・イスラエル『精神の革命――急進的啓蒙と近代民主主義の知的起源』森村敏己訳，みすず書房，2017［2009］年。同書については，森村敏己「ラディカル啓蒙」,『啓蒙事典』130–131 頁も参

照。

(47) こうした論争に関する批判的考察として，以下を参照。Antoine Lilti, *L'Héritage des Lumières. Ambivalences de la modernité*, Paris, Gallimard-Seuil-EHESS, 2019, ch. 1–4 ; Jean-Frédéric Schaub et Silvia Sebastiani, *Races et histoire dans les sociétés occidentales* (*XV*ᵉ*–XVIII*ᵉ *siècle*), Paris, Albin Michel, 2021, ch. 5–6.

(48) Lilti, *L'Héritage des Lumières*, p. 39–40, 47–54 ; Aravamudan, *Enlightenment Orientalism*.

(49) 猫の瞳孔が天体の動きに合わせて開閉することを指す。

(50) 猫を譲り受けたことへの感謝を述べた書簡で知られたヴォワチュール，デズリエール夫人の飼い猫の去勢についての詩を詠んだバンスラード，猫の追悼詩を書いたメナールである（74–75, 77, 134–135)。レディギエール夫人のメニーヌに関する詩の作者がレニエ゠デマレであることは明言されない（89)。

(51) Paul Scarron, *Recueil des épîtres en vers burlesques de Mr de Scarron, et d'autres auteurs, sur ce qui s'est passé de remarquable en l'année 1655*, Paris, Alexandre Lesselin, 1656, p. 117.

(52) Myriam Dufour-Maître, *Les Précieuses. Naissance des femmes de lettres en France au XVII*ᵉ *siècle*, Paris, Honoré Champion, 2008［1ᵉ éd. 1999］, p. 308.

(53) Stefan Berger, *History and Identity*, Cambridge, Cambridge University Press, 2022.

(54) Maurice Daumas, *Des Trésors d'amitié. De la Renaissance aux Lumières*, Paris, Armand Colin, 2021.

(55) Marin Cureau de La Chambre, *Discours de l'amitié et de la haine qui se trouvent entre les animaux*, Paris, Claude Barbin, 1667, p. 27–28.

(56) モンクリフが用いた「交際」の概念については，増田都希「十八世紀フランスにおける「交際社会」の確立——十八世紀フランスの処世術論」一橋大学大学院言語社会研究科博士論文，2008 年が詳しい。

(57) Barbara H. Rosenwein, *Emotional Communities in the Early Middle Ages*, Ithaca, Cornell University Press, 2006, p. 20–25. バーバラ・H・ローゼンワイン／リッカルド・クリスティアーニ『感情史とは何か』伊藤剛史・森田直子・小田原琳・舘葉月訳，岩波書店，2021［2017］年，61–70 頁。Cf. スタンリー・フィッシュ『このクラスにテクストはありますか——解釈共同体の権威 3』小林昌夫訳，みすず書房，1992［1980］年。シャルチエ『書物の秩序』第 1 章「読者共同体」。

第Ⅲ部　表象による馴致

(1) Pierre Mannoni, *Les Représentations sociales*, 8ᵉ éd., Paris, PUF, « Que sais-je ? », 2022.

第 6 章　博物学者の猫論争

(1) 青沼陽子監修『猫の飼い方・しつけ方』成美堂出版，2013 年。

(2) 猫の本能に関する中世人の理解については，Bobis 2000, ch. 13 を参照。

(3) デカルトの学説をまとめるにあたっては，以下の文献を参考にした。スティーヴン・シェイピン『「科学革命」とは何だったのか——新しい歴史観の試み』川田勝訳，白水社，1998［1996］年。ピーター・ディア『知識と経験の革命——科学革命の現場で何が起こったか』高橋憲一訳，みすず書房，2012［2009］年。Steven Nadler, *Descartes : The Renewal of Philosophy*, London, Reaktion Books, 2023.

(4) Cf. Jean-Marie Schaeffer, *La Fin de l'exception humaine*, Paris, Gallimard, 2007.

(5) Éric Baratay, *L'Église et l'animal* (*France, XVII*e*–XX*e *siècle*), Paris, Cerf, 1996, p. 11–20 ; Renan Larue, « Christianisme / anthropocentrisme », dans DHCA, p. 179–182 ; Nadler, *Descartes*, p. 72.

(6) 池上俊一『ヨーロッパ中世の想像界』名古屋大学出版会，2020 年，140–144 頁（引用は 144 頁）。

(7) Joyce E. Salisbury, *The Beast Within : Animals in the Middle Ages*, 3rd ed., London, Routledge, 2022, ch. 4. 猫の悪徳については，Bobis 2000, ch. 12 を参照。

(8) George Boas, *The Happy Beast in French Thought of the Seventeenth Century*, Baltimore, Johns Hopkins Press, 1933. 池田光穂に倣ってボアーズの用語 theriophily を「動物優越論」と訳した（https://navymule9.sakura.ne.jp/16_Theriophliy.html）。

(9) Leonora Cohen Rosenfield, *From Beast-Machine to Man-Machine : The Theme of Animal Soul in French Letters from Descartes to La Mettrie*, Oxford, Oxford University Press, 1941, ch. 1 ; Jean-Luc Guichet, *Rousseau, l'animal et l'homme. L'animalité dans l'horizon anthropologique des Lumières*, Paris, Cerf, 2006, ch. 1 ; Nadler, *Descartes*, ch. 3–4.

(10) Rosenfield, *From Beast-Machine*, ch. 2 ; Guichet, *Rousseau, l'animal et l'homme*, ch. 2.

(11) Stéphane Van Damme, *Descartes. Essai d'histoire culturelle d'une grandeur philosophique*, Paris, Presses de Sciences Po, 2002, p. 42–47, 96–102.

(12) ［Gabriel Daniel］, *Nouvelles difficultés proposées par un péripatéticien à l'auteur du Voyage du monde de Descartes*, Paris, la Veuve de Simon Benard, 1693, p. 4–5. Cf. Rosenfield, *From Beast-Machine*, p. 86–90. 論敵が広めた誤解は現代にも残っており，専門家が反論を寄せてきた。ドゥニ・カンブシュネル『デカルトはそんなこと言ってない』津崎良典訳，晶文社，2021［2015］年，第 16 章。

(13) この議論を組み立てるにあたっては，Peter Sahlins, *1668 : The Year of the Animal in France*, New York, Zone Books, 2017 ならびに同書に寄せられた書評を含む以下の論文が役立った。Mathew Senior, "Peter Sahlins, *1668 : The Year of the Animal in France*", *H-France Forum*, Vol. 14, Issue 1, 2019［https://www.h-france.net/forum/forumvol14/Sahlins4.pdf］; Sophie Roux, « Pour une conception polémique du cartésianisme. Ignace-Gaston Pardies et Antoine Dilly dans la querelle de l'âme des bêtes », dans Delphine Kolesnik-Antoine (éd.), *Qu'est-ce qu'être cartésien?*, Lyon, ENS Éditions, 2013, p. 315–337.

(14) Bobis 2000, p. 247–248 ; Jean Ehrard, « Écriture de chats », *Dix-Huitième Siècle*, nº 36, 2004, p. 435–448. キャサリン・M・ロジャーズ『猫の世界史』渡辺智訳，エクスナレッジ，2018［2006］年，99–101 頁。

(15) Georges-Louis Leclerc de Buffon *et al.*, *Histoire naturelle, générale et particulière, avec la description du cabinet du Roi*, 36 vol., Paris, Imprimerie royale, 1749–89. 以下この初版を用い，本節では本文中に巻数と頁数を括弧で示す。なお『博物誌』の刊行史は複雑で，全何巻とするかも見方によって変わるが，ここでは王立印刷所から出版された補遺までをひとまとめにした。ビュフォンの生涯に関しては，ジャック・ロジェ『大博物学者ビュフォン』ベカエール直美訳，工作舎，1992［1989］年が詳しい。

(16) Daniel Mornet, « Les enseignements des Bibliothèques privées (1750–1780) », *Revue d'Histoire littéraire de la France*, vol. 17, nº 3, 1910, p. 449–496, ici p. 460 ; Émilienne Genet-Varcin et Jacques Roger, *Bibliographie de Buffon*, Paris, PUF, 1954, p. 522–526.

(17) ロジェ『大博物学者ビュフォン』110–221 頁。Jean-Frédéric Schaub et Silvia Sebastiani,

Race et histoire dans les sociétés occidentales (*XV*^{e}*–XVIII*^{e} *siècle*), Paris, Albin Michel, 2021, p. 374–376. 理論的論考の一部には次の邦訳がある。ジョルジュ＝ルイ・ルクレール・ド・ビュフォン『ビュフォンの博物誌——全自然図譜と進化論の萌芽　『一般と個別の博物誌』ソンニーニ版より』ベカエール直美訳，工作舎，1991 年，293–332 頁。

(18) Pierre-Olivier Dittmar, « Le seigneur des animaux entre “pecus” et “bestia” : les animalités paradisiaques des années 1300 », dans Agostino Paravicini Bagliani (éd.), *Adam, le premier homme*, Firenze, SISMEL Edizioni del Galluzzo, 2012, p. 219–254.

(19) 以下本節の議論を立てるにあたっては，ビュフォンの家畜論に注目した次の先駆的論考が参考になった。Richard W. Burkhardt Jr., « Le comportement animal et l’idéologie de domestication chez Buffon et chez les éthologues modernes », dans Jean Gayon (éd.), *Buffon 88*, Paris, Vrin, 1992, p. 569–582.

(20) ロジェ『大博物学者ビュフォン』285 頁。

(21)「感情」と「感覚」の訳し分けは難しい。ビュフォンは『博物誌』第 7 巻でこれらを定義し，sensation は感覚器官の振動（身体現象）で，sentiment はこれに快・不快の性質が加わったものとしている。Cf. Thierry Hoquet, *Buffon. Histoire naturelle et philosophie*, Paris, Honoré Champion, 2005, p. 199.

(22) 感覚と知識の関係は『博物誌』第 3 巻以来の話題だが，その内容については以下を参照。ロジェ『大博物学者ビュフォン』110–113, 189–199 頁。Hoquet, *Buffon*, ch. 16.

(23) 太田光一「エデュカチオ再考——コメニウスを中心に」，『日本の教育史学』58 巻，2015 年，84–96 頁。 Cf. Fritz-Peter Hager, « Éducation, instruction et pédagogie », dans DEL, p. 429–432.

(24) ビュフォンは思想信条的には無神論者だったようだが，表面上は教会当局に従順な態度を示した。『博物誌』の内容がソルボンヌ神学部によって問題視されたときも，表面的な謝罪と訂正を行っている。ロジェ『大博物学者ビュフォン』第 13 章。

(25) ロジェ『大博物学者ビュフォン』第 23 章。次の邦訳も参照。ビュフォン『自然の諸時期』菅谷暁訳，法政大学出版局，1994 年。

(26)『博物誌』で記述される家畜は，第 4 巻の馬・ロバ・牛，第 5 巻の羊・ヤギ・豚・犬，第 6 巻の猫のみである。

(27) ビュフォンは当初「本能」や「体質」などの概念を定義せずに用いており，コンディヤックの『動物論』ではその点を痛烈に批判された。この批判に答えるためか，彼は『博物誌』第 8 巻の項目「モグラ」で，「本能」を「感情あるいは感じる能力の結果」として，「体質」を「感情によって導かれ，さらには生み出されもする，本能の習慣的行使」と定義している。Hoquet, *Buffon*, p. 504.

(28) ロジェ『大博物学者ビュフォン』196 頁。

(29) Georges-Louis Leclerc de Buffon et François-Augustin Paradis de Moncrif, *Discours prononcés dans l’Académie française, le samedi 25 août M. DCC. LIII. à la réception de M. de Buffon*, Paris, Bernard Brunet, 1753.

(30) なおビュフォンが，人間の動物に対する優位性を論証するというよりは，結論ありきの単なる教義を説いているという批判は，当時からあった。例えばコンディヤック『動物論』古茂田宏訳，法政大学出版局，2011 年を参照。

(31) Albertus Magnus, *On Animals : A Medieval Summa Zoologica*, trans. Kenneth F. Kitchell Jr. and Irven Michael Resnick, 2 vol., Baltimore, Johns Hopkins University Press, 1999, vol. 1, p. 64 ;

vol. 2, p. 1523.

(32) Conrad Gessner, *Historiæ animalium de quadrupedibus viviparis*, Tiguri, apud Christ. Froschoverum, 1551, p. 344, 347.

(33) Ulisse Aldrovandi, *De quadrupedibus viviparis digitatis libri tres et de quadrupedibus digitatis oviparis libri duo*, Bonnoniæ, sumptibus Marci Antonii Berniæ, 1637, p. 564.

(34) Jeff Loveland, *Rhetoric and Natural History: Buffon in Polemical and Literary Context*, Oxford, Voltaire Foundation, 2001.

(35) *Ibid.*, p. 52–76; Maëlle Levacher, *Buffon et ses lecteurs. Les complicités de l'*Histoire natrurelle, Paris, Classiques Garnier, 2011, p. 58–61.

(36) 修辞的語彙の奥に唯物的な思想を読み込む解釈としては，ロジェ『大博物学者ビュフォン』196 頁。Hoquet, *Buffon*, p. 495, 751. むしろ修辞的語句の役割を重んじる解釈としては，Loveland, *Rhetoric and Natural History*; Levacher, *Buffon et ses lecteurs*.

(37) Ehrard, « Écriture de chats ».

(38) Loveland, *Rhetoric and Natural History*, p. 52–76; Hoquet, *Buffon*, p. 496–535.

(39) Joseph Aude, *Vie privée du comte de Buffon,* Lausanne, [s.n.], 1788, p. 43–44. 同書は有名人ビュフォンの私生活をめぐる一種の暴露本で，啓蒙期のセレブ文化の典型的な産物である。アントワーヌ・リルティ『セレブの誕生——「著名人」の出現と近代社会』松村博史・井上櫻子・齋藤山人訳，名古屋大学出版会，2019［2014］年，118–121 頁。

(40) Ehrard, « Écriture de chats ». Cf. François Poplin, « Buffon, Pasumot et le sommeil paradoxal du chat », *Mémoires de l'Académie des sciences, arts et belles-lettres de Dijon*, vol. 130, 1989–90, p. 297–308.

(41) ビュフォンを引き写しにした著作の例としては，Fortunato Bartolomeo De Felice (éd.), *Encyclopédie, ou dictionnaire universel raisonné des connaissances humaines*, tome 9, Yverdon, [s.n.], 1771, p. 182; Louis-Jean-Marie Daubenton, *Encyclopédie méthodique. Histoire naturelle des animaux*, tome 1, Paris, Panckouke, 1782, p. 62.

(42) なおこの見世物は以前から『スイス新聞』掲載の猫擁護論で，猫の調教の実例として言及されていた。« Éloge du chat », *Journal helvétique*, janvier 1759, p. 54–69.

(43) Jacques-Christophe Valmont de Bomare, *Dictionnaire raisonné universel d'histoire naturelle*, tome 1, Paris, Didot, Musier, De Hansy, Panckoucke, 1764, p. 546. 同書の人気については，Robert Darnton, *A Literary Tour de France: The World of Books on the Eve of the French Revolution*, Oxford, Oxford University Press, 2018, p. 295.

(44) [Gaspard Guillard de Beaurieu et Jean-Baptiste-François Hennebert], *Cours d'histoire naturelle*, tome 2, Paris, Desaint, 1770, p. 106–107. フランス国立図書館の目録によれば，聖職者エヌベールが鳥類の記述を担当し，ボリューが残りを書いたという。ボリューについては次を参照。Robert Granderoute, « Gaspard Guillard de Beaurieu: utopie et réalités pédagogiques », *Revue française d'histoire du livre*, n° 78–79, 1993, p. 299–311.

(45) [Gaspard Guillard de Beaurieu], *L'Élève de la nature*, nouvelle éd., 3e partie, Amsterdam et Lille, J. B. Henry, 1771, p. 13. なお初版は 1764 年刊。

(46) ソンニーニの生涯に関しては，Arsenne Thiébaut de Berneaud, *Éloge historique de Ch. Sig. Sonnini de Manoncourt, célèbre naturaliste et voyageur*, Paris, D. Colas, 1812 が詳しい。学界と出版業界での立ち位置については，次注の文献を参照。

(47) Pietro Corsi, *The Age of Lamarck: Evolutionary Theories in France, 1790–1830*, trans.

Jonathan Mandelbaum, Berkeley, University of California Press, 1988, p. 19–23 ; *id.*, « Buffon sous la Révolution et l'Empire », dans Gayon (éd.), *Buffon 88*, p. 639–648 ; Jean-Luc Chappey, « Enjeux sociaux et politique de la "vulgarisation scientifique" en révolution (1780–1810) », *Annales historiques de la Révolution française*, n° 338, 2004, p. 11–51 ; *id.*, « Héritages républicains et résistances à "l'organisation impériale des savoirs" », *Annales historiques de la Révolution française*, n° 346, 2006, p. 97–120.

(48) Charles-Nicolas-Sigisbert Sonnini de Manoncourt, *Voyage dans la haute et basse Égypte, fait par ordre de l'ancien gouvernement, et contenant des observations de tous genres*, 3 vol., Paris, F. Buisson, an VII. 以下本節で同書を引く際には冒頭に VE を付して巻数と頁数のみを本文中に括弧で示す。

(49) Charles-Nicolas-Sigisbert Sonnini de Manoncourt, « Addition à l'article du chat », dans *id. et al.*, *Histoire naturelle, générale et particulière, par Leclerc de Buffon*, 127 vol., Paris, Dufart, an VII-1808, tome 24 (an VIII), p. 36–54. 以下本節で同書を引く際には冒頭に HN を付して巻数と頁数のみを本文中に括弧で示す。

(50) Sophie Marchand, *Théâtre et pathétique au XVIIIe siècle. Pour une esthétique de l'effet dramatique*, Paris, Honoré Champion, 2009, p. 9, 21, 234–243.

(51) François-Thomas-Marie de Baculard d'Arnaud, *Les Épreuves du sentiment*, tome 2, Paris, Le Jay, 1774, p. 138.

(52) David J. Denby, *Sentimental Narrative and the Social Order in France, 1760–1820*, Cambridge, Cambridge University Press, 1994, p. 83–85.

(53) *Ibid.*, p. 84.

(54) *Ibid.*, p. 71–94.

(55) Arsènne Thiébaud de Berneaud, « Sonnini de Manoncourt », dans Louis-Gabriel Michaud (éd.), *Biographie universelle ancienne et moderne*, tome 43, Paris, Michaud frères, 1825, p. 96.

(56) Thiébaut de Berneaud, *Éloge historique*, p. 37–38.

(57) Chappey, « Enjeux sociaux et politiques ».

(58) Claude Cardot, *Frédéric Cuvier, 1773–1838. Frère de Georges, histoire d'une profonde amnésie*, Montbéliard, Société d'émulation de Montbéliard, 2019 ; Pierre Serna, *Comme des bêtes. Histoire politique de l'animal en Révolution (1750–1840)*, Paris, Fayard, 2017, p. 125–126.

(59) まず小冊子に簡易的な版画が挿絵として付され，それが雑誌に転載された後，トスカン『自然の友』の挿絵として（より原画に忠実と思わしき）豪華版が制作された。マレシャルについては次を参照。Claire Jouy, « Portraits sensibles de carnassiers au service de la science et de sa diffusion (années 1790–1800). Les vélins du peintre Nicolas Maréchal », *Le Temps des Médias*, n° 40, 2023, p. 15–33.

(60) Georges Toscan, *Histoire du lion de la ménagerie du Muséum national d'histoire naturelle, et de son chien*, Paris, Cuchet, an III, p. 30, 36, 38.

(61) Buffon *et al.*, *Histoire naturelle*, tome 9 (1761), « Le lion », p. 5–9. Cf. E. C. Spary, *The Utopia's Garden : French Natural History from Old Regime to Revolution*, Chicago, University of Chicago Press, 2000, p. 111–117.

(62) Anne-Louise Le Cossec, « Garde, gardien, animaux et visiteurs : les enjeux de l'ordre public à la ménagerie du Muséum d'histoire naturelle de Paris sous l'administration de Frédéric Cuvier (1803–1838) », *Cahiers d'histoire. Revue d'histoire critique*, n° 153, 2022, p. 75–92.

(63) Spary, *Utopia's Garden*, ch. 3 ; Louise E. Robbins, *Elephant Slaves and Pampered Parrots : Exotic Animals in Eighteenth-Century Paris*, Baltimore, Johns Hopkins University Press, 2002, p. 213–230 ; Serna, *Comme des bêtes*, p. 121–125.

(64) Frédéric Cuvier, « Chat (Mamm.) », dans *id.* (éd.), *Dictionnaire des sciences naturelles*, 73 vol., Strasbourg et Paris, F. G. Levrault et Le Normant, 1816–45, tome 8, p. 201.

(65) *Ibid.*, p. 209–210.

(66) *Ibid.*

(67) Frédéric Cuvier, « De la sociabilité des animaux », *Mémoires du Muséum d'histoire naturelle*, tome 13, Paris, A. Belin, 1825, p. 1–27.

(68) Frédéric Cuvier, « Essai sur la domesticité des mammifères », *Mémoires du Muséum d'histoire naturelle*, tome 13, Paris, A. Belin, 1825, p. 406–455.

(69) *Ibid.*, p. 426–427, 430–431.

(70) Benedetta Piazzesi, « Domestication : histoire du concept », dans DHCA, p. 234–238.

(71) [Jean-M.-M. Rédarès], *Traité raisonné sur l'éducation du chat domestique*, Paris, Raynal, 1828, p. 15, 18, 22, 92–94.

(72) *Ibid.*

(73) François Guizot, *Cours d'histoire moderne. Histoire générale de la civilisation en Europe*, Paris, Pichon et Didier, 1828, 1re leçon, p. 3–4. Cf. Bertrand Binoche, « Introduction », dans Bertrand Binoche (éd.), *Les Équivoques de la civilisation*, Seyssel, Champ Vallon, 2005, p. 18–30.

第 7 章　長靴を脱いだ猫

(1) Jean-Noël Pascal (éd.), *La Fable au siècle des Lumières, 1715–1815. Anthologie des successeurs de La Fontaine, de La Motte à Jauffret*, Saint-Étienne, Publications de l'Université de Saint-Étienne, 1991 ; *id.* (éd.), *Anthologie des fabulistes français de La Fontaine au romantisme*, Étoile-sur-Rhône, Gauvin, 1993 ; *id.*, *Les Successeurs de La Fontaine au siècle des Lumières (1715–1815)*, Paris, Peter Lang, 1995.

(2) 蒐集作品の一覧は，Tomohiro Kaibara, « Le grand sacre des chats. L'invention d'un animal de compagnie en France (1670–1830) », thèse de l'EHESS, 2023, annexe A を参照されたい。

(3) Raymonde Robert *et al.* (éds.), *Bibliothèques des génies et des fées*, 19 vol., Paris, Honoré Champion, 2004–18. 以下 BGF と略記。引用では原則として参照が容易な初版を用い，BGF 版の対応箇所を併記する。

(4) 近世寓話の歴史については，Patrick Dandrey, *La Fabrique des Fables. Essai sur la poétique de La Fontaine*, 2e éd., Paris, Klincksieck, 1992 を参照。

(5) Jean de La Fontaine, *Œuvres complètes*, tome 1, *Fables, contes et nouvelles*, éd. Jean-Pierre Collinet, Paris, Gallimard, « Bibliothèque de la Pléiade », 1991, p. 97–98, 116–117, 133, 215–216, 279–280, 332–333, 372–373, 378–379, 455–456, 462, 466–467. 邦訳はラ・フォンテーヌ『寓話』上下巻，今野一雄訳，岩波書店（岩波文庫），1972 年，上巻，147–149, 171–174, 191–194, 295–297 頁，下巻，62–65, 135–138, 188–190, 195–197, 308–310, 317–319, 323–325 頁。

(6) 中世文学の猫については，Bobis 2000, p. 60–66, 109–183 を参照。

(7) ラ・フォンテーヌが依拠した典拠についてはプレイアード版の注釈を参照。

(8) 奥香織・武田将明・浅井英樹「新旧論争」,『啓蒙事典』412–413 頁。Joan DeJean, *Ancients Against Moderns: Culture Wars and the Making of a Fin de Siecle*, Chicago, University of Chicago Press, 1997; Larry Norman, *The Shock of the Ancient: Literature and History in Early Modern France*, Chicago, University of Chicago Press, 2011.

(9) Bonaventure d'Argonne, dit Vigneul-Marville, *Mélanges d'histoire et de littérature*, 3 vol., Paris, Claude Prudhomme, 1713 [1e éd. 1699–1700], tome 3, p. 8–10.

(10) 厳密に言えばイソップの原作には猫ではなく古代ギリシアで鼠対策に用いられたイタチが登場する。『イソップ寓話集』中務哲郎訳,岩波書店(岩波文庫),1999 年,第 50 篇「イタチとアフロディテ」。しかしこの作品は近世には《女に変身した猫》として知られていた。

(11) La Fontaine, *Fables, contes et nouvelles*, p. 97–98. 邦訳上巻 147–149 頁(訳文は改変)。

(12) Jeanne Morgan, *Perrault's Morals for Moderns*, New York, Peter Lang, 1985; Marc Escola, *Contes de Charles Perrault*, Paris, Gallimard, 2005. なおペローの『物語集』が(岩波文庫版の邦題にあるように)「童話集」として知られるようになったのは,児童文学がジャンルとして成立した 18 世紀中葉以後のことである。同作の研究史については BGF 4 所収の Tony Gheeraert による序文を参照。

(13) ペロー『完訳 ペロー童話集』新倉朗子訳,岩波書店(岩波文庫),1982 年,194 頁。

(14) ストラパローラ『愉しき夜——ヨーロッパ最古の昔話集』長野徹訳,平凡社,2016 [1550] 年,第 11 夜第 1 話「猫」。

(15) Joseph P. Ward, *Culture, Faith and Philanthropy: Londoners and Provincial Reform in Early Modern England*, New York, Palgrave Macmillan, 2013, p. 47–67.

(16) ルイ・マラン『語りは罠』鎌田博夫訳,法政大学出版局,1996 [1978] 年,第 4 章。

(17) BGF 4, p. 62, p. 213 note 6.

(18) 天野知恵子『子どもと学校の世紀——18 世紀フランスの社会文化史』岩波書店,2007 年,第 4 章。

(19) Charlotte Charrier, *Héloïse dans l'histoire et dans la légende*, Paris, Honoré Champion, 1933, p. 407–411.

(20) [Jacques Alluis], *Le Chat d'Espagne, nouvelle*, Cologne, Pierre du Marteau, 1669, « préface ». この序文では本作が一種の「ギャラントリ」であって,偉大な王侯貴族の物語たる「ロマン」ではないと断られている。なおケルンのマルトーとは海賊版の表紙によく使われた非実在出版者。初版(Grenoble, Jean Nicolas, 1669)は閲覧できなかったため,本節ではこの海賊版を用い,本文中に括弧で頁数を示す。同書をアリュイスに帰す根拠としては,Guy Allard, *La Bibliothèque de Dauphiné*, Grenoble, Laurens Gilibert, 1680, p. 9 がある。

(21) 動物を視点人物として人々の生き様を描く手法は,アリュイスが序文で権威として引用したアプレイウスの『黄金のロバ』に準ずる。同作は 18 世紀には風刺小説のモデルとなった。Mark Blackwell (ed.), *The Secret Life of Things: Animals, Objects and It-Narratives in Eighteenth-Century England*, Lewisburg, Bucknell University Press, 2007.

(22) Constance Cagnat-Deboeuf, « Du jeu des proverbes dans les *Histoires ou Contes du temps passé*: "Cendrillon ou la petite pantoufle de verre" », *Dix-Septième Siècle*, nº 277, 2017, p. 631–644.

(23) それぞれフランス語のことわざで「犬と猫の仲」(犬猿の仲),「良猫あれば良鼠あり」(敵もさるもの),「猫にチーズを食われる」(女が男に体を許すことの比喩)に対応す

る。猫と鼠の関係については「鼠は賢いが猫はもっと賢い」というスペイン語のことわざも引かれている。

(24) 後に主人公がゾロイードに迎え入れられた際にも「これほど快く受け入れてもらったことに対する喜びを示すために，テーブルの上で横に寝転がって遊んでほしそうにして，彼女を傷つけないように爪は出さなかった」という具体的な行動描写が見える (192–193)。また作中に「手の言語」(Le langage des mains) と題された，感情の身体表現に関する短篇が挿入されていることからも，アリュイスが非言語的な感情のコミュニケーションに少なからぬ関心を寄せていたと推察できる (145–181)。

(25) Bobis 2000, ch. 22.

(26) アントワーヌ・ガラン『ガラン版 千一夜物語』西尾哲夫訳，全6巻，岩波書店，2019–20年，第1巻「ねたむ者とねたまれる者の話」188–189頁，第2巻「ヌールッディーン・アリーとバドルッディーン・ハサンの話」117頁 (BGF 6, p. 323, 497–498)。

(27) 初版が散逸しているため，再版を用いた。[Marie-Catherine d'Aulnoy], « Le prince lutin », *Les Contes de fées*, tome 1, Amsterdam, Estienne Roger, 1708, p. 180–181 (BGF 1, p. 243–244).

(28) [Marie-Catherine d'Aulnoy], « La chatte blanche », dans *Contes nouveaux, ou les Fées à la mode*, tome 2, Paris, la veuve de Théodore Girard, 1698, tome 2, p. 94–95, 105–106 (BGF 1, p. 758–759, 762). なお chatonnerie は同作に多数含まれる造語のひとつ。

(29) Jean-Paul Sermain, *Le Conte de fées, du classicisme aux Lumières*, Paris, Desjonquères, 2005, p. 45–52 ; Nicole Jacques-Chaquin, « Sorcellerie », dans DEL, p. 1157–1160.

(30) [D'Aulnoy], « La chatte blanche », p. 103 (BGF 1, p. 762). なおアリュイスにも見たように，17世紀フランス文学はスペイン黄金時代の文化の影響下にあった。近年の研究によれば，『ドン・キホーテ』はルイ14世時代の宮廷文化一般の重要な着想源となっていたという。Marine Roussillon, *Don Quichotte à Versailles. L'imaginaire médiéval du Grand Siècle*, Ceyzérieu, Champ Vallon, 2022.

(31) [Marie-Catherine d'Aulnoy], *Contes nouveaux, ou les Fées à la mode*, tome 2, p. 217, 206.

(32) Sermain, *Le Conte de fées*, ch. 1 ; Raymonde Robert, « Un siècle de contes merveilleux », dans BGF 1, p. 15–54.

(33) 例えばビニョンの作品には目から光線を放つ猫が登場し，デュクロの大ヒット作『アカジュとジルフィール』には魔法の壺を守る猫妖精が登場する。[Jean-Paul Bignon], *Les Aventures d'Abdalla fils d'Hanif*, tome 1, Paris, Pierre Witte, 1712, p. 162–166 (BGF 8, p. 991) ; [Charles Pinot Duclos], *Acajou et Zirphile, conte*, à Minutie [Paris], [s.n.], 1744, p. 50 (BGF 16, p. 1367–1369).

(34) [Thémisel de Saint-Hyacinthe], *Histoire du Prince Titi*, Paris, la veuve Pissot, 1736, [tome 1], p. 114–119 (BGF 11, p. 791–792). 元々は1巻本として執筆されており，初版第1巻は巻数表記を欠く。著者に関しては Élisabeth Carayol, *Thémiseul de Saint-Hyacinthe, 1684–1746*, Oxford, Votlaire Foundation, 1984 を参照。

(35) 初版が参照困難であるため，Elisa Biancardi による校訂版を用いた。Jeanne-Marie Leprince de Beaumont, *Le Magasin des enfants*, BGF 15, p. 1249.

(36) [Jacques Cazotte], *La Patte du chat, conte zinzimois*, Tilloobalaa [Paris], [s.n.], 1741, p. 13 (BGF 16, p. 1009–1010).

(37) « Le Prince arc-en-ciel », dans *Nouveau recueil de contes de fées*, Paris, Pierre-Jean Mariette, 1736, p. 362–391, eu particulier p. 378 (BGF 11, p. 438–439).

(38) [Françoise de Graffigny], « Princesse Azerolle », dans [Anne-Claude de Caylus (éd.)], *Cinq contes de fées*, [Paris], [s.n.], 1745, p. 137–138 (BGF 12, p. 529).

(39) Marie-Madeleine de Lubert, « Étoilette, conte » dans *Les Lutins du château de Kernosy*, 1e partie, Leyde, 1753, p. 78–83, eu particulier p. 80 (BGF 14, p. 368) : « ma chère blanchette, [...] toi seule dans l'univers compatis avec mes maux » ; « Sa chatte, son unique et fidèle compagnie ».

(40) *Ibid.*

(41) なお筆者が BGF 収録作品を確認した限り，猫が顕著な役割を果たす作品は 18 世紀の前半に集中している。世紀後半の作品で，猫はごく周縁的なディテールに留まった。

(42) Pascal, *Les Successeurs de La Fontaine* ; *id.*, *Anthologie des fabulistes français*, p. 19–23.

(43) Pascal, *La Fable au siècle des Lumières*, p. 7–21.

(44) Antoine Furetière, « Du chat et des rats », dans *Fables morales et nouvelles*, Paris, Louis Billaine, 1671, p. 43–47.

(45) César-Alexis Chichereau de La Barre, « Le forgeron et le chat », dans *Fables nouvelles, mises en vers*, Cologne, [s.n.], 1687, p. 17–19.

(46) Du Ruisseau, « L'homme et le chat », dans *Fables nouvelles*, La Haye, la Veuve d'Abraham Troyel, 1707, p. 45–48.

(47) Eustache Le Noble, « Les amimaux favoris », dans *Contes et fables, ou l'esprit du sage*, 2 vol., Paris, Michel Brunet, 1697, tome 1, p. 60–65.

(48) Du Ruisseau, « Le chat et les rats », dans *Fables nouvelles*, p. 41–43.

(49) Antoine Houdar de La Motte, « Le chien et le chat », dans *Fables nouvelles, dédiées au roi*, Paris, Grégoire Dupuis, 1719, p. 301–304.

(50) Henri Richer, « Le chien et le chat », dans *Fables nouvelles mises en vers*, Paris, Étienne Ganeau, 1729, p. 182–184.

(51) Henri Richer, « Les deux chats », dans *Ibid.*, p. 31–32.

(52) Henri Richer, « Le rat, la souris, le chat et le chien », dans *Ibid.*, p. 27–28. 模倣作は数多いが，初期の例として，Jean-François Dreux Du Radier, « La Femme et le chat », dans *Fables nouvelles, et autres pièces en vers*, Paris, F. G. Merigot, 1744, p. 32–33.

(53) Henri Richer, « L'homme et le chat », dans *Fables choisies et nouvelles, mises en vers*, Paris, la Veuve Pissot et Bullot, 1744, p. 63–64.

(54) Henri Richer, « Le mouton et le chat », dans *Ibid.*, p. 106–107.

(55) Henri Richer, « L'enfant et le chat », *Fables nouvelles mises en vers*, 2 vol., Paris, Barrois, 1748, tome 1, p. 300.

(56) Pascal, *Les Successeurs de La Fontaine*, p. 67.

(57) Marie-Catherine de Villedieu, « Le chat et le grillon », dans *Fables, ou histoires allégoriques*, Paris, Claude Barbin, 1670, p. 42–49.

(58) Pascal, *Les Successeurs de La Fontaine*, ch. 8–9.

(59) [Edward Moore], *Fables pour les dames et les jeunes gens,* Amsterdam, Jean Boitte, 1764, p. 41–45. これは 1744 年の原著（*Fables for the Female Sex*）の散文訳で，訳者は不明。

(60) Claude-Joseph Dorat, « Le fermier, le chien et le chat », dans *Fables ou allégories philosophiques*, La Haye et Paris, Delalain, 1772, p. 20–23 ; Pascal, *Les Successeurs*, p. 175–184.

(61) Jean-Pierre Claris de Florian, « Les deux chats », dans *Fables*, Paris, Didot l'aîné, 1792, p. 76–77. この詩の着想源と独創性については，Pascal, *Les Successeurs*, p. 132–133 を参照。

(62) Jean-Pierre Claris de Florian, « Le chien et le chat », dans *Fables*, p. 49.

(63)『お話の宝庫』(*Magasin des enfants*) はロンドンで刊行された後，大陸ヨーロッパ各地で 19 世紀後半まで再版され，12 の言語に翻訳された。BGF 15 の解説を参照。児童文学の出現に関しては，Emmanuelle Chapron, *Livres d'école et littérature de jeunesse en France au XVIIIe siècle*, Liverpool, Liverpool University Press, 2021 を参照。

(64) Pascal, *Les Successeurs*, p. 111–117, 139–157.

(65) Joseph Reyre, *L'Ami des enfants*, Paris, Desaint et Saillant, 1765.

(66) 同一の著者が再版にあたって教育的な脚注を加えた例として，Jean-Louis Aubert, *Fables nouvelles,* Amsterdam et Paris, Duchesne, 1756 ; nouvelle éd., Paris, Desaint & Saillant, Duchesne, Langlois fils, 1761 を比較参照のこと。

(67) Cf. Joseph Reyre, *Le Fabuliste des enfants*, Paris, Onfroy, 1803, « Préface », p. xii–xiii.

(68) [Lejeune], « Les Deux chats, jeune et vieux », dans *Fables nouvelles, morales et philosophiques*, Paris, Duchesne, 1765, p. 140–144.

(69) Barthélemy Imbert, « Le chat peureux », dans *Fables nouvelles*, Amsterdam et Paris, Delalain, 1773, p. 21–22.

(70) Joseph Reyre, « La douairière et le petit chat », dans *Le Fabuliste des enfants*, p. 50–52. 類似の作品としては，例えば以下を参照。[Jean-Louis Grenus], « Le chat corrigé », *Fables pour l'enfance et la jeunesse*, Paris, Bossange, Masson et Besson, 1806, p. 151–154 ; Jean-François Boisard, « Le chat d'Espagne », dans *Fables*, Paris, Vigor Renaudière, 1821, p. 10–11.

(71) Joseph Reyre, « Le chat et le chien », dans *Le Fabuliste des enfants et des adolescents*, 4e éd., Paris, Audot, 1812, p. 261–262.

(72) Antoine-Pierre Dutramblay, « La mère et l'enfant », dans *Aplogues*, Paris, Perronneau, 1806, p. 150–151.

(73) Jean-Louis Aubert, « La chatte et son petit », dans *Fables nouvelles*, 4e éd., Paris, Moutard, 1773, p. 199.

(74) *Almanach des muses*, 1779, p. 89–92 ; Laurent-Pierre Bérenger, « La chatte et l'orage », *Poésies de M. Bérenger*, tome 1, Londres, [s.n.], 1785, p. 88–91.

(75) ベランジェールの《雌猫と嵐》を寓話詩と見なしてよいかは疑問である。本章では寓話の専門家パスカルに倣って本作も対象としたが，実はこの詩は前注の文献ではジャンルを特定されておらず，ある名詩選に再録された際には韻文の「物語」(conte) と呼ばれていた (*Nouveau recueil des meilleurs contes en vers, faisant suite à celui imprimé en 1774*, Genève et Paris, Delalain l'aîné, 1784, p. 353–356)。もっとも，寓話と物語の境目は曖昧だったので，定義にこだわっても不毛かもしれない。

(76) Charles-François de Ladoucette, « Le chat sauvage », *Fables*, Paris, Saintin, 1827, p. 91–92.

(77) [François-Jean Bralle], « La chienne et le chatte », *Fables et contes en vers*, Paris, René Gandon, 1827, p. 145–148. 犬と猫の絆を描いた作品としては以下もある。Frédéric Rouveroy, « Le chien, le chat et la pie », *Fables*, 2 vol., Liège, J. A. Latour, 1822, tome 1, p. 150–152 ; [Jean-Baptiste-Vincent Pirault des Charmes], « Le chat et la barbette », dans *Fables nouvelles*, Paris, Ladvocat, Pichon et Didier, Delaunay, 1829, p. 77–79.

(78) [François-Jean Bralle], « Le jeune chat et la vieille », dans *Fables et contes en vers*, p. 261–267.

(79) E. T. A. Hoffmann, *Lebens-Ansichten des Katers Murr. Werke 1820–1821*, Hartmut Steinecke

(Hrsg.), Frankfurt am Mein, Deutscher Klassiker Verlag, 1992, S. 915–925, 932–938; Quartblatt mit den Schriftzügen des Katers Murr, 1818, Staatsbibliothek Bamberg [http://resolver.staatsbibliothek-berlin.de/SBB0001ED5000000000].

(80) E. T. A. Hoffmann, *Les Contemplation du chat Murr*, dans *Contes fantastiques*, tome 3, trad. Loève-Veimars, éd. José Lambert, Paris, GF Flammarion, 1982, p. 70–71, 76, 228, 287.

第8章　優雅なふれあい

(1) 歴史研究における図像の活用方法については，例えばピーター・バーク『時代の目撃者——資料としての視覚イメージを利用した歴史研究』諸川春樹訳，中央公論美術出版，2007［2001］年を参照。

(2) 大野芳材・中村俊春・宮下規久朗・望月典子『西洋美術の歴史6　17〜18世紀——バロックからロココへ，華麗なる展開』中央公論新社，2016年。金沢文緒「ロココ」，『啓蒙事典』366–369頁。

(3)「ロココ」は後世の美術史用語であり，同時代にはギャラン（galant）とその派生語が今ならロココと呼ばれる作品を形容するために使われていた。Alain Viala, *La France galante. Essai historique sur une catégorie culturelle, de ses origines jusqu'à la Révolution*, Paris, PUF, 2008, p. 415.

(4) 猫の図像学的研究においては，猫が（鼠ではなく）犬と対比されるようになったルネサンス期の変化が強調される反面，本章で示す18世紀の変化は見過ごされてきた。Elisabeth Foucart-Walter et Pierre Rosenberg, *Le Chat et la palette. Le chat dans la peinture occidentale du XVe au XXe siècle*, Paris, Adam Biro, 1987; Stefano Zuffi, *Les Chats dans l'art*, trad. Denis-Armand Canal, Paris, La Martinière, 2007; Laurence Bobis, « Métamorphoses du chat », dans *Beauté animale*, Paris, RMN-Grand Palais, 2012, p. 118–131.

(5) Foucart-Walter et Rosenberg, *Le Chat et la palette*, p. 16.

(6) 17世紀フランスの作例としては，豪華な衣装に身を包んで鏡に見入る貴婦人を，肩の上に猫を乗せた道化が指さして愚弄する風刺版画がある。Bobis 2000 図版部を参照。

(7) Adriaan E. Waiboer, *Gabriel Metsu, Life and Work: A Catalogue Raisonné*, New Haven, Yale University Press, 2012, p. 36, 109–110. Cf. Wayne E. Franits, "Gabriel Metsu and the Art of Luxury", in Adriaan E. Waiboer (ed.), *Gabriel Metsu*, New Haven, Yale University Press, 2010, p. 53–71.

(8) なお農民や労働者の家庭風景に猫が描かれることは多かった。ル・ナン兄弟やシャルダンの作品が好例だが，調べた限り，彼らの作品で，猫が人間とふれあう瞬間を描いたものは無いようだった。Pierre Rosenberg, *Tout l'œuvre peint de Chardin*, Paris, Flammarion, 1983; *id.*, *Tout l'œuvre peint des Le Nain*, Paris, Flammarion, 1993.

(9) Philippe de Montebello *et al.*, *François Boucher 1703–1770*, New York, Metropolitan Museum of Art, 1986, p. 92.

(10) Sophie Laroche et Christophe Brouard (éds.), *La Grande bouffe. Peintures comiques dans l'Italie de la Renaissance*, Paris, LienArt, 2017, p. 80–81.

(11) 第1章注27を参照。

(12) *Dictionnaire universel français et latin*, 6 vol., Paris, la Veuve Delaune *et al.*, 1743, tome 1, p. 1365, art. « Bouillie »; Larry Silver, *Bruegel*, trad. Jean-Charles Pharamond et François Paul, Paris, Citadelles & Mazenod, 2011, p. 166–167.

(13) この絵については次の解説を参照。Martin Eidelberg, « Le Chat malade », entrée du site Watteau Abecedario, octobre 2017, révisée en juin 2021 [http://watteau-abecedario.org/chat_malade.htm].

(14) 風刺文学については，貝原伴寛「『猫の大虐殺』を読みなおす——18 世紀フランスにおける人と猫の関係史」，『思想』2020 年 9 月号，92–115 頁（とくに 103 頁）を参照されたい。

(15) 近世の絵画で，歯を見せて笑うことは貧民に特有の下品な仕草とされた。Colin Jones, *The Smile Revolution in Eighteenth-Century Paris*, Oxford, Oxford University Press, 2014.

(16) Katie Scott and Hannah Williams, *Artists' Things : Rediscovering Lost Property from Eighteenth-Century France*, Los Angeles, Getty Publications, 2024, p. 59.

(17) 17 世紀初頭に版画家がオランダから猫絵の複製版画を持ち込み，フランスでその複製を制作した事例も判明している。Blanche Llaurens, « Itinéraires de graveurs néerlandais à Paris au début du XVIIe siècle : Theodoor Matham, Cornelis Danckerts et les autres », *Nouvelles de l'estampe*, n° 263, 2020, en ligne [https://doi.org/10.4000/estampe.1518].

(18) Thomas E. Crow, *Painters and Public Life in Eighteenth-Century Paris*, New Haven, Yale University Press, 1987.

(19) 以上のペロノー作品については，Dominique d'Arnoult, *Jean-Baptiste Perronneau ca. 1715–1783. Un portraitiste dans l'Europe des Lumières*, Paris, Arthena, 2014, p. 215, 219 を参照。

(20) ミシェル・ドゥロン『享楽と放蕩の時代——18 世紀フランスを風靡した背徳者たちの夢想世界』稲松三千野訳，原書房，2002［2000］年。Philip Stewart, *Engraven Desire : Eros, Image & Text in the French Eighteenth Century*, Durham, Duke University Press, 1992.

(21) Emma Barker, *Greuze and the Painting of Sentiment*, Cambridge, Cambridge University Press, 2005, p. 120–121.

(22) Sarah Cohen and Downing A. Thomas, "Art and the Senses : Experiencing the Arts in the Age of Sensibility", in Anne C. Vila (ed.), *A Cultural History of the Senses in the Age of Enlightenment*, London, Bloomsbury, 2014, p. 179–201.

(23) フィリップ・アリエス『〈子供〉の誕生——アンシァン・レジーム期の子供と家族生活』杉山光信・杉山恵美子訳，みすず書房，1980［1960］年。ヒュー・カニンガム『概説 子ども観の社会史——ヨーロッパとアメリカにみる教育・福祉・国家』北本正章訳，新曜社，2013［2005］年。Albrecht Classen, "Philippe Ariès and the Consequences : History of Childhood, Family Relations, and Personal Emotions : Where do we stand today?", in Albrecht Classen (ed.), *Childhood in the Middle Ages and the Renaissance : The Result of a Paradigm Shift in the History of Mentality*, Berlin, De Gruyter, 2005, p. 1–66.

(24) Jan Baptist Bedeaux and Rudi Ekkart (eds.), *Pride and Joy : Children's Portraits in the Netherlands, 1500–1700*, Ghent, Ludion, 2000.

(25) 17 世紀オランダの児童画の猫については以下を参照。Mary Frances Durantini, *The Child in Seventeenth-Century Dutch Painting*, Ann Arbor, UMI Research Press, 1983, p. 262–287 ; Jan Baptist Bedaux, *The Reality of Symbols : Studies in the Iconology of Netherlandish Art 1400–1800*, 's-Gravenhage, Gary Schwartz, 1990, p. 119–141 ; Bedeaux and Ekkart (eds.), *Pride and Joy*, p. 109–155.

(26) Durantini, *The Child*, p. 283–287 ; Bedaux, *The Reality of Symbols*, p. 109–155.

(27) Mariët Westermann, *The Amusements of Jan Steen : Comic Painting in the Seventeenth*

Century, Zwolle, Waanders, 1997, p. 57.

(28) ロック『教育に関する考察』服部知文訳，岩波書店（岩波文庫），1967 年，184–185 頁。動物いじめを問題視する同時代の著作として，Jean-Baptiste Morvan de Bellegarde, *Les Règles de la vie civile*, Paris, André Pralard, 1693, p. 186–187.

(29) Anne L. Schroder, “Genre Prints in Eighteenth-Century France : Production, Market, and Audience”, in Richard Rand (ed.), *Intimate Encounters : Love and Domesticity in Eighteenth-Century France*, Princeton, Princeton University Press, 1997, p. 69–86 ; Charlotte Guichard *et al.*, *Quand la gravure fait illusion. Autour de Watteau et Boucher, le dessin gravé au XVIII*[e] *siècle*, Montreuil, Gourcuff Gradenigo, 2006.

(30) カニンガム『概説 子ども観の社会史』83–95 頁。

(31) ルソー『エミール（上）』今野一雄訳，岩波書店（岩波文庫），2007 年，131 頁。Cf. Larry Wolff, “When I Imagine a Child : The Idea of Childhood and the Philosophy of Memory in the Enlightenment”, *Eighteenth-Century Studies*, Vol. 31, No. 4, 1998, p. 377–401.

(32) ルソー『エミール（上）』52–53 頁。

(33) Christine Kayser, « En famille, de l’héritier à l’enfant chéri », dans Christine Kayser (éd.), *L’Enfant chéri au siècle des Lumières*, Marly-le-Roi, Musée-promenade, 2003, p. 13–27.

(34) 国立新美術館，朝日新聞社事業本部文化事業部編『ルーヴル美術館展　美の宮殿の子どもたち』朝日新聞社，2009 年，54–55 頁。

(35) Florence Gétreau, *Musée Jacquemart-André. Peintures et dessins de l’école française. Catalogue raisonné*, Paris, Institut de France, 2011, p. 170–173.

(36) 実を言うと，1793 年のサロンの展示作品一覧には「ガルヌレーの息子の肖像」が含まれているが，猫が登場する肖像画を指したものだという確証はない。しかしガルヌレーの息子の肖像画は他に知られていないから，ひとまずこの作品が展示されたのだと考えてよいだろう。*Descriptions des ouvrages* [...] *exposés au Salon du Louvre*, Paris, Veuve Hérissant, [1793], p. 40 ; Foucart-Walter et Rosenberg, *Le Chat et la palette*, p. 168.

(37) Loreline Pelletier, « La peinture animalière en France au XVIIIe siècle (1699–1793) : quand l’animal devient sujet », 3 vol., thèse de l’Université de Lille, 2020.

(38) Benjamin Couilleaux, *Jean-Baptiste Huet, le plaisir de la nature*, Paris, Paris-musées, 2016, p. 52 ; Pelletier, « La peinture animalière », vol. 3, p. 143–144.

(39) Cf. Marie Chaufour, « Autour d’un animal rare et discret. Le chat dans les recueils d’emblèmes », dans *Mondes animaliers au Moyen Âge et à la Renaissance*, Amiens, Presses du Centre d’études médiévales de Picardie, 2016, p. 107–119.

(40) Hal N. Opperman, “Jean-Baptiste Oudry (1686–1755), with a Sketch for a Catalogue Raisonné of His Paintings, Drawings, and Prints”, PhD dissertation, University of Chicago, 1972, p. 198–209 ; Hal Opperman et Pierre Rosenberg, *J.-B. Oudry 1686–1755*, Paris, Éiditons de la Réunion des musées nationaux, 1982, p. 224–227.

(41) Carole Blumenfeld, *Marguerite Gérard, 1761–1837*, Paris, Éditions Gourcuff-Gradenigo, 2019.

(42) *Ibid.*, p. 15–26.

(43) *Ibid.*, p. 65.

(44) Féréol Bonnemaison (dir.), *Galerie de son Altesse Royale Madame la duchesse de Berry*, 2 vol., Paris, J. Didot, 1822.

(45) クリスティーヌ・ル・ボゼック『女性たちのフランス革命』藤原翔太訳，慶應義塾大

学出版会，2022［2019］年，第 10 章。

(46) Blumenfeld, *Marguerite Gérard*, p. 114–127.

(47) Barker, *Greuze*, p. 136–139.

(48) Blumenfeld, *Marguerite Gérard*, p. 233.

(49) René-Jean Durdent, *L'École française en 1814*, Paris, Martinet et Delaunay, 1814, p. 106.

(50) « Salon de l'an X », *Journal des débats*, 17 septembre 1802, p. 3. Cf. Blumenfeld, *Marguerite Gèrard*, p. 116.

(51) « Telle est GERARD, qu'Amour et les Arts ont formée. / Éloge universel, sitôt qu'on l'a nommée.... / Mais quel contraste ! un Chat ! peut-il lui convenir ? / C'est l'oiseau de *Vénus* qu'Elle devrait tenir. » この鉛筆肖像画は画廊タラバルドン・エ・ゴーチエ（Talabardon et Gautier）から解説付きでご提供いただいた。記して感謝する。

(52) Bonnemaison（dir.）, *Galerie*, tome 2, « Jeune enfant caressant un chat, par M. Berthon », sans page. 画集の表紙には 1822 年との表示があるが，収録内容から判断するに 1826 年にかけて断続的に発行されたものと考えられる。

(53) この作品における猫の後ろ足の重要性については，フランソワ・ビゼ（François Bizet）氏からご指摘をいただいた。記して感謝する。

第 9 章　愛猫通信

(1) 玉田敦子・岩澤佑典・浅井英樹「書簡」，『啓蒙事典』324–325 頁。ギー・アルベッロ「十八世紀半ばのフランスの道路の大きな変化」［1973 年］下村武訳，『叢書『アナール』歴史の対象と方法』第Ⅳ巻，藤原書店，2010 年所収。Patrick Marchand, *Le Maître de poste et le messager. Une histoire du transport public en France au temps du cheval, 1700–1850*, Paris, Belin, 2006 ; Wolfgang Behringer, "Communications Revolutions : a Historiographical Concept", *German History*, Vol. 24, No. 3, 2006, p. 333–374 ; Paul M. Dover, *The Information Revolution in Early Modern Europe*, Cambridge, Cambridge University Press, 2021, ch. 7.

(2) ハンス・ボーツ／フランソワーズ・ヴァケ『学問の共和国』池端次郎・田村滋男訳，知泉書院，2015［1997］年，とりわけ 192–196 頁。

(3) Marie-Claire Grassi, « Naissance de l'intimité épistolaire（1780–1830）», *Littérales*, nº 17, « L'invention de l'intimité au siècle des Lumières », 1995, p. 67–76.

(4) Kathleen Walker-Meikle, *Medieval Pets*, Woodbridge, Boydell Press, 2013, p. 28–30, 34.

(5) 17 世紀初頭にアンゴラ猫に関する最初期の証言を残した二人の学者，デッラ・ヴァッレとファブリ・ド・ペレスクの手紙についても，同様の解釈が可能である。Cf. Bobis 2000, p. 259–262.

(6) Elizabeth C. Goldsmith, *"Exclusive Conversations" : The Art of Interaction in Seventeenth-Century France*, Philadelphia, University of Pennsylvania Press, 1988 ; Benoît Melançon, "Letters, Diary and Autobiography in Eighteenth-Century France", in Patrick Coleman, Jayne Lewis and Jill Kowalik（eds.）, *Representations of the Self from the Renaissance to Romanticism*, Cambridge, Cambridge University Press, 2000, p. 151–170 ; Chloe Edmondson, "Feigning Authenticity : Letter-Writing in 17th and 18th-Century France", PhD Dissertation, Stanford University, 2022.

(7) Cécile Lignereux, *À l'origine du savoir-faire épistolaire de Mme de Sévigné. Les lettres de l'année 1671*, Paris, PUF, 2012, p. 1–95.

(8) Denis Diderot, *Correspondance*, éd. Georges Roth, 16 vol., Paris, Minuit, 1955–70, tome 4, p. 39. Cf. Françoise Simonet-Tenant, « À la recherche des prémices d'une culture de l'intime », *Itinéraires. Littérature, textes, cultures*, 2009–4, p. 39–62.

(9) 18世紀フランスにおける書簡の社会的機能については，Antoine Lilti, *Le Monde des salons. Sociabilité et mondanité à Paris au XVIIIe siècle*, Paris, Fayard, 2005, p. 287–295 を参照。

(10) Azzurra Mauro, *Un philosophe des Lumières entre Naples et Paris. Ferdinando Galiani* (*1728–1787*), Oxford, Voltaire Foundation, 2021, p. 187.

(11) 論証する余裕はないのだが，筆者の考えではデファン夫人がまさにそのようなひとだった。彼女は飼い猫の肖像版画を作らせて友人に配布するほどだったが（カバー背イラスト参照），現存する手紙で猫に対する思いの丈を自ら言語化していたわけではない。

(12) 多田寿康「孤独な自己探求の道——グラフィニー夫人『ペルー娘の手紙』」，植田祐次編『フランス女性の世紀——啓蒙と革命を通して見た第二の性』世界思想社，2008年，第Ⅲ部第2章。長谷川まゆ帆「オーラルとエクリの間からの創造——啓蒙期ロレーヌの作家グラフィニ夫人の場合」，長谷川貴彦編『エゴ・ドキュメントの歴史学』岩波書店，2020年，第4章。

(13) *Correspondance de Madame de Graffigny*, éd. J. A. Dianard *et al.*, 15 vol., Oxford, Voltaire Foundation, 1985–2016. 以下本節では，巻数と頁数のみを本文中に括弧で示す。

(14) English Showalter, *Françoise de Graffigny: Her Life and Works*, Oxford, Voltaire Foundation, 2004, p. 28, 84. 以下グラフィニの生涯については，この著作に依拠した。

(15) ドゥヴォーについては次も参照。Margaux Prugnier, « François-Antoine Devaux (1712–1796) : littérateur célibataire », dans Juliette Eyméoud et Claire-Lise Gaillard (éds.), *Histoire de célibats du Moyen Âge au XXe siècle*, Paris, PUF, 2023, ch. 4.

(16) Showalter, *Françoise de Graffigny*, p. 256.

(17) English Showalter, "Authorial Self-Consciousness in the Familiar Letter: The Case of Madame de Graffigny", *Yale French Studies*, Vol. 71, 1986, p. 113–130, esp. p. 120.

(18) 女性の書簡の翻訳に際して「〜わ」，「〜よ」といった「女性的」語尾を用いることには弊害もあるが，親称（tu）を用いた原文の調子を伝えるためには必要だと考えてあえて使用した。

(19) 日本語の「かわいい」は元来「あわれで同情をさそう」様子を指し，後に「小さくて愛おしい」様子を指すように変化した語である（『日本国語大辞典』第二版，小学館，2001年，第3巻，1161頁）。フランス語の pauvre は「あわれで同情をさそう」意味が主だが，親（庇護者）の子（庇護対象）に対する愛情表現として用いられることもある。文脈に応じて「かわいそう」と「かわいい」に訳し分けた。

(20) Vincent Voiture, « À Madame l'abbesse *** pour la remercier d'un chat qu'elle lui avait envoyé. Lettre CLIX », dans *Les Œuvres de Monsieur de Voiture*, Paris, Augustin Courbé, 1650, p. 582. ドゥヴォーの方も，グラフィニから譲り受けた雌犬マルミションの死を伝える際に，グラフィニから貰った犬だからこそ惜しい，往年の様々な思い出が蘇る，などと同様の書き方をしていた（II, 75, note 9）。

(21) William M. Reddy, *The Navigation of Feeling: A Framework for the History of Emotions*, Cambridge, Cambridge University Press, 2001, p. 63–111.

(22) 注20を参照。

(23) Anne-Claude-Philippe de Caylus, *Mémoires et réflexions du comte de Caylus*, Paris, P.

Roquette, 1874, p. 30–32. ケリュスは続けて，男性が人前で犬を溺愛する素振りを見せるのは言語道断で，そのような男とは関係を断つべきだと手厳しいことも言っている。

(24) ［Françoise de Graffigny］, *La Princesse Azerolle, ou l'excès de la constance*, dans ［Anne-Claude-Philippe de Caylus］, *Cinq contes de fées*, ［Paris］, ［s.n.］, 1745, p. 137–138.

(25) Mlle Ligniville d'Autricourt à Mme de Graffigny, 25 janvier 1746, dans *Correspondance générale d'Helvétius*, éd. David Smith *et al.*, Toronto, University of Toronto Press, Vol. 1, 1981, p. 161.

(26) なおアカジュの飼育期間についてグラフィニは勘違いをしている（実際には 9 年間）。

(27) Françoise de Graffigny, *Lettres d'une Péruvienne*, éd. Rotraud von Kulessa, Paris, Classiques Garnier, 2016, p. 107, 127.

(28) グラフィニの文体の変化と書簡体小説の関係に関してより詳しく考察した次の拙論も参照されたい。貝原伴寛「グラフィニ夫人とペットロス——18 世紀フランスにおける感情規範の変化に関する一考察」，『日仏歴史学会会報』第 37 号，2022 年，3–16 頁。

(29) 著作の邦訳として，ガリアーニ『貨幣論』黒須純一郎訳，京都大学学術出版会，2017 年がある。その生涯と活動については Mauro, *Un philosophe des Lumières* が詳しい。

(30) Bobis 2000, p. 256–257.

(31) 本段落の内容は Mauro, *Un philosophe des Lumières*, p. 133–134, 179–191 に基づく。デピネとガリアーニの文体に関しては次も参照。Odile Richard-Pauchet, « Diderot, Galiani, d'Épinay : une nouvelle poétique épistolaire », dans Jacques Domenech（éd.）, *L'Œuvre de Madame d'Épinay, écrivain-philosophe des Lumières*, Paris, L'Harmattan, 2010, p. 31–46.

(32) Antoine Furetière, *Dictionnaire universel*, La Haye et Rotterdam, Arnault et Reinier Leers, 1690, art. « badinage ».

(33) ノルベルト・エリアス『文明化の過程』上下巻，赤井慧爾ほか訳，法政大学出版局，1977–78［1939］年。

(34) 18 世紀フランスにおける笑いや冗談に関しては以下を参照。Élisabeth Bourguinat, *Le Siècle du persiflage, 1734–1789*, Paris, PUF, 1998 ; Antoine de Baecque, *Les Éclats du rire. La culture des rieurs au XVIIIe siècle*, Paris, Calmann-Lévy, 2000.

(35) Diderot, *Correspondance*, tome 3, p. 76.

(36) 以下ガリアーニの書簡は次の校訂版を用い，巻数と頁数のみを本文中に括弧で示す。Ferdinando Galiani et Louise d'Épinay, *Correspondance*, éd. Daniel Maggetti et Georges Dulac, 5 vol., Paris, Desjonquères, 1992–97.

(37) 原文は「良心痛メルニ及バズ」（tuta conscientia）だけラテン語。続いて引き合いに出されているのは，いずれもイエズス会の神学者であるトンマーゾ・タンブリーニ（1591–1675），フアン・アゾール（1535–1603），トマス・サンチェス（1550–1610）のこと。

(38) *Correspondance littéraire, philosophique et critique de Grimm et de Diderot*, 16 vol., éd. Taschereau et Chaudé, Paris, Furne, 1829–31, tome 7, p. 375.

(39) ガリアーニとモンクリフの類似性については，Giovanni Macchia, « Galiani Arlecchino et la "nécessité de plaire" », in *La Caduta della Luna*, Milano, Arnoldo Mondadori, 1973, p. 93–109 も参照。

(40) Ferdinando Galiani, *Lettres*, éd. Eugène Asse, 2 vol., Paris, G. Charpentier, 1881, p. 319, note 1.

(41) 校訂版の索引でガリアーニの愛人として同定されているのはこの女性だけである（V, 268）。

(42) こうした感情史の分析概念については，ヤン・プランパー『感情史の始まり』森田直子監訳，みすず書房，2020［2012］年，第4章を参照。

(43) ［Mlle Poulain de Nogent］, *Lettres de Madame la comtesse de La Rivière à Madame la baronne de Neufpont, son amie ; contenant les principaux événements de sa vie, de celle de ses enfants, et de quelques-uns de ses parents ; avec beaucoup de nouvelles et d'anecdotes du règne de Louis XIV, depuis l'année 1686 jusqu'à l'année 1712*, 3 vol., Paris, Froullé, 1776. 以下，引用にあたっては巻数と頁数のみを本文中に括弧で示す。

(44) Paul Lacroix, *Bibliothèque de la reine Marie-Antoinette au Petit Trianon d'après l'inventaire original dressé par ordre de la Convention*, Paris, Jules Gay, 1863, p. 116.

(45) 注43の原題を，次に挙げる1725年版のセヴィニエ書簡集の題名と比較されたい。*Lettres choisies de Madame la marquise de Sévigné à Madame de Grignan, sa fille. Qui contiennent beaucoup de particularités de l'Histoire de Louis XIV*, ［Troyes, Jacques Febvre］, 1725.

(46) プーラン嬢は後年の詩集（後述）で自分が『手紙』の著者だと明かすまで沈黙を保ったが，読者がみな騙されていたとは限らない。『メルキュール』の書評家は本作について「小説に期待されるような面白い出来事や状況」があると意味深に書いている（*Mercure de France*, juillet 1776, p. 80）。

(47) Philippe Luez, *Port-Royal et le jansénisme. Des religieuses face à l'absolutisme*, Paris, Belin, 2017, p. 250.

(48) *Mercure de France*, juillet 1776, p. 78–85 ; *Journal des sciences et des beaux-arts*, 15 juin 1776, p. 522–526. Cf. *Journal encyclopédique ou universel*, août 1776, p. 476–488.

(49) Isabelle Tremblay, « Mademoiselle Poulain de Nogent », notice ajoutée en 2014, Dictionnaire SIEFAR ［http://siefar.org/dictionnaire/fr/Mademoiselle_Poulain_de_Nogent］.

(50) Mlle Poulain de Nogent, *Poésies diverses de Mlle Poulain de Nogent*, Paris, Varin, 1787, p. vij.

(51) Isabelle Tremblay, « De la solitude à la solidarité : l'amitié par lettres sous la plume de Mlle Poulain de Nogent », in Elise Hugueny-Léger and Caroline Verdier (eds.), *Solitaires, Solidaires. Conflict and Confluence in Women's Writings in French*, Newcastle upon Tyne, Cambridge Scholars, 2015, p. 27–42 ; *id.*, *Les Fantômes du roman épistolaire d'Ancien Régime. L'interlocuteur absent dans la fiction monophonique*, Leiden, Brill, 2018, p. 142–152.

(52) Poulain de Nogent, *Poésies diverses*, p. viij.

(53) *Journal des sciences et des beaux-arts*, 15 juin 1776, p. 526.

(54) 矢沢サイエンスオフィス編『もっともくわしいネコの病気百科――ネコの病気・ケガの知識と治療』学研，2002年，348–358頁。

第10章　大学街の猫裁判

(1) 注6のボワイエ伝と注48のコクレ・ド・ショスピエール伝を参照。

(2) AN Y//11587/B, Minutes du commissaire Gilles-Pierre Chenu. シュニュに関しては，William Hanley, "Chenu, Gilles-Pierre", in *A Biographical Dictionary of French Censors, 1741–1789*, vol. II, Ferney-Voltaire, Centre international d'étude du XVIIIe siècle, 2016, p. 280–283.

(3) デムリの文書は愛書家アニソン＝デュペロンに購入された後，革命期に国家に押収され，「アニソン＝デュペロン・コレクション」として国立図書館入りした。ボワイエ事件関連書はデムリの手稿に挿入されているため，国立図書館の蔵書目録には載っていない

が，次の目録には記載がある。Ernest Coyecque, *Inventaire de la Collection Anisson sur l'histoire de l'imprimerie et la librairie*, 2 vol., Paris, E. Leroux, 1900, tome 2, p. 29. このような事情から見つけるのに工夫が要るが，文書自体は Gallica で閲覧可能である。BnF manuscrit français 22109, *Collection Anisson-Duperron sur la Librairie et l'imprimerie. XLVIII–XLIX Librairie. Anecdotes, querelles et pièces fugitives, 1569–1789. XLIX Années 1740–1789*, f. 179–238. 以下 MF 22109 と略記。

（4）ロバート・ダーントン「作家の身辺書類を整理する一警部」，『猫の大虐殺』海保眞夫・鷲見洋一訳，岩波書店，1986［1984］年，第4章。デムリは，あのニコラ・コンタが『印刷業界逸話集』を献呈した相手でもあるが，実際に『逸話集』がデムリの元に届けられた証拠は無いから，この捜査官が猫殺しの物語を読んでいたかは不明である。

（5）ギイについては以下を参照。Raymond Trousson et Frédéric S. Eigeldinger (éds.), *Dictionnaire de Jean-Jacques Rousseau*, Paris, Honoré Champion, 1996, p. 398–399 ; Robert Darnton, *Pirating and Publishing : The Book Trade in the Age of Enlightenment*, Oxford, Oxford University Press, 2021, p. 76.

（6）ボワイエの生涯については次を参照。Guy Antonetti, *Les Professeurs de la faculté des droits de Paris, 1679–1793*, Paris, Éditions Panthéon-Assas, 2013, p. 395–399.

（7）引用はラロールの証言（後述）による。

（8）引用はブルノワの証言（後述）による。

（9）誹謗中傷（名誉棄損）は刑事罰の対象として刑事訴訟の対象となったが，旧体制期の刑事裁判においては，司法当局だけでなく告発者が原告となることができた。当時の司法制度に関しては，以下を参照。石井三記『18 世紀フランスの法と正義』名古屋大学出版会，1999 年，第 1 章。Marie-Françoise Limon, « Châtelet de Paris » ; Olivier Chaline, « Parlements » ; Gérard Giordanengo, « Procédure civile » ; André Laingui, « Procédure criminelle », dans Lucien Bély (éd.), *Dictionnaire de l'Ancien Régime*, Paris, PUF, 2015［1ᵉ éd. 1996］, p. 252–254, 960–965, 1027–1031.

（10）Claude-Joseph de Ferrière, *Dictionnaire de droit et de pratique*, 3ᵉ éd., Paris, Brunet, 1749, tome 1, p. 888, art. « Factum » ; Sarah Maza, *Private Lives and Public Affairs : The Causes Célèbres of Prerevolutionary France*, Berkeley, University of California Press, 1993, p. 34–36.

（11）［Claude-Geneviève Coqueley de Chaussepierre］, *Précis pour le Sieur Guy, négociant, accusateur. Contre le Sieur Boyer, agrégé en droit, accusé*,［Paris］, la veuve Simon et fils, 1770（MF 22109, f. 181–191）;［Claude-Nicolas Lalaure］, *Mémoire pour le Sieur Guy, négociant, bourgeois de Paris, accusateur. Contre Mᵉ André-Pierre Boyer, docteur agrégé de la Faculté de Droit, en l'Université de Paris, accusé*,［Paris］, Chardon, 1771（MF 22109, f. 192–209）.

（12）Jean-Baptiste Pierret de Sansières, *Mémoire pour Mᵉ Boyer, avocat en Parlement, docteur agrégé de la Faculté des droits en l'Université de Paris, appelant & demandeur ; contre le Sieur Guy, colporteur de livres, & commis chez la Veuve Duchesne, intimé & défendeur*,［Paris］, d'Houry, 1771（MF 22109, f. 210–225）. 引用は 10 頁から。

（13）Bernard Belloumeau, *Précis pour le Sieur Guy, négociant, associé de la Veuve Duchesne, libraire, à Paris, accusateur. Contre Mᵉ André-Pierre Boyer, agrégé de la Faculté de Droit, accusé*,［Paris］, la veuve Simon et fils, 1771（MF 22109, f. 226–238）.

（14）*Arrêt de la cour de Parlement, Qui déclare nulle & de nul effet la Procédure criminelle faite au Châtelet contre Mᵉ Boyer, à la requête du sieur Guy*［...］, Paris, d'Houry, 1771（MF 22109,

f. 180).

(15) David Garrioch, *Neighbourhood and Community in Paris, 1740–1790*, Cambridge, Cambridge University Press, 1986, ch. 1 ; Clare Haru Crowston, *Credit, Fashion, Sex : Economies of Regard in Old Regime France*, Durham, Duke University Press, 2013.

(16) Ferrière, *Dictionnaire de droit et de pratique*, tome 2, p. 214–215, art. « Libelles diffamatoires » ; Charles Walton, *Policing Public Opinion in the French Revolution : The Culture of Calumny and the Problem of Free Speech*, Oxford, Oxford University Press, 2009, p. 17–50.

(17) David A. Bell, *Lawyers and Citizens : The Making of a Political Elite in Old Regime France*, Oxford, Oxford University Press, 1994, ch. 5. 見瀬悠「ルイ 15 世期フランスにおける高等法院とモプー改革――ボルドーとグルノーブルの事例から」,『クリオ』第 23 号, 2009 年, 16–31 頁。

(18) *Mémoires secrets pour servir à l'histoire de la République des lettres en France, depuis MDCCLXII jusqu'à nos jours*, tome 5, Londres, John Adamson, 1777, p. 351.

(19) 石井『18 世紀フランスの法と正義』7 頁。

(20) 以下それぞれのカテゴリーについて原文に登場する順番で, 氏名と年齢を記す。なお年齢に疑問符がつくものは原文で environ がつく概数である。Claude-Adrien-Marguerite Boullenois (34), Jean-Baptiste-Claude Vaubertrand (43), Claude-Nicolas Lalaure (49?). このうちヴォーベルトランは引退済みの「元高等法院弁護士」。

(21) Gilles-Jacques Lalourcey (46), Edme Martin (61), Mathieu-Antoine Bouchaud (51).

(22) Antoine-Toussain Jouan (44), Charles-Louis Saboureux de La Bonneterie (40?), Pierre-Louis Gouillard (38), Claude Drouot (49), Claude Hardouin de La Reinerie (32), Bon-Michel Vasselin des Fosses (46?), Claude Rolland de Ferrière (41).

(23) Jean-Charles Des Essarts (40?).

(24) Pierre-Barnabé Montet (70?).

(25) Jean-Louis Landry (18), Jean-Baptiste-François Lasnier (36), Jacques Aubry (22).

(26) Étienne Lecouflet (40), Nicolas Gayot (40).

(27) « [...] lui ayant demandé et auxdits compagnons comment ils avaient trouvé ledit Chat, et le lui ayant dit, elle s'est écriée que cela était étonnant c'est dommage d'avoir tué un chat comme celui-là nous ne savons pas qui est-ce qui l'a tué [...] ».

(28) なお「先生」(Maître, 略号 M^e) は学位保有者に対する正式な敬称。ギイは学位を有さなかったため単に「氏」(Sieur) と呼ばれた。ギイの第一『概要』の題名では「ボワイエ氏」と記載されているが, これは敬意を欠いた表現である (注 11 を参照)。

(29) Pierret de Sansières, *Mémoire pour Me Boyer*, p. 17.

(30) ラロールの証言には, ギイが入居する以前, 四階には「デ・ゼッサール」という女性が住んでいたとある。この医学部教授の妻だと考えてよいだろう。

(31) Pierret de Sansières, *Mémoire pour Me Boyer*, p. 21.

(32) とはいえ口頭の情報伝達を侮ってはいけない。国王に関するゴシップなど不特定多数の関心を惹く話題は, 口伝えでかなりの範囲に広がることがあったらしい。口頭の情報網に関しては, Arlette Farge, *Dire et mal dire. L'opinion publique au XVIIIe siècle*, Paris, Seuil, 1992 ; Robert Darnton, *Poetry and the Police : Communication Networks in Eighteenth-Century Paris*, Cambridge (Mass.), Belknap Press, 2010.

(33) アントワーヌ・リルティ『セレブの誕生――「著名人」の出現と近代社会』松村博史・

井上櫻子・齋藤山人訳，名古屋大学出版会，2019［2014］年，100–101 頁。『秘録』に関しては，Jeremy D. Popkin and Bernadette Fort (eds.), *The* Mémoires secrets *and the Culture of Publicity in Eighteenth-Century France*, Oxford, Voltaire Foundation, 1998 も参照。

(34) *Mémoires secrets* tome 5, p. 351.

(35) MF 22109, f. 179.

(36) 次の邦訳を参照。ラシーヌ『裁判きちがい』川俣晃自訳，伊吹武彦・佐藤朔編『ラシーヌ戯曲全集』第 1 巻，人文書院，1964 年所収。

(37) Toussaint-Gaspard Taconet, *Le Procès du chat, ou le Savetier arbitre*, Paris, Philippe-Denis Langlois, 1767.

(38) ジレとはモープー改革によって代訴士から弁護士に昇格したエチエンヌ・ジレのことだろう。シャルル・ペランは 1770 年 6 月に弁護士登録し，モープー派高等法院にそのまま参加した模様である。*Tableau des avocats en la cour de parlement, créé par édit du mois de mai 1771, enregistré le 10 juin suivant*, Paris, d'Houry, 1771, p. 5, 11.

(39) ギイの『趣意書』と第二『概要』の末尾には代訴士に加えて，それぞれ次長検事（avocat général）のセギエ（Séguier）とヴォークレソン（Vaucresson）の署名が含まれる。対してボワイエの『趣意書』の末尾には次長検事セギエ，弁護士ピエレ，代訴士ド・ラ・クルティの署名が含まれるが，デムリの刊本では全てに抹消線が引かれ，次長検事ヴォークレソンと弁護士ジレの名前で上書きされている。次長検事職はモープーによる 1771 年 4 月の人事でセギエからヴォークレソンに移った（Antoine-Mathieu Casenave, *Étude sur les tribunaux de Paris de 1789 à 1800*, tome 1, Paris, Didot, 1873, p. 190, 334)。また，ヴォークレソンの次長検事就任後に用意されたことが明らかなギイの第二『概要』は，追伸（post-scriptum）の内容から，ボワイエの趣意書から数日後に出版されたものとわかる。以上から，ボワイエは 1771 年 1 月に趣意書を印刷したが，配布を 8 月に延期したのだと推察される。末尾の署名は，デムリの書き込みではなく，ボワイエが配布前に改めてヴォークレソンとジレから得たものかもしれない。するとピエレがボワイエの趣意書の著者だと思われるが，彼が弁護を降りたのは弁護士会のストライキに参加したためだろう（Bell, *Lawyers and Citizens*, p. 256, note 73)。デムリの刊本で趣意書の著者とされる人物（ジレ）と，実際にボワイエを弁護した人物（ペラン）が一致しない理由は不明。

(40) [Coqueley de Chaussepierre], *Précis pour le Sieur Guy*, p. 6 ; [Lalaure], *Mémoire pour le Sieur Guy*, p. 7, 13, 23–24 ; Pierret de Sansières, *Mémoire pour M*[e] *Boyer*, p. 4–5 ; Belloumeau, *Précis pour le Sieur Guy*, p. 17.

(41) [Coqueley de Chaussepierre], *Précis pour le Sieur Guy*, p. 2, 9, 17 ; [Lalaure], *Mémoire pour le Sieur Guy*, p. 31, 34 ; Pierret de Sansières, *Mémoire pour M*[e] *Boyer*, p. 18, 19 ; Belloumeau, *Précis pour le Sieur Guy*, p. 9.

(42) 引用元は，[Lalaure], *Mémoire pour le Sieur Guy*, p. 33.

(43) [Coqueley de Chaussepierre], *Précis pour le Sieur Guy*, p. 14.

(44) 例えばナタリー・デイヴィスが注目した「にせ亭主」マルタン・ゲールは 16 世紀に印刷物を介して有名になっていた。ナタリー・ゼーモン・デーヴィス『帰ってきたマルタン・ゲール――16 世紀フランスのにせ亭主騒動』成瀬駒男訳，平凡社（平凡社ライブラリー)，1993［1983］年。

(45) Nicolas-Toussaint Lemoyne Des Essarts, *Causes célèbres, curieuses et intéressantes de toutes*

les Cours souveraines du Royaume, 195 vol., 1773–89.

(46) Hans-Jürgen Lüsebrink, « Les Représentations sociales de la criminalité en France au XVIIIe siècle », thèse de l'EHESS, 1983, p. 129–131 ; Maza, *Private Lives*, p. 24–26.

(47) Maza, *Private Lives*, ch. 1 ; Bell, *Lawyers and Citizens*, p. 75–88, 134–136, 148–155.

(48) コクレとラロールはそれぞれ1738年と1746年に弁護士登録を済ませ，1750年と1764年に王政府検閲官に就任した。コクレに関する最良の伝記は，William Hanley, "Coqueley de Chaussepierre, Claude-Geneviève", in *A Biographical Dictionary of French Censors*, vol. II, p. 430–457. ラロールに関しては『王国年鑑』(*Almanach royal*) に基づいて就任時期を確定した。なお同書で彼の名前は「ド・ラ・ロール」(de La Laure) と表記されている。

(49) [Claude-Geneviève Coqueley de Chaussepierre (éd.)], *Recueil des principaux édits, déclarations, ordonnances, arrêts, sentences et règlements, concernant la justice, police, et finances, depuis le 29 septembre 1722 jusqu'au 4 juin 1726*, 11 vol., Paris, Claude Girard, 1758–59 ; Claude-Nicolas Lalaure, *Traité des servitudes réelles*, Paris, Jean-Thomas Hérissant, 1761. ラロールの著作は1786年に再版され，1827年には増補改訂されているから，専門書として定評を得ていたと思われる。

(50) *Causes amusantes et connues*, 2 vol., Berlin [Paris], [s.n.], 1769–70. 元々1巻本のつもりが，好評につき2巻を追加したらしい。同じ1770年に，初版の出版者であるパリのエチエンヌ兄弟 (les Frères Etienne) が顕名で2巻とも再刊している。

(51) *Causes amusantes et connues*, [tome 1], p. 356–366.

(52) Hanley, "Coqueley de Chaussepierre", p. 432. ロバ裁判については，Edmond-Jean-François Barbier, *Journal historique et anecdotique du règne de Louis XV*, tome 3, Paris, Jules Renouard, 1851, p. 234–235 を参照。

(53) *Causes amusantes et connues*, [tome 1], p. 287 sq., tome 2, p. 370 sq.

(54) Martine de Rougemont, « L'"avocat-arlequin" : un allié incongru de Restif, le censeur et parodiste Coqueley de Chaussepierre », *Études rétiviennes*, n° 34, 2002, p. 161–171.

(55) Hanley, "Coqueley de Chaussepierre", p. 431.

(56) [Coqueley de Chaussepierre], *Précis pour le Sieur Guy*, p. 1–2. 原文の改行は無視した。傍点は原文のイタリックに対応。

(57) *Ibid.*, p. 7.

(58) *Ibid.*, p. 7–8.

(59) *Ibid.*, p. 6–7, 18–20.

(60) *Ibid.*, p. 8–9.

(61) *Ibid.*, p. 20–21.

(62) *Ibid.*, p. 6.

(63) [Lalaure], *Mémoire pour le Sieur Guy*, p. 9. なおブバスティスは，ヘロドトスが言及した古代エジプトの猫神の聖地。

(64) *Ibid.*, p. 11.

(65) *Ibid.*, p. 16, 7.

(66) *Ibid.*, p. 16–17.

(67) *Ibid.*, p. 17–21.

(68) *Ibid.*, p. 21–22.

(69) Pierret de Sansières, *Mémoire pour Me Boyer*, p. 29.

(70) [Lalaure], *Mémoire pour le Sieur Guy*, p. 22, 24–25.
(71) *Ibid.*, p. 9, 26, 29.
(72) *Ibid.*, p. 14–15.
(73) Belloumeau, *Précis pour le Sieur Guy*, p. 10, 23–24.
(74) Pierret de Sansières, *Mémoire pour Me Boyer*, p. 14.
(75) *Ibid.*, p. 2–4, 30.
(76) *Causes amusantes et connues*, [tome 1], p. iii–iv.
(77) [Pierre-Jean-Baptiste Nougaret], « La Chatomanie, histoire comico-tragique », dans *Les Mille et une folies, contes français*, tome 4, Amsterdam et Paris, la Veuve Duchesne, 1771, p. 373–418.
(78) *Ibid.*, p. 374–375.
(79) *Ibid.*, p. 406, 376, 407–411, 417–418.
(80) *Ibid.*, p. 377.
(81) *Ibid.*, p. 402.
(82) *Ibid.*, p. 373.
(83) *Ibid.*, p. 406–407.
(84) [Pierre-Jean-Baptiste Nougaret], *Aventures parisiennes avant et depuis la Révolution*, tome 1, Paris, Maugeret, Duchesne, Capelle et Renard, Hénée, 1808, p. 259–264 ; Antoine Antoine de Saint-Gervais, « Le Chat de Bartholin », dans *Les Animaux célèbres*, tome 1, Paris, F. Louis, 1812, p. 60–63.

終　章　猫の歴史を考える

(1) Bobis 2000, ch. 8–10. キャスリーン・ウォーカー＝ミークル『中世ネコのくらし——装飾写本でたどる』堀口容子訳，美術出版社，2024 年，24, 27, 52 頁。
(2) メディアに注目する 18 世紀研究は，ユルゲン・ハーバーマスの『公共性の構造転換』が理論的支柱となった 1980 年代以後に広く見られたが，とりわけ本書の着想源となったのは，序章で引用したアントワーヌ・リルティの『セレブの誕生』である。関連する研究史については以下を参照。Stéphane Van Damme, « "Farewell Habermas"? Deux décennies d'études sur l'espace public », dans Patrick Boucheron et Nicolas Offenstadt (éds.), *L'Espace public au Moyen Âge. Débats autour de Jürgen Habermas*, Paris, PUF, 2011, p. 43–61 ; Antoine Lilti, *L'Héritage des Lumières. Ambivalences de la modernité*, Paris, EHESS-Gallimard-Seuil, 2019, p. 167–196.
(3) 愛猫家団体は英国のハリソン・ウィアが 1887 年に設立したナショナル・キャット・クラブを嚆矢として各国に広まった。ハリエット・リトヴォ『階級としての動物——ヴィクトリア時代の英国人と動物たち』三好みゆき訳，国文社，2001［1987］年，第 2 章。
(4) この点については，伊東剛史・森田直子編『共感の共同体——感情史の世界をひらく』平凡社，2023 年所収の諸論考から示唆を受けた。
(5) Joan Pieragnoli, *Le Prince et les animaux. Une histoire zoologique de la cour de Versailles au siècle des Lumières, 1715–1792*, Bruxelles, Éditions de l'université de Bruxelles, 2021, p. 32–33, 192–202.
(6) Bobis 2000, ch. 27.
(7) 感受性文化による動物観の変容については，Ingrid H. Tague, *Animal Companions : Pets and Social Change in Eighteenth-Century Britain*, University Park, Penn State University Press,

2015 も参照。

（8）Alain Viala, *La France galante. Essai historique sur une catégorie culturelle, de ses origines jusqu'à la Révolution*, Paris, PUF, 2008.

（9）Domenico Balestrieri, *Lagrime in morte di un gatto*, introduzione e note di Anna Bellio, Milano, Otto-Novecento, 2018; *The Life and Adventures of a Cat*, London, Willoughby Mynors, 1760.

（10）筆者が確認した限り，最初の翻訳は *Moncrif's Cats*, trans. Reginald Bretnor, London, Golden Cockerel Press, 1961 である。

（11）Annemieke Meijer, *The Pure Language of the Heart: Sentimentalism in the Netherlands 1777–1800*, Amsterdam, Rodopi, 1998; Claire Walker, Katie Barclay and David Lemmings (eds.), *A Cultural History of Emotions in the Baroque and Enlightenment Age*, London, Bloomsbury, 2019.

（12）例えば以下を参照。Thomas Smith, *The Naturalist's Cabinet*, Vol. 2, Ivy-Lane, Paternoster Raw, James Cundee, 1806, p. 195–197; Sholto and Reuben Percy, *The Percy Anecdotes*, Vol. 9, London, T. Boys, 1823, p. 106–107.

（13）19 世紀フランスの猫に関する社会史的な研究はまだ少なく，今後の進展が期待されるところである。ペットの近代史については序章を，動物病院と動物墓地についてはさしあたり以下を参照。Ronald Hubscher, *Les Maîtres des bêtes. Les vétérinaires dans la société française, XVIIIe–XXe siècles*, Paris, Odile Jacob, 1999, ch. 11; Laurent Lasne, *L'Île aux chiens. Le cimetière des chiens, Asnières, 1899, naissance et histoire*, Bois-Colombes, Val-Arno, 1988.

（14）真辺将之『猫が歩いた近現代——化け猫が家族になるまで』吉川弘文館，2021 年。

（15）Grégory Quenet, *Versailles, une histoire naturelle*, Paris, la Découverte, 2015. Cf. Philip Howell, "Animals, Agency, and History", in Hilda Kean and Philip Howell (eds.), *The Routledge Companion to Animal-Human History*, London, Routledge, 2019, p. 197–221.

あとがき

（1）修士論文の成果はその後，フランスの専門誌に論文として発表することができた。同論の内容はモンクリフ『猫』出版後の受容と深く関係しているが，詳しくは機会を改めて論じたい。Tomohiro Kaibara, « "Tout Paris pleure en sot". Émotions, larmes et public de théâtre dans la querelle d'*Inès de Castro* », *Dix-Huitième Siècle*, n° 53, 2021, p. 461–478.

（2）Tomohiro Kaibara, « Le grand sacre des chats. L'invention d'un animal de compagnie en France (1670–1830) », thèse de l'EHESS, 2023 [https://theses.fr/2023EHES0017]. なお本書の内容の一部は既に，参考文献に挙げた拙論で部分的に発表済みである。史料の翻訳や解釈において既刊の拙論と本書に相違がある場合は，本書の内容を優先されたい。

（3）長谷川まゆ帆『お産椅子への旅——ものと身体の歴史人類学』岩波書店，2004 年。同『さしのべる手——近代産科医の誕生とその時代』岩波書店，2011 年。同『近世フランスの法と身体——教区の女たちが産婆を選ぶ』東京大学出版会，2018 年。